Leime und Kontaktkleber

Leime und Kontaktkleber

Theoretische Grundlagen
Eigenschaften – Anwendung

Von

Dr. Hans Baumann

Åstorp, Schweden

Mit 113 Abbildungen

Springer-Verlag

Berlin / Heidelberg / New York

1967

ISBN-13: 978-3-642-92930-4   e-ISBN-13: 978-3-642-92929-8
DOI: 10.1007/978-3-642-92929-8

Den Herren

Paul und Carl-Hugo Johansson

in Dankbarkeit gewidmet

Vorwort

Dieses Buch behandelt Fragen, die das Arbeitsgebiet des Haftstoff-
verbrauchers im engeren oder weiteren Sinne berühren. Es ist im Zusammenhang mit der beruflichen Tätigkeit des Verfassers entstanden,
der lange Jahre die Herstellung und Verwendung verschiedener synthetischer Leime im gleichen Betriebe[1] verfolgen konnte.

Der Stoff, der besprochen wird, ist in verschiedene Abschnitte unter-
teilt. Neben den Eigenschaften der wichtigsten Haftstoffsorten, ihrer
Festigkeit, Beständigkeit und praktischen Anwendung werden auch die
allgemein-physikalischen Hintergründe des Haftprozesses sowie die chemische Struktur der Haftstoffe ziemlich eingehend erörtert. Dies dürfte
bei dem jetzigen Stand der Dinge berechtigt sein. Die Methode des Verleimens und Verklebens hat ja während der letzten Jahrzehnte eine
bedeutende Entwicklung erfahren und ist ein industrieller Schlüssel-
prozeß vielseitiger Anwendbarkeit geworden. Wirklich zielbewußtes und
planmäßiges Handeln – sei es bei der Bearbeitung neuer Probleme oder
der Erledigung jener betrieblichen Schwierigkeiten, die in industriellen
Unternehmen periodisch aufzutreten pflegen – erfordert doch oft mehr
als nur empirische Erfahrung. Der Fachmann, der mit den inneren Vor-
gängen der Fugenbildung vertraut ist, wird sich nicht ohne weiteres damit zufriedengeben, unzureichende Resultate auf schlechte Adhäsion
bzw. schlechte Leim- oder Klebstoffqualität zurückzuführen. Denn in
der Praxis spielen neben den primären Adhäsionsvorgängen auch Sekundärerscheinungen eine wichtige Rolle, die das **Entstehen der Fuge** verhindern oder die bereits gebildete Fuge schwächen oder sprengen können.
Die schädlichen Folgen dieser Sekundärerscheinungen lassen sich aber
häufig durch einfache Maßnahmen eliminieren.

Ähnliches wie für den mechanisch-physikalischen Teil der Fugenbildung gilt für die chemische Struktur technischer Haftstoffe, die in der
Regel hochpolymere Substanzen sind. Der hochpolymere Endzustand
wird oft erst nach einer Härtungsreaktion erreicht, die während der
Fugenbildung abläuft. Die Praxis des Verleimens und Verklebens streift
daher chemische Probleme. Es ist nicht erforderlich, daß der Haftstoff-
verbraucher über umfassende chemische Detailkenntnisse verfügt. Doch

---

[1] Ji-Te AB, Åstorp.

fördert es erfahrungsgemäß seine Arbeit, wenn er mit den einschlägigen chemischen Grundbegriffen vertraut ist und Anwendungsvorschriften nicht mechanisch, sondern kritisch befolgt.

Eine kurze Bemerkung über die beiden elementaren Fachausdrücke „Leimen" und „Kleben": sie werden im Text mitunter in anderer Weise als in der deutschen technischen Literatur verwendet. Der Grund dafür wird auf S. 115 ausführlich erörtert. Man entschließt sich nur ungern zu Abweichungen von einer bestehenden Terminologie. Doch ist die heute gebräuchliche Ausdrucksweise etwas willkürlich und führt zu unklaren Begriffen.

Der Verfasser möchte schließlich seinen Dank einer großzügigen, heute nicht mehr aktiven Firmenleitung aussprechen, der er dieses Buch widmet, ferner Herrn Professor F. KOLLMANN, München, dessen Rat und Kritik die endgültige Form des Buches wesentlich beeinflußte. Er hat auch die fachliche Hilfe zu erwähnen, die ihm von verschiedenen Seiten in freundlichster Weise zuteil wurde. Er dankt seinem Freund, Herrn Prof. J. MARIAN, Berkeley, für seine unermüdliche Hilfsbereitschaft; Herrn Ing. G. CARLSSON und der Svenska Aeroplan AB, Linköping, für wichtige Informationen über Metallverleimung, den Herren Dr. I. JULLANDER, Örnsköldsvik, und Dr. H. LIESE, Wiesbaden-Schierstein, für Beiträge zu den Kapiteln über Cellulosederivate bzw. Glutinleime, den Herren Dr. U. RIETZ, München, und H. SENDER, Wiesbaden-Biebrich, für Ratschläge zu den Kapiteln über PVAc-Leime bzw. temporäre Kontaktkleber sowie Herrn Dir. G. RINGESTEN, Åstorp, für Auskünfte über die Tape-Herstellung.

Åstorp, im Herbst 1966

H. Baumann

Inhaltsverzeichnis

C Festigkeit und Beständigkeit

D Die Technik des Verleimens (Verklebens)

1 Einleitung

1.1 Historische Übersicht[1]

Die Herstellung von Leimen aus natürlichen Rohstoffen war von alters her bekannt. Aus der Reproduktion eines ägyptischen Freskos, das etwa aus der Zeit von 1500 v. Chr. stammt (Abb. 1), ist zu ersehen, daß Glutinleim schon im alten Ägypten verwendet wurde. In der rechten oberen Hälfte der Abbildung ist ein Leimkessel deutlich dargestellt, der über offenem Feuer erwärmt wird.

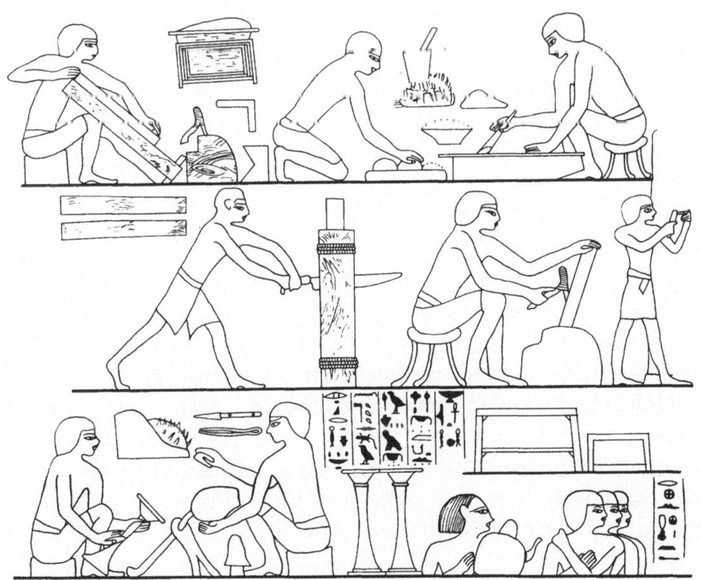

Abb. 1. Ägyptisches Fresko, Verleimen mit Glutinleim (nach GERNGROSS und GOEBEL)

Ebenso wird die Anwendung von Kaseinleim bereits der Pharonenzeit zugeschrieben. Auch die Verleimungstechnik war schon im Altertum hoch entwickelt. Davon zeugen zahlreiche Funde furnierter Gegenstände, die in Museen verwahrt werden und aus der Zeit um 1300 v. Chr. stam-

---

[1] Eine ausführliche historische Übersicht in HOUWINK-SALOMON: Adhesion and Adhesives, Bd. 1, S. 534. Amsterdam: Elsevier 1965.

men. Berichte über das Furnieren von Massivholz und die Verwendung von Birkenfurnier sind in der berühmten „Naturgeschichte" von Plinius dem Älteren (23–79) zu finden.

Die Entwicklung des Verleimens, vor allem von Holz, führt nicht in gerader Linie zur modernen Zeit. Nach dem Fall des Römischen Reiches scheint diese Kunst lange Zeit in Vergessenheit geraten zu sein. Sie erstand erst von neuem im 16. Jahrhundert. Die Furniertechnik wurde im 17. Jahrhundert wieder aufgenommen. Die technische Herstellung von Leimen nahm ihren Beginn mit der Gründung der ersten Glutinleimfabrik in Holland (1690).

Das handwerkliche Verleimen blieb bis gegen das Ende des vorigen Jahrhunderts vorherrschend. Die Entwicklung industrieller Methoden, die anschließend einsetzte, erfolgte in zwei Abschnitten, die jedoch nicht scharf voneinander zu trennen sind. Der erste Impuls ging von der leimverbrauchenden Industrie, und zwar vor allem von der Sperrholzindustrie aus, die sich um die Jahrhundertwende stark auszubreiten begann und rationellere Arbeitsmethoden einzuführen versuchte. Die Entwicklung moderner Leimauftrags- und Preßmethoden nahm damals ihren Anfang. Von den zur Verfügung stehenden natürlichen Leimsorten erhielt Kaseinleim einen besonderen Auftrieb, da er sich kalt verarbeiten ließ und auch gesteigerten Ansprüchen an Beständigkeit besser Rechnung trug.

Die zweite Entwicklungsperiode wurde durch die Fortschritte der chemischen Industrie bedingt, der es gelang überlegene synthetische Haftstoffe[1] zu erzeugen. Wie es sich gezeigt hat, ist die Anzahl der synthetischen Verbindungen, die sich zum Verleimen und Kontaktkleben[1] eignen, sehr groß. Die Entwicklungsmöglichkeiten der chemischen Synthese sind auf diesem Gebiet noch keineswegs erschöpft und die Anzahl synthetischer Haftstoffe, die auf dem Markte erscheinen, ständig im Steigen begriffen. Diese synthetischen Produkte sind den alten natürlichen Leimarten in vieler Beziehung überlegen. Man verfügt heute über Sorten,

a) die gegen äußere Einflüsse bedeutend beständiger sind,

b) die rasch abbinden und daher nur kurze Preßzeiten erfordern, eine wesentliche Voraussetzung für moderne industrielle Erzeugungsmethoden,

c) die zur Vereinigung der unterschiedlichsten Werkstoffe geeignet sind.

Der letztgenannte Umstand hat der Verleimungs- und Verklebungstechnik neue wichtige Anwendungsgebiete eröffnet, z.B. die Verleimung von Metallen sowie die Verleimung und Verklebung von Kunststoffen. Ein interessantes Beispiel, das in den letzten Jahren unerwartete Bedeutung erlangt hat, ist die Flugzeugindustrie, die gewisse Konstruktions-

---

[1] Vgl. S. 115.

teile nicht mehr vernietet, sondern verleimt, um das Eigengewicht des Flugzeuges zu vermindern und die Nutzlast entsprechend zu erhöhen. Aus dem gleichen Grunde wird auch bei der Herstellung von Raumraketen Verleimung soweit wie möglich angewendet. Eine ungefähre chronologische Übersicht über die Einführung einiger wichtiger synthetischer Haftstoffe gibt Tab. 1.

Tabelle 1. *Die Entwicklung der synthetischen Haftstoffe*

1909	Phenolformaldehydharzleim für Sperrholzleimung wird in den USA von Bakeland patentiert
1919	Phenolformaldehydharz-Leimfilm wird von Mac Bain in den USA patentiert
1921–1924	Harnstofformaldehydkunstharze werden entwickelt; F. Pollak, Wien
1928	Chloropren-Kleber in Amerika (McDonald, B.B. Chem. Co.)
1930	Harnstofformaldehydharzleim wird in Deutschland eingeführt(BASF)
1930–1935	Klebebänder (Tape) in Amerika, Minnesota Mining Co.
1936–1938	Melaminformaldehydharzleim wird entwickelt (Henckel, Ciba)
1937	Polyvinylacetatleim setzt sich in Deutschland durch
1939	Epoxydharzleime werden entwickelt (Ciba, Shell)
1939–1944	Die kriegführenden Länder beschleunigen die Entwicklung und praktische Einführung einer Reihe teilweise schon bekannter Haftstoffe, z.B. von Resorcin- und säurehärtenden Phenolformaldehydharzleimen, Vinyl-Phenolleim (Reduxmethode), Polyurethanleimen, Butadien-Acrylnitril- und Butadien-Styrolklebern

1.2 Die wissenschaftliche Untersuchung des Haftprozesses

Der große Aufschwung der Leim- und Klebstoffindustrie und die zunehmende Bedeutung des Verleimens und Verklebens für die verschiedenen technischen Anwendungsgebiete haben naturgemäß das Interesse für eine systematische wissenschaftliche Untersuchung des technischen Haftprozesses sehr verstärkt. Forschung, die sich mit der Physik und physikalischen Chemie der Leim- und Klebfuge befaßt, wird heute sowohl an staatlichen Forschungsinstituten als auch den Laboratorien größerer Haftstofferzeuger und -verbraucher betrieben. Die Aufgaben dieser Forschung, die sehr verschiedener Art sind, lassen sich in großen Zügen etwa in drei Gruppen ordnen.

a) Allgemeine physikalisch-chemische Probleme. Das Zustandekommen einer Haftverbindung wird primär durch die Wirkung von Kräften allgemeinster Natur bedingt. Es handelt sich um molekulare Anziehungskräfte und ihre verschiedenen Auswirkungen wie Kohäsion, Adhäsion, Benetzung usw., deren Theorie von der physikalischen Chemie der Grenzflächen beschrieben wird und im übrigen auch heute noch kein abgeschlossenes Kapitel bildet. Ein Teil der Aufgaben, die von der Haftforschung bearbeitet werden, fällt daher mit jenen allgemeineren der physikalischen Grenzflächenchemie zusammen. Man erwartete und erwartet mitunter auch heute noch von diesem Teile der Forschung prinzipielle Auskunft darüber, welche Kombinationen von Leimen (bzw. Kontaktklebern) und festen Stoffen sich gut miteinander vereinigen bzw. welche Kombinationen aus prinzipiellen Gründen nur zu schlechter oder überhaupt keiner Vereinigung führen. Wie sich zeigen wird, ist diese Erwartung nur zum Teile gerechtfertigt. Denn das Zustandekommen einer festen Leimverbindung wird nicht allein durch die gegenseitige Anziehung der Moleküle von Haftmittel und Unterlage (Adhäsionskräfte), sondern häufig auch durch einen Wettbewerb zwischen dieser Anziehung und mechanischen Spannungen in beiden Materialen (Kohäsionskräfte) entschieden. Eine eingehende mechanische Forschung ist daher ebenso wichtig wie die physikalisch-chemische Betrachtungsweise.

b) Spezielle technische Haftprobleme. Das tatsächliche Zustandekommen einer prinzipiell möglichen Verleimung oder Verklebung hängt stark von der Einhaltung richtiger Arbeitsbedingungen ab. Die technische Haftforschung im engeren Sinne befaßt sich mit dem Studium jener besonderen Begleitumstände, die während des Haftvorganges auftreten und das Schlußresultat im günstigen oder ungünstigen Sinne beeinflussen können. Hierher gehören, um nur einige der wichtigsten Beispiele zu nennen, die Auftragsmenge, das Benetzen der Unterlage, das Eindringen des Leimes in poröse Unterlagen, das Trocknen, Verpressen, Abbinden und nicht zuletzt die bereits erwähnten Spannungen, die in der festen Fuge entstehen und den Adhäsionskräften entgegen wirken.

c) Festigkeits- und Beständigkeitsprüfungen. Ein besonderes Kapitel der technischen Forschung bildet die Untersuchung der mechanischen Festigkeitseigenschaften der fertigen Leim- oder Klebfuge und ihre Abhängigkeit von äußeren Einflüssen. Die mitunter stark wechselnde Widerstandskraft der Fuge bei verschiedenen Belastungsfällen, der Einfluß von Feuchtigkeit, Temperatur, Bakterien, chemisch bedingten Alterungserscheinungen usw. sind Faktoren von unmittelbarster praktischer Bedeutung. Aus dieser Übersicht geht hervor, daß das Problem der Haftfuge nur teilweise durch rein theoretische Betrachtungen gelöst werden kann und im übrigen Gegenstand einer technischen Forschung ist, die vielfach die Detailerfahrungen der Praxis bearbeiten muß.

Sowohl der theoretische als auch der praktisch betonte Teil der Forschung ist noch zu keinem endgültigen Abschluß gekommen, wie es ja bei einem Arbeitsgebiet, das noch in voller Entwicklung begriffen ist, nicht anders erwartet werden kann. Andererseits sind die wichtigsten Phasen des technischen Haftvorganges heute so weit untersucht, daß der Mann der Praxis, der sich der bisher gewonnenen Erfahrung bedient, gewöhnlich in der Lage sein wird, Verleimungs- oder Verklebungsprobleme nicht allzu ungewöhnlicher Art selbständig zu lösen.

A Theorie des Bindungsvorganges

I Physikalische Probleme

2 Die Molekularkräfte

2.1 Zusammenhang zwischen Molekularkräften, Kohäsion und Adhäsion

Wie von der Physik und Chemie her bekannt ist, bestehen die uns umgebenden Stoffe aus kleinsten, für einen bestimmten Stoff charakteristischen Teilchen, die durch Kräfte erster Ordnung zusammengehalten werden. Diese kleinsten Teilchen – Moleküle, wie sie der Einfachheit halber zunächst genannt werden sollen – sind mit elektrischen Kräften ausgerüstet, die sie befähigen, unter geeigneten Temperaturbedingungen größere Einheiten, das heißt feste oder flüssige Körper zu bilden. Der Zusammenhalt, die Kohäsionsbindung fester und flüssiger Körper, gewöhnlich nur „Kohäsion" genannt, wird demnach von diesen Molekularkräften besorgt. Bei den meisten organischen und einem Teil unorganischer Verbindungen – somit der überwiegenden Mehrheit der bekannten Stoffe – handelt es sich dabei um Kräfte zweiter Ordnung, bei unorganischen Ionenverbindungen, Metallen und Diamant auch um Kräfte erster Ordnung.

Der Widerstand, den ein Körper zerteilenden Kräften entgegensetzt, wird durch seine schwächste Stelle, gegebenenfalls also durch seine sekundären Bindungen bedingt. Daß während des Zerteilungsvorganges mitunter hohe lokale Spannungskonzentrationen entstehen, die auch primäre Bindungen sprengen können, ändert an dieser Tatsache nichts.

Im Inneren eines Körpers sättigen sich die Anziehungskräfte der Moleküle gegenseitig ab. Anders verhält es sich dagegen an der Oberfläche. Hier sind die äußersten Moleküle von keinen Nachbarmolekülen umgeben, und ihre nach außen gerichteten Anziehungskräfte sind nicht ausgenützt. Die Oberfläche jedes Körpers ist daher der Sitz besonderer Oberflächenkräfte, die der Anlaß von Oberflächenerscheinungen im allgemeinen und der für das Haften wichtigen Adhäsionserscheinungen im besonderen sind.

2.2 Verschiedene Arten kleinster Partikel. Moleküle

Die auf S. 5 genannten kleinsten Stoffpartikel können nach der Stärke der Anziehungskräfte in verschiedene Gruppen eingeteilt werden. Mit Ausnahme der Metalle und einer kleinen Zahl kristallisierter Verbindungen wie Diamant, Graphit usw. sind diese Teilchen wirklich Moleküle im Sinne der Chemie, die unter diesem Begriff einen Zusammenschluß mehrerer Atome durch Bindungskräfte erster Ordnung versteht. Die primären Bindungskräfte werden durch Elektronen hervorgerufen, die von einem Atom in verschiedener Weise zu einem anderen Atom übergehen können. Zwei Grenzfälle sind möglich, nämlich die gleichmäßige Verteilung von Elektronenpaaren zwischen zwei Atomen oder die vollständige Überlassung von Elektronen an das andere Atom. Im ersten Falle entstehen unpolare oder schwach polare, im zweiten vollständig polare Moleküle.

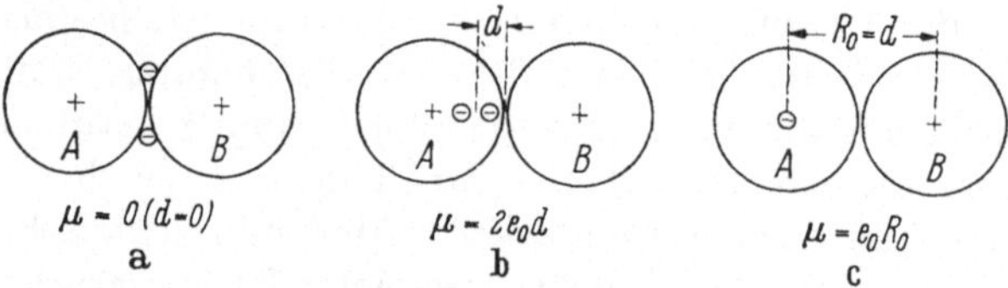

Abb. 2a–c. Moleküle verschiedener Polarität

Abb. 2 illustriert schematisch die Abstufung der Polaritätseigenschaften von Molekülen. Der Einfachheit halber soll angenommen werden, daß ein Molekül nur aus zwei verschiedenen Atomen A und B besteht. In Abb. 2a stellen beide Atome einander je ein negatives Elektron zur Verfügung und teilen das Elektronenpaar vollkommen gleichmäßig; beide Kerne tragen daher eine positive Ladung. Da die Schwerpunkte der positiven und negativen Ladungen zusammenfallen, ist das gebildete Molekül unpolar. – In Abb. 2b sind beide Elektronen etwas gegen das Zentrum von A verschoben, die Schwerpunkte der positiven und negativen Elektrizität rücken infolgedessen um die Strecke d auseinander, die jedoch klein gegen den Abstand der Massenmittelpunkte ist. Das gebildete Molekül ist schwach polar. – Abb. 2c zeigt den Fall der maximalen Polarisation des Moleküls AB. Beide Elektronen befinden sich im Zentrum von A, was praktisch darauf hinausläuft, daß das Atom A überhaupt kein Elektron abgibt, sondern ein Elektron von B vollständig übernimmt. A und B tragen nun Ladungen verschiedenen Vorzeichens: sie haben sich in Ionen verwandelt. Das entstandene Molekül ist vollständig polar. Charakteristisch für vollständige Polarität ist das Zusammenfallen der elektrischen- und Massenschwerpunkte bzw. des Abstandes d mit dem Abstand der Atommittelpunkte R_0.

2.3 Das Dipolmoment

Als Maß der Polarität wird das Dipolmoment des Moleküls benützt·
Für das Moleküldipolmoment μ gilt:

$$\mu = \text{Ladung} \cdot \text{Abstand der elektrischen Schwerpunkte}. \qquad (1)$$

Das Dipolmoment des Molekülmodells in Abb. 2b ist demnach
$\mu = 2e_0 d$, von Abb. 2c $\mu = e_0 d$. Die Ladungen, die bei molekularen
Dipolmomenten auftreten, entsprechen der einfachen oder mehrfachen
Ladung des Elektrons ($e_0 = 4{,}80 \cdot 10^{-10}$ est. E.), die Schwerpunkts-
abstände Längen der Größenordnung von 10^{-8} cm. Das Dipolmoment
eines Elektrons, das von einer gleichgroßen positiven Ladung 1 Å entfernt ist, beträgt

$$4{,}80 \cdot 10^{-10} \cdot 10^{-8} = 4{,}80 \cdot 10^{-18} \text{ est. E. cm} \qquad (2)$$

(est. E. = elektrostatische Einheiten)

Als Einheit des Dipolmomentes gilt

$$1 \cdot 10^{-18} \text{ est. E.} = 1 \text{ Debye}. \qquad (3)$$

Die Polarität eines Moleküls kann auch durch den Ionisierungsgrad[1]
ausgedrückt werden, der den Quotienten $100 \left(\dfrac{\mu_{\text{beob.}}}{\mu_{\text{max.}}} \right)$ darstellt.

Der Ionisierungsgrad des Moleküles AB in Abb. 2b ist demnach
$100 \left(\dfrac{2e_0 d}{e_0 R_0} \right)$; ist z.B. $d = R_0/10$, so beträgt der Ionisierungsgrad des Moleküls AB 20%.

Die molekularen Dipolmomente können experimentell bestimmt werden. Nach DEBYE[2] steht das Dipolmoment μ mit der relativ leicht meßbaren Dielektrizitätskonstante ε in folgender Beziehung:

$$\frac{\varepsilon - 1}{\varepsilon + 2} V = 2{,}52 \cdot 10^{24} \left(\alpha + \frac{\mu^2}{kT} \right) \qquad (4)$$

(V = Molvolumen, α = Polarisierbarkeit, $k = 1{,}38 \cdot 10^{-16} =$ Boltzmann-
sche Konstante)

Durch Messung der Temperaturabhängigkeit von ε kann μ mit Hilfe
von (4) graphisch ermittelt werden[3].

Tab. 2 enthält eine Zusammenstellung einiger unpolarer und polarer
Verbindungen:

---

[1] „Ionic character" GORDON M. BARROW, Physical Chemistry. McGraw-Hill
Book Comp. (1961) S. 269.

[2] P. DEBYE, Physik. Z. 13 (1912) 97.

[3] Vgl. z.B. EUCKEN/WICKE: Grundriß der Phys. Chemie. S. 534. Leipzig:
Akad. Verlagsgesellschaft 1958.

a) Unpolare Verbindungen ($\mu = 0$). Dieser Gruppe gehören außer den in Tab. 2 genannten Substanzen auch technisch wichtige Werkstoffe wie Naturgummi, die Kunststoffe Polyäthylen, Polystyrol, Polytetrafluoräthylen (Teflon) sowie eine Reihe von Siliconverbindungen an.

Die Bildung eines unpolaren Moleküls nach dem Schema von Abb. 2a findet nur bei der Vereinigung zweier gleichartiger Atome zu einem

Tabelle 2. Dipolmomente

Verbindung	Formel	μ (Deb.)[*]	Polarität
Paraffine	$CH_3-CH_2\ldots CH_3$	0	unpolar
Benzol	⬡ (C_6H_6)	0	,,
Tetrachlorkohlenstoff	$Cl-\underset{\underset{Cl}{\vert}}{\overset{\overset{Cl}{\vert}}{C}}-Cl$	0	,,
p-Dinitrobenzol	⬡$\langle{}^{NO_2}_{NO_2}$	0	,,
Toluol	⬡$-CH_3$	0,45	schwach polar
Äthyläther	$CH_3-CH_2-O-CH_2-CH_3$	1,15	,,
Äthylamin	$CH_3-CH_2-NH_2$	1,22	,,
Butylalkohol	$CH_3-CH_2-CH_2-CH_2OH$	1,67	,,
Äthylalkohol	CH_3-CH_2O	1,70	,,
Äthylacetat	$CH_3-CH_2-O-\overset{\overset{O}{\|}}{C}-CH_3$	1,78	,,
Essigsäure	$CH_3-C{\overset{\nearrow O}{\searrow OH}}$	1,78	,,
Wasser	H_2O	1,80	,,
Äthylchlorid	CH_3-CH_2Cl	2,03	,,
Glykol	$OH-CH_2-CH_2-OH$	2,28	,,
Acetaldehyd	$CH_3\ \ C{\overset{\nearrow O}{\searrow H}}$	2,72	,,
Aceton	$CH_3-\overset{\overset{O}{\|}}{C}-CH_3$	2,89	,,
Nitrobenzol	⬡$-NO_2$	4,27	,,
Kaliumchlorid (Gas)	KCl	7,0[**]	stark polar
,, (Krist.)	KCl	13,4[**]	,,

[*] Handbook of Chemistry and Physics. 44. Aufl., 1962–1963.

[**] EUCKEN/WICKE: Grundriß der Phys. Chemie, S. 491. Leipzig. Akad. Verlagsgesellschaft 1958.

Molekül, z. B. bei der Vereinigung zweier Wasserstoffatome zu einem Wasserstoffmolekül (H_2) statt. Das Fehlen eines Dipolmomentes bei den in Tab. 2 angeführten Molekülarten kommt auf eine etwas andere Art zustande. Hier sind Atomgruppen, die an und für sich ein Dipolmoment besitzen, so symmetrisch angeordnet, daß die einzelnen Dipolmomente einander aufheben. Diese Tatsache geht sehr deutlich aus einem Vergleich der Verbindungen Äthylchlorid–Tetrachlorkohlenstoff oder Nitrobenzol–p-Dinitrobenzol hervor, die teils ein sehr ausgeprägtes, teils überhaupt kein Dipolmoment besitzen. Man kann im allgemeinen davon ausgehen, daß unpolare Verbindungen symmetrischen Molekülbau besitzen. In vielen Fällen kann die Molekülsymmetrie visuell direkt aus dem Formelbild abgelesen werden.

b) Schwach polare Verbindungen. Zu dieser Gruppe gehören sämtliche polare organische Verbindungen, z. B. die meisten Kunststoffe bzw. synthetischen Haftmittel, Cellulose (Holz), tierische Fasern usw., sowie ein Teil der anorganischen Verbindungen; zu letzteren zählt einer der wichtigsten Stoffe überhaupt, nämlich Wasser. Die Größe des Dipolmomentes dieser Gruppe liegt im Bereich von 0,1–4 Deb. Der Ionisierungsgrad der Moleküle ist gering, da der Abstand der wirksamen Ladungen klein gegen den Abstand der Massenschwerpunkte ist; die betreffenden Verbindungen müssen daher als „schwach polar" bezeichnet werden[1]. Die Bezeichnungen „stark polar" und „schwach polar" werden in der Literatur, die Haft- oder Oberflächenprobleme behandelt, oft sehr unterschiedlich verwendet. Wasser wird z. B. oft als stark polar bezeichnet, im Gegensatz zu schwächer polaren Flüssigkeiten wie Äthylacetat usw. Derartige Bezeichnungen sind nicht als absolute Größenangaben, sondern nur als relative Vergleiche im Bereich der schwach polaren Substanzen zu verstehen.

c) Stark polare Verbindungen. Hierher gehören vor allem anorganische Substanzen wie Kochsalz, Gips, Quarz, keramische Massen, Metalloxyde sowie die Metalle selbst. Eine wichtige stark polare Substanz ist Glas, das sowohl zu technischen Zwecken verleimt wird (Sicherheitsglas, moderne Doppelfenster) als auch bei der Messung von Oberflächenspannungen und kapillaren Steighöhen als unentbehrliches apparatives Hilfsmittel dient.

In fester, kristallisierter Form sind die Vertreter dieser Gruppe nach Art von Abb. 2c oft vollständig in Ionen zerfallen; aber auch der Ionisierungsgrad ihrer gasförmigen Moleküle pflegt oft sehr hoch zu sein. Wie ein Vergleich der Dipolmomente des gasförmigen und festen Natriumchloridmoleküles in Tab. 2 zeigt, ist der Ionisierungsgrad des gasförmigen Moleküles etwa 50%.

---

[1] Vgl. EUCKEN/WICKE: Grundriß der Phys. Chemie. S. 491. Leipzig: Akad. Verlagsgesellschaft 1958.

Als eine Abart stark polarer Substanzen können die Metalle angesehen werden, die ebenfalls vollständig in Metallionen und Elektronen gespalten sind, die sich jedoch wegen der freien Beweglichkeit ihrer Elektronen (Elektronengas) in vieler Hinsicht von gewöhnlichen stark polaren Substanzen auffällig unterscheiden.

2.4 Van der Waalssche Kräfte

Die Anziehungskräfte, die von den Molekülen unpolarer und schwach polarer Substanzen ausgeübt werden und die für die Kohäsions- und Oberflächeneigenschaften dieser großen Körperklassen verantwortlich sind, werden unter der Sammelbezeichnung „van der Waalssche Kräfte" zusammengefaßt, da VAN DER WAALS als erster einen Weg wies, die Größe dieser Kräfte abzuschätzen. Die von ihm im Jahre 1873 aufgestellte und nach ihm benannte Gasgleichung

$$(p + a/V^2)\,(V - b) = RT \tag{5}$$

[a und b = van der Waalssche Konstanten, p = äußerer Druck (atm), V = Molvolumen (l), T = absolute Temperatur, R = Gaskonstante]

beschreibt das Verhalten realer Gase bedeutend besser als das ideale Gasgesetz, da u. a. die Wirkung dieser Anziehungskräfte berücksichtigt wird. Der Quotient a/V^2 stellt eine zusätzliche Druckkomponente zu dem äußeren Druck p dar, den „Kohäsionsdruck" der Moleküle, der eine Folge der molekularen Anziehung ist. Die Konstante a in (5) kann bei Molekülen ungefähr gleicher Größe[1] als Maß der Anziehungskräfte gelten.

Tabelle 3. *Kohäsionsdrücke unpolarer und polarer Gase*[2]

Verbindung	Formel	Polarität	a l^{-2} atm	a/V^2 atm, (p = 1 atm, t = 0 °C)
Butan	C_4H_{10}	unpolar	14,5	0,029
Butylalkohol	C_4H_9OH	polar	17,0	0,034
Äthyläther	$C_4H_{10}O$	polar	17,4	0,035
Äthylacetat	$C_4H_8O_2$	polar	20,5	0,041

In Tab. 3 ist der unpolare Kohlenwasserstoff Butan schwach polaren Verbindungen der gleichen Kettenlänge gegenübergestellt. Der Kohäsionsdruck von Butan ist zwar etwas niedriger, aber im übrigen durchaus von der gleichen Größenordnung wie die Kohäsionsdrücke der entsprechenden polaren Substanzen.

---

[1] Die Anziehung eines Moleküles ist die Summe der Anziehungen der einzelnen Atomgruppen; je länger eine Paraffinkette ist, bzw. je mehr CH_2-Gruppen sie enthält, um so größer wird a.

[2] Handbook of Chemistry and Physics. 44. Aufl. 1962/63.

Die van der Waalssche Gleichung gilt in großen Zügen auch für Flüssigkeiten. Eine besonders gute Übereinstimmung zwischen dem gemessenen und berechneten Volumen von Äthyläther erhält man, wenn man die Konstante b in (5) durch den Ausdruck

$$b = b_0(1 + c\,V) \tag{6}$$

(b_0 und c sind Konstanten)

ersetzt[1]. Mit Hilfe dieser modifizierten van der Waalsschen Gleichung wird der Kohäsionsdruck von flüssigem Äthyläther bei Atmosphärendruck und Raumtemperatur zu 2500 kp/cm² berechnet! Auch bei anderen Flüssigkeiten findet man Kohäsionsdrucke der gleichen Größenordnung, in Übereinstimmung mit den hohen Zerreißspannungen, die aus der Oberflächenspannung von Flüssigkeiten folgen (vgl. Tab. 10, S. 24). Die molekularen Anziehungskräfte, die in Flüssigkeiten herrschen, sind also sehr beträchtlich.

2.5 Unpolare Moleküle. Londons Dispersionskräfte

Das Vorhandensein von Anziehungskräften zwischen unpolaren Molekülen ist vom Standpunkt der klassischen Elektrizitätslehre nicht verständlich. Obwohl auch die van der Waalssche Gleichung nicht als Erklärung, sondern nur als eine Anweisung zur Messung dieser Kräfte aufzufassen ist, gestattet sie jedoch, Rückschlüsse auf ihre Natur zu ziehen. EUCKEN[2] weist auf die auffällige Tatsache hin, daß *eine* Attraktionskonstante der van der Waalsschen Gleichung sowohl das Verhalten von zwei oder drei Partikeln im Gasraum als auch das Verhalten der Flüssigkeit richtig beschreibt, in der sich eine größere Anzahl von Partikeln gleichzeitig anziehen. Die wirkende Kraft ist daher nicht absättigbar wie chemische (primäre) Valenzkräfte, sondern besitzt den Charakter der Schwerkraft, die ja ebenfalls nicht abzusättigen ist, sondern zwischen beliebig vielen Teilchen wirkt.

Die quantenmechanische Aufklärung dieser wichtigen Komponente der van der Waalsschen Kräfte ist erst verhältnismäßig spät durch LONDON[3] erfolgt, der ihr Zustandekommen folgendermaßen erklärt: Die Feststellung, daß unpolare Moleküle kein Dipolmoment besitzen, ist nur bedingt richtig; sie gilt nur für Mittelwertsmessungen über Zeiten, die länger als die Umlaufszeiten der Elektronen sind. Während sehr kurzer Zeiten treten, eben als Folge des Elektronenumlaufes, Ladungsschwankungen auf, die eine allgemeine, der Schwerkraft ähnliche Anziehung

---

[1] EUCKEN/WICKE: Grundriß der Phys. Chemie. S. 52, 9. Aufl.

[2] EUCKEN/WICKE: Grundriß der Phys. Chemie. S. 699. 9. Aufl.

[3] EISENSCHITZ, R. u. F. LONDON: Z. Physik 60 (1930) 491; LONDON, F.: Z. Physik 63 (1930) 245.

zur Folge haben. Der Name „Dispersionskraft", der für die London-Kräfte oft benützt wird, bezieht sich auf den Grundgedanken der Berechnung: die gegenseitige Einwirkung zweier Moleküle wird in analoger Weise behandelt wie die Einwirkung von Licht verschiedener Frequenzen auf ein Molekül. Als Resultat folgt für die Bindungsenergie zweier Moleküle

$$E_{\text{Disp.}} = \frac{3\,h\,\nu_0}{4}\,\frac{\alpha^2}{R^6} \tag{7}$$

(ν_0 = Eigenfrequenz des Moleküls, h = Plancksches Wirkungsquantum, α = Polarisierbarkeit des Moleküls, R = Abstand der Molekülmittelpunkte)

Beziehung (7) kann oft durch die Näherungsformel

$$E_{\text{Disp.}} = \frac{1,8 \cdot 10^{-11}\,\alpha^2}{R^6} \tag{8}$$

ersetzt werden[1], die ungefähre Werte der Dispersionsenergie eines Molekülpaares auf einfache Weise zu berechnen gestattet. Die Polarisierbarkeit α kann mit einer für den vorliegenden Zweck ausreichenden Genauigkeit aus der Molrefraktion $\mathfrak{R}$ des betreffenden Stoffes erhalten werden:

$$\alpha = \frac{3\,\mathfrak{R}}{4\,\pi\,N_L} = 4,0 \cdot 10^{-25} \cdot \mathfrak{R} \tag{9}$$

(N_L = Loschmidtsche Zahl = $6,0 \cdot 10^{23}$).

Die Moleküle fester und flüssiger Stoffe berühren einander. Nimmt man der Einfachheit halber an, daß die Moleküle Würfelform besitzen, so wird R gleich der Seitenlänge R_0 eines Molekülwürfels:

$$R_0 = \sqrt[3]{V/N_L} = \sqrt[3]{M/(d \cdot N_L)} \tag{10}$$

(V = Molvolumen, M = Molekulargewicht, d = Dichte.)

Tabelle 4. *Bindungsenergien unpolarer Verbindungen*

Substanz	$\alpha \cdot 10^{24}$ cm³/mol	V cm³/mol	$E_D \cdot 10^{14}$ erg	$N_L E_D$ kcal/mol	Z kcal/mol	Literatur
Pentan	9,7	115	5,2	0,7	1,5	Handbook of
Benzol	10,5	89	9,7	1,3	2,3	Chemistry
Tetrachlor-						and Physics
kohlenstoff	10,3	96	9,2	1,1	2,3	1962/63

In Tab. 4 sind außer den nach (8) berechneten molekularen Dispersionsenergien E_D auch die molaren Energien $N_L E_D$ für einige unpolare Ver-

---

[1] BARROW, GORDON, M.: Physical Chemistry. S. 406. New York: McGraw-Hill Book Comp. Inc. 1961.

bindungen angegeben. Verglichen mit primären Bindungsenergien sind diese Werte sehr niedrig. So beträgt die molare Bindungseenrgie der C-C-Bindung 85 kcal/mol, der C-H-Bindung 98 kcal usw. Man darf jedoch nicht vergessen, daß auch diese scheinbar niedrigen Energien mehr als ausreichend sind, um die technischen Festigkeitseigenschaften der meisten Kunststoffe zu erklären. Neben den theoretisch berechneten Werten ist in Tab. 4 zum Vergleich auch die molare Kohäsionsarbeit Z angegeben, die aus Oberflächenspannungsdaten ermittelt werden kann und die Arbeit darstellt, die erforderlich ist, um zwei Flächen zu trennen, die je N_L Moleküle enthalten (vgl. S. 28). Auch bei dieser Trennung werden N_L Molekülbindungen gelöst. Nach DE BOER[1] darf Z nicht einfach der Größe $N_L E_D$ gleichgesetzt werden, da sich bei der Trennungsarbeit auch die Wirkung tiefer liegender Molekülschichten bemerkbar macht, die der Bruchfläche benachbart sind. Entsprechend der Schwerkraftnatur der Dispersionskräfte sind jedoch sämtliche Beiträge zur molaren Kohäsionsarbeit stets positiv. Die Z-Werte von Tab. 4 sind daher etwas größer als die Summe der Einzelbindungen, können aber als eine qualitative Bestätigung dieser nach (8) berechneten Werte betrachtet werden.

2.6 Schwach polare Moleküle. Keesoms Orientierungskräfte

Bei schwach polaren Verbindungen treten neben Dispersionskräften auch elektrische Richtkräfte auf, die durch die Dipole der Moleküle hervorgerufen werden. Die Anziehung zwischen zwei schwachen permanenten Dipolen, läßt sich für den Gaszustand berechnen. Die größte Anziehung zwischen *zwei* Dipolen findet statt, wenn die Richtung der Dipolachse mit dem Zentrumabstand R beider Moleküle zusammenfällt. In diesen Fällen gilt für ein Molekülpaar

$$E_{\text{Orient.}} = \mu^2/R^3. \tag{11}$$

Das Zustandekommen dieser günstigen Einstellung wird durch die Wärmebewegung der Moleküle gestört. An ihrer Stelle tritt nach KEESOM[2] eine statistisch bevorzugte Verteilung auf, deren Mittelwert

$$E_{\text{Orient.}} = \frac{2\,\mu^4}{3\,R^6\,kT} \tag{12}$$

ist. Wenn zwei Dipolmoleküle einander berühren, ist die Orientierungsenergie nicht nur vom Dipolmoment, sondern auch von der Molekülgröße

---

[1] DE BOER, J. H.: Trans. Farad. Soc. 32, (1936) 10. Z wird durch mehrfache Integration berechnet. Die Abstandsabhängigkeit sinkt dabei von $1/R^6$ auf $1/R^3$.
[2] KEESOM, W. H.: Physik. Z. 22 (1921) 126, 643; 23 (1922) 225.

stark abhängig. Das geht sehr deutlich aus Tab. 5 hervor, die mit Hilfe der Näherungsformel

$$E_{\text{Orient.}} = \frac{2\,\mu^4\,N_L{}^2}{2\,V^2\,kT} \tag{13}$$

berechnet ist. Beziehung (13) folgt durch Kombination von (12) und (10).

Tabelle 5
Orientierungsenergien schwach polarer gasförmiger Moleküle bei gegenseitiger Berührung

Substanz	V cm³/mol	μ Deb.	$E_{\text{Orient.}}$ 10^{14} erg	Literatur
Äthyläther	104	1,15	0,1	Handbook of Chemistry
Wasser	18	1,80	20,8	and Physics 1962/63
Nitrobenzol	103	4,27	18,3	

Orientierungskraft und Dipolmoment müssen einander daher durchaus nicht folgen. Trotz bedeutend kleinerem Dipolmoment sind die Orientierungskräfte von Wassermolekülen unter den genannten Voraussetzungen größer als von Nitrobenzolmolekülen. Im übrigen lehrt ein Vergleich von Tab. 4 und 5, daß die molekularen Orientierungs- und Dispersionsenergien von gleicher Größenordnung sind.

Da eine statistische Einstellung der Moleküle nur im Gaszustand möglich ist, können die Beziehungen (12) und (13) nicht auf flüssige und feste Stoffe angewendet werden. Andere theoretische Berechnungsmöglichkeiten sind bis heute nicht bekannt. Gewisse Aufschlüsse erhält man doch wiederum durch die molaren Kohäsionsarbeiten, die bei schwach polaren Substanzen die Summe von Dispersions- und Dipolenergien darstellen. Mit Hinsicht darauf, daß Wasser und Nitrobenzol zu den stärksten schwachpolaren Substanzen gehören, bestätigt ein Vergleich von Tab. 6 und 4, daß die Beiträge der Dipolenergie zu den Kohäsionsarbeiten die Größenordnung der Dispersionsenergien nicht wesentlich übersteigen können und daß sie bei ungünstigen Verhältnissen von Dipolmoment : Molekülgröße kleiner als die letzteren sein werden (Äthyläther).

Tabelle 6. Molare Kohäsionsarbeit Z schwach polarer Verbindungen

Substanz	Z kcal/mol	Literatur
Äthyläther	1,5	Wolf, K. L.: Physik und Chemie
Wasser	2,0	der Grenzflächen I. Springer 1957
Nitrobenzol	3,9	

2.7 Stark polare Moleküle.
Polare chemische Bindungskräfte erster Ordnung

Stark polare anorganische Verbindungen sind im flüssigen und festen Zustand vollständig in Ionen zerfallen. Im Kristallgitter des Natrium-

oder Kaliumchloridkristalles sind einwertige positive und negative Ionen in gleichen Abständen voneinander angeordnet. Formell könnte man zwar auch in diesem Falle ein benachbartes Ionenpaar als einen Dipol betrachten, doch verlieren die für Dipole charakteristischen Formeln ihre Gültigkeit, da die Dipolachse gleich dem Abstand der Ionen-Massenmittelpunkte ist und daher die Bedingung $\alpha \ll R$ nicht mehr erfüllt. Die Bindungsenergie einer einzelnen positiven und negativen Elementarladung wird durch das Coulombsche Gesetz beschrieben:

$$E_{\text{Coul.}} = \frac{e_0^2}{R} \tag{14}$$

$(e_0 = 4,80 \cdot 10^{-10} \text{ est. E.})$

Die nach (14) berechnete Bindungsenergie eines Mols einwertiger Ionenpaare kann als Funktion des Abstandes R aus dem Diagramm in Abb. 3 unmittelbar abgelesen werden. Für den Ionenabstand $R = 2,8 \text{ Å}$[1] im Natriumchloridkristall findet man 115 kcal/mol. Vergleicht man in Tab. 7 wiederum die Summe der Bindungsenergien von einem Mol Ionenpaaren $2N_L E_C$ mit den aus Oberflächenspannungsdaten bekannten molaren Kohäsionsarbeiten geschmolzener Salze, so findet man einen auffallenden Unterschied.

Die molaren Kohäsionsarbeiten Z dieser und anderer Ionenverbindungen lassen das Vorhandensein starker primärer Bindungskräfte nicht erkennen, sondern stimmen der Größe nach viel eher mit den Kohäsionsarbeiten schwach polarer

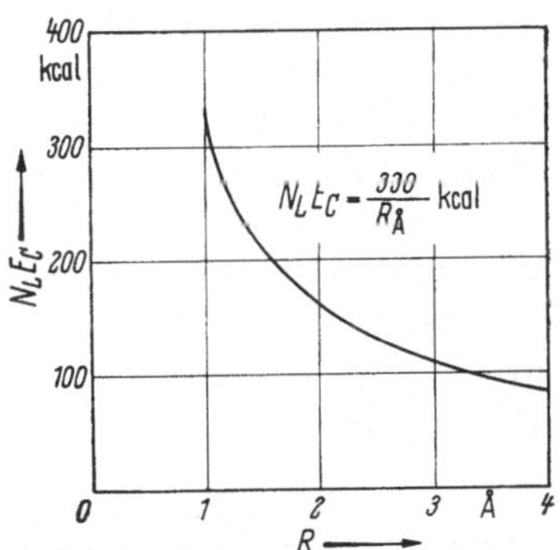

Abb. 3. Molare Coulombsche Anziehungsenergie zwischen zwei einwertigen Ionen

Verbindungen überein. Diese Tatsache ist dem Umstand zuzuschreiben, daß in einer abwechselnden Anordnung von positiven und negativen Ionen nicht nur Anziehung zwischen gleichen, sondern auch Abstoßung zwischen ungleichen Ladungen vorkommt. DE BOER[2] zeigte anhand des Natrium-

Tabelle 7. *Bindungsenergien stark polarer Verbindungen*

Substanz	$2N_L E_C$ kcal/mol	Z kcal/mol	t °C	Literatur
Natriumchlorid	230	5,2	800	Wolf, K. L.: Physik u. Chemie der
Kaliumchlorid	~200	5,2	800	Grenzflächen Bd. I. Springer 1957

[1] Holleman/Wiberg: Lehrbuch d. anorg. Chemie. S. 147. Berlin: Walter de Gruyter u. Co. 1964.

[2] de Boer, J. H.: Trans. Farad. Soc., 32 (1936) 20.

chloridkristalles, daß die viel schwächeren Dispersionskräfte der Na^+- und Cl^--Ionen einen wesentlichen Beitrag zur Kohäsionsarbeit liefern, da die Coulombschen Anziehungskräfte einander größtenteils aufheben.

2.8 Metalle. Polare chemische Bindungskräfte erster Ordnung

Auch Metalle erinnern an stark polare Verbindungen, denn sie sind vollständig in positive Metallionen und negative Elektronen zerfallen. Nur die positiven Ionen bilden ein Gitter. Die Elektronen bewegen sich dagegen im Gegensatz zu den festen Anionen eines Ionenkristalles frei als komprimiertes „Elektronengas" im Metallgitter. Die Anziehungskräfte zwischen festen Metallionen und Elektronen lassen sich mit guter Annäherung wiedergeben, wenn man ein bewegliches Elektron durch ein festes ersetzt, das sich an dem durchschnittlichen Aufenthaltsort des beweglichen Elektrons befindet[1]. Bei gleicher Ionenladung und gleichen Abständen sind daher die Einzelkräfte in Metallen annähernd die gleichen wie in Ionenkristallen. So beträgt der Abstand zwischen einem Silberion und dem durchschnittlichen Aufenthaltsort eines benachbarten Elektrons ~ 2 Å[1]. Nach Abb. 3 ist die Bindungsenergie in diesem Falle 165 kcal/mol, $2\,N_L E_C$ daher 330 kcal/mol. Obwohl die Kohäsionsarbeit von Silber nach Tab. 8 bedeutend größer als diejenige einer einwertigen Ionenverbindung ist, unterscheidet sich der Wert von $2\,N_L E_C$ und Z nach wie vor um eine Größenordnung. Offenbar werden auch bei den Metallen ein großer Teil der Anziehungskräfte durch abstoßende Kräfte wieder aufgehoben.

Tabelle 8. *Bindungsenergien von Metallen*

Substanz	$2\,N_L E_C$ kcal/mol	Z kcal/mol	t °C	Literatur
Aluminium	—	15,5	700	Handbook of Chemistry
Kupfer	—	14,8	1131	and Physics, 1962/63
Silber	330	15,2	1000	Wolf, K. L.: vgl. auch
Platin	—	31,6	2000	S. 28

2.9 Unpolare Atome. Unpolare[2] chemische Bindung erster Ordnung

Eine begrenzte Anzahl von Stoffen wie Diamant oder Siliciumkarbid besitzt nicht die Molekül- oder Ionenstruktur der bisher besprochenen Verbindungen. Die kleinsten Bausteine dieser Stoffe sind unpolare Atome, die durch unpolare (kovalente) chemische Bindungen erster Ordnung zusammengehalten werden. Diese Bindungsart ist mit

---

[1] Eucken/Wicke: Grundriß der physik. Chemie.

[2] Die unpolare, kovalente Bindung erster Ordnung ist von der unpolaren Dispersionsbindung zweiter Ordnung zu unterscheiden.

der auf S. 6 erwähnten Bindung durch gemeinsame Elektronenpaare identisch. Die Kohlenstoffatome in Diamant werden durch solche primäre unpolare Bindungen zusammengehalten, deren Energie 85 kcal/mol beträgt. Die C-C-Bindung ist daher etwas schwächer als die Coulombsche Anziehung zwischen zwei einwertigen Ionen in 2–3 Å Abstand. Trotzdem ist die molare Kohäsionsarbeit kovalenter Atomverbindungen bedeutend größer als von stark polaren Substanzen. Denn die einzelnen Bindungen beeinflussen einander nicht, sondern liefern nur positive Beiträge zur Kohäsionsarbeit. Letztere kann bei Diamant durch einfache Summierung[1] bestimmt werden und beträgt je nach Spaltrichtung 50–85 kcal/mol Hier liegt also wirklich der Fall vor, daß die Größen N/E und Z einander gleich werden.

Auf S. 6 wurde ein Molekül als der Zusammenschluß mehrerer Atome zu einer Einheit beschrieben. Von diesem Standpunkt kann man einen fehlerfreien Diamantkristall als ein makroskopisches Molekül betrachten. Auch bei der Bildung hochpolymerer Stoffe entstehen sehr große Moleküle. Besonders bei polyfunktionellen Kondensationsreaktionen, z. B. der Kondensation von Karbamid-Melamin- und Phenolharzen, scheinen die chemischen Voraussetzungen für die Bildung dreidimensionaler unbegrenzt großer Riesenmoleküle gegeben zu sein. Die Frage liegt daher nahe, ob solche Kunstharze im ausgehärteten Zustand durchwegs von primären kovalenten Bindungen zusammengehalten werden. Alle Beobachtungen und Berechnungen[2] deuten jedoch darauf hin, daß die Moleküle dieser Kunstharze auch im ausgehärteten Zustande makroskopische Dimensionen nicht erreichen, sondern nur submikroskopische Bereiche bilden, die durch van der Waalssche Kräfte zusammengehalten werden. Hierfür spricht unter anderem auch die geringe freie Oberflächenenergie, die bei Benetzungsversuchen an frisch gebildeten Oberflächen beobachtet wird. Ausgehärtete Kondensationsharze sind daher der Struktur nach mit schwach polaren Molekülverbindungen und nicht mit kovalenten Atomverbindungen zu vergleichen.

3 Spezifische Kohäsionsarbeit (ζ)
und spezifische freie Oberflächenenergie (γ)

3.1 Der Zusammenhang zwischen den Größen ζ und γ

Auf S. 5 wurde bereits angedeutet, daß die Kräfte im Inneren und an der Oberfläche eines Körpers gemeinsamen Ursprung besitzen: beide werden durch molekulare Anziehungskräfte hervorgerufen. Die nahe Verwandtschaft von Kohäsions- und Oberflächenenergie läßt sich an-

---

[1] HARKINS, W. D.: J. Chem. Phys. 10 (1942) 268.
[2] DE BOER, J. H.: Trans. Farad. Soc. 32 (1936) 25.

hand des in Abb. 4 dargestellten Versuches einfach erläutern. Ein zylindrischer Probekörper mit dem Querschnitt 1 cm² ($d = 2/\sqrt{\pi}$) soll unter idealen Versuchsbedingungen zerrissen werden. Es wird daher vorausgesetzt, daß der Riß an einem fehlerfreien Querschnitt erfolgt,

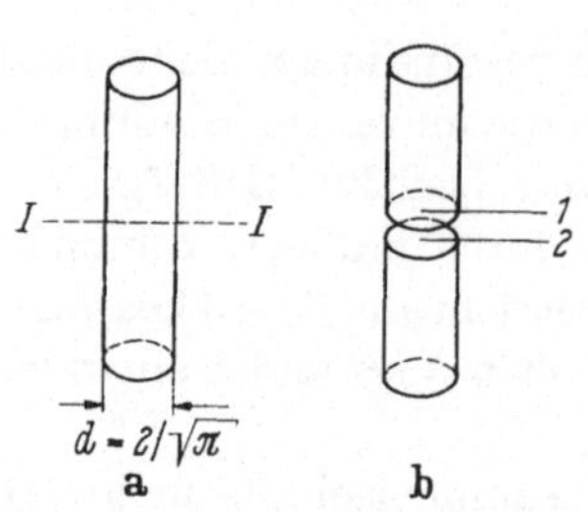

Abb. 4a u. b. Oberflächenbildung durch Zerreißen

daß sich glatte zur Zylinderachse senkrechte Bruchflächen bilden, daß andere energieverbrauchende Erscheinungen wie Deformation des Probekörpers vermieden werden usw.[1]. In diesem Falle wird die (ideale) Zerreißarbeit, die geleistet werden muß, gleich der spezifischen Kohäsionsarbeit ζ, denn sie wird ausschließlich zum Trennen jener Moleküle verwendet, die nach dem Zerreißen die neuen Oberflächen *1* und *2* bilden; sie wird infolgedessen beiden Oberflächen als potentielle Energie zugeführt[2]. Da man die potentielle Energie physikalisch-chemischer Prozesse als „freie Energie" zu bezeichnen pflegt (im Gegensatz zur „gebundenen Energie", die als Wärmetönung auftritt), wird die potentielle Energie von 1 cm² Oberfläche gewöhnlich spezifische freie Oberflächenernegie (γ) genannt. Zwischen der spezifischen[3] Kohäsionsarbeit ζ und der spezifischen[3] freien Oberflächenenergie γ besteht nach Abb. 4 demnach die Beziehung:

$$\cdot \zeta = 2\gamma. \tag{15}$$

Sowohl ζ als auch γ pflegen in erg/cm² angegeben zu werden.

Die exakte Gültigkeit von (15) setzt voraus, daß die unmittelbar beim Zerreißen gebildete Oberfläche keinen weiteren Veränderungen unterworfen ist, bevor sie einen stabilen Endzustand erreicht, eine Bedingung, die bei vielen polaren Substanzen und festen Körpern vermutlich nicht genau erfüllt ist[4].

Trotzdem wird (15) bei Flüssigkeiten allgemein angewendet und auch bei festen Körpern zu Abschätzungen benützt[5].

---

[1] Vgl. POHL, R. W.: Einf. in die Physik, Bd. 1, § 72. Berlin/Göttingen/Heidelberg: Springer 1959.

[2] Da die gesamte Zerreißarbeit in potentielle = freie Energie übergeführt wird, kann dieser Zerreißvorgang auch als reversibel bezeichnet werden.

[3] Der einfacheren Ausdrucksweise halber wird im folgenden die Bezeichnung „spezifisch" fortgelassen. Unter Kohäsionsarbeit und freier Oberflächenenergie sind daher immer die spezifischen, d.h. auf 1 cm² bezogene Werte zu verstehen, sofern keine anderen Angaben gemacht werden.

[4] Vgl. S. 32 oder ADAMSON, A. W.: Phys. Chemistry of Surfaces, S. 237–245. New York: Interscience Publ. Inc. 1960.

[5] POHL, R. W.: Einf. in die Physik, Bd. 1, § 72. Berlin/Göttingen/Heidelberg: Springer 1959.

Die Werte der Kohäsionsarbeit und freien Oberflächenenergie werden häufig zur Beurteilung der für die Fugenbildung wichtigen Benetzungs- und Adhäsionsvorgänge verwendet. Gl. (15) weist im Prinzip zwei Möglichkeiten der experimentellen Messung dieser beiden Größen, nämlich

1. die Bestimmung von ζ durch geeignete Zerreißversuche oder

2. die Bestimmung von γ durch Messung der Oberflächenspannung von Flüssigkeiten.

3.2 Die Bestimmung von ζ durch Zerreißversuche

Diese Bestimmungsmethode begegnet großen praktischen Schwierigkeiten, da die notwendigen idealen Versuchsbedingungen sehr schwer zu verwirklichen sind, und konnte deshalb bisher nur in ganz vereinzelten Fällen durchgeführt werden; sie führt jedoch zu interessanten Schluß- folgerungen. Die Größe der Zerreißarbeit läßt sich aus der leicht zu mes- senden „theoretischen" Zerreißspannung Z_{th} berechnen. Der Zusatz bzw. Index „theoretisch" soll zum Ausdruck bringen, daß die Messung der Zugspannung unter solchen Bedingungen stattfand, wie sie bei Anwen- dung von Gl. (15) vorausgesetzt werden. Bei der Berechnung von ζ wird häufig angenommen, daß die Zerreißspannung über den Weg von 10^{-8} cm, der Abmessung molekularer Dimensionen, Arbeit leistet[1]. Es folgt daher

$$\zeta = 10^{-8} \cdot Z_{th} \tag{16}$$

$$(\zeta \text{ in erg/cm}^2 \; Z_{th} \text{ in dyn/cm}^2)$$

Gewöhnlich werden die Werte von Z_{th} in kp/cm^2 angegeben. In diesem Falle gilt

$$\zeta = 10^{-2} \cdot Z_{th} \tag{17}$$

$$(\zeta \text{ in erg/cm}^2, \; Z_{th} \text{ in kp/cm}^2).$$

Gl. (16), die unter sehr vereinfachten Annahmen abgeleitet ist, stellt nur eine Näherungsformel dar. Man kommt jedoch auch bei genauerer Rechnung zu wenig abweichenden Resultaten, wie nachstehendes Bei- spiel zeigt. Man darf erwarten, daß die Zerreißspannung, die bei einem idealen Zerreißversuch auftritt, durch eine **Abstandsfunktion der Form** $Z = \text{konst.}/R^n$ dargestellt wird. R bedeutet dabei den Normalabstand der zu trennenden Flächen (Fig. 4), der zu Beginn des Zerreißversuches dem Molekülabstand R_0 des Versuchsmaterials entspricht. Die gemessene maximale Spannung besitzt dann den Wert $Z_{th} = \text{konst.}/R_0^n$. Es folgt da- her konst. $= Z_{th} R_0^n$ und

$$\zeta = \text{konst.} \int_{R_0}^{\infty} \frac{dR}{R^n} = \frac{\text{konst.}}{n-1} \frac{1}{R^{n-1}} = \frac{R_0}{n-1} Z_{th} \tag{18}$$

---

[1] POHL, R. W.: Einf. in die Physik, Bd. 1, § 72. Berlin/Göttingen/Heidelberg: Springer 1959.

In vielen organischen Verbindungen ist $R_0 = 3{,}5$–$3{,}7$ Å. Ferner nimmt man an, daß in Stoffen, die von van der Waalsschen Kräften zusammengehalten werden, $n \sim 4$ ist[1]. Der Faktor $\dfrac{R_0}{n-1}$ in (18) nimmt in diesem Falle den Wert $1{,}2 \cdot 10^{-8}$ an, in guter Übereinstimmung mit Näherungsformel (16).

Vergleicht man gemessene technische Zerreißfestigkeiten mit theoretischen Werten, die entweder nur aus molekularen Daten oder aus Oberflächenspannungsmessungen mit Hilfe von (15) und (16) berechnet wurden, findet man meistens sehr große Unterschiede. Der Grund für diese oft erörterte Tatsache ist vor allem darin zu suchen, daß es nur bei außergewöhnlichen Vorsichtsmaßregeln möglich ist, fehlerfreie Probekörper herzustellen. Es ist bekannt, daß am Rande kleiner Löcher ungewöhnliche Spannungsverteilungen auftreten[2] und daß an solchen Stellen Spannungsspitzen entstehen, die bedeutend größer als die angelegte Durchschnittsspannung sein können. Aus diesem Grunde wird die Festigkeit eines Probekörpers durch Kerben an der Oberfläche oder durch Fehlerstellen im Inneren sehr stark erniedrigt.

In Tab. 9 sind gemessene und berechnete Zugfestigkeiten einander gegenübergestellt. Die theoretische Zugfestigkeit von Phenolformaldehydharz ist aus molekularen Daten[3], diejenige von Silber, Kupfer und Glas nach (16) aus der Kohäsionsarbeit ζ berechnet, die mit Hilfe von (17) aus der Oberflächenspannung dieser Stoffe im flüssigen Zustand abgeschätzt werden kann. Die gemessenen Zerreißfestigkeiten wurden bei den ersten vier Substanzen an gewöhnlichen technischen Proben ermittelt und unterscheiden sich von den theoretischen Werten durchwegs um eine Größenordnung. Nur im fünften Falle erreicht die Zerreißfestigkeit spezieller Glasproben, die unter besonderen Vorsichtsmaßnahmen hergestellt wurden[4], die theoretische Grenze.

Die Zugfestigkeit fester technischer Werkstoffe wird demnach meistens von Fehlerstellen sehr stark beeinflußt. Ähnlichen Verhältnissen begegnet man auch bei der festen Leimfuge.

Wie auf S. 27 näher besprochen wird, unterscheiden sich die Kohäsionsarbeiten von Stoffen im festen und flüssigen Aggregatzustand nicht allzusehr voneinander. Die theoretischen Zerreißfestigkeiten von Flüssigkeiten sind von der gleichen Größenordnung wie diejenigen von festen Stoffen. So beträgt Z_{th} von Äthyläther $3{,}4 \cdot 10^3$, von Wasser $1{,}5 \cdot 10^4$ kp/cm² (vgl. Tab. 12). Diese hohen Werte scheinen im Widerspruch zu

---

[1] Vgl. Fußnote 1, S. 13. Da die Energie $E \sim 1/R^3$ ist die Zugspannung $Z \sim 1/R^4$.

[2] GRIFFITH, A. A.: The Theorie of Rupture, 1. Int. Congr. of Appl. Mech. 55–63. Delft 1924.

[3] DE BOER, J. H.: Trans. Farad. Soc. 32 (1936) 10.

[4] POHL, R. W.: Einf. in die Physik, Bd. 1, § 72. Berlin/Göttingen/Heidelberg: Springer 1959.

Tabelle 9. *Gemessene und berechnete (theoretische) Zerreißfestigkeiten*[1]

Substanz	gemessen	berechnet	
Phenolformaldehydharz	760[2]	4000	aus molekularen Daten[3]
Silber	3000	200000	
Kupfer	4000	280000	aus Oberflächenspannungsdaten
Glas (technisch)	8000[4]	80000[5]	der geschmolzenen Substanzen
Glas (frischbereitete, dünne Fäden)	100000[4]	80000	

der täglichen Erfahrung zu stehen. Es läßt sich jedoch leicht zeigen,
daß auch Flüssigkeiten hohe Zerreißfestigkeiten besitzen, wenn sie an
seitlichem Einschnüren verhindert werden. So halten Flüssigkeitsfäden
in dünnen Rohren überraschend hohen Zugbeanspruchungen stand; bei
Äthyläther wurde z.B. bis zu 70 kp/cm² gemessen[6]. Die theoretischen
Zerreißwerte werden allerdings nicht erreicht, da unvermeidliche kleine
Fremdkörper im Flüssigkeitsinneren oder an der Rohrwand – in der Regel
kleine Gasblasen – die Zerreißfestigkeit in ähnlicher Weise verringern
wie die Fehlerstellen der festen Körper[6]. Ein weiterer Beleg für die hohe
Zerreißfestigkeit, die Flüssigkeiten unter geeigneten Bedingungen entwickeln, ist die starke Adhäsionswirkung dünner am Einschnüren ver-
hinderter Flüssigkeitsfilme zwischen planen Flächen. Schließlich sei auch
auf die qualitative Übereinstimmung des Kohäsionsdruckes von Äthyläther ($2,5 \cdot 10^3$ kp/cm², vgl. S. 11) und der aus Oberflächenspannungsmessungen ermittelten Kohäsionsarbeit ($3,4 \cdot 10^3$ kp/cm²) hingewiesen.

3.3 Die Bestimmung von γ
durch Messung der Oberflächenspannung von Flüssigkeiten

Im Prinzip eignet sich jeder Vorgang, bei dem Oberflächen entstehen,
zur Bestimmung der freien Energie γ der neugebildeten Oberfläche.
Gl. (15) bezieht sich auf einen Spezialfall, nämlich die Oberflächenbildung
beim Zerreißvorgange. Im allgemeinen Fall gilt:

γ = spezifische freie Oberflächenenergie
   = reversible Arbeit zur Erzeugung von 1 cm² neuer Oberfläche.   (19)

---

[1] Werte ohne nähere Hinweise sind dem Handbook of Chem. a. Phys. 1962–1963
entnommen.

[2] HOUWINK, R.: Trans. Farad. Soc. 32 (1936) 126.

[3] Siehe Fußnote 3, Seite 20.

[4] Siehe Fußnote 4, Seite 20.

[5] BADGER, A. E., C. W. PARMELEE u. A. R. WILLIAMS: J. Amer. Cer. Soc. 20
(1937) 325.

[6] POHL, R. W.: Einf. in die Physik, Bd. 1, § 78. Berlin/Göttingen/Heidelberg:
Springer 1959.

2 E

Neue Oberfläche entsteht auch bei unelastischem Dehnen einer Flüssigkeit, z.B. dem Aufblasen einer Seifenblase[1]. Die Arbeit, die zum Dehnen einer Flüssigkeitsoberfläche erforderlich ist, kann auf verschiedene Weise sehr genau bestimmt werden. Sämtliche Meßmethoden laufen auf die Bestimmung jener Kraft hinaus, die eben imstande ist, eine Flüssigkeitsoberfläche zu vergrößern. Die in Abb. 5 dargestellte Vorrichtung ist weniger zur Ausführung praktischer Messungen als zur Erläuterung des Meßprinzipes geeignet. Eine Flüssigkeitslamelle, z.B. aus Seifenwasser, wird zwischen drei festen und einer beweglichen Seite eines Begrenzungsrahmens gespannt. Die bewegliche Seite wird von einem Läufer l gebildet, der sowohl gewicht- als auch reibungslos gedacht ist. Wie durch Versuche festgestellt werden kann, gibt es eine bestimmte Gleichgewichtskraft K – z.B. hervorgerufen durch die Gleichgewichtsbelastung m in Abb. 5 –, mit deren Hilfe die Flüssigkeitslamelle in einer bestimmten Lage eingestellt werden kann. Bei einer differentiellen ($\pm$)-Änderung der Gleichgewichtskraft dehnt sich die Lamelle entweder unbegrenzt aus oder zieht sich vollständig zusammen. Denn die Flüssigkeitsoberfläche übt unabhängig von ihrer jeweiligen Größe einen konstanten Zug auf den Läufer aus; sie unterscheidet sich dadurch von einer gespannten Gummimembran, mit der sie mitunter zu Unrecht verglichen wird.

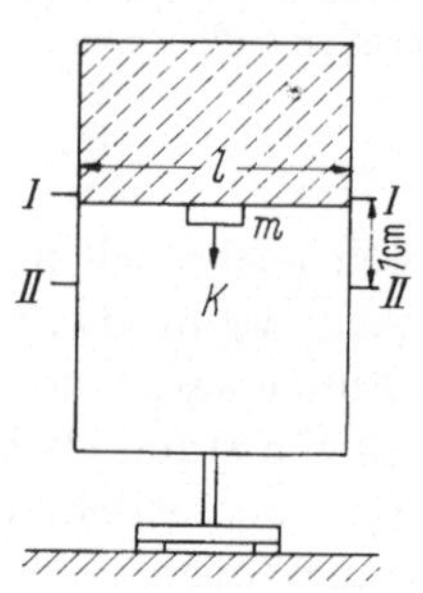

Abb. 5. Dehnung einer Flüssigkeitslamelle

Begrenzt man die Bewegungsfreiheit des Läufers durch zwei Anschläge I und II in 1 cm Abstand voneinander, so wird bei einer Verschiebung des Läufers von I nach II die Oberfläche der Flüssigkeitslamelle (Vorder- und Rückseite!) um den Betrag 2 lcm² vergrößert. Die Gleichgewichtskraft $K = mg$ (dyn) leistet dabei die Arbeit $K \cdot 1$ cm $= mg$ (erg), die den neugebildeten Oberflächen (2 lcm²) als freie Energie zugeführt wird. Die spezifische freie Oberflächenenergie ist daher

$$\gamma = \frac{mg}{2l} \, (\text{erg/cm}^2). \tag{20}$$

Bei dem beschriebenen Dehnungsvorgang hält die zum Läufer l senkrechte Kraft K einer gleichgroßen entgegengesetzten Zugkraft das Gleichgewicht, die von der beweglichen Begrenzungslinie der Lamelle ausgeübt wird und dadurch zustande kommt, daß Flüssigkeitsoberflächenmoleküle

---

[1] Die Oberflächenvergrößerung der Seifenblase erfolgt dadurch, daß Moleküle aus dem Flüssigkeitsinneren an die Oberfläche treten. Die elastische Dehnung, z.B. eines Gummistückes ist in diesem Zusammenhang nicht als Neubildung von Oberfläche aufzufassen, da nur der Abstand und nicht die Zahl der Oberflächenmoleküle vergrößert wird.

einseitig in das Lamelleninnere gezogen werden. Da $K = mg$ folgt aus (20)

$$\gamma = \frac{K}{2l}\,(\text{dyn/cm})\,. \tag{21}$$

Die von *einer* Oberfläche je Zentimeter bewegliche Begrenzungslinie ausgeübte Zugkraft, die Oberflächenspannung genannt wird, stimmt nicht nur dem absoluten Betrag, sondern auch der Dimension nach mit der durch (20) definierten freien Oberflächenenergie γ überein, da $\dfrac{\text{erg}}{\text{cm}^2} = \dfrac{\text{dyn} \cdot \text{cm}}{\text{cm}^2} = \dfrac{\text{dyn}}{\text{cm}}$ ist.

Diese scheinbare Doppelnatur der Größe γ pflegt Anlaß zu begrifflichen Schwierigkeiten zu geben. Das Vorhandensein einer unmittelbar wahrnehmbaren Zugkraft, der „Oberflächenspannung", war der Physik eine geläufige Vorstellung, lange bevor der zweckmäßigere Begriff der freien Oberflächenenergie sich einbürgern konnte. Infolgedessen wird die freie Oberflächenenergie auch heute noch vielfach als Oberflächenspannung bezeichnet, obwohl diese Bezeichnung bei festen Oberflächen nahezu jeder physikalischen Realität entbehrt und bei Flüssigkeiten nur einem Teil der beobachteten Erscheinungen gerecht wird. Adhäsionserscheinungen lassen sich nur durch Anziehung (bzw. Adhäsionsenergie) anschaulich erklären; dagegen erschwert es gewöhnlich das Verständnis, wenn man sie mit der Oberflächenspannung in Beziehung setzt. Aus diesem Grunde soll im folgenden die freie Oberflächenenergie stets als übergeordneter Begriff betrachtet werden, die Oberflächenspannung dagegen nur als eine Folgeerscheinung der freien Oberflächenenergie, die sich bei besonderen Anlässen geltend macht. Im Zusammenhang mit festen Oberflächen wird daher nie von Oberflächenspannung gesprochen werden, bei Flüssigkeiten nur dann, wenn ein triftiger Grund dafür vorliegt.

3.4 Meßmethoden zur Bestimmung der Oberflächenspannung von Flüssigkeiten

a) Ringmethode. Eine praktische Anwendung des auf S. 22 (Abb. 5) beschriebenen Meßprinzipes ist die Ringmethode von DU NOUY[1], die mit Hilfe des in Abb. 6 abgebildeten Apparates („Tensiometer") häufig in technischen Laboratorien verwendet wird. Ein Ring aus Platindraht wird mit einer Flüssigkeitsoberfläche in Berührung gebracht und hierauf vorsichtig angehoben, bis die entstehende, angenähert zylindrische Flüssigkeitslamelle (Abb. 7) zerreißt. Der in Abb. 6 und 7 sichtbare Arm, an dem der Platinring hängt, ist an einem gespannten Draht befestigt, der beim Drehen des Skalenzeigers verdrillt wird. Die Zugbelastung ist

---

[1] LECOMTE NOUY DU P.: J. Gen. Physiol. 1 (1919) 521.

dem ablesbaren Drillwinkel proportional. Wie aus Abb. 7 hervorgeht, ist die Form der angehobenen Flüssigkeitslamelle etwas abweichend von der exakt zylindrischen Form, für die nach (21) gelten würde:

$$\gamma = \frac{m\,981}{2\,l} = \frac{m\,981}{4\,R\,\pi}\ (\mathrm{dyn/cm}) \tag{22}$$

(R = Radius des Platinringes.)

(22) liefert nicht ganz genaue Werte. Die exakte Berechnung von γ ist ziemlich kompliziert[1]. Für praktische Zwecke werden entweder Korrektionstabellen[2] benützt, oder man ermittelt mit Hilfe von Eichflüssigkeiten bekannter Oberflächenspannung eine Eichkurve, die nicht stark von einer

Abb. 6. Die Ringmethode nach DU NOUY

Tabelle 10. *Eichflüssigkeiten zur Eichung des Tensiometers*
(nach DU NOUY)

Flüssigkeit	20 °C dyn/cm	Literatur
Isopropylalkohol	21,7	Handbook of Chemistry
o-Xylol	30,1	and Physics, 1962/63
Benzylalkohol	39,5	
Glykol	47,7	
Glyzerin	63,4	
Wasser	72,8	

[1] FREUD, B. B. u. H. Z. FREUD: J. Am. Chem. Soc. 52 (1930) 1775.
[2] HARKINS, E. W. D. u. H. F. JORDAN: J. Am. Chem. Soc. 52 (1930) 1751.

Geraden abzuweichen pflegt. Drei bis vier Eichpunkte pflegen für technische Messungen zu genügen. Eine Zusammenstellung von Eichflüssigkeiten, die in reiner Form leicht erhältlich sind, ist in Tab. 10 zu finden. Größere Fehler können dagegen entstehen, wenn der Platinring nicht parallel zur Flüssigkeitsoberfläche ausgerichtet ist oder wenn er nicht peinlich sauber gehalten wird. Kurzes Ausglühen vor jeder Meßreihe ist zu empfehlen. Die Ringmethode eignet sich gut zur Messung viskoser Flüssigkeiten, z.B. der üblichen Leimlösungen. Die an späterer Stelle angegebenen Oberflächenspannungen von Leimlösungen wurden nach der Ringmethode bestimmt.

Abb. 7. Die Ringmethode nach DU NOUY

b) Blasenmethode. Diese Methode eignet sich zur Messung von Substanzen mit hohen Schmelzpunkten wie Gläsern[1], Metallen usw.; ihr Vorteil besteht darin, daß Ablesungen entfernt von der in solchen Fällen oft schwer zugänglichen, hoch erhitzten Meßstelle erfolgen können. Man benützt eine Pipette mit kleinem Durchmesser, aus der eine Gasblase in die Flüssigkeit, deren Oberflächenspannung gemessen werden soll, gedrückt wird. Die Gasblase durchläuft dabei die in Abb. 8 abgebildeten Formen; ihr Durchmesser ist am kleinsten und bei benetzenden Flüssigkeiten gleich dem inneren Pipettendurchmesser, wenn sie eine Halbkugel bildet[2]. Nach Beziehung (50), (S. 60), ist der in der Blase

Abb. 8. Messung des maximalen Druckes in Gasblasen (nach ADAMSON)

herrschende Überdruck $P = 4\gamma/d$. Der Blasendruck, der an einem entfernten Differentialmanometer abgelesen werden kann, wird also ein Maximum, wenn Blasen- und Pipettendurchmesser einander gleichen. Auch diese Methode erfordert Korrektionen[3].

c) Tropfengewichtsmethode. Mit Hilfe der Tropfengewichtsmethode kann sowohl die Oberflächenspannung von nicht zu viskosen Flüssigkeiten

---

[1] BADGER, A. E., C. W. PARMELEE u. A. R. WILLIAMS: J. Am. Cer. Soc. 20 (1937) 325.

[2] Vgl. z.B. WOLF, K. L.: Physik u. Chemie der Grenzflächen, Bd. I, S. 81. Berlin/Göttingen/Heidelberg: Springer 1951. Abb. 8 ist der Anschaulichkeit wegen mit einem übertrieben großen Kapillardurchmesser gezeichnet.

[3] Vgl. z.B. ADAMSON, W.: Physical Chemistry of Surfaces, S. 20–21. New York: Interscience 1960.

als auch die Grenzflächenspannung an der Phasengrenze zweier nicht mischbarer Flüssigkeiten (γ_{12}) gemessen werden. Die Bedeutung der Grenzflächenspannungen bzw. freier Grenzflächenenergien wird auf S. 30 näher besprochen werden.

Diese Bestimmungsmethode stellt in gewissem Sinne eine Umkehrung der Ringmethode dar. Der Flüssigkeitstropfen, der in Abb. 9 am unteren Ende einer Pipette abgebildet ist, wird von der Oberflächenspannung in gleicher Weise am Pipettenrand festgehalten wie der Platinring an der Flüssigkeitsoberfläche in Abb. 7. Das ringförmige Ende der Pipette ist hier unbeweglich, während der Flüssigkeitstropfen einen Zug nach unten ausübt. Ohne Komplikationen würde daher beim Abreißen des Tropfens eine zu (22) analoge Beziehung gelten, wobei zu beachten ist, daß in diesem Falle nur *eine* Oberfläche gedehnt wird.

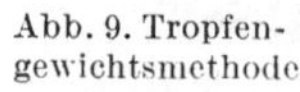

Abb. 9. Tropfengewichtsmethode

$$\gamma = \frac{m\,981}{l} = \frac{m\,981}{2\,R\,\pi} \tag{23}$$

R bedeutet den äußeren oder inneren Radius der Pipette, je nachdem der Tropfen von einer benetzenden oder nichtbenetzenden Flüssigkeit gebildet wird. Die Masse des Tropfens m kann durch Zählen und Wägen einer größeren Tropfenzahl genau bestimmt werden. Trotzdem liefert (23) nur angenähert richtige Werte, da der wirkliche Abtropfvorgang komplizierter ist. Der abreißende Tropfen schnürt sich nahe dem Pipettenrande ein und zieht einen dünnen Flüssigkeitsfaden nach sich, der seinerseits wieder kleine Zusatztropfen bildet (Abb. 10). Genaue Resultate erhält man daher auch bei dieser Methode erst mit Hilfe von Korrektionstabellen[1].

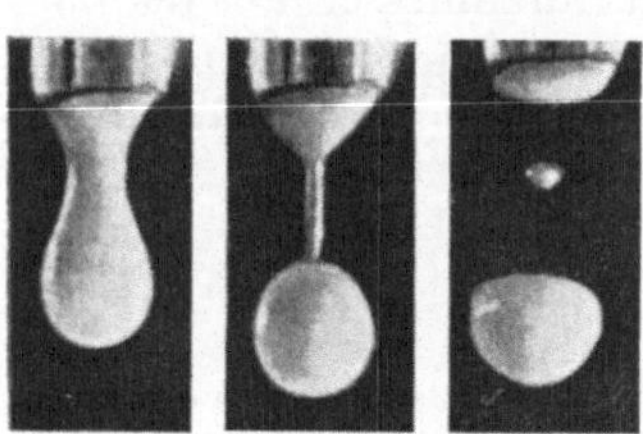

Abb. 10a–c. Tropfenbildung (nach GLASER)

Bei der Messung der Grenzflächenspannung γ_{12} wird die schwerere Flüssigkeit in die leichtere Flüssigkeit, z. B. Wasser in Paraffinöl getropft. Zur Berechnung von γ_{12} wird die korrigierte Formel (23) nach Berücksichtigung des Auftriebes des Tropfens benützt.

3.5 Die freie Oberflächenenergie fester Körper

Eine allgemein anwendbare Methode zur Messung der freien Oberflächenenergie fester Oberflächen ist bis heute nicht bekannt. Von Ausnahmen abgesehen ist man darauf angewiesen $\gamma_{(\text{fest})}$ aus jenem Wert $\gamma_{(\text{flüssig})}$

---

[1] HARKINS, W. B. u. F. E. BROWN: J. Am. Chem. Soc. 41 (1919) 499.

abzuschätzen, der an dem geschmolzenen Körper in der Nähe des Schmelzpunktes gemessen wurde. Auf Grund experimenteller Beobachtungen nimmt man an, daß die freie Oberflächenenergie fester Körper zwar etwas höher als von Flüssigkeiten ist, daß aber die Differenz $\gamma_{(fest)} - \gamma_{(flüssig)}$ nicht sehr groß ist, wie auch aus Tab. 11 hervorgeht.

Tabelle 11. *Freie Oberflächenenergie flüssiger und fester Substanzen*

Substanz	$\gamma_{(flüssig)}$ erg/cm²	$\gamma_{(fest)}$ erg/cm²	Bestimmungsmethode
Kupfer	1131	1370	Fließversuche an festen Drähten[1]
Wasser/Eis	75	97	Unterkühlung von Wassertropfen[2]

Die freie Oberflächenenergie von festem Kupfer wurde von UDIN und Mitarbeitern[1] durch Fließversuche an festen Kupferdrähten unterhalb des Schmelzpunktes bestimmt. Man erhält auch beim Studium der Kristall- und Kondensations-Keimbildung Aufschlüsse über die Differenz $\gamma_{(fest)} - \gamma_{(flüssig)}$. GURNEY[2] gibt theoretische Gründe dafür, daß diese Differenz nicht groß sein kann; MASON[3] berechnet aus Unterkühlungsversuchen an Wassertropfen $\gamma_{(Eis)} - \gamma_{(Wasser)}$ zu ~ 22 erg/cm². ADAMSON[4] faßt das heute bekannte Tatsachenmaterial dahin zusammen, daß die Differenz $\gamma_{(fest)} - \gamma_{(flüssig)}$ im allgemeinen 20–30% von $\gamma_{(flüssig)}$ nicht überschreiten dürfte, und betont, daß Oberflächenspannungsmessungen an geschmolzenen Substanzen vorläufig die wichtigste Informationsquelle für die freie Oberflächenenergie fester Oberflächen sind. Zu Überschlagsrechnungen kann daher die nachstehende Näherungsformel benützt werden:

$$\gamma_{(fest)} = 1{,}25\ \gamma_{(flüssig)}\,. \tag{24}$$

3.6 Zusammenfassung

Tab. 12 enthält eine Zusammenstellung der Kohäsions- und Oberflächendaten von Substanzen, deren molare Kohäsionsarbeiten der Hauptsache nach bereits in den Tab. 4, 6, 7 und 8 angegeben wurde. Die Werte der freien Oberflächenenergie sind mit Ausnahme von Diamant durch Messung der Oberflächenspannung von flüssigen Substanzen ermittelt, die spezifische Kohäsionsarbeit ζ und die Zerreißspannung Z_{th} mit Hilfe von (15) und (24) aus γ berechnet. Die molare Kohäsionsarbeit Z wird durch Multiplikation von ζ mit der Molfläche F_m erhalten,

[1] UDIN, H., A. J. SHALER u. I. WULFF: J. Metals 1, 2, Trans., (1949) 186.
[2] GURNEY, C.: Proc. Phys. Soc. London A 62 (1949) 639.
[3] MASON, B. J.: Proc. Roy. Soc. London A 215 (1952) 65.
[4] ADAMSON, A. W.: Phys. Chemistry of Surfaces S. 252. New York: Interscience Publ. 1960.

Tabelle 12. *Freie Oberflächenenergien, Kohäsionsarbeiten und Zerreißspannungen*

Substanzklasse	t °C	γ erg/cm²	ζ erg/cm²	Z_{th} kp/cm²	V cm³	Z kcal/mol
1. Unpolare Molekülverbindungen:						
Pentan	20	17	34	$3{,}4 \cdot 10^3$	115	1,6
Benzol	20	29	58	$5{,}8 \cdot 10^3$		
Tetrachlorkohlenstoff	20	27	54	$5{,}4 \cdot 10^3$	96	2,3
2. Schwach polare Molekülverbindungen:						
Äthyläther	20	17	34	$3{,}4 \cdot 10^3$	104	1,5
Butylalkohol	20	25	49	$4{,}9 \cdot 10^3$	92	2,0
Nitrobenzol	20	44	88	$8{,}8 \cdot 10^3$	103	3,9
Glykol	20	48	96	$9{,}6 \cdot 10^3$	56	2,8
Glycerin	20	63	126	$1{,}3 \cdot 10^4$	73	4,4
Wasser	20	73	146	$1{,}5 \cdot 10^4$	18	2,0
3. Stark polare Ionenverbindungen:						
Natriumchlorid	803	114	228	$2{,}3 \cdot 10^4$	27	4,1
Kaliumchlorid	776	98	196	$2{,}0 \cdot 10^4$	38	4,4
		etwa				
Glas	1200	300	600	$6{,}0 \cdot 10^4$	—	—
4. Metalle:						
Aluminium	700	840	1680	$1{,}7 \cdot 10^5$	10,0	15,5
Kupfer	1130	1103	2206	$2{,}2 \cdot 10^5$	7,1	16,3
Platin	2000	1820	3640	$3{,}6 \cdot 10^5$	9,1	31,6
Quecksilber	20	470	940	$9{,}4 \cdot 10^4$	14,8	5,7
Silber	970	800	1600	$1{,}6 \cdot 10^5$	10,3	15,2
5. Unpolare Atomverbindungen:						
Diamant		5400– 9140	10800– 18300	1,1– $1{,}8 \cdot 10^6$	3,4	49–85

d.h. der Fläche von 1 Mol Substanz in einmolekularer Schichte. Unter Berücksichtigung von (10) folgt:

$$F_m = N_L R_0^2 = N_L^{1/3} V^{2/3} = 8{,}4 \cdot 10^7 V^{2/3} \text{ cm}^2 . \tag{25}$$

Die molare Kohäsionsarbeit ist daher

$$Z = 8{,}4 \cdot 10^7 V^{2/3}\zeta \text{ erg/mol} = 2{,}01 \cdot 10^{-3} V^{2/3}\zeta \text{ kcal/mol} \tag{26}$$

(1 kcal $= 4{,}19 \cdot 10^{10}$ erg).

Die spezifischen Kohäsionsarbeiten und freien Oberflächenenergien der verschiedenen Substanzklassen in Tab. 12 zeigen in großen Zügen die gleiche Abstufung wie die früher besprochenen molaren Kohäsionsarbeiten. Der Anstieg von ζ und γ in der Reihenfolge: unpolare Verbindungen – schwach polare Verbindungen – stark polare Ionenverbindungen – Metalle – unpolare Atomverbindungen, ist deutlich ausgeprägt. Doch zeigt die Feinstruktur der spezifischen Energien Verschiebungen, die durch verschiedene Molekülgrößen bedingt sind. So besitzt Wasser eine der kleinsten molaren Kohäsionsarbeiten der schwach polaren Molekülverbindungen in Tab. 11. Trotzdem steht die spezifische Energie von Wasser an erster Stelle; denn infolge der Kleinheit des Wassermoleküles ist die Molekülanzahl je cm² Oberfläche sehr groß. Bei Benetzungs- und Adhäsionserscheinungen, die beim Verleimen eine so wichtige Rolle spielen, machen sich stets die *spezifischen* Energien der teilnehmenden Stoffe geltend. Wasser ist daher in diesem Zusammenhang als eine der stärksten schwachpolaren Substanzen zu betrachten.

4 Die Adhäsionsbindung flüssig/flüssig

4.1 Allgemeines

Die Erfahrung hat gelehrt, daß Anziehung nicht nur zwischen gleichartigen Molekülen, sondern auch zwischen verschiedenen Molekülarten auftritt. Zur Unterscheidung von der Kohäsion gleichartiger Moleküle wird die Anziehung zwischen ungleichartigen Molekülen Adhäsion genannt. Die Bildung von Adhäsionsbindungen zwischen den Molekülen des Haftstoffes und der festen Unterlage ist eine der wichtigsten Voraussetzungen für das Zustandekommen einer brauchbaren Haftfuge. Nun ist es eine bekannte Tatsache, daß sich ein Leim oder Kontaktkleber für das Verbinden bestimmter Stoffe ausgezeichnet eignen kann, bei anderen dagegen versagt. Besonders auffällig ist das Verhalten einiger unpolarer Substanzen wie Paraffin, Polyäthylen oder Polyperfluorkohlenwasserstoffe (Teflon), an denen feste Haftmittel nur selten (Polyäthylen) oder praktisch überhaupt nicht haften (Paraffin, Teflon). Bekanntlich können schon geringe Mengen fetter Verunreinigungen die Güte einer Verleimung wesentlich beeinflussen. Es ist daher naheliegend, zu fragen, ob zwischen allen Stoffen Adhäsionsverbindungen möglich sind oder ob es Stoffkombinationen gibt, deren Oberflächenkräfte nicht aufeinander einwirken. Verschiedene Autoren scheinen mit der letztgenannten Möglichkeit zu rechnen und Adhäsionsverbindungen zwischen polaren und unpolaren Substanzen in Frage zu stellen[1]. Wie sich zeigen wird steht diese

---

[1] DE BRUYNE, N. A.: The Physics of Adhesion. J. Sci. Instr. 24 (1947) 32. Dieser hervorragende Leimforscher gibt dem Problem eine vorsichtige Formulierung. In der technischen Literatur ist jedoch mitunter die kategorische Feststellung anzutreffen, daß Anziehung zwischen polaren und unpolaren Substanzen nicht stattfindet.

Ansicht im Widerspruch zu der Erfahrung. Verleimungs- oder Verklebungs-
schwierigkeiten haben andere Gründe.

4.2 Die Grenzfläche flüssig/flüssig.
Freie Grenzflächenernergie γ_{12} und Adhäsionsarbeit ζ_{12}

Ähnlich wie die freien Oberflächenenergien von Flüssigkeiten ist auch
die Adhäsion zwischen zwei Flüssigkeiten der Messung direkt zugänglich.
Vereinigen sich Oberflächen der gleichen Flüssigkeit, z. B. zwei getrennte
Quecksilbermenisken in einem Thermometerrohr, so verschwinden an
der Berührungsstelle sowohl Grenzflächen als auch Oberflächenenergie.
Anders verhalten sich zwei nicht mischbare Flüssigkeiten. In allen bisher
bekannten Fällen sättigen sich die Oberflächenenergien beider Oberflächen

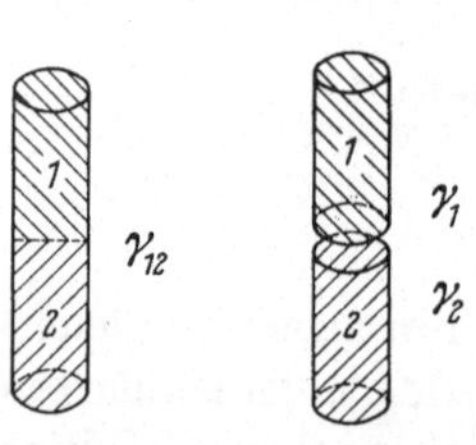

Abb. 11. Oberflächenbildung
durch Zerreißen der Adhä-
sionsschichte

bei der Berührung zwar teilweise ab, in der
Grenzfläche bleibt jedoch ein Rest der ursprünglichen freien Oberflächenenergien γ_1 und γ_2 als
freie Grenzflächenenergie γ_{12} bestehen.

Die Adhäsionsarbeit ζ_{12} ist jene Arbeit, die
beim idealen Zerreißen der Grenzschichte zweier
durch Adhäsion verbundener Körper geleistet
werden muß. Sie kann in gleicher Weise wie
die Kohäsionsarbeit ζ^1 als ideale Zerreißarbeit
aufgefaßt werden. In Abb. 11 ist in Analogie
zu Abb. 4 ein aus zwei nicht mischbaren Flüssigkeiten zusammengesetzter Probekörper mit dem Querschnitt 1 cm² abgebildet. Die freie Energie der Grenzschichte ist γ_{12}. Nach dem Zerreißen entstehen zwei neue Oberflächen mit den freien Oberflächenenergien γ_1 und γ_2. Unter reversiblen Bedingungen beträgt die Zerreißarbeit
= Adhäsionsarbeit daher

$$\zeta_{12} = \gamma_1 + \gamma_2 - \gamma_{12}. \tag{27}$$

Bei Flüssigkeiten können die drei Glieder der rechten Seite von Gl.(27)
direkt gemessen werden. Die Grenzflächenspannung kann z. B. nach der
Tropfengewichtsmethode bestimmt werden (s. S. 26). Tab. 13 enthält
eine Zusammenstellung der Adhäsionsarbeiten von Wasser (1) und einer
Reihe von unpolaren und polaren mit Wasser nicht mischbaren Flüssigkeiten (2).
Die Adhäsionsarbeiten der unpolaren Verbindungen betragen etwa 40–70,
der polaren Verbindungen 70–100 erg/cm². Die ζ_{12}-Werte (gegen Wasser) von z. B. unpolarem Octan und polarem Octylalkohol, zwei Verbindungen, die von der OH-Gruppe des Octylalkoholes abgesehen identi-

---

[1] Da an Adhäsionsvorgängen mehrere Stoffe teilnehmen, müssen ihre Kohäsionsarbeiten durch entsprechende Indizes ζ_{11}, ζ_{22} usw. unterschieden werden.

Tabelle 13. *Freie Grenzflächenenergie γ_{12} und Adhäsionsarbeiten ζ_{12} von Flüssigkeiten (2) gegen Wasser (1)* [γ_1 (20 °C) = 72,8 erg/cm²] (nach GIRIFALCO und GOOD[1])

Substanz (2)		γ_2	γ_{12}	ζ_{12}	ζ_{22}
Gruppe	Name		erg/cm²		
1. Unpolare Verbindungen:					
Aliphatische Kohlenwasser-stoffe	Pentan	15,8	49,0	39,6	31,6
	Octan	21,8	50,8	43,8	43,6
Aromatische Kohlenwasser-stoffe	Benzol	28,9	35,0	66,6	57,8
Chlorierte Kohlenwasser-stoffe	Tetrachlorkohlen-stoff	27,0	45,0	54,7	54,0
2. Polare Verbindungen					
Alkohol	Butylalkohol	24,6	1,8	94,6	49,2
	Octylalkohol	27,5	8,5	91,8	55,0
Säure	Octylsäure	27,5	8,5	91,8	55,0
	Ölsäure	32,5	15,7	89,6	65,0
Keton	Methylpropylketon	24,7	6,3	91,2	49,4
Ester	Äthylacetat	23,9	6,8	89,9	47,8
	Butylacetat	25,2	14,5	83,5	50,4
Äther	Äthyläther	17,0	10,7	79,1	34,0
Amin	Di-n-propylamin	25,5	1,7	96,6	51,0
	Di-n-butylamin	22,1	10,3	84,5	44,2
Chlorierte Kohlenwasser-stoffe	Isobutylenchlorid	21,9	24,4	69,5	43,8
	t-Butylenchlorid	19,6	23,8	68,6	39,2
Nitroverbindungen	Nitrobenzol	43,9	25,7	80,1	87,8

schen Bau besitzen, verhalten sich angenähert wie 1:2. Obwohl die Adhäsionsarbeiten polar : polar demnach höher liegen, sind die Adhäsionsarbeiten polar : unpolar trotzdem durchaus von der gleichen Größenordnung. Substanzen, die keine Adhäsion aufeinander ausüben, sind bisher noch nicht angetroffen worden.

Ein Vergleich der Zahlen von Tab. 13 lehrt, daß das Verhältnis $\zeta_{12} : \zeta_{22}$ bei unpolaren Flüssigkeiten im Durchschnitt etwa 1, bei polaren Flüssigkeiten dagegen beinahe 2 ist. Die polaren Flüssigkeiten in Tab. 2 verfügen also offenbar über eine Energiereserve, die bei der Wechselwirkung mit Wasser in Erscheinung tritt. Der Vorgang, der sich dabei abspielt, soll am Beispiel des Butylalkoholes in Abb. 12 erläutert werden. Das Butylalkoholmolekül ist unsymmetrisch; denn sein eines Ende trägt eine OH-Gruppe und ist daher polar, während der Rest des Moleküles Kohlenwasserstoffcharakter besitzt und unpolar ist. Wirken keine nennenswerten Kräfte in der angrenzenden Phase, wie es der Fall ist,

---

[1] GIRIFALCO, F. A. u. R. J. GOOD: J. Phys. Chem. 61 (1957) 904.

wenn Butylalkohol an Luft grenzt, so richten die molekularen Anziehungskräfte im Inneren der Flüssigkeit die polaren Endgruppen der Oberflächenmoleküle gegen das Flüssigkeitsinnere aus (Abb. 12a). Die Oberfläche wird in diesem Falle von den unpolaren Molekülenden gebildet.
Daraus erklärt sich die niedrige freie Oberflächenenergie einwertiger
Alkohole bzw. der geringe Unterschied zwischen einwertigen Alkoholen
und Kohlenwasserstoffen gleicher Kettenlänge. An der Phasengrenze
gegen Wasser herrschen andere Kraftverhältnisse.
Hier erzwingen die Dispersionskräfte der Wasser-
moleküle eine Orientierung der polaren Alkohol-
enden gegen die Grenzschichte. Flüssigkeiten mit
nur einer polaren Gruppe verhalten sich daher
in diesem Falle wie Substanzen von wesentlich
höherer freier Oberflächenenergie[1].

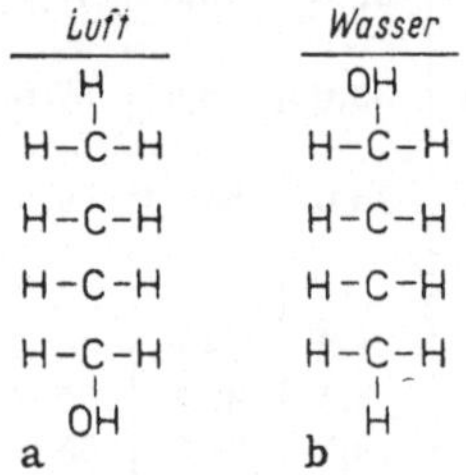

Bei Substanzen mit mehreren über das Molekül verteilten polaren Gruppen[2] oder insbesondere
an festen Substanzen tritt ein solcher Orientierungs-
effekt natürlich nicht auf. Will man daher die Adhäsion zwischen schwach polaren Stoffen, die aus
großen polymeren Molekülen bestehen, auf Grund der Eigenschaften von
verwandten einfachen Flüssigkeitsmolekülen abschätzen, so sind die Werte
der Adhäsionsarbeiten von Tab. 13 dazu meistens geeigneter als diejenigen
der freien Oberflächenenergie (Oberflächenspannung).

Bei der Adhäsion zwischen Metallen (Quecksilber) und den gleichen
organischen Flüssigkeitstypen fällt vor allem die Größe der Adhäsionsarbeiten auf. In Tab. 14 sind die kleinsten Adhäsionsarbeiten gegen
Quecksilber höher als die größten Adhäsionsarbeiten von Tab. 13 gegen
Wasser. Der Unterschied der Adhäsionsarbeiten von polaren und unpolaren Verbindungen ist weniger ausgeprägt und verschwindet in vielen
Fällen. Trotzdem wurde verschiedentlich festgestellt, daß polare Verbindungen auch gegen Metalloberfläche sehr deutliche Orientierungseffekte zeigen. Besonders eindrucksvoll sind die Versuche von ZISMAN
und Mitarbeitern[3], die orientierte monomolekulare Schichten von Verbindungen mit einer polaren Gruppe auf Platinoberflächen untersuchten.
Die polaren Gruppen waren so vollständig gegen die Platinunterlage ausgerichtet, daß die Oberflächen der Schichten sich genauso wie die entsprechenden unpolaren Kohlenwasserstoffe verhielten.

Abb. 12. Orientierung von Butylalkohol an der Phasengrenze

---

[1] ADAMSON, A. W.: Physic. Chemistry of Surfaces, S. 66. New York: Interscience 1960.

[2] Glykol mit zwei oder Glycerin mit drei OH-Gruppen können sich gegen Luft
nicht mehr so einseitig orientieren wie Äthyl- oder Butylalkohol. Ihre Oberflächenspannungen steigen daher gradweise.

[3] SHAFRIN, E. G. u. A. W. ZISMAN: J. Coll. Sci. 2 (1952) 166–177; SCHULMAN,
F. u. A. W. ZISMAN: J. Coll. Sci. 5 (1952) 465–481.

5 Die Grenzfläche fest/flüssig

5.1 Die Adhäsionsarbeit fest/flüssig (ζ_{12})

Auch die Stärke der Adhäsionsbindung fest/flüssig kann mit Hilfe einer Beziehung (27) analogen Beziehung (28) ermittelt werden. Allerdings ist die direkte Messung der drei Glieder von (28), die im Falle der Adhäsionsarbeit flüssig/flüssig möglich war, hier nicht mehr durchführbar. Die indirekte Bestimmungsmethode[1], die angewendet werden muß, kann, wie sich zeigen wird, mit einer gewissen Unsicherheit behaftet sein, liefert jedoch im Großen und Ganzen wenigstens qualitativ brauchbare Resultate. Die so ermittelten Zahlenwerte werden mitunter auch zur qualitativen Abschätzung der Adhäsionsarbeit fest/fest herangezogen, die

Tabelle 14. *Freie Grenzflächenenergie γ_{12} und Adhäsionsarbeit ζ_{12} von Flüssigkeiten (2) gegen Quecksilber (1)* [γ_1 (20 °C) = 476 erg/cm²] (nach Girifalco und Good)

Substanz (2)		γ_1	γ_{12}	ζ_{12}	ζ_{22}
Gruppe	Name		erg/cm²		
1. Unpolare Verbindungen:					
Aliphatische Kohlenwasser-	Hexan	18,4	378	116	36,8
stoffe	Octan	21,8	375	123	43,6
Aromatische Kohlenwasser-					
stoffe	Benzol	28,2	368	136	56,4
Chlorierte Kohlenwasser-	Tetrachlorkohlen-				
stoffe	stoff	27,0	359	144	54,0
2. Polare Verbindungen:					
Alkohol	Butylalkohol	24,6	375	126	49,2
	Octylalkohol	27,5	352	152	55,0
Säure	Undecylsäure	30,6	353	154	61,2
	Ölsäure	32,5	322	187	65,0
Keton	Aceton	23,3	369	135	46,6
Ester	Butylacetat	25,2	375	126	50,4
Äther	Äthyläther	17,0	379	114	34,0
Amin	Butylamin	22,0	355	141	44,0
Chlorierte Kohlenwasser-	1,1-Dichloräthan	24,6	337	164	49,2
stoffe	1,2-Dichloräthan	32,2	358	150	64,6
Nitroverbindungen	Nitrobenzol	43,9	350	170	87,8
anorganisch	Wasser	72,5	380	163	145

[1] Neben dieser Methode, die sich auf die Messung des Randwinkels stützt, kann die Adhäsionsarbeit fest/flüssig auch mit Hilfe der experimentell bestimmten Adsorptionsisotherme von Flüssigkeit an fester Oberfläche berechnet werden. Diese Methode ist zwar komplizierter, mitunter jedoch anwendbar, wenn die Randwinkelmessung versagt. Vgl. z. B. H. F. Mark in Dechema Monographien, Bd. 51, Nr. 885 bis 894, S. 75 (1964).

vorläufig überhaupt nicht gemessen werden kann. Bestimmungsgleichung (28) ist (27) nachgebildet und besitzt daher folgende Form:

$$\zeta_{(fest/flüssig)} = \gamma_{(fest)} + \gamma_{(flüssig)} - \gamma_{(fest/flüssig)} \qquad (28)$$
$$\zeta_{12} = \gamma_1 + \gamma_2 - \gamma_{12}$$

Der einfacheren Schreibweise halber werden die Indizes von Gl. (27) beibehalten, wobei 1 = fest, 2 = flüssig und 12 = fest/flüssig bedeuten soll. Man stößt hier auf die Schwierigkeit, daß γ_1 und γ_{12} nicht direkt gemessen werden können. Doch läßt sich die Differenz $\gamma_1 - \gamma_{12}$ berechnen, wenn der Randwinkel ϑ bekannt ist, den Flüssigkeit und feste Unterlage miteinander bilden.

5.2 Randwinkel ϑ und Benetzung

Das Verhalten eines Flüssigkeitstropfens in Berührung mit einer festen Unterlage wird vor allem durch die Kohäsionskräfte der Flüssigkeit und die Adhäsionskräfte zwischen Unterlage und Flüssigkeit bedingt; erstere versuchen dem Tropfen Kugelform zu erteilen, letztere ihn auf der Unterlage auszubreiten. Von dem Einfluß der Schwerkraft kann bei nicht zu großen Tropfen abgesehen werden. Der Wettbewerb zwischen Kohäsionsund Adhäsionskräften führt zu einer mehr oder weniger vollständigen Benetzung der Unterlage durch die Flüssigkeit, wie in Abb. 13 an verschiedenen Beispielen erläutert wird. Im Prinzip bestehen drei Möglichkeiten.

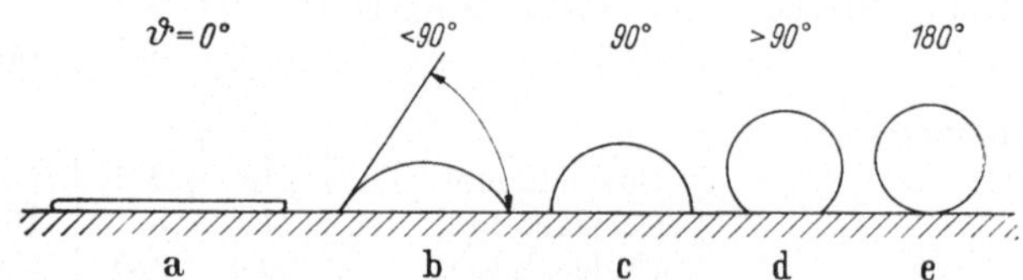

Abb. 13a–e. Verschiedene Benetzungsgrade (ϑ = 0–180°)

$a)$ *Vollständige Benetzung* ($\vartheta = 0$, $\zeta_{12} > \zeta_{22}$). Ein Tropfen, der nur dem Einfluß der eigenen Kohäsionskräfte ausgesetzt ist, nimmt Kugelform, d.h. den Zustand kleinster freier Oberflächenenergie an. Eine ähnliche Bedingung bestimmt auch das Verhalten eines Tropfens in Berührung mit einer festen Unterlage: er strebt jene Form an, bei der die Summe der beteiligten freien Oberflächen- und Grenzflächenenergien ein Minimum ist. Die Bedingung für die vollständige Benetzung einer ebenen Unterlage durch die Flüssigkeit (Abb. 13a) folgt dann aus nachstehender Überlegung. Man kann sich den Benetzungsvorgang in zwei aufeinanderfolgenden Schritten ausgeführt denken. Zuerst wird der Tropfen parallel zur Unterlage, jedoch ohne sie zu berühren, zu einer dünnen planparallelen Flüssigkeitsschichte gedehnt. Der neugebildeten Oberfläche muß je Quadratzentimeter Schichte die freie Oberflächenenergie $2\gamma_2 = \zeta_{22}$ zugeführt werden. Bei der hierauf folgenden Vereinigung von Flüssigkeitsschichte und Unterlage verschwindet je Quadratzentimeter ein der Adhäsionsarbeit ζ_{12} entsprechender Betrag freier Oberflächenenergie. Da vollständiges Benetzen (freiwilliges Ausfließen) der Flüssigkeit nur stattfindet, wenn die gesamte freie Energie des Systems sinkt, muß $\zeta_{12} \geqq \zeta_{22}$ sein. Diese Bedingung nimmt mit Hilfe von Beziehung (28) folgende Form an:

$$S_{21} = \zeta_{12} - \zeta_{22} = \gamma_1 - \gamma_2 - \gamma_{12} \geqq 0. \tag{29}$$

Die Differenz $\zeta_{12} - \zeta_{22}$ bzw. $\gamma_1 - \gamma_2 - \gamma_{12}$ wird vor allem in der englischsprachigen Literatur als Spreitungskoeffizient S bezeichnet[1]. Der Index 21 soll andeuten, daß ein Tropfen der Flüssigkeit 2 die Unterlage 1 benetzt. Nach (29) ist bei vollständiger Benetzung ($\vartheta = 0$) der Spreitungskoeffizient positiv oder Null.

b) Keine Benetzung ($\vartheta = 180°$). Kugelform (Abb. 13e) kann ein Tropfen nur dann beibehalten, wenn die Unterlage keinerlei Kraftwirkungen auf die Flüssigkeit ausübt. In Übereinstimmung mit der Erfahrung, die an der Grenzfläche zweier Flüssigkeiten gemacht wurde, ist auch an der Grenzfläche fest/flüssig noch nie das Fehlen von Adhäsion, d.h. das Auftreten wirklich kugelförmiger Tropfen beobachtet worden. Die größte Annäherung an den Grenzwert $\vartheta = 180°$ zeigt Quecksilber auf Stahl mit einem Randwinkel von 154° (vgl. Tab. 14).

c) Unvollständige Benetzung ($180 > \vartheta > 0$, $\zeta_{22} > \zeta_{12}$). Wenn die Kohäsionsarbeit größer als die Adhäsionsarbeit ist und S_{21} nach (29) daher negativ wird, kann die Flüssigkeit nicht mehr vollständig ausfließen. Die Form, die der Tropfen schließlich annimmt, folgt wieder aus der Bedingung, daß die freie Energie des ganzen Systems ein Minimum bilden muß. Der ursprünglich kugelförmige Tropfen geht in eine Kalotte gleichen Volumens über. Der Randwinkel ϑ, der sich dabei einstellt, wird durch die Größe der drei

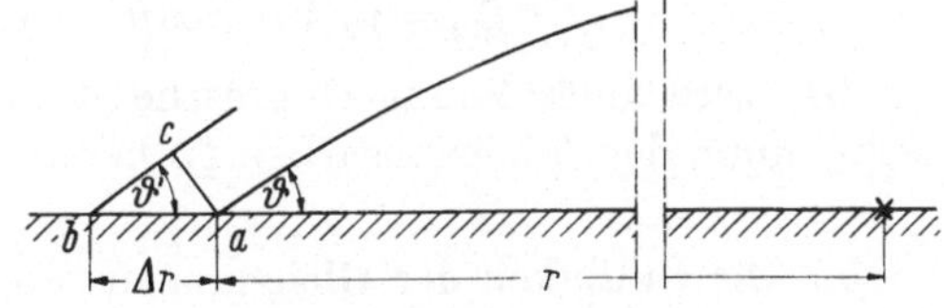

Abb. 14. Unvollständige Benetzung

freien Energien γ_1, γ_2 und γ_{12} bedingt. Die Beziehung, in der er zu ihnen steht, läßt sich durch folgende Überlegung ableiten.

In Abb. 14 befindet sich der Tropfen, dessen Begrenzungslinie durch den Punkt a angedeutet ist, im Gleichgewicht und schließt mit der

---

[1] Spreading-coefficient. Vgl. z.B. ADAMSON, A. W.: Physic. Chemistry of Surfaces, S. 107. New York: Interscience 1960.

Unterlage den Randwinkel ϑ ein. Da die gesamte freie Energie F^1 ein Minimum ist, muß auch der Differentialquotient von F bei einer kleinen Radiusänderung der kreisförmigen Tropfenbasis $\dfrac{dF}{dr} = 0$ sein. Bei einer Verbreiterung des Tropfenradius um $\varDelta r$ (Strecke $\overline{ab}$) wird der gekrümmte Teil der Tropfenoberfläche um den Betrag $2\,r\pi\,b\,c$, die Grenzfläche fest/flüssig um $2r\pi\,\varDelta r$ vergrößert, die feste Oberfläche dagegen um $2r\pi\,\varDelta r$ verkleinert. Für die Summe der bei diesen Oberflächenänderungen entstehenden und verschwindenden freien Oberflächenenergien gilt daher

$$\varDelta F = 2r\pi\,(-\varDelta r\,\gamma_1 + \varDelta r\,\gamma_{12} + \varDelta r\,\cos\vartheta'\,\gamma_2), \tag{30}$$

$$\frac{1}{2r\pi}\,\frac{\varDelta F}{\varDelta r} = -\gamma_1 + \gamma_{12} + \cos\vartheta'\,\gamma_2\,.$$

Für $\varDelta r \to 0$ wird $\dfrac{\varDelta F}{\varDelta r} \to \dfrac{dF}{dr} = 0$ und $\vartheta = \vartheta'$.

Man erhält daher anstelle von (30)

$$\gamma_1 - \gamma_{12} - \cos\vartheta\,\gamma_2 = 0\,. \tag{31}$$

Beziehung (31) wird gewöhnlich in der Form

$$\cos\vartheta = \frac{\gamma_1 - \gamma_{12}}{\gamma_2} \tag{32}$$

geschrieben und als Youngsche[2] Gleichung bezeichnet. Durch eine einfache Umformung läßt sich zeigen, daß ϑ wirklich eine Funktion der Adhäsions- und Kohäsionsenergie ist. Erweitert man den Nenner von (32) mit $(\gamma_2 - \gamma_2)$ so folgt unter Berücksichtigung von (28):

$$\cos\vartheta = \frac{\zeta_{12}}{\gamma_2} - 1 = \frac{2\,\zeta_{12}}{\zeta_{22}} - 1\,. \tag{33}$$

Die Adhäsionsarbeit ist nach (33)

$$\zeta_{12} = \gamma_2(1 + \cos\vartheta) = 1/2\,\zeta_{22}(1 + \cos\vartheta)\,. \tag{34}$$

Gl. (34) wird auch Young-Duprésche[3] Gleichung genannt. Sie wird zur Berechnung der Adhäsionsarbeit ζ_{12} benützt.

5.3 Die Gültigkeit der Gleichungen von Young und Young-Dupré

In letzter Zeit ist die Gültigkeit der Gleichungen von YOUNG und YOUNG-DUPRÉ wiederholt angezweifelt worden[4]. Es wird geltend gemacht, daß die Ableitung der Gleichung unter allzu vereinfachenden

---

[1] Gesamte freie Energie = freie Energie der Flüssigkeit, des festen Körpers und der Grenzschichte.

[2] YOUNG, T.: Philos. Trans. 1805, 84.

[3] DUPRÉ.: Theorie mécanique de la chaleur, S. 393. Paris 1869.

[4] BIKERMAN, J. J.: Contribution to the Thermodynamies of Surfaces. Cambridge, Mass. 1961.

und der Wirklichkeit nicht entsprechenden Voraussetzungen erfolgt. Eine experimentelle Nachprüfung von (32) stößt auf die Schwierigkeit, daß die freien Energien der festen Oberfläche γ_1 und der Grenzfläche γ_{12} im allgemeinen nicht gemessen werden können. Der einzige bisher bekannte Fall, bei dem beide Größen mit ziemlich großer Wahrscheinlichkeit indirekt ermittelt werden konnten, wird von FOWKES und SAWYER[1] berichtet. Diese Forscher verwendeten zu ihren Messungen Perfluorkohlenwasserstoffe, die bei 25 °C je nach Molekulargewicht Flüssigkeiten oder feste amorphe Substanzen sind. Da die feste Modifikation nicht kristallisiert und da die freie Energie der Flüssigkeiten keine Abhängigkeit vom Molekulargewicht zeigte, setzten FOWKES und SAWYER die meßbaren freien Oberflächen- und Grenzflächenenergien der flüssigen Modifikation gleich derjenigen der festen Modifikation.

Tabelle 15

Berechnete und gemessene Randwinkel auf Perfluorkohlenwasserstoffen (γ_1)
(nach FOWKES und SAWYER)

Flüssigkeit (γ_2)	γ_2	γ_{12}	$\arccos\left(\dfrac{\gamma_1-\gamma_{12}}{\gamma_2}\right)$	ϑ gem.	Bemerkung
	erg/cm²		Grad	Grad	
Wasser	72,0	57,7	119	117 ± 3	$\gamma_1 = 22{,}4$ erg/cm²
α-Methylnaphthalin	37,2	12,7	75	76 ± 2	γ_1 und γ_{12} an der
Benzol	28,5	7,7	59	57 ± 2	flüssigen Modifikation gemessen $t = 25\,°\text{C}$

Die in Tab. 15 zusammengestellten Meßresultate zeigen eine ausgezeichnete Übereinstimmung zwischen den nach (32) berechneten und direkt beobachteten Randwinkeln.

Ein interessanter Erklärungsversuch für das Zustandekommen von Randwinkeln gründet sich auf molekulartheoretische Überlegungen[2]. Die Größe des Randwinkels wird aus der Anordnung und Packungsdichte der festen und flüssigen Moleküle der Grundschichte abgeleitet. Das Verhältnis der Anziehung zwischen festen und flüssigen Molekülen (E_{12}) einerseits und nur flüssigen Molekülen (E_{22}) andererseits spielt dabei eine ähnliche Rolle wie das Verhältnis von Adhäsions- und Kohäsionsenergie $\zeta_{12} : \zeta_{22}$ in Gl. (33). Bei bestimmten Molekülanordnungen führt auch dieser Ansatz zu den Gl. (32) bis (34), bei anderen erhält man jedoch etwas abweichende Resultate. Die Youngsche und Young-Duprésche Gleichung stellt nach dieser Betrachtungsweise einen Grenzfall dar, der nicht immer streng erfüllt sein muß[3].

---

[1] FOWKES, F. M. u. W. M. SAWYER: J. of Chemical Physics 20 (1952) 1650.

[2] HAUL, R.: Z. Elektrochem. angew. physik. chem. 54 (1950) 152.

[3] Vgl. auch WOLF, K. L.: Phys. u. Chem. der Grenzflächen Bd. 1, S. 222–228. Berlin/Göttingen/Heidelberg: Springer 1957.

5.4 Adhäsionsarbeiten an der Grenzfläche fest/flüssig

Tab. 16 und 17 enthalten eine Zusammenstellung von Adhäsionsarbeiten, die auf Grund von Randwinkelmessungen mit Hilfe von Gl. (34) berechnet wurden. Als Bezugsflüssigkeiten wurden wieder Wasser und Quecksilber auf verschiedenen Unterlagen gewählt. Unter Berücksichtigung der auf den S. 40–47 besprochenen Tatsachen muß damit gerechnet werden, daß Adhäsionsarbeiten, die auf diese Weise ermittelt wurden, teils aus meßtechnischen, teils aus theoretischen Gründen mit einer gewissen Unsicherheit behaftet sind. In jenen Fällen, wo ein Vergleich mit den verläßlicheren Werten von Tab. 13 möglich ist, liegt jedoch so gute Übereinstimmung vor, daß man berechtigt ist Gl. (34) zumindestens qualitative Gültigkeit und den Meßresultaten eine für die vorliegenden Zwecke völlig ausreichende Genauigkeit zuzubilligen. Man findet in Tab. 16 wieder niedrige Ädhäsionsarbeiten für festes Paraffin oder solche unsymmetrisch polare Verbindungen, die mit ihren unpolaren Enden gegen die untersuchte Fläche orientiert sind. Letzteres ist z. B. bei Oberflächen von festen einwertigen Fettsäuren und Alkoholen der Fall, die sich beim Erstarren der geschmolzenen Substanzen an der Grenzfläche gegen Luft bilden. Künstlich erzeugte Schnittflächen haben je nach Schnittrichtung merklich polaren Charakter. Dicarbonsäuren, die an beiden Enden des Moleküles Carboxylgruppen tragen, können keine unpolar orientierten Flächen bilden. Man mißt daher an der Oberfläche dieser Substanzen höhere Adhäsionsarbeiten. Im übrigen stehen die Adhäsionsarbeiten von festen polaren und unpolaren Substanzen gegen Wasser in ungefähr dem gleichen Verhältnis wie die Adhäsionsarbeiten der entsprechenden Flüssigkeiten in Tab. 13. Die stärkste Adhäsion findet bei Glas und Metallen statt, allerdings nur unter der Voraussetzung, daß reine Oberflächen dieser Substanzen vorliegen.

Tab. 17 zeigt wiederum, daß sich Metalle stark von gewöhnlichen polaren Substanzen unterscheiden. Die Anziehung zwischen Quecksilber und Glas, bzw. Stahl, ist im Verhältnis zu der hohen Oberflächenenergie dieser Substanzen auffällig klein, die Randwinkel daher besonders groß. Diese beiden Beispiele unterstreichen die mitunter nicht genügend beachtete Tatsache, daß der Randwinkel kein Maß der Adhäsion sondern nur des Verhältnisses von Adhäsions- zur Kohäsionsarbeit ist. In Tab. 16 und 17 sind außer Randwinkeln und Adhäsionsarbeiten auch Spreitungskoeffizienten (vgl. Beziehung 29) angegeben. Der Spreitungskoeffizient ist ähnlich wie der Randwinkel ein Maß für die Benetzungstendenz der Flüssigkeit[1]. Das Verhalten von Flüssigkeiten auf bestimm-

---

[1] Der Randwinkel ist ein geometrisches, der Spreitungskoeffizient ein energetisches Maß der Benetzungstendenz.

Tabelle 16. *Randwinkel ϑ, Adhäsionsarbeit ζ_{12} und Spreitungskoeffizient S_{21} von Wasser (2) gegen feste Oberflächen (1)* ($\gamma_2 = 72{,}5$ erg/cm²) (nach K. L. WOLF[1])

Feste Substanz	Randwinkel ϑ Grad	$\zeta_{12} = \gamma_2 (1 + \cos\vartheta)$ erg/cm²	$S_{21} = \zeta_{12} - 145$ erg/cm²
Paraffin	105	54	-92
Langkettige einwertige Fett- säuren und Alkohole: a) an Luft erstarrte Oberflächen	104–90	53–73	-90 bis -73
b) in verschieden Schnitt- richtungen	100–50	53–100	-91 bis -45
Langkettige Dikarbonsäuren und Aminoalkohole	45	123	-23
Nickel	27	133	-9
Platin	0	$\geqq 145$	$\geqq 0$
Kupfer	0	$\geqq 145$	$\geqq 0$
Glas	0	$\geqq 145$	$\geqq 0$
Eis	0	$\geqq 145$	$\geqq 0$

Tabelle 17. *Randwinkel ϑ, Adhäsionsarbeit ζ_{12} und Spreitungskoeffizient S_{21} von Quecksilber (2) gegen feste Oberflächen (1)* ($\gamma_2 = 480$ erg/cm²) (nach K. L. WOLF[1])

Feste Substanz	Randwinkel ϑ Grad	$\zeta_{12} = \gamma_2 (1 + \cos\vartheta)$ erg/cm²	$S_{21} = \zeta_{12} - 960$ erg/cm²
Stahl	154	50	-910
Glas	140	130	-830
Mangan	0	$\geqq 960$	$\geqq 0$

ten Unterlagen läßt sich mit Hilfe der Spreitungskoeffizienten mitunter bequem abschätzen, wie folgendes Beispiel zeigt. Wasser benetzt Paraffin bekanntlich nur sehr schlecht. Der Spreitungskoeffizient von Wasser auf Paraffin ist nach Tab. 16 stark negativ, weil die Kohäsionsarbeit von Wasser bedeutend größer als seine Adhäsionsarbeit gegen Paraffin ist. Dagegen ist die Kohäsionsarbeit von flüssigem Paraffin und seine Adhäsionsarbeit gegen Wasser nach Tab. 13 nahezu gleich groß. Der Spreitungskoeffizient $S_{\text{(Paraffin/Wasser oder Eis)}}$ muß daher ~ 0 sein. Tatsächlich beobachtet man auch, daß Paraffinöle auf Wasser und Eis vollständig oder nahezu vollständig ausfließen. Bei einer gegebenen Stoffkombination ist demnach dann bessere Benetzung zu erwarten, wenn die Substanz mit kleinerer Kohäsionsarbeit die Rolle der Flüssigkeit übernimmt. Diese Tatsache wird bei der Erklärung der guten Hafteigenschaften von geschmolzenem Polyäthylen (S. 82) von Bedeutung sein.

---

[1] WOLF, K. L.: Phys. und Chem. der Grenzflächen, Bd. 1, S. 220. Berlin/Göttingen/Heidelberg: Springer 1957.

Die theoretische Zerreißspannung Z_{th}, die zum Trennen der Adhäsionsschichte bei senkrechter Zugbelastung erforderlich ist, kann aus der Adhäsionsarbeit in analoger Weise nach (17) berechnet werden. Auch die niedrigsten Adhäsionsarbeiten in Tab. 16 (schlechte Benetzung) entsprechen wiederum theoretischen Zerreißspannungen der Größenordnung 10^3 kp/cm². Da die Adhäsionsschichte außerordentlich dünn ist, dürfen in ihr enthaltene Fehlerstellen eine bedeutend geringere Rolle spielen als bei dicken Schichten bzw. Kohäsions-Zerreißversuchen. Man neigt heute zu der Ansicht, daß richtig ausgebildete Adhäsionsschichten in festen Leimfugen durch äußere mechanische Belastung nicht gelöst werden können, sondern daß der Bruch der Leimfuge an anderen Stellen einsetzt (S. 77).

5.5 Die Bedeutung der Benetzung und des Randwinkels beim Verleimen

Die Größe des Randwinkels, die flüssiges Haftmittel und Unterlage miteinander bilden, spielen eine wichtige Rolle beim Verleimen und Verkleben. Erfahrungsgemäß hängt das Zustandekommen einer haltbaren Fugenverbindung häufig, wenn auch nicht immer, davon ab, daß das Haftmittel vollständig benetzt oder zumindestens kleine Randwinkel bildet. Schlechte Benetzung wird gewöhnlich nur bei Verwendung wäßriger Lösungen beobachtet[1]. Ausführlichere Erklärungsversuche für die schädlichen Folgen schlechter Benetzung werden auf S. 79 gegeben werden.

5.6 Verbesserung der Benetzung

Das Benetzungsvermögen eines wäßrigen Leimes läßt sich durch Zugabe von oberflächenspannungsvermindernden Stoffen innerhalb gewisser Grenzen verbessern. Nach (32) wird bei fallenden Werten von γ_2 (und damit auch γ_{12}) cos ϑ größer, der Benetzungswinkel ϑ daher kleiner. Die Oberflächenspannung wäßriger Leime läßt sich meistens leicht auf den ziemlich niedrigen Grenzwert von etwa 40–45 dyn/cm einstellen (Tab. 89). – Auch durch Anrauhen der Oberfläche wird häufig bessere Benetzung erzielt (S. 42). Freilich bedeutet eine künstliche Verbesserung der Benetzung nicht immer eine Verbesserung des Verleimungsresultates (S. 78).

5.7 Die Abhängigkeit des Randwinkels von der Oberflächenbeschaffenheit des festen Körpers

Bei der Ableitung der Beziehungen (32) und (33) wurde vorausgesetzt, daß die Flüssigkeit eine geometrisch plane Oberfläche des festen Körpers berühre. Randwinkelmessungen zur Ermittlung von Adhäsionsarbeiten

---

[1] Organische Haftmittellösungen haben niedrige Oberflächenspannungen, vgl. Tab. 88.

werden daher prinzipiell an möglichst planen, reinen Oberflächen ausgeführt. Technische Oberflächen sind häufig weit entfernt davon, diese Forderungen zu erfüllen. Randwinkel auf technischen Oberflächen ein und desselben Materials können daher innerhalb weiter Grenzen variieren. Vor allem weicht die wirkliche Größe technisch „ebener" Flächen merklich von der Größe der entsprechenden geometrisch ebenen Flächen ab, wie auf S. 70 näher beschrieben wird. Der Oberflächen- oder Rauhigkeitsfaktor ϱ, der das Verhältnis von wirklicher und geometrischer Oberfläche angibt und stets > 1 ist, kann daher bei verschieden bearbeiteten Oberflächen des gleichen Stoffes stark schwanken. Auch Porosität ruft Abweichungen von der geometrischen Fläche, jedoch im entgegengesetzten Sinne hervor. Bei porösen Flächen wird scheinbar $\varrho < 1$ (S. 43). Man beobachtet daher bei Benetzungsversuchen auf verschieden rauhen oder porösen Oberflächen der gleichen festen Substanz verschiedene Randwinkel.

Von großem Einfluß sind Verunreinigungen der festen Oberfläche. Verunreinigungen verändern natürlich auch die freie Oberflächenenergie von Flüssigkeiten, lassen sich jedoch von der Flüssigkeitsoberfläche durch Abstreifen oder Überfließen meistens leicht entfernen. Die Herstellung reiner fester Oberflächen ist bedeutend umständlicher und bereitet um so größere Schwierigkeiten je höher die freie Oberflächenenergie des betreffenden Stoffes ist. Stoffe mit hoher freier Oberflächenenergie, beispielsweise Metalle, ziehen die Bestandteile der umgebenden Atmosphäre wie Gase und Feuchtigkeit sowie die in ungereinigter Luft stets vorhandenen öligen Verunreinigungen begierig an. Die Adsorptionsschichte auf Metalloberflächen pflegt daher der Reihe nach aus Gasen, öligen Verunreinigungen und darunter aus porösen Oxyd- und Sulfidbelägen zu bestehen[1]. Oberflächenrauhigkeit und Oberflächenverunreinigungen bedingen nicht nur schwankende Randwinkelwerte an verschiedenen Materialproben, sondern sind auch der Anlaß von störenden Randwinkelhystereseerscheinungen an ein und derselben Probe (S. 44).

Die freie Oberflächenenergie fester Oberflächen kann auch durch strukturelle Faktoren beeinflußt werden. Bei kristallisierten oder strukturell geordneten Substanzen ist der Winkel von Bedeutung, den die Oberfläche und die Kristall- oder Strukturrichtungen miteinander einschließen. Denn da die Moleküle in derartigen Verbindungen fest orientiert sind besitzen verschiedene Schnittflächen verschiedene freie Energien. So besitzt Holz parallel und senkrecht zur Faserrichtung verschiedene Benetzungseigenschaften.

Das Problem der Bestimmung von Randwinkelwerten, die zur Berechnung der Adhäsionsenergie nach (34) verwendet werden können, liegt demnach nicht in der eigentlichen Winkelmessung, die nach den

---

[1] BIKERMAN, J. J.: The Science of Adhesive Joints, § 10. New York: Acad. Press 1961.

Ausführungen auf S. 46 eine verhältnismäßig einfache Aufgabe ist. Die Hauptschwierigkeit besteht in der Herstellung genügend reiner und planer Oberflächen, die keine oder nur geringe Randwinkelhysteresis zeigen.

5.8 Oberflächenrauhigkeit

Der Ableitung der Youngschen Gl. (32) lag die Annahme zugrunde, daß die Oberfläche des festen Körpers eine geometrische Ebene bilde. Diese Voraussetzung wird von technischen Oberflächen selten auch nur angenähert erfüllt. Die tatsächlichen Verhältnisse werden daher durch Abb. 15 besser wiedergegeben, in der die Unebenheiten der festen Oberfläche durch gezackte Linien angedeutet sind. Unter Verwendung des Rauhigkeitsfaktors ϱ erhält man in analoger Weise wie bei der Ableitung von Gl. (32)

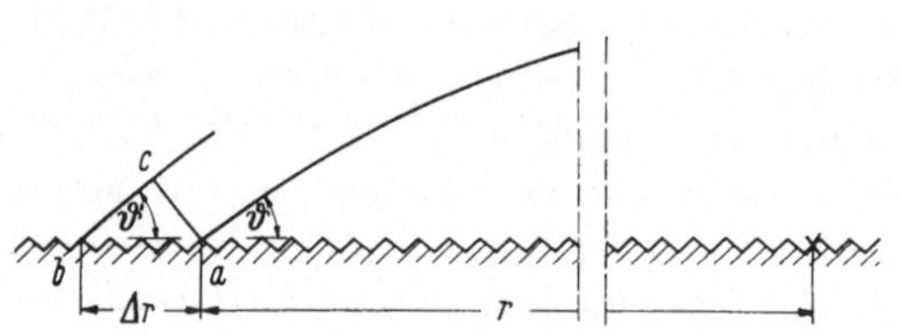

Abb. 15. Unvollständige Benetzung auf rauhen Oberflächen

$$\cos \vartheta_{\text{gemessen}} = \frac{\varrho\,(\gamma_1 - \gamma_{12})}{\gamma_2} \cdot {}^1 \tag{35}$$

Bezeichnet man den Randwinkel, der an einer geometrischen Ebene gemessen würde, mit $\vartheta_{\text{theoretisch}}$ so folgt aus (32) und (35)

$$\cos \vartheta_{\text{gemessen}} = \varrho \cos \vartheta_{\text{theor.}} \tag{36}$$

Da der Rauhigkeitsfaktor $\varrho > 1$ ist, sagt Gl. (36) aus, daß sowohl positive als negative theoretische Cosinuswerte durch Oberflächenrauhigkeit numerisch vergrößert werden. Randwinkel zwischen 0 und 90° sollen demnach durch Anrauhen der Oberfläche verringert, zwischen 90 und 180° dagegen vergrößert werden.

Eine quantitative Bestätigung von (36) liegt bis heute nicht vor. Doch gibt diese Gleichung wenigstens eine qualitative Erklärung für die bekannte Tatsache, daß der Randwinkel von Flüssigkeiten durch Aufrauhen (Schleifen) der Oberfläche häufig verringert wird. Da Randwinkel $> 90°$ auf glatten Unterlagen nicht häufig vorkommen, ist die von Gl. (36) im Gebiet 90–180° geforderte Randwinkelerhöhung auf rauhen Unterlagen ohne größere praktische Bedeutung. Es sind auch Fälle bekannt, bei denen Randwinkel, die kleiner als 90° sind, durch Aufrauhen der Unterlage vergrößert werden. Derartige Beobachtungen wurden u.a.

---

[1] WENZEL, R. N.: Ind. Eng. Chem. *28*, 988 (1936).

an Polyäthylen[1], Polystyrol und Polyvinylchlorid[2] gemacht, müssen jedoch nicht im Widerspruch zu (36) stehen, da sie auch auf andere Weise erklärt werden können. DE BRUYNE[1] nimmt an, daß die Randwinkelvergrößerung bei Polyäthylen durch Lufteinschlüsse an der gerauhten Oberfläche verursacht werden (vgl. S. 44). Abb. 16 zeigt den großen Unterschied der vorrückenden Randwinkel (vgl. S. 44) von Wassertropfen auf gerauhten und hochglänzenden harten Polyvinylchloridoberflächen.

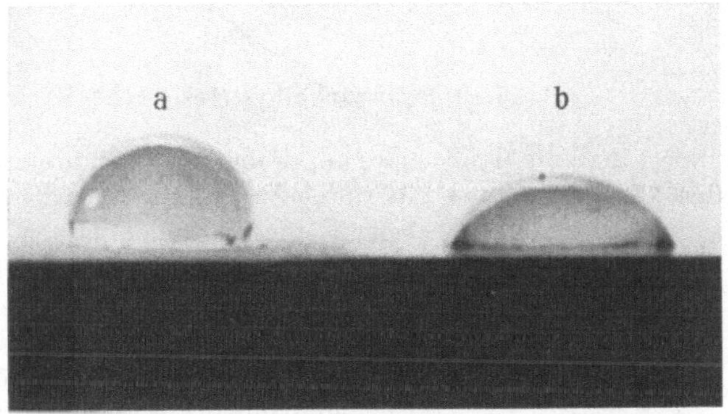

Abb. 16. Vorrückwinkel von Wasser auf a) gerauhtem, b) hochglänzendem PVC[2]

5.9 Porosität

Die Oberfläche eines zusammengesetzten festen Körpers (ab), der aus einer Mischung der beiden Substanzen a und b besteht, setzt sich aus den Flächenanteilen f_a und f_b beider Komponenten zusammen ($f_a + f_b = 1$). Für eine plane Oberfläche läßt sich in ähnlicher Weise wie (23) die nachstehende Beziehung (37) ableiten

$$\cos \vartheta_{ab} = f_a \cos \vartheta_a + f_b \cos \vartheta_b. \tag{37}$$

(ϑ_a und ϑ_b: Randwinkel auf den reinen Substanzen a und b)

Diese Gleichung kann auf die Benetzung poröser Oberflächen angewendet werden. An jenen Stellen der Oberfläche, die aus Luft bestehen, wirken praktisch keine Adhäsionskräfte auf die bedeckenden Flüssigkeitsmoleküle ein. Bezeichnet man Luft mit dem Index b, so wird ϑ_b in (37) = 180° und $\cos \vartheta_b = -1$. Gl. (37) nimmt in diesem Spezialfall die Form an[3]

$$\cos \vartheta_{ab} = f_a \cos \vartheta_a - f_b. \tag{38}$$

[1] DE BRUYNE, N. A.: Aero Research Techn. Notes, Bulletin 168, Dunford, Cambridge (1956).

[2] BAUMANN, H.: Holz als Roh- und Werkstoff *23*, 19–16 (1965).

[3] CASSIE, A. B. D.: Discuss. of the Farad. Soc. *3*, 11–16 (1948).

Nach Gl. (38) erhöhen luftgefüllte Poren der Oberfläche den Randwinkel der benetzenden Flüssigkeit; umgekehrt sinkt der Randwinkel, wenn die Flüssigkeit imstande ist in die Poren einzudringen und die Luft zu verdrängen[1]. Gl. (38) ist ziemlich eingehend an verschiedenen Geweben untersucht und angenähert bestätigt worden[2,3]. Die benetzungshindernde Wirkung von Poren findet eine praktische Anwendung bei der Herstellung wasserdichter Stoffe, deren Schutzeigenschaften auf dem Zusammenwirken einer wasserabstoßenden Imprägnierung (große ϑ_a-Werte) und einer großen Porenoberfläche beruht.

5.10 Randwinkelhysteresis

Verändert man die Größe eines auf rauher oder verunreinigter Unterlage befindlichen Tropfens – z. B. durch Zugabe oder Absaugen von Flüssigkeit mittels einer feinen Injektionsspritze –, so ändert sich zunächst nur der Randwinkel, während die Tropfenbasis konstant bleibt; sie ändert sich erst ruckartig, wenn eine bestimmte Tropfengröße erreicht ist. Unmittelbar vor dieser plötzlichen Änderung bildet die Tropfenfront den größten

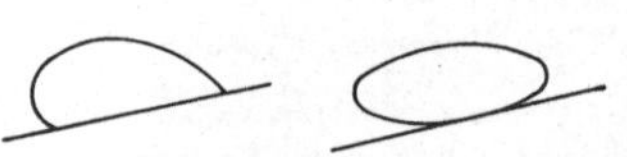

Abb. 17. Randwinkelhysterese an schiefliegenden Tropfen (nach K. L. Wolf)

Vorrückwinkel ϑ_V, bzw. den kleinsten Rückzugswinkel ϑ_R. An einer geeigneten Oberfläche treten Vorrück- und Rückzugswinkel gleichzeitig auf (Abb. 17). Die Differenz $\vartheta_V - \vartheta_R$, die Randwinkelhysteresis, kann oft beträchtliche Werte erreichen, wie die Fotografien von Wassertropfen auf gerauhten harten Polyvinyloberflächen in Abb. 18 zeigen.

Es wird allgemein angenommen, daß die Hysteresiserscheinungen des Randwinkels durch Unebenheiten, Verunreinigungen und Quellen der festen Oberfläche hervorgerufen werden[4]. Das beweist u. a. die Tatsache, daß an sehr glatten und reinen Oberflächen keine oder nur sehr geringe Hysteresis beobachtet wird, wie Fowkes und Harkins[5] an Graphit und Talk, sowie Zisman und Mitarbeiter[6] an unpolaren Oberflächen zeigen konnten.

Eine vollständige Erklärung der Randwinkelhysteresis, die von vielen Forschern untersucht worden ist, liegt bis heute nicht vor. Ein Erklärungsversuch, der große Beachtung gefunden hat, stammt von Coghill

---

[1] Voraussetzung ist, daß $\Theta < 90°$ ist (vgl. S. 60).

[2] Wenzel, R. N.: J. Phys. a. Coll. Chem. 53, 1466 (1949).

[3] Baxter, S. u. A. B. D. Cassie: J. Textile Inst. 36, T 67 (1945).

[4] Vgl. z. B. Bikerman, J. J.: The Science of Adhesive Joints, § 21. New York: Acad. Press 1961.

[5] Fowkes, F. M. u. W. D. Harkins: J. Am. Chem. Soc. 62, 3377 (1940).

[6] Fox, H. W. u. W. A. Zisman: J. Coll. Sci. 7, 109–121 (1952).

und ANDERSON[1]. Die in Abb. 19a u. b abgebildeten Tropfenfronten schließen in beiden Fällen mit der geneigten Unterlage den gleichen Randwinkel ϑ ein. Da man bei praktischen Messungen die wahre Nei-

gung der Unterlage nicht berücksichtigen kann, sondern nur gegen die Durchschnittsrichtung der Oberfläche mißt, erhält man im Falle *a* anscheinend zu große, im Falle *b* zu kleine Randwinkelwerte ϑ'. Die Randwinkelhysteresis wird verständlich, wenn nachgewiesen werden kann,

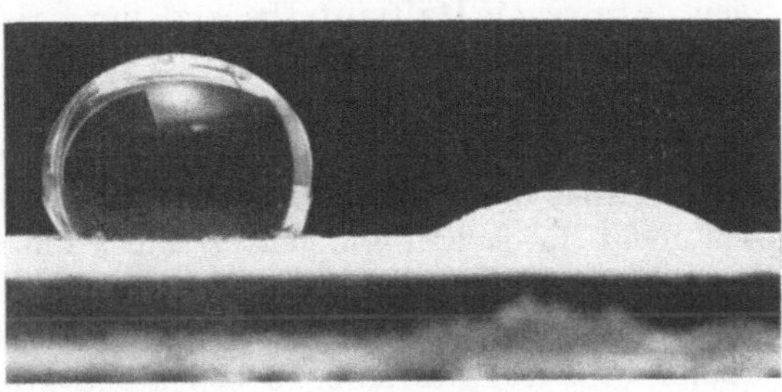

Abb. 18. Randwinkelhysterese auf rauhen harten Polyvinylchloridoberflächen

daß vorrückende Flüssigkeitsfronten in der Lage *a*, Rückzugsfronten in der Lage *b* einen metastabilen Zustand erreichen. Ein Nachweis dieser Art wurde von SHUTTLEWORTH und BAILEY gegeben[2].

Oberflächenverunreinigungen, die den Randwinkel der benetzenden Flüssigkeit erhöhen, verstärken in der Regel auch die Randwinkelhysteresis. Zu dieser Art von Verunreinigungen sind die am häufigsten vorkommenden fetten und öligen Verunreinigungen, aber auch an der Oberfläche eingeschlossene Luftbläschen zu rechnen. Die verstärkende Wirkung kommt dadurch zustande, daß der Rückzugswinkel eine besondere Erniedrigung erfährt. Denn im Gegensatz zu der vorrückenden Flüssigkeitsfront bewegt sich die Rückzugsfront stets auf solchen Teilen der Oberfläche, die mit der Flüs-

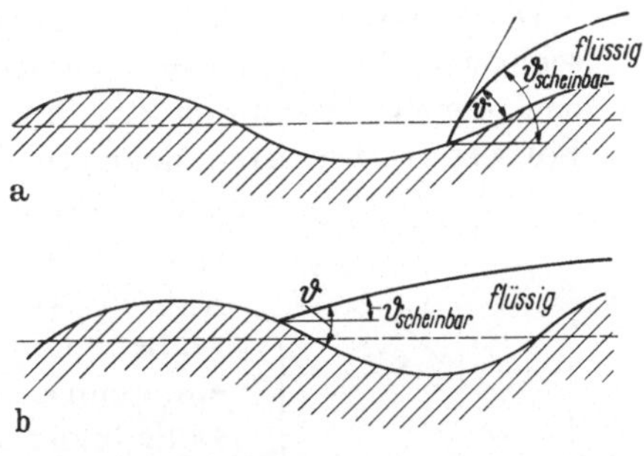

Abb. 19a u. b. Coghill's und Andersen's Erklärung der Randwinkelhysterese (nach ADAMSON'S Physical Chemistry of Surfaces)

sigkeit bereits in Berührung standen und dabei teilweise gereinigt oder von anhaftenden Luftbläschen befreit wurden. Eine Erhöhung der Randwinkelhysteresis findet auch statt, wenn die feste Oberfläche in Berührung mit der Flüssigkeit quillt oder von ihr angelöst wird. Denn eine Quellung

---

[1] COGHILL, W. A. u. C. A. ANDERSON: U. S. Bur. Mines Tech. Papers *262*, 54 (1924).
[2] SHUTTLEWORTH, R. u. G. L. J. BARLEY: Disc. Farad. Soc. *3*, 16 (1948).

oder teilweise Lösung des festen Körpers ist stets von einer Erniedrigung des Randwinkels bzw. Rückzugswinkels begleitet.

In der Praxis pflegt man die Vorstellung des „Benetzens" mit dem Verhalten der Flüssigkeit (des Haftmittels) nach dem Auftragen zu verbinden. Je besser ein Haftmittel benetzt, um so weniger neigt es nach dem Auftragen zum Zusammenziehen und der Bildung von haftmittelfreien Inseln. Flüssigkeiten mit hohem Vorrückwinkel können mitunter technisch zufriedenstellend benetzen, wenn die Randwinkelhysteresis genügend groß ist. Denn das Bestreben der Flüssigkeit sich zusammenzuziehen wird offenbar nicht durch den Vorrück- sondern durch den Rückzugswinkel bestimmt. Diese Tatsache kann deutlich an rauhen Polyvinylchloridoberflächen beobachtet werden. Obwohl der Vorrückwinkel des Tropfens auf rauher Unterlage in Abb. 16 bedeutend größer ist, hinterläßt er nach dem Absaugen mit einer Mikrospitze eine benetzte Grundfläche, während der Tropfen auf glatter Unterlage durch Absaugen vollständig entfernt wird. Denn der Rückzugswinkel auf rauher Unterlage ist sehr klein. Auch beim Auftragen von wäßrigem Leim auf Polyvinylchlorid gewinnt man den Eindruck, daß ein Aufrauhen der Oberfläche eine Verbesserung der technischen Benetzung mit sich führt.

5.11 Die Messung des Randwinkels

Der Randwinkel, den Flüssigkeit und Unterlage bilden, kann auf verschiedene Weise gemessen werden. Sehr genaue Resultate erhält man nach der von ADAM und JESSOP[1] ausgearbeiteten und von HARKINS und FOWKES[2] verbesserten Meßmethode (Abb. 20). Eine mehrere Zentimeter breite Probe des festen Körpers *1* wird so eingespannt, daß sie nach Belieben um die feste Achse *2* gedreht werden kann. Die Flüssigkeitsoberfläche schließt mit dem festen Körper den Randwinkel ϑ ein, wenn sie bis zur Berührungsstelle *3* eine gerade Linie bildet und wenn die Krümmung, die andernfalls bei *3* auftritt, verschwindet. Die richtige Einstellung kann gewöhnlich mit freiem Auge beurteilt werden.

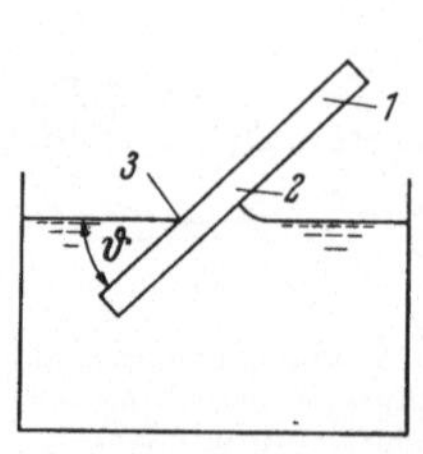

Abb. 20. Randwinkelmessung nach der „tilting-plate"-Methode

Bedeutend bequemer und einfacher sind direkte Ausmessungen des Randwinkels. Wie die Untersuchungen von ZISMAN und Mitarbeitern bewiesen haben, erhält man auf diese Weise ausgezeichnete Resultate. Bei dieser Methode wird ein Flüssigkeitstropfen auf ebener Unterlage durch das Okular eines Goniometers beobachtet. Zwei schwenkbare Strichmarken werden parallel zur

[1] ADAM, N. K. u. G. JESSOP: J. Chem. Soc. 1925, 1863.
[2] FOWKES, F. M. u. W. D. HARKINS: J. Amer. Chem. Soc. 62 (1940) 3377.

Unterlage und Tropfentangente im Schnittpunkt eingestellt und der eingeschlossene Winkel abgelesen[1]. Abb. 21 zeigt, wie ein mit einem Goniometerokular versehenes Mikroskop zur Randwinkelmessung verwendet werden kann[2]. Wird die feste Probe auf einem drehbaren Objektträger befestigt, können auf diese Weise auch Randwinkel auf geneigten Unterlagen gemessen werden[3]. Man kann schließlich die Größe des Randwinkels auch durch Ausmessen parallaxenfreier Tropfenbilder bestimmen.

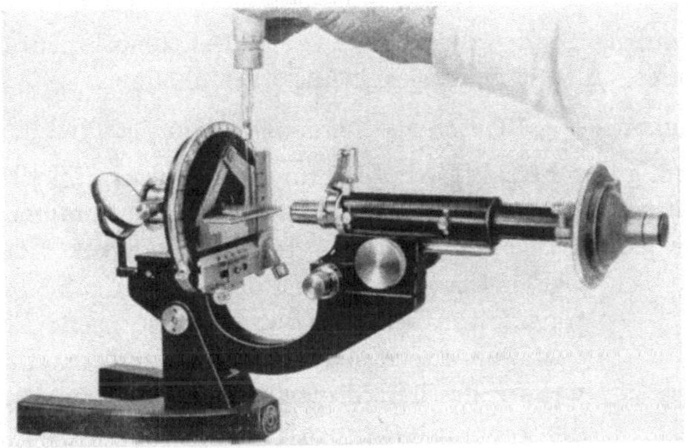

Abb. 21. Randwinkelmessung mit dem Goniometer[2]

Es muß schließlich betont werden, daß die weitaus schwierigste Aufgabe bei der Bestimmung reproduzierbarer Randwinkel nicht die eigentliche Winkelmessung, sondern die Bereitung geeigneter Probeflächen zu sein pflegt.

6 Die Viskosität

6.1 Physikalische Grundbegriffe

Einige wichtige Vorgänge an der Grenzfläche fest/flüssig, die den Inhalt von Abschn. 7 bilden, z.B. das Eindringen von Flüssigkeiten in Kapillaren, beruhen auf dem Zusammenwirken von freier Energie, Randwinkel und Viskosität der teilnehmenden Flüssigkeit. Aus diesem Grunde soll eine kurze Übersicht über die physikalische Natur der Viskosität eingeschaltet werden. Da die Viskositätskontrolle von Haftstofflösungen außerdem in praktischer Hinsicht wichtig ist, werden in diesem Zusammen-

[1] Fox, W. u. W. A. Zisman: J. Coll. Sci. 6 (1950) 18.
[2] Freundlichst überlassen von A. Herczeg, Berkeley.
[3] Grey, V. R.: J. Oil a. Chemists Assoc. London 44 (1961) 768.

hange auch einige Meßmethoden beschrieben, die zur Bestimmung der Viskosität von zähflüssigen Lösungen geeignet sind.

Die Definition der dynamischen[1] Viskosität η geht auf eine Beziehung zurück, die bereits von NEWTON für laminare Strömung aufgestellt wurde:

$$\tau = \eta \left(\frac{dv}{dx}\right) \tag{39}$$

$$\eta = \frac{\tau}{(dv/dx)} = \text{konst.}$$

(τ = Schubspannung zwischen zwei Flüssigkeitsschichten, die sich gegeneinander in Strömungsrichtung verschieben, v = Strömungsgeschwindigkeit, $\frac{dv}{dx}$ = Geschwindigkeitsgradient senkrecht zur Strömungsrichtung der Flüssigkeit: Verformungsgeschwindigkeit[2].)

NEWTON nahm an, daß Gl.(39) für alle Flüssigkeiten gelte. Tatsächlich gilt sie jedoch nur für „Newtonsche Flüssigkeiten", zu denen die große Mehrzahl jener Flüssigkeiten zählt, die zu Newtons Zeiten bekannt waren. Newtonsche Flüssigkeiten bestehen aus Molekülen, die einander nicht an der Bewegungsfreiheit hindern; das ist vor allem der Fall, wenn die Molekülform nicht allzu sehr von der Kugelsymmetrie abweicht.

Ein einfaches Beispiel laminarer Strömung stellt der in Abb. 22 abgebildete Versuch dar. Die Platte A taucht vollständig in eine Newtonsche Flüssigkeit ein. Unter dem Einfluß der Kraft K bewegt sich die Platte nach einer bestimmten Anlaufszeit, wie allgemein Körper in reibenden Medien, mit einer konstanten Geschwindigkeit v_A. Da die Flüssigkeitsschichten, die Platte und Gefäßwand berühren, mit diesen durch Adhäsionskräfte fest verbunden sind, treten bei den verschiedenen zur Strömungsrichtung parallelen Flüssigkeitsschichten sämtliche Geschwindigkeiten zwischen 0 und v_A auf, wie in Abb. 22 durch Pfeile angedeutet ist. Zwei benachbarte Flüssigkeitsschichten verschieben sich daher in Strömungsrichtung parallel zueinander (laminare Strömung), wobei zwischen ihnen Reibung entsteht. Diese Flüssigkeitsreibung kann auch als eine Schubspannung τ aufgefaßt werden. Zwischen Schubspannungen in Flüssigkeiten und festen Körpern besteht jedoch ein wichtiger Unterschied[2]. In festen Körpern be-

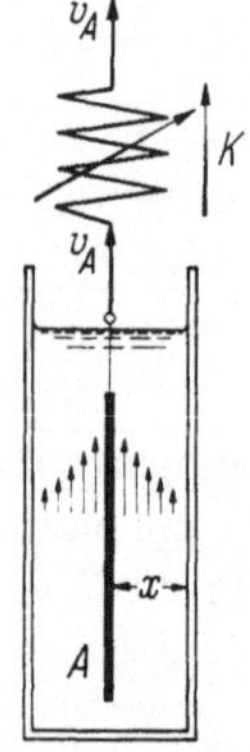

Abb. 22. Zur Definition der Viskositätskonstante η mittels einer ebenen Strömung (nach R. W. POHL)

---

[1] „Dynamische Viskosität" im Gegensatz zur kinematischen Viskosität $v = \eta/\varrho$ (ϱ = Dichte der Flüssigkeit). In diesem Buche kommt ausschließlich die Größe η vor.

[2] POHL, R. W.: Einf. in die Physik, 14. Aufl., Bd. I, S. 140. Berlin/Göttingen/ Heidelberg: Springer 1959.

wirkt ein Ansteigen der Schubspannung eine Zunahme der Verformung, in Flüssigkeiten dagegen eine Zunahme der Verformungsgeschwindigkeit, die eine anschauliche Beschreibung des Geschwindigkeitsgradienten $\frac{dv}{xd}$ ist. In diesem Sinne kann (39) als eine Analogie zu dem Gesetz für elastische Schubverformung angesehen werden: die Verformungsgeschwindigkeit einer Newtonschen Flüssigkeit ist der wirkenden Schubspannung proportional. Die Viskositätszahl η stellt die Proportionalitätskonstante dar.

Die Bewegung der Platte in Abb. 22 wird unmittelbar auf die anhaftende Flüssigkeitsschichte und von dieser durch die Schubspannungen τ weiter von Schichte zu Schichte übertragen. Wird Plattengeschwindigkeit v_A und Spaltbreite x innerhalb bestimmter Grenzen gehalten[1] so stellt sich eine lineare Geschwindigkeitsverteilung, bzw. ein konstanter Geschwindigkeitsgradient

$$\frac{dv}{dx} = \frac{v_A}{x} \tag{40}$$

ein. Die Größe der Schubspannung in unmittelbarer Nähe der Platte ist

$$\tau = \frac{K}{F} \tag{41}$$

(F = Oberfläche = Vorder- und Rückseite der Platte).

Aus (39, (40) und (41) folgt schließlich

$$\eta = \frac{K\,x}{F\,v_A} \tag{42}$$

Der beschriebene Versuch ist ein Beispiel laminarer Strömung mit besonders einfacher Geschwindigkeitsverteilung. Meistens herrschen komplizierte Strömungsverhältnisse. Wie Abb. 23 zeigt ist das bereits bei laminarer Flüssigkeitsströmung in einem runden Rohr der Fall. Beziehung (39) ist jedoch erfüllt und kann wieder als Ausgangspunkt zur Berechnung der Viskosität benützt werden. Durch Gleichsetzen der Schubkraft, die die Strömung hervorruft, und der entgegenwirkenden Viskositätsschubkräfte an der

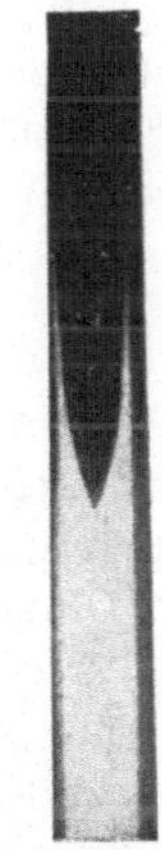

Abb. 23. Geschwindigkeitsverteilung bei schlichter Strömung durch ein Rohr (nach R. W. POHL)

Rohrwand folgt die Poiseuillesche Gleichung[2], die eine Beziehung zwischen der Stromstärke i = Ausflußmenge je Zeiteinheit und der Viskosität η herstellt:

$$i = \frac{\pi\,r^4\,\Delta P}{8\,\eta\,l} \tag{43}$$

---

[1] POHL, R. W.: Einf. in die Physik. 14. Aufl., Bd. I, S. 140. Berlin/Göttingen/Heidelberg: Springer 1959.

[2] Vgl. z.B. BARROW, G. M.: Physical Chemistry S. 407. New York: McGraw-Hill 1961.

(r = Radius des Rohres, l = Länge des Rohres, ΔP = Druckdifferenz zu beiden Enden des Rohres).

Die Einheit der dynamischen Viskosität ist das Poise (P)[1]. Nach (39) und (42) hat diese Größe die Dimensionen cm, g, sec^{-1} im cgs-System. Die Viskosität 10 P entspricht bereits einer stark zähflüssigen Leimlösung. Als praktische Einheit wird daher meistens das Zentipoise (cP = 10^{-2} P) oder mitunter auch das Millipoise (mP = 10^{-3} P) verwendet.

6.2 Turbulenz

Die Newtonsche Beziehung (39) setzt voraus, daß während der Viskositätsmessung laminare Strömung herrscht. Bei zu hoher Strömungsgeschwindigkeit tritt Turbulenz ein, d.h. die Flüssigkeitsteilchen beginnen neben der Bewegung in Strömungsrichtung auch Rotationsbewegungen auszuführen. Die Kraft, die die Flüssigkeitsbewegung hervorruft, leistet Beschleunigungs- und Reibungsarbeit. Turbulenz tritt ein, wenn der Anteil der Reibungsarbeit zu hoch wird und das Verhältnis Beschleunigungsarbeit : Reibungsarbeit einen bestimmten Zahlenwert, die Reynoldssche Zahl R_e, unterschreitet. Die Reynoldssche Zahl muß von Fall zu Fall experimentell ermittelt werden. Für Flüssigkeitsströmungen in runden glatten Rohren gilt z.B. folgende empirische Formel[2]:

$$R_e = \frac{\text{Beschleunigungsarbeit}}{\text{Reibungsarbeit}} = \frac{r \, v \, \varrho}{\eta} = 1160 \qquad (44)$$

(r = Rohrradius, ϱ = Dichte der Flüssigkeit).

Bei turbulenter Strömung muß zur Erreichung einer bestimmten Geschwindigkeit mehr Kraft angewendet werden als bei laminarer Strömung. Infolgedessen können bei Viskositätsmessungen sowohl zu niedrige als auch zu hohe Werte gefunden werden. Zu tiefe Viskositäten ergeben Meßmethoden, bei denen die Kraft konstant gehalten und die Geschwindigkeit eines bewegten Körpers gemessen wird (Plattenmethode, Abb. 22). Zu hohe Meßwerte erhält man mit Apparaten, die mit konstanter Geschwindigkeit arbeiten und die Schubkraft zu messen gestatten (Rotationsviskosimeter, S. 56).

6.3 Nicht-Newtonsche Flüssigkeiten

Die moderne chemische Industrie stellt eine Reihe flüssiger Produkte her, die von der Newtonschen Gl. (39) merklich abweichen. Vielfach beobachtet man derartige Abweichungen bei Emulsionen, Suspensionen und Lösungen hochmolekularer Stoffe, deren große Moleküle

---

[1] Nach POISEUILLE (Aussprache daher „poas").

[2] POHL, R. W.: Einf. in die Physik, 14 Aufl., Bd. 1, S. 143. Berlin/Göttingen/Heidelberg: Springer 1959.

stark von der Kugelsymmetrie abweichen, also beispielsweise lange Fäden bilden. Man nimmt an, daß Abweichungen von (39) letzten Endes durch mechanische Ursachen zustande kommen[1]. In nicht-Newtonschen Flüssigkeiten treten Orientierungseffekte auf, die der Bewegungsfreiheit der Moleküle hinderlich sind. Bei steigendem Geschwindigkeitsgefälle pflegen diese Effekte meistens abzunehmen.

Auch die Viskosität nicht-Newtonscher Flüssigkeiten läßt sich durch eine zu (39) analoge Beziehung beschreiben:

$$\eta = \frac{\tau}{d\,v/d\,x}. \tag{45}$$

Nur ist η in diesem Falle keine Konstante sondern eine Funktion der Schubspannung oder des Geschwindigkeitsgradienten. Formell läßt sich auch für nicht-Newtonsche Flüssigkeiten eine konstante Größe η' definieren:

$$\eta' = \frac{(\tau - f)^n}{d\,v/d\,x} = \text{konst.} \tag{46}$$

(f und n = Materialkonstanten).

Doch stellt diese Beziehung im Grunde nur eine analytische Beschreibung empirisch gefundener Meßkurven vor, da f und n, wie GREEN[1] betont, keine anschauliche physikalische Bedeutung haben. Es ist deshalb einfacher und übersichtlicher das Verhalten nicht-Newtonscher Flüssigkeiten durch Diagramme zu beschreiben. Die Angabe einer einzigen Viskositätszahl gibt daher nur ein unvollständiges Bild, besonders wenn nicht gleichzeitig die speziellen Meßbedingungen genannt werden.

In Abb. 24 ist das Verhalten Newtonscher und nicht-Newtonscher Flüssigkeiten graphisch dargestellt. Die obere Reihe *I* zeigt in Übereinstimmung mit der in der Literatur gebräuchlichen Darstellungsart den Geschwindigkeitsgradienten $d\,v/d\,x$ als Funktion der Schubspannung τ. Die Eigenart der plastischen Viskosität kommt auf diese Weise besser zum Ausdruck (Abb. 24d). Die Viskosität η entspricht daher in den Diagrammen Ia–c der Neigung des zwischen der Kurve und der Ordinate eingeschlossenen Winkels α. Die untere Reihe *II* zeigt die Viskosität η als Funktion des Geschwindigkeitsgradienten $d\,v/d\,x$.

Newtonsche Flüssigkeiten (Abb. 24a). $d\,v/d\,x$ ist nach (39) eine Gerade, die durch den Ursprung geht, η ist konstant.

Pseudoplastische Viskosität (Abb. 24b). Pseudoplastisches Verhalten zeigen vor allem Emulsionen und Dispersionen: die Viskosität fällt bei steigendem Geschwindigkeitsgradienten und daher auch bei steigender Geschwindigkeit eines bewegten Körpers, also beispielsweise beim Umrühren. Man vermutet, daß diese Erscheinung durch einen reversiblen

---

[1] GREEN, H.: Industrial Rheologu, S. 8. New York: Wiley & Sons 1949.

4*

Zerfall von größeren Sekundärteilchenzusammenschlüssen in kleinere Einheiten hervorgerufen wird. Eine Leimdispersion mit deutlich pseudoplastischen Eigenschaften ist Polyvinylacetatleim.

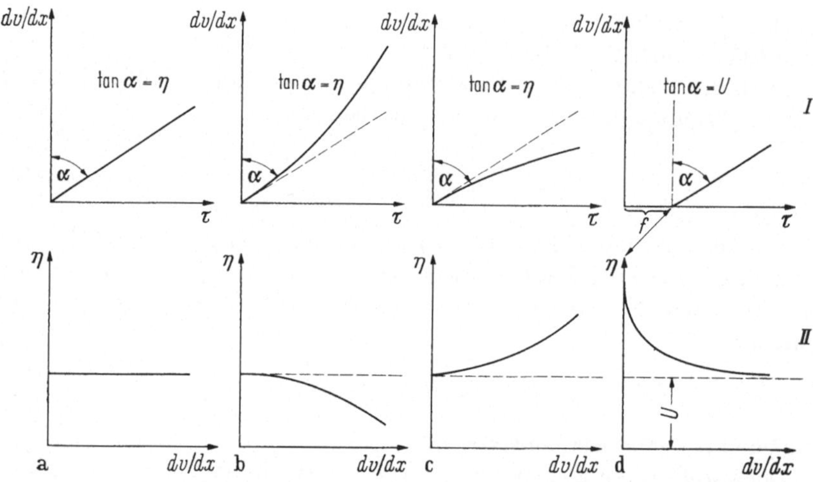

Abb. 24. Das Verhalten Newtonscher und nicht-Newtonscher Flüssigkeiten

Dilatante Viskosität (Abb. 24c). In diesem Falle steigt die Viskosität bei steigender Bewegung. Haftmittel mit dilatanten Eigenschaften sind nicht bekannt[1].

Plastische Viskosität (Abb. 24d). Das charakteristische Kennzeichen plastischer Viskosität wird durch Abb. 24d *I* deutlich zum Ausdruck gebracht: die einwirkende Schubspannung muß einen bestimmten Mindestwert *f* überschreiten, bevor in einer plastischen Substanz Strömung entstehen kann. Diese Mindestspannung *f*, die mit der Konstante *f* in Gl. (46) identisch ist, wird nach BINGHAM und GREEN Fließgrenze genannt[2]. Unterhalb der Fließgrenze verhalten sich plastische Substanzen wie feste Körper.

Die Erforschung der plastischen Viskosität geht auf Binghams[3] Untersuchungen von Tondispersionen zurück. Ein alltägliches, aber anschauliches Beispiel plastischer Viskosität ist Tomatenketchup. Beim Entleeren muß der Flasche ein Stoß versetzt werden, um den Inhalt zu verflüssigen; häufig wird dabei die Fließgrenze stärker überschritten als beabsichtigt.

Plastisch-viskose Flüssigkeiten gehören im Grunde bereits einem Zwischengebiet an, das den Übergang von reinen Flüssigkeiten zu festen

---

[1] Dilatante Viskosität, die z.B. bei gewissen eingedickten Pigmentsuspensionen vorkommt, kann zu großen Förderschwierigkeiten in Rohrleitungen führen.

[2] BINGHAM u. H. GREEN: Proc ASTM 19, II (1919).

[3] BINGHAM: Natl. Bur. Standards Sci. Papers, 278 (1916).

Hookschen Körpern vermittelt. Dieses Zwischengebiet ist besonders interessant, da ihm offenbar auch das „ideale Haftmittel" angehört, der die spontane Adhäsionsbereitschaft niedrigviskoser Flüssigkeiten mit dem Widerstandsvermögen fester Körper gegen Schubbeanspruchungen vereinigt. Das Verhalten plastisch-viskoser Flüssigkeiten deutet an, daß eine Vereinigung dieser beiden anscheinend widersprechenden Eigenschaften nicht ausgeschlossen ist. Eine teilweise Verwirklichung des idealen Haftmittels stellen die temporären oder permanent wirksamen Kontaktkleber dar, die nach kurzem Andrücken eine relativ widerstandsfähige Verklebung entstehen lassen. Die Vorgänge, die zur Verklebung führen, erinnern in gewisser Beziehung an das Verhalten plastisch-viskoser Flüssigkeiten.

Thixotropie ist keine neue Viskositätsart, sondern eine Eigenschaft, die sich der nicht-Newtonschen Viskosität überlagert[1]. Die Viskosität thixotroper Lösungen sinkt mit der *Dauer* der Flüssigkeitsbewegung (Abb. 25). Die stabile Durchschnittsendlage der Teilchen stellt sich demnach nicht sofort wie in Abb. 24 ein, sondern erst allmählich. Die Zeit, die zur Erreichung der niedrigsten Endviskosität erforderlich ist, schwankt bei verschiedenen Substanzen inner-

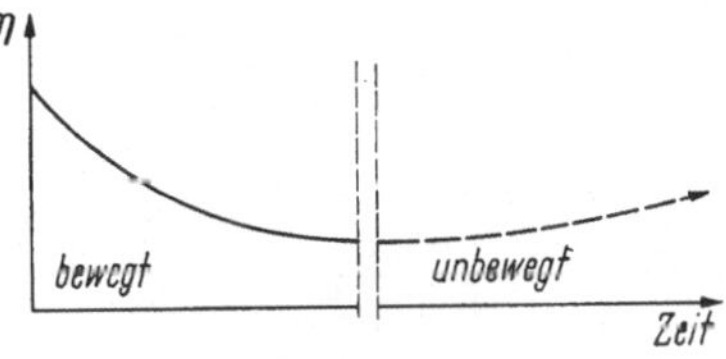

Abb. 25. Thixotropie

halb weiter Grenzen. Das Gleiche gilt für die Rückkehr einer bewegten thixotropen Lösung in den stabilen Ruhezustand. Thixotropie wird durch eine reversible Strukturbildung innerhalb der Flüssigkeit verursacht. Die Struktur wird durch Rühren allmählich aufgehoben und bildet sich beim Stehen allmählich wieder zurück. Thixotropie wird daher auch als Strukturviskosität bezeichnet.

Sehr deutliche Thixotropieerscheinungen treten an Stärkelösungen (Stärkekleister) auf sowie an Leimlösungen, die größere Stärkezusätze enthalten. Thixotropie ist auch mitunter an Leimlösungen zu beobachten, die einer Härtungsreaktion unterworfen sind, z.B. schnellbindende Kaseinleime, die einige Zeit nicht gerührt wurden.

6.4 Meßverfahren[2]

Die gebräuchlichsten Meßverfahren gehören einer der nachstehenden drei Gruppen an:

---

[1] GREEN, H.: Industrial Rheology, S. 146, 147. New York: Wiley & Sons 1949.

[2] Eine ausführlichere Übersicht über gebräuchliche Viskosimeter findet der Leser z.B. bei KOLLMAN, F.: Technologie d. Holzes, Bd. 2, S. 964–966. Berlin/Göttingen/Heidelberg: Springer 1955.

a) Messung der Ausflußgeschwindigkeit von Flüssigkeiten. Das sehr genaue Oswald-Kapillarviskosimeter ist nur für niedrigviskose Flüssigkeiten anwendbar. Hochviskose Flüssigkeiten werden in Auslaufbechern gemessen.

b) Messung der Schubspannung eines mit konstanter Geschwindigkeit bewegten Körpers. Dieses Meßprinzip wird bei Rotationsviskosimetern benützt.

c) Messung der Geschwindigkeit bewegter Körper, auf die eine konstante Kraft wirkt nach dem Prinzip von Abb. 22. Neben Tauchstab- und Tauchplatteninstrumenten ist vor allem die Kugelfallmethode zu erwähnen. Im Hoeppler-Viskosimeter wird die Fallzeit von Kugeln, die längs einer leicht geneigten Rohrwand gleiten, zwischen zwei Strichmarken bestimmt.

α) Kapillarviskosimeter. Läßt man eine Flüssigkeit aus Rohren mit so kleinem Durchmesser ausfließen, daß turbulente Strömung im Rohre vermieden wird, so kann die Viskosität der Flüssigkeit nach Gl. (43) ermittelt werden. Eine Art Kapillarviskosimeter ist die „Bloompipette" (Abb. 26), die nach DIN 53260 zur Messung von stark verdünnten Glutinleimlösungen benützt wird. Die zu untersuchende Lösung wird bis zu der oberen Pipettenmarke aufgesogen und hierauf die Ausflußzeit t bis zur Erreichung der unteren Pipettenmarke gemessen. Der Druck ΔP ändert sich während des Versuches; da jedoch Leimlösungen gleicher Konzentration und daher gleichen spezifischen Gewichtes gemessen werden, herrscht bei verschiedenen Messungen stets der gleiche mittlere Druck $\overline{\Delta P}$. Ausflußzeiten t und Strömungsgeschwindigkeiten i sind infolgedessen proportional. Um die Meßbedingungen zu vereinfachen und Korrekturen zu vermeiden, wird mit Hilfe einer Flüssigkeit bekannter Viskosität eine Apparatenkonstante k ermittelt und die Viskosität der gemessenen Lösung nach der einfachen Beziehung $\eta = kt$ berechnet. Die Bloompipette ist in einen Wassermantel eingebaut, der an einen Thermostat angeschlossen wird.

Sehr häufig werden in Industrielaboratorien jedoch nicht verdünnte

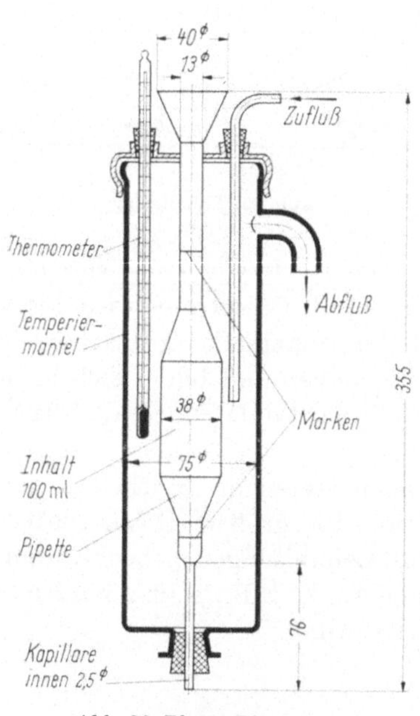

Abb. 26. Bloom-Pipette
(nach DIN 53260)

sondern gebrauchsfertige, stark viskose Leime gemessen. In solchen Fällen
ist schnelles und sicheres Arbeiten sowie bequemes Füllen und Reinigen
von Apparatur und Meßgefäßen von ausschlaggebender Bedeutung. Un-

Tabelle 18. *Die %-Temperaturabhängigkeit der Viskosität von Leimen*

Leimsorte	t °C	η (cP)	$10^2 \cdot \dfrac{1}{\eta}\left(\dfrac{d\eta}{dt}\right)$
Karbamidharzleim 67%	25	600	7,3
Karbamidharzleim 67% mit 13% Roggenmehl	25	4500	8,2
Kaseinleim 33%	25	5000	5,0
Polyvinylacetatleim 50% (Dispersion)	25	19000	2,7
Neoprengummileim 20% in organischen Lösungsmitteln	25	3000	1,3

bequeme Kontrollmethoden pflegen sich in technischen Betrieben selten
einzubürgern. Von jenen Viskosimetern, mit denen hohe Viskositäten
gemessen werden können, sollen daher nur zwei Typen näher beschrieben
werden, die für technische Untersu-
chungen zähflüssiger Leime besonders gut geeignet sind.

Das Anstreben höherer Meßgenau-
igkeit als ±5–10% ist bei Betriebs-
messungen meistens zwecklos. Denn
abgesehen davon, daß Fabrikations-
störungen gewöhnlich erst durch bedeutend größere Viskositätsschwan-
kungen hervorgerufen werden, ist die
Viskosität der meisten Haftstofflösungen stark von der Temperatur abhängig. Temperaturschwankungen
von einigen Graden sind auch in
guten Arbeitslokalen schwer zu ver-

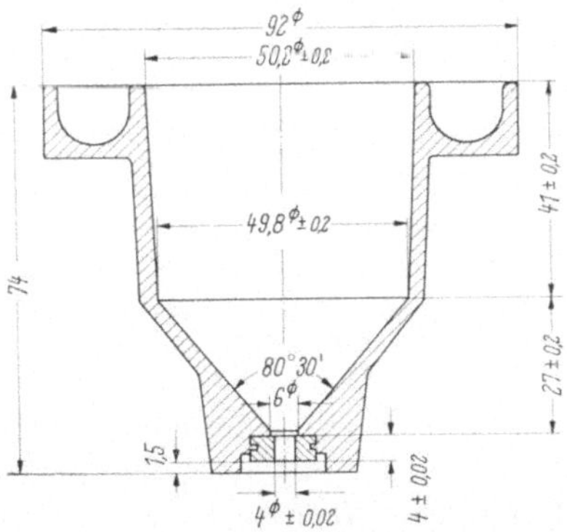

Abb. 27. Auslaufbecher (nach DIN 53211)

meiden. Eine Temperaturänderung von 1 °C ruft bei einigen der gebräuchlichsten Leimsorten bereits Viskositätsänderungen von 5–8%
hervor. In Tab. 18 ist die prozentuelle Viskositätsänderung bei einer
Temperaturänderung von 1 °C für einige Leime angegeben.

β) Auslaufbecher. Diese Viskosimeterart besteht aus einem konischen
Gefäß, das mit einer festen oder auswechselbaren Auslaufdüse versehen
ist. Zur konstanten Volumeinstellung wird der Becher bis zum Rande
gefüllt und mit einer Platte abgestrichen; er ist zu diesem Zwecke mit
einer Rinne zur Aufnahme des Überschusses versehen. Gemessen wird
die Ausflußzeit des gesamten oder eines Teiles des Füllvolumens; in letzterem Falle ist auch die Menge des Teilvolumens zu bestimmen. Die

Meßbedingungen weichen so stark von den Voraussetzungen ab, unter
denen Gl. (43) gültig ist, daß eine Absolutbestimmung der gemessenen
Viskosität durch Berechnung ausgeschlossen ist. Da auch die Auslaufzeiten der Viskosität nicht proportional sind, erhält man absolute Viskositätswerte nur durch eine empirische Eichung des Auslaufbechers mit

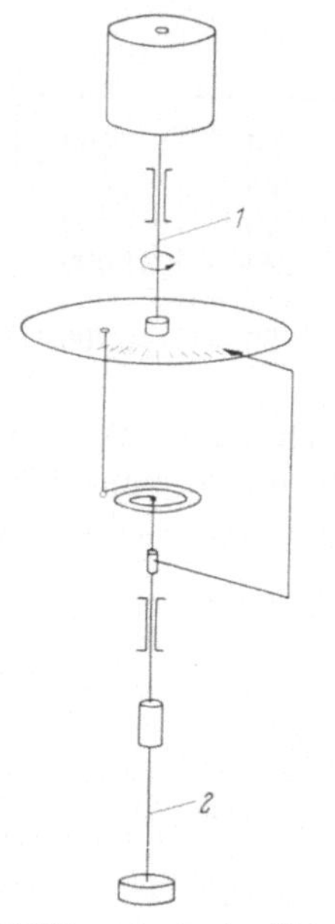

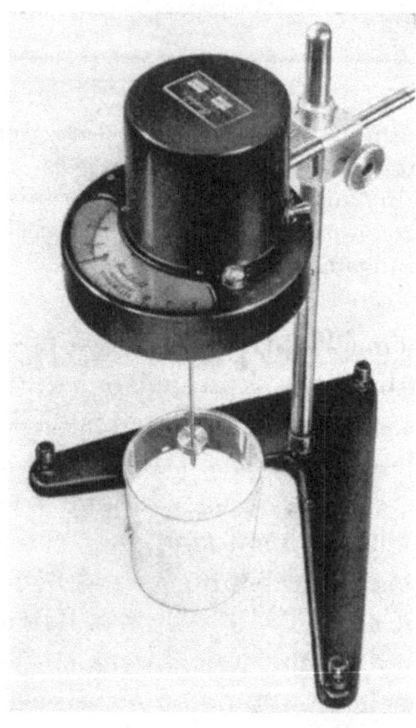

Abb. 28. Rotationsviskosimeter (Prinzipskizze
zu Abb. 29)

Abb. 29. Rotationsviskosimeter (Brookfield
Inc. USA)

mehreren Flüssigkeiten bekannter Viskosität. Häufig begnügt man sich
jedoch damit, nur die Auslaufzeiten eines genormten Bechers anzugeben.
Ein solcher Normbecher ist der „Fordbecher" Nr. 4 (s. Abb. 27), der in
dem Normblatt DIN 53211 genau beschrieben ist. Die Messgenauigkeit
wird mit $\pm 5\%$ angegeben, vorausgesetzt, daß die Meßtemperatur auf
$\pm 0,2\,°C$ konstant gehalten wird.

$\gamma)$ *Rotationsviskosimeter.* Bei Rotationsviskosimetern wird in dem
Zwischenraum zwischen zwei konzentrisch angeordneten Zylindern, die
in die Meßflüssigkeit tauchen, dadurch ein Geschwindigkeitsgefälle erzeugt,
daß entweder der äußere oder innere Zylinder mit konstanter Drehzahl
rotiert. Da sich bei Netownschen Flüssigkeiten ein konstanter Geschwindigkeitsgradient einstellt, ist nach Gl. (39) die Viskositätszahl η in diesem
Falle der Schubspannung τ proportional. Das Prinzip der einfachsten
und in der Handhabung bequemsten Rotationsviskosimeterkonstruktion
ist in Abb. 28 skizziert. Eine senkrechte mehrfach gelagerte Achse wird
(über ein nicht gezeichnetes Getriebe) von einem Synchronmotor ange-

trieben. Am Ende der Achse können zylindrische Meßspindeln verschiedener Größe befestigt werden, die in der Meßflüssigkeit rotieren. Die Achse ist durch eine horizontale Spiralfeder in eine starre Hälfte *1* und eine drillbare Hälfte *2* geteilt. Mit dem starren Teil der Achse ist eine Skala, mit dem drillbaren Teil ein Zeiger verbunden. Die tangentiale Schubspannung, die der Rotation des Zylinders entgegenwirkt, spannt die Feder solange bis zwischen Federkraft und Schubspannung Gleichgewicht herrscht. Die Größe von τ ist dem Skalenausschlag proportional. Die Ablesung erfolgt bei niedrigen Drehzahlen direkt an der rotierenden Skala; bei zu großer Skalengeschwindigkeit kann die Ablesung nach Sperrung der Zeigerstellung auch am abgeschalteten Apparat erfolgen.

Das beschriebene Einzylinder-Rotationsviskosimeter gestattet sehr schnelles und bequemes Arbeiten. Die Skalenablesung kann bereits nach 30 sec Laufzeit erfolgen. Als fester Außenzylinder wird nur ein gewöhnliches Becherglas verwendet, das allerdings einen bestimmten Mindestdurchmesser besitzen muß. Beim Brookfield-Viskosimeter (Abb. 29) beträgt das vorgeschriebene Mindestmaß 7,5 cm. In Anbetracht der kurzen Meßzeit und geringen Wärmekapazität der Meßspindeln können temperierte Proben ohne nennenswerte Temperaturfehler außerhalb des Thermostates gemessen werden. Für Screenmessungen sind Ther-

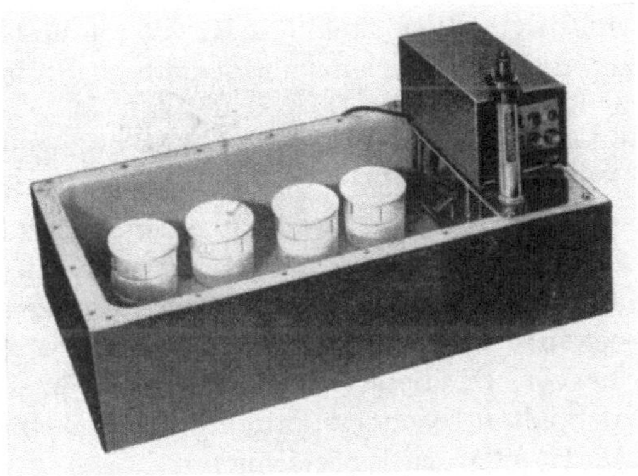

Abb. 30. Thermostat zur Verwahrung von Viskositätsproben

mostaten mit großem offenem Wasserbad und niedrigem Flüssigkeitsniveau besonders geeignet (Abb. 30).

Da die Meßspindel mit verschiedenen Geschwindigkeiten laufen kann, ist es möglich, mit dem Rotationsviskosimeter Viskositätskurven nicht-Newtonscher Flüssigkeiten aufzunehmen. Bei Newtonschen Flüssigkeiten ist der Geschwindigkeitsgradient ähnlich wie bei der durch eine Platte erzeugten Strömung der Geschwindigkeit proportional. Für eine bestimmte Meßspindel bleibt daher der Quotient Skalenablesung : Umdrehungszahl konstant. Anders liegt der Fall bei nicht-Newtonschen Flüssigkeiten. Eine bei verschiedenen Umdrehungsgeschwindigkeiten aufgenommene Meßkurve kann zwar als charakteristische Beschreibung der Meßflüssigkeit gelten, was in den meisten praktischen Fällen vollständig ausreichend sein wird, die Ablesungen stimmen jedoch nicht mehr mit der durch Gl. (45) beschriebenen Viskosität η überein. Die Absolutwerte von Viskosität bzw. Geschwindigkeitsgradient und Schubspannung müssen in diesem Falle aus Apparatkonstanten berechnet werden. Eine Beschreibung dieser Berechnungsmethode überschreitet den Rahmen dieses Buches. Der Leser wird auf Spezialwerke, z.B. das bereits mehrfach genannte Buch von H. GREEN verwiesen.

7 Der Kapillardruck und seine Auswirkungen

7.1 Die Druckwirkung gekrümmter Flüssigkeitsoberflächen

Im Zusammenhang mit Benetzungs- und Adhäsionsvorgängen an der Grenzfläche fest/flüssig sind zwei weitere wichtige Erscheinungen zu erwähnen:

a) das Eindringen von Flüssigkeiten in Kapillaren und kapillare Spalten, ein Vorgang, der beim Verleimen von porösen Stoffen und rauhen Oberflächen von Bedeutung ist;

b) die Vereinigung zweier fester Oberflächen durch die Vermittlung einer dünnen Flüssigkeitsschichte, die im täglichen Sprachgebrauch „Adhäsion" genannt wird und als Vorstufe einer Leimfuge gelten kann.

In beiden Fällen machen sich die beteiligten Kohäsions- und Adhäsionskräfte in einer bisher noch nicht erwähnten Weise geltend: gekrümmte Flüssigkeitsoberflächen rufen eine mitunter sehr erhebliche Druckwirkung hervor. Da dieser Oberflächendruck in dünnen Rohren (Kapillaren) und Spalten besonders auffällig in Erscheinung tritt, wird er auch häufig als Kapillardruck bezeichnet.

Am Beispiel der Seifenblase ist leicht nachzuweisen, daß gekrümmte Flüssigkeitsoberflächen stets das Auftreten eines besonderen Druckes veranlassen müssen. Denn die Oberfläche der Seifenblase ist bestrebt ihre freie Energie nach Möglichkeiten zu vermindern und würde sich zusammenziehen, wenn sie nicht durch einen Überdruck in ihrem Inneren (Δp) daran gehindert würde. Im Gleichgewichtsfall übt die Blase daher einen nach Innen gerichteten gleich großen Oberflächendruck aus. Bei einer differentiellen Vergrößerung des Blasenvolumens (dV) und der Blasenoberfläche (dO) muß die geleistete Volumarbeit gleich der Vergrößerung der freien Oberflächenenergie sein. Es gilt daher folgende Beziehung:

$$\Delta p \, dV = \gamma \, dO$$

$$\Delta p \, 4 r^2 \pi \, dr = \gamma \, 8 r \pi \, dr \tag{47}$$

$$\Delta p = \frac{2\gamma}{r} \, .$$

Gl. (47) gilt für kugelförmige Flächen. Allgemeine Gültigkeit besitzt die Gleichung von YOUNG[1] und LAPLACE[2], die für jede gekrümmte Fläche mit den Krümmungsradien r_1 und r_2 gilt:

$$\Delta p = \gamma \, (1/r_1 + 1/r_2) \, . \tag{48}$$

Für $r_1 = r_2$ geht (48) in (47) über. Bei zylindrischen Flächen ist $r_2 = \infty$. Für den Oberflächendruck zylindrischer Flächen folgt daher

$$\Delta p = \gamma/r_1 \, . \tag{49}$$

Sowohl für (47) als auch (49) gilt die Regel, daß der Druck immer gegen den Krümmungsmittelpunkt der Oberfläche gerichtet ist[3].

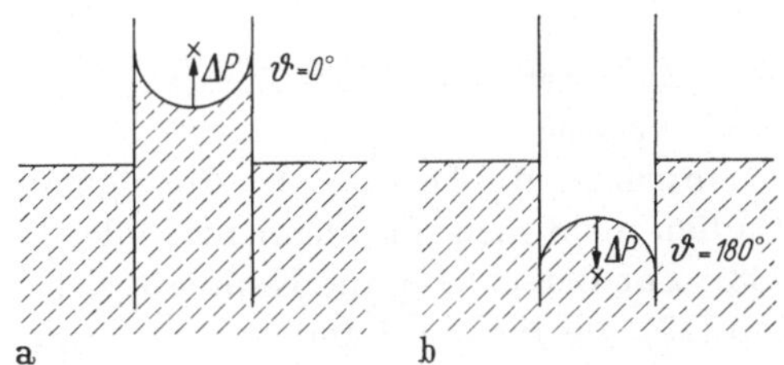

Abb. 31a u. b. Oberflächendruck in Kapillaren (Kapillardruck)

a) Kapillardruck. Die durch die Gl. (47) bis (49) beschriebene Druckwirkung wird nicht nur von geschlossenen Oberflächen ausgeübt, sondern auch von jenen mehr oder weniger halbkugeligen Oberflächenstücken, die Flüssigkeitsmenisken in dünnen Rohren bilden. Wenn vollständig benetzende Flüssigkeiten, wie z.B. Wasser, die Wand eines reinen Glasrohres tangentiell berühren ($\vartheta = 0$), entstehen in Kapillarrohren halbkugelige konkave Menisken (Abb. 31a). Da der Krümmungsmittelpunkt des Meniskus oberhalb des Flüssigkeitsspiegels liegt, wird die Flüssigkeit gegebenenfalls gegen die Wirkung der Schwerkraft in die Kapillare ge-

---

[1] YOUNG, T.: Misc. Works, Vol. I, S. 418. London 1855.

[2] LAPLACE, B. S.: Mechanique Celeste, Ergänzung z. Vol. 10, 1806.

[3] Eine Ableitung dieser Beziehung findet der Leser z.B. in ADAMSON, A. W.: Phys. Chemistry of Surfaces, S. 2. New York: Interscience 1960.

drückt. Der Normaldruck auf den waagrechten Flüssigkeitsquerschnitt
A–A in Abb. 32 ist dem zentral auf den Krümmungsmittelpunkt gerichteten Druck ΔP gleich, der nach (47) $2\gamma/r$ oder nach Einführung des
Rohrdurchmessers d

$$\Delta p = \frac{4\gamma}{d} \tag{50}$$

beträgt. Für das Flächenelement $\mathrm{d}F_1$ in der Mitte des Rohres ist das
ohne weiteres klar. Das Gleiche gilt jedoch auch für jedes andere Flächen-

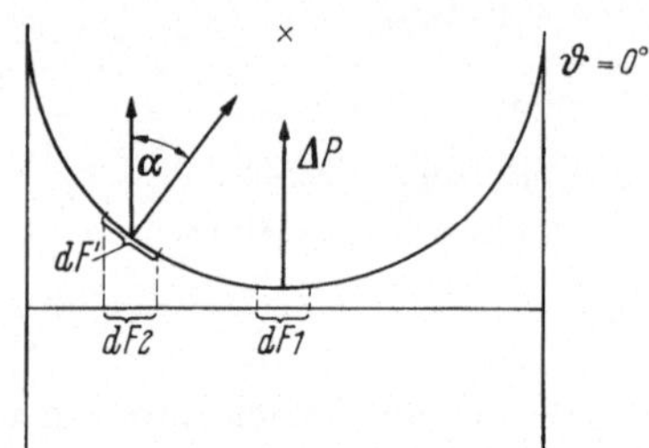

Abb. 32. Kapillardruck = Normaldruck   Abb. 33. Flüssigkeitsmenisken bei unvoll-
ständgier Benetzung

element $\mathrm{d}F_2$, auf das stets die Normalkraft $\Delta P\,\mathrm{d}F'\cos\alpha = \Delta P\,\mathrm{d}F$
wirkt, da $\mathrm{d}F' = \mathrm{d}F/\cos\alpha$ ist.

Die Menisken unvollständig benetzender Flüssigkeiten bilden Kugelflächen, deren Radien nicht mehr mit demjenigen der Kapillare übereinstimmen (Abb. 33). Zur Berechnung des Kapillardruckes muß in diesem
Falle anstelle von (47) die für alle Randwinkel gültige Beziehung (51)[1]
verwendet werden

$$\Delta P = \frac{4\gamma\cos\vartheta}{d} . \tag{51}$$

Bei Randwinkeln $\geqq 90°$ wird der Kapillardruck nach (51) negativ. In
diesem Falle wird die Flüssigkeit in einer eintauchenden Kapillare unter
den Flüssigkeitsspiegel gedrückt (Kapillardepression). Bei dem Randwinkel $\vartheta = 180°$ würden konvexe halbkugelförmige Menisken entstehen
(Abb. 31 b). Diesem nicht realisierbaren Grenzfall kommt in Glasröhren
Quecksilber am nächsten, dessen Randwinkel gegen Glas nach Tab. 17
140° beträgt.

In Tab. 19 sind Kapillardrucke und Steighöhen bzw. Kapillardepressionen von Wasser und Quecksilber in reinen Glasröhren angegeben. Die
Werte sind für Wasser mit $\vartheta = 0$, für Quecksilber mit $\vartheta = 140°$

[1] ADAMSON, A. W.: Phys. Chemistry of Surfaces, S. 12. New York: Interscience
1960.

berechnet. Da der Kapillardruck der Querschnittseinheit einer Flüssigkeitssäule der Höhe h das Gleichgewicht hält, folgt die Steighöhe aus der Beziehung

$$\Delta P = h \varrho g \tag{52}$$

(ϱ = spez. Gewicht der Flüssigkeit; $g = 981$ cm/sec^{-2}).

Der Kapillardruck kann bei kleinem Kapillar- oder Spaltdurchmesser sehr beträchtliche Werte annehmen, wie auf S. 64 an einigen Beispielen gezeigt wird.

Tabelle 19. *Kapillardruck, Steighöhe und Kapillardepression von Wasser ($\vartheta = 0$) und Quecksilber ($\Theta = 140°$)*

Kapillardurchmesser cm	Wasser		Quecksilber	
	ΔP kp/cm²	Steighöhe cm (↑)	ΔP kp/cm²	Kap.-Depression cm (−)
10⁻¹ (mm)	0,003	3	0,015	1
10⁻⁴ (µ)	3,0	3000	15,0	1100

7.2 Die Eindringgeschwindigkeit

Mit Hilfe der Poiseuilleschen Gl. (43) kann die mittlere Geschwindigkeit berechnet werden, mit der eine Flüssigkeit unter Einwirkung von Druck – sei es Kapillardruck oder äußerer mechanischer Druck – in Kapillaren eindringt. Die mittlere Geschwindigkeit $\bar{v}$ wird durch die Höhe eines Zylinders definiert, dessen Volumen dem Ausfluß- oder Durchflußvolumen per Zeiteinheit *(i)* gleich ist.

$$\bar{v} = \frac{i}{r^2 \pi} = \frac{r^2 \Delta P}{8 \eta l} \tag{53}$$

(ΔP = Druckdifferenz zu beiden Enden der eingedrungenen Flüssigkeitssäule der Länge l).

Die Zeit t, die zur Zurücklegung des Weges l nötig ist, folgt aus (53) wenn man $\bar{v} = dl/dt$ setzt:

$$dt = \frac{8 \eta l}{r^2 \Delta P} dl$$

$$t = \frac{4 \eta l^2}{\Delta P r^2} = \frac{16 \eta}{\Delta P} \left(\frac{l}{d} \right)^2 . \tag{54}$$

Wirkt nur Kapillardruck, so kann für ΔP nach (51) der Wert $\dfrac{4 \gamma \cos \vartheta}{d}$ eingesetzt werden

$$t_{\text{kap}} = \frac{4 \eta l^2}{\gamma \cos \vartheta \, d} . \tag{55}$$

Die Gültigkeit von Gl. (55), die erstmalig von WASHBURN[1] abgeleitet wurde, ist von verschiedenen Forschern[2] durch Saugfähigkeitsmessungen an Papier bestätigt worden. Sie gilt zunächst nur für Kapillaren, aus denen Luft entweichen kann. Doch weist ADAMSON[3] darauf hin, daß sie auch in geschlossenen Kapillarsystemen oft angenäherte Gültigkeit besitzen kann. Ähnliche Formeln wie für runde Kapillaren erhält man für planparallele oder V-förmige Spalten.

Bei gegebenem Kapillardurchmesser ist die Zeit, die das Haftmittel zum freiwilligen Eindringen bis zu einer gewissen Tiefe braucht, teils von dessen Viskosität η, teils von dem Produkt $\gamma \cos\vartheta$ abhängig. Die Viskosität von Haftstofflösungen kann beim Auftragen innerhalb weiter Grenzen schwanken. Werte von 100–10000 cP sind durchaus nicht ungewöhnlich. Im Gegensatz hierzu ist das vom Kapillardruck herrührende Produkt $\gamma \cos\vartheta$ praktisch auf Werte zwischen 20–70 erg/cm² beschränkt. Denn organische Flüssigkeiten mit niedriger Oberflächenspannung (20–30 dyn/cm) bzw. Haftstoffe, die in organischen Lösungsmitteln gelöst sind, benetzen die meisten Oberflächen vollständig. Wäßrige Leime können mitunter auf Holz und gerauhten Kunststoffoberflächen Randwinkel bilden, die $\geq 90°$ sind und ziehen sich dann beim Auftragen so stark zusammen, daß sie praktisch nicht verwendet werden können. Durch Zugabe geringer Mengen Netzmittel kann ihre Oberflächenspannung auf 40–45 erg/cm² gesenkt werden. Der Randwinkel, den wäßrige Leime mit Netzmittelzusatz auf den meisten Oberflächen bilden, ist $< 45°$[4].

Tabelle 20. *Kapillare Eindringzeiten von Leim in Holzporen*
($l = 1$ m/m; $\gamma \cos\vartheta = 40$ erg/cm²)

cP	$d = 1$ m/m		$d = 10^{-2}$ m/m	
	ΔP kp/cm²	t sec	ΔP kp/cm²	t sec
500	0,002	$5 \cdot 10^{-2}$	0,2	5
2500	0,002	$2,5 \cdot 10^{-1}$	0,2	25

In Tab. 20 sind die Zeiten berechnet, die ein mittel- und hochviskoser Leim zum freiwilligen Eindringen in Kapillaren benötigt. Für $\gamma \cos\vartheta$ wurde mit besonderem Hinblick auf Holz 40 erg/cm² gewählt, ein Wert, der bei diesem Werkstoff stets erfüllt sein dürfte[5]. Ebenso ist eine Ein-

---

[1] WASHBURN, E. W.: Phys. Rev. Ser. *2*, 17, 273 (1921).

[2] Zum Beispiel SWANSSON, J. W.: TAPPI *44*, 1, 142 (1961).

[3] ADAMSSON, A. W.: Phys. Chemistry of Surfaces, S. 359. Interscience New York: 1960.

[4] Das gilt z.B. auch für Holzoberflächen, die mit Paraffinöl verunreinigt sind.

[5] GRAY, V. R.: J. Oil a. Colour Chem. Assoc. London *44*, 11 (1961).

dringtiefe von 1 m/m für die Verankerung von Leim in Holzoberflächen sicher ausreichend.

Wie man sieht macht sich der Widerstand kleiner Kapillardurchmesser stärker geltend als das Ansteigen des Kapillardruckes. Trotzdem dringen Leime innerhalb kurzer Zeiten auch in dünne Kapillaren freiwillig ein, wenn die Viskosität des Leimes nicht zu hoch ist. Überhaupt ist das kapillare Eindringen von Leim, wenn nur halbwegs annehmbare Benetzung vorliegt, nicht durch Änderungen der Oberflächenspannung, sondern nur durch passende Einstellung der Viskosität zu regeln. Andererseits ist es auf Grund der Zahlenwerte von Tab. 20 verständlich, daß bei höheren Preßdrucken Leimdurchschlag durch Furniere nur durch eine starke Erhöhung der Viskosität des Leimes zu verhindern ist.

7.3 Adhäsion zwischen zwei festen Oberflächen durch eine vermittelnde Flüssigkeitsschichte

Die starke Bindungskraft einer dünnen Flüssigkeitsschichte zwischen zwei planen Flächen ist allgemein bekannt. Diese Erscheinung wird im täglichen Sprachgebrauch als Adhäsion bezeichnet. Zwei reine plangeschliffene Glasplatten haften durch die Vermittlung eines dünnen Wasserfilmes häufig so fest aneinander, daß sie zerbrechen, wenn man versucht sie in Luft zu trennen. Unter Wasser gelingt es leichter, sie unbeschädigt voneinander zu lösen. Verwendet man Quecksilber als Flüssigkeit, so gelingt es nicht, zwei Glasplatten in Luft zum Haften zu bringen; dagegen tritt eine deutliche Adhäsionswirkung auf, wenn man die Platten unter

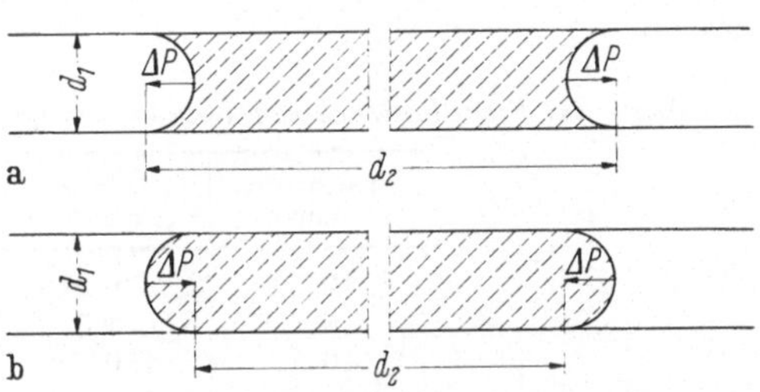

Abb. 34a u. b. Kapillardruck zylindrischer Flüssigkeitsmenisken

Quecksilber einander nähert. Diese verschiedenen Erscheinungen beruhen wiederum auf dem Zusammenwirken von Adhäsions- und Kohäsionskräften. Ähnlich wie in runden Kapillaren bilden Flüssigkeiten auch in dünnen Spalten gekrümmte Oberflächen, diesmal jedoch von angenähert halbzylindrischer Form. Bei vollständiger Benetzung kann der Durchmesser d_1 des Zylinderquerschnittes der Spaltbreite gleichgesetzt werden (Abb. 34a). Die Zylinderfläche ist gewöhnlich auch in der Längsrichtung gekrümmt (d_2); doch ist stets die Bedingung $d_2 \gg d_1$ erfüllt, so daß das Glied $1/r_2$ in (48) vernachlässigt werden kann und (49) gilt.

Für den nach wie vor gegen den Krümmungsmittelpunkt gerichteten Kapillardruck erhält man:

$$\varDelta P_{(\text{Spalt})} = \frac{2\,\gamma\cos\vartheta}{d}\,. \tag{56}$$

Eine von Menisken begrenzte benetzende Flüssigkeitsschichte (34 a) ist daher bestrebt, sich freiwillig zu verbreitern und den Plattenabstand so lange zu vermindern, bis die höchsten Erhebungen der beiden Oberflächen einander berühren und eine weitere Annäherung unmöglich machen. Die Stärke der Kraft, mit der beide Platten aneinander haften, ist demnach durch ihre Oberflächengüte bedingt. Denn der Kapillardruck wirkt nach dem hydrostatischen Druckprinzip senkrecht auf die gesamte Flüssigkeitsoberfläche und wird durch die Adhäsionskräfte auf die festen Platten übertragen.

Bei Quecksilber liegen die Verhältnisse umgekehrt. Ein plattgedrückter Quecksilbertropfen (Abb. 34 b) zieht sich wegen der entgegengesetzten Richtung des Kapillardruckes wieder zusammen, wenn der äußere Druck aufhört und vergrößert den Plattenabstand.

In Tab. 21 ist der Kapillardruck von Wasser und Quecksilber für verschiedene Spaltbreiten nach Beziehung (56) berechnet. Unebenheiten Spaltbreiten!) der Größenordnung 10^{-1} mm entsprechen besten technischen Holzoberflächen, 10^{-2} mm einem feinen Schliff und 10^{-5} mm der höchsten Flächengüte, die sich mit heute bekannten Mitteln herstellen lassen.

Tabelle 21. *Kapillardruck von Wasser und Quecksilber in planparallelen Spalten*

Spaltbreite mm	$\varDelta P$ Wasser kp/cm² +	$\varDelta P$ Quecksilber kp/cm² −
10^{-1}	0,015	0,075
10^{-3}	1,5	7,5
10^{-5}	150	750

Die Kapillardruckwerte von Wasser in Tab. 21 machen es verständlich, daß man zwischen zwei planen Holzoberflächen mit benetzenden Flüssigkeiten nur sehr geringe, zwischen feingeschliffenen Glas- oder Metalloberflächen dagegen außerordentlich starke Haftwirkungen beobachten kann. (Von „Adhäsionswirkungen" zu sprechen ist insofern nicht ganz korrekt, da die beschriebenen Hafterscheinungen primär durch die Kohäsionskräfte der Flüssigkeit ausgelöst werden.)

Beim Zusammenpressen von planen Platten unter einem Flüssigkeitsspiegel können keine Flüssigkeitsmenisken entstehen. Der Widerstand, den eingetauchte Platten einer Vergrößerung des Abstandes entgegensetzen, wird nur durch den Reibungswiderstand der nachströmenden Flüssigkeit bedingt, der meistens leichter zu überwinden ist als die

Adhäsionskräfte der Grenzschichte fest/flüssig oder die Kohäsionskräfte der Flüssigkeit. Da keine Menisken vorhanden sind und Kapillardruck nicht auftreten kann, genügen beliebig kleine Kräfte zum Trennen der Platte, vorausgesetzt, daß die Flüssigkeit keine plastischen Eigenschaften besitzt. Durch die Größe der wirkenden Kraft wird lediglich die Dauer

Tabelle 22. *Trennungszeiten zweier runder Platten unter einem Flüssigkeitsspiegel*
(Flüssigkeitsschichte ohne Menisken)

cP	$d = 10^{-1}$ mm t	$d = 10^{-3}$ mm t	Bemerkung
1	$3 \cdot 10^{-3}$ sec	30 sec	$R = 6{,}3$ cm
100	$3 \cdot 10^{-1}$ sec	50 min	$P = 1$ kp/cm²
1000	3 sec	8 h	
10000	30 sec	80 h	

des Trennungsvorganges beeinflußt. Der Zusammenhang zwischen Plattenabstand, wirkender Kraft und Trennungszeit ist bereits von STEFAN[1] für Newtonsche Flüssigkeiten berechnet worden. Für runde Platten gilt

$$t = \frac{0{,}75\,\eta\,R^2\,\pi}{P}\left(\frac{1}{d^2} - \frac{1}{D^2}\right).$$ (57)

In dieser Formel bedeutet P die senkrechte Zugspannung (Abb. 35), die in der Zeit t eine Vergrößerung des Plattenabstandes von d (Anfangsabstand) auf D (Endabstand) bewirkt. Bei Trennungsversuchen handelt es sich stets darum, beide Platten, die anfänglich durch eine sehr dünne Schicht getrennt sind, vollständig voneinander zu entfernen, d.h. die Spalte zu vergrößern, bis das Nachströmen der Flüssigkeit keinem

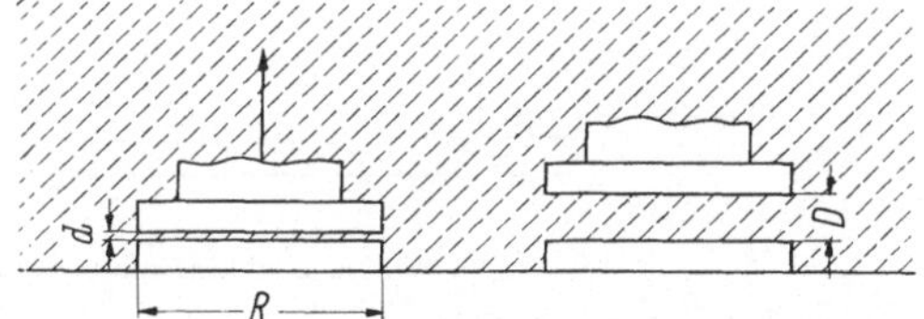
Abb. 35. Trennung zweier runder Platten unter einem Flüssigkeitsspiegel

nennenswerten Widerstand mehr begegnet. Der Endabstand D ist daher immer bedeutend größer als der Anfangsabstand d, so daß das Glied $1/D^2$ in (57) vernachlässigt werden kann. Trennungszeiten können daher nach der einfacheren Formel (58) berechnet werden

$$t = \frac{0{,}75\,\eta\,R^2\,\pi}{P\,d^2}.$$ (58)

Gl. (58) ist wiederholt experimentell bestätigt worden[2]. Da die Trennungszeit dem Quadrat des Plattenabstandes umgekehrt proportional

---

[1] STEFAN, J.: Sitzungsber. Akad. Wiss. Wien, Math.-natw.Kl. 69 (1874) 713.
[2] BIKERMAN, J. J.: Trans. Soc. Rheology 1 (1957) 3.

ist, steigt sie mit fallendem Plattenabstand stark an. Das ist auch aus Tab. 22 zu ersehen, die für einen Plattenradius $R \sim 6{,}3$ cm und eine Zugspannung von $\sim 10^6$ dyn/cm² ~ 1 kg/cm² berechnet wurde.

7.4 Klebkraft

Die Zeiten in Tab. 22 sind unter der Voraussetzung berechnet, daß die Platten in die schichtbildende Flüssigkeit eintauchen. Beziehung (58) ist aber auch dann gültig, wenn Menisken vorhanden sind, der von ihnen hervorgerufene Kapillardruck jedoch vernachlässigt werden kann. Wie aus Tab. 21 hervorgeht, ist das bei Schichten der Größenordnung 10^{-1}mm

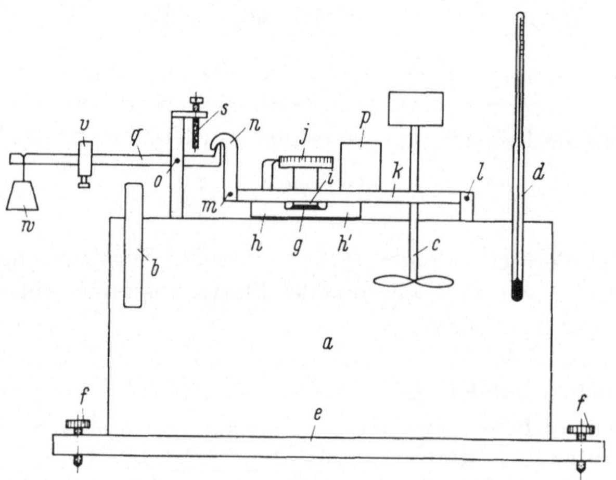

Abb. 36. Klebkraftmesser (nach Green)

der Fall, also etwa der Dicke von sparsam aufgetragenen Haftmitteln. Das Beziehung (58) zugrunde liegende Plattentrennungsverfahren weist den praktischen Weg, die Klebkraft von flüssigen oder plastisch/flüssigen Fugen zu bestimmen. Green[1] beschreibt einen in Abb. 36 abgebildeten Klebkraftmesser, der die Klebkraft durch Ermittlung von Trennkraft und Trennzeit zu bestimmen gestattet. Der zentrale Teil der Meßapparatur, die auf einem großen thermostatgesteuerten Wasserbad a aufgebaut ist, besteht aus dem schalenförmigen Behälter g, in den eine kleine Menge der Meßsubstanz eingetragen und mittels des Schraubzylinders i/j zu einer bestimmten Schichtdicke ausgepreßt wird. Durch Belastung des in o gelagerten Wägearmes mit dem Gewicht w werden die beiden von g und i gebildeten Flächen voneinander getrennt. Green

---

[1] Green, H.: Ind. Eng. Chem. 13 (1941) 632.

definiert als Klebkraft Kl das Gewicht w, das zum Trennen der Platten notwendig ist, und erhält folgende Beziehung

$$w = Kl \nearrow \text{Newtonsche Substanzen} = \frac{\eta}{Kt} \qquad (59a)$$

$$\searrow \text{Plastische Binghamsche Substanzen} = \frac{U}{Kt} + w_0 \qquad (59b)$$

($U = \mathrm{tg}\,\alpha$ in Abb. 24d).

Unter der Voraussetzung, daß Proben gleicher Schichtdicke (d = konst.) geprüft werden, die bei der Greenschen Methode erfüllt ist, folgt (59a) aus (58), wenn man $P = w : R^2\,\pi$ und $\dfrac{0,75\,R^4\,\pi}{d^2} = \dfrac{1}{K}$ setzt.

Bei plastischen Substanzen ist nach den Ausführungen von S. 52 eine Mindestzugspannung P_0 bzw. ein Mindestgewicht w_0 zum Öffnen der Platten erforderlich. Für die Öffnungszeit gilt anstelle von (58) eine etwas abgeänderte Beziehung:

$$t = \frac{0,75\,U R^2\,\pi}{(P - P_0)\,d^2}. \qquad (60)$$

Man erhält Gl. (59b) wiederum durch eine analoge Substitution aus (60)[1].

Da die Größe Kl willkürlich gewählte Konstanten enthält, stellt sie keine absolute Materialkonstante dar, kann jedoch zu relativen Vergleichen benützt werden. Insbesondere hat sich die relative Klebkraft $Kl : Kl_0$ als nützlich erwiesen, die das Verhältnis der Klebkraft der untersuchten Substanz (Kl) zu der Klebkraft einer Newtonschen Bezugsflüssigkeit angibt. Unter bestimmten Versuchsbedingungen wird die relative Klebkraft gleich der für plastische Substanzen wichtigen Größe U. Auf diese Weise kann die Messung der plastischen Viskosität, die sonst etwas umständlich ist, auf eine Einpunktsmessung reduziert werden[2].

Eine Reihe von anderen Apparaten, die im Prinzip dem Greenschen Klebkraftmesser verwandt sind, wurden praktisch erprobt. Ihnen allen ist gemeinsam, daß die Auswertung der Meßresultate sich auf die Stefansche Methode stützt. Sie sind als Viskosimeter zu betrachten, solange die Voraussetzungen für (58) erfüllt sind, da ja auch (59) die Klebkraft als Funktion der Viskosität definiert. Ihre Sonderstellung verdanken die Klebkraftmesser dem Umstande, daß sie die Bestimmung sehr hoher Viskositäten ermöglichen, bei denen gewöhnliche Viskosimeter versagen. So können mit dem Spaltviskosimeter von DIENES und KLEMM[3] Viskositäten bis zu 10^9 P (10^{11} cP) gemessen werden.

---

[1] Eine vollständigere Behandlung dieses Problems auch für nicht geradlinigen Verlauf der plastischen Viskositätskurve findet der Leser bei BIKERMAN, J. J.: The Science of Adhesive Joints, § 35. New York: Acad. Press. 1961.

[2] GREEN, H.: Ind. Eng. Chem. 13 (1941) 632.

[3] DIENES, G. J. u. H. F. KLEMM: J. Appl. Phys. 17 (1946) 458.

Wenn bei Klebkraftmessungen Belastungen angewendet werden, die den Kohäsionswiderstand der Flüssigkeit übersteigen, wird die Flüssigkeitsschichte (ohne Nachströmen) zerrissen. Die Viskosität hat auf diese Art der Plattentrennung selbstverständlich keinerlei Einfluß mehr. Bei niedrig-viskosen Flüssigkeiten wird ein Kohäsionszerreißen der Flüssigkeitsschichte selten eintreten. Denn die Fuge wird sich bereits durch Nachfließen öffnen, bevor die relativ hohe praktische Zerreißfestigkeit von Flüssigkeiten (S. 21) erreicht ist[1]. Bei hochviskosen Flüssigkeiten findet dagegen stets „Kohäsionsbruch" statt, wenn die Belastung bis zur Fugentrennung gesteigert wird.

7.5 Klebrigkeit

Das Berühren einer klebrigen Oberfläche ruft in unserem Tastsinn eine sehr charakteristische Empfindung hervor. Klebrigkeit wird daher als eine einfache, unmittelbar verständliche Eigenschaft empfunden. Man erwartet von Substanzen starker Klebrigkeit, daß sie bereits bei mäßigem Andrücken eine starke Verklebung vermitteln. Schwieriger ist es dieser Eigenschaft eine befriedigende physikalische Erklärung zu geben.

Wie sich auf S. 67 zeigte, stehen Viskosität und Klebkraft einer Flüssigkeit unter bestimmten Voraussetzungen in nahem Zusammenhang miteinander. Bei Klebkraftmessungen wird im Grunde jedoch nicht die Klebrigkeit selbst, sondern ihre Auswirkungen unter sehr speziellen Bedingungen gemessen. Im Greenschen Klebkraftmesser wird bei der Dikkeneinstellung überschüssiges Material zwischen den Meßflächen ausgequetscht. Substanzen sehr hoher Viskosität, z. B. festere Asphaltsorten, werden dabei ziemlich hohem Druck ausgesetzt, der gute Berührung erzwingt. Man mißt bei solchen Substanzen hohe Klebkraftwerte, obwohl sie sich durchaus nicht besonders klebrig anfühlen.

Der Eindruck von Klebrigkeit entsteht vermutlich dann, wenn die klebende Substanz die Unterlage schon bei geringem Druck soweit benetzt, daß genügend Oberflächenkräfte wirksam werden, und wenn sie dem Öffnen der entstandenen Fuge größtmöglichen Widerstand entgegensetzt. Eine stark klebrige Substanz sollte daher in gewissem Sinne gleichzeitig die Eigenschaften von niedrig- und hochviskosen Flüssigkeiten in sich vereinigen. Tatsächlich konnte WETZEL[2] bei permanenten Kontaktklebern auf elektronenmikroskopischem Wege eine Zweiphasenstruktur nachweisen. Es hat demnach den Anschein, daß starke Klebrigkeit an das Vorhandensein einer flüssigen Phase in der Berührungsfläche von Klebmasse und Unterlage gebunden ist. Der flüssige Anteil muß allerdings sehr ge-

---

[1] Bei Festigkeitsprüfungen wird ja die Bruchbelastung durch stetiges Ansteigen und nicht durch ruckartigen Einsatz erreicht.

[2] Nach privaten Mitteilungen der Fa. Permacel, New-Brunswick, N. J., USA.

ring sein, damit die Festigkeitseigenschaften der Hauptmenge des Klebers dadurch nicht verschlechtert werden.

7.6 Die viskoelastische Fuge

Eine Reihe von Klebstoffen, vor allem die auf Elastomerbasis aufgebauten temporären und permanenten[1] Kontaktkleber, die auffällig hohe Klebrigkeit entwickeln können erstarren nie vollständig, sondern behalten auch im Endzustande viskoelastische Eigenschaften bei. Viskoelastische Substanzen vereinigen, wie auf S. 99 näher ausgeführt wird, die Eigenschaften fester und flüssiger Körper. Sie verhalten sich in mancher Beziehung wie hochviskose Newtonsche oder plastisch-viskose Flüssigkeiten. Bei Trennversuchen zeigt die viskoelastische Fuge daher das bereits bekannte Verhalten:

1. Bei rascher Belastung bis zur Bruchgrenze tritt Kohäsionsbruch ein. Der ermittelte Zerreißwert stellt die maximale Widerstandskraft der Fuge gegen kurz andauernde Belastung dar.

2. Gewöhnlich läßt sich auch eine ziemlich unscharfe untere Grenze für jene Belastung angeben, die von der Fuge praktisch unbegrenzt ertragen wird. Die zulässige Dauerbelastung beträgt jedoch nur einen Bruchteil der Maximalbelastung.

3. Belastungen, die zwischen diesen beiden Grenzwerten liegen, werden eine begrenzte Zeit ertragen, führen jedoch früher oder später zum Bruch der Fuge. Die Vorgänge, die sich dabei abspielen, entsprechen im Prinzip dem Stefanschen Plattenversuch.

Eine technisch richtige Anwendung viskoelastischer Leime setzt voraus, daß dieses Verhalten wohl berücksichtigt wird.

8 Die Grenzfläche fest/fest

8.1 Die Bildung fester Adhäsionsbindungen

Der Vorgang, der zur Vereinigung fester Oberflächen durch Kohäsion oder (feste) Adhäsion führt, ist bedeutend komplizierter als die entsprechende Vereinigung flüssiger Oberflächen. Wie man aus Erfahrung weiß, lassen sich meistens feste Körper[2] durch bloßes Aneinanderdrücken ohne Anwendung eines Haftmittels nicht miteinander vereinigen. Da andererseits die Oberflächen aller festen Körper freie und daher verfügbare Bindungskräfte besitzen, ist es auffällig, daß bei genügend gutem Paßsitz der zu vereinigenden Oberflächen eine direkte Verbindung unmöglich sein sollte.

---

[1] Permanente Kontaktkleber: selbstheftendes Material, „Tape" (S. 189).

[2] Quasi-feste Körper mit viskoelastischen Eigenschaften sollen zunächst ausgeschlossen sein.

Diese Frage ist von hervorragenden Forschern wiederholt ernstlich diskutiert worden. Nach Bowden und Tabor[1] sind auch die besten technisch herstellbaren Oberflächen vom Standpunkt molekularer Dimensionen als roh zu bezeichnen. Die Forscher vergleichen das Zusammenfügen zweier technisch „planer" Oberflächen damit, daß die Schweizer Alpen mit den Spitzen nach unten auf die österreichischen Gebirge gelegt werden. Berührung würde nur an den Bergspitzen stattfinden. In ähnlicher Weise berühren zwei zusammengelegte Oberflächen einander nur

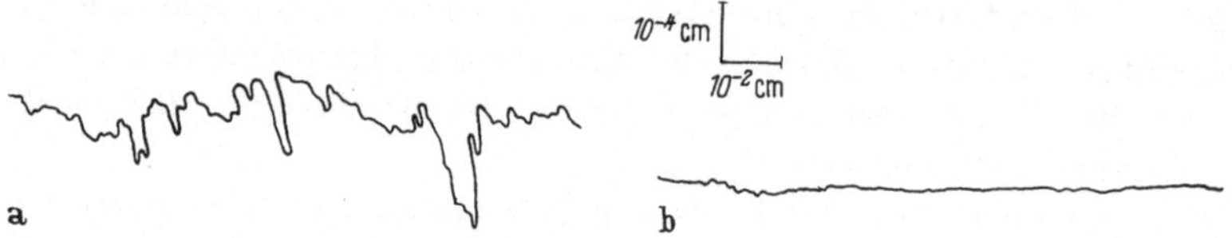

Abb. 37a u. b. Oberflächenprofilkurven von a) feingeschliffenen, b) hochglanzpolierten Stahlflächen (nach Bowden und Tabor)

an den Spitzen und sind im übrigen durch Abstände von 100 Å und mehr voneinander getrennt.

Abb. 37 zeigt Oberflächenprofilkurven einer feingeschliffenen (*a*) und einer sorgfältig polierten Stahloberfläche (*b*). Diese Profilkurven sind mit einem Talysurf-Profilometer aufgenommen, dessen Fühlspitze aus einem Diamanten mit einem Durchmesser von $5 \cdot 10^{-4}$ cm besteht. Die vertikale Anzeige des Instrumentes, die elektrisch verstärkt wird, ist sehr empfindlich (10^{-6} cm), die horizontale Registriergenauigkeit dagegen wegen der relativ großen Diamantspitze ziemlich gering, so daß feinere Einzelheiten über schmaler Basis nicht wiedergegeben werden. Selbst eine polierte Stahloberfläche (Abb. 37b) zeigt bei der Messung mit diesem Instrument neben häufigen periodischen Unebenheiten der Größenordnung 10^{-6} cm Höhenschwankungen über breiterer Basis, die 10^{-5} überschreiten. Berücksichtigt man, daß der normale Molekülabstand die Größenordnung 10^{-8} cm beträgt und daß die molekularen Anziehungskräfte umgekehrt proportional zum Quadrat oder einer noch höheren Potenz des Abstandes abnehmen, so wird verständlich, daß bei Abständen von 10^{-6} cm praktisch keine Anziehung zwischen den Molekülen der beiden Oberflächen mehr wirksam sein kann.

Die Größe der wirklichen Berührungsfläche zwischen zwei „planen" Oberflächen ist erstaunlich gering. Darüber geben die Zahlen Aufschluß, die von Bowden und Tabor durch elektrische Widerstandsmessung an zwei planen Stahlscheiben ermittelt wurden.

---

[1] Bowden, F. P. u. D. Tabor: Friction and Lubrication. S. 12–19. London Methuen 1960.

Tabelle 23. *Kontaktflächen zwischen zwei planen Stahlscheiben* (21 cm²)
(nach BOWDEN und TABOR)

| Belastung | | Wirkliche Kontaktfläche | Teil der Totalfläche |
kp	kp/cm²	cm²	
500	24	0,05	1 : 400
100	4,8	0,01	1 : 2000
5	0,2	0,0005	1 : 40000
2	0,1	0,0002	1 : 100000

Bei normaler Berührung, d.h. niedrigem Druck, ist die Berührungsfläche nur 1 : 100000 der Gesamtfläche. Bei höherem Druck steigt die
Berührungsfläche bis auf einige Promille. Obwohl eine Punktschweißung
über einen so großen Teil der Oberfläche bereits sehr deutlich in Erscheinung treten würde, läßt sich doch in diesem Falle keine Adhäsion feststellen. BOWDEN und TABOR erklären diesen Befund damit, daß die
elastisch deformierten Berührungsstellen bei Entlastung mit großer Kraft
zurückfedern, bevor auf Kohäsion geprüft werden kann. Bei diesem
Rückfedern werden etwa vorhandene Bindungsstellen nacheinander zerrissen, denn die Spitzen, die den gesamten Druck tragen mußten und
daher einer sehr hohen Beanspruchung ausgesetzt waren, sind nach dem
Zusammenpressen vermutlich stark beschädigt. Stimmt diese Erklärung,
so müßte es möglich sein, weiche deformierbare Substanzen, die Spannungen irreversibel ausgleichen können, durch Druck zu vereinigen. Tatsächlich konnte man feststellen, daß Aluminiumoberflächen, die mit einer
Stahlbürste gereinigt und unmittelbar bis zur Deformation verpreßt
(kaltgeschweißt) wurden, sich ausgezeichnet vereinigen lassen[1]. Ähnliche
Beobachtungen wurden auch an Indium gemacht[2]. Es hat den Anschein,
daß hier wirklich Kohäsionsphänomene vorliegen. Denn schon gering-
fügige Verunreinigungen können die Vereinigung verhindern. Bei Aluminium findet keine Kaltverschweißung statt, wenn die gereinigten Oberflächen vor dem Zusammenpressen mit der Hand berührt werden. Es ist
verständlich, daß die hohe Oberflächenenergie reiner Metalloberflächen
Verunreinigungen begierig, eventuell auch aus der Atmosphäre, anzieht.
So ist das Kaltschweißen von Blei nach der gleichen Methode bisher
noch nicht gelungen. Man nimmt an, daß sich Blei zu schnell mit dem
Sauerstoff der Luft vereinigt[2]. Es ist durchaus möglich, daß Kaltschweißen von Blei im Hochvakuum positive Resultate ergeben würde.

Die Fälle, bei denen die Vereinigung zweier Oberflächen ohne die
Vermittlung eines Haftstoffes nur durch Zusammenpressen gelingt, sind
als vereinzelte Ausnahmen zu betrachten. Normalerweise ist diese Mög-

---

[1] NOTON, B. R.: Plastvärlden. Hälsingborg 13 (1962) 1, 28.

[2] DE BRUYNE, N. A.: Structural Adhesives, 5. London: Langer, Maxwell u.
Springer 1951.

lichkeit auszuschließen, da meistens ähnliche Verhältnisse wie bei dem beschriebenen Stahlplattenversuch von BOWDEN und TABOR vorliegen werden.

8.2 Scheinbare Kohäsion fester Oberflächen ohne Flüssigkeitszwischenschichte

Einige alltägliche Beobachtungen scheinen den Ausführungen des vorhergehenden Abschnittes zu widersprechen. Ein Beispiel, das in diesem Zusammenhang häufig angeführt wird, ist die scheinbar direkte Adhäsion der Johanssonschen Präzisionsmaße[1]. Sie bestehen aus rechteckigen Stahlstücken, die sich innerhalb gewisser Bereiche nach dem Gewichtssatzprinzip zu jeder gewünschten Länge mit großer Genauigkeit zusammensetzen lassen. Die Vereinigung zweier Maßstücke erfolgt durch gleichzeitiges Zusammenpressen und seitliches Verschieben der sorgfältig geschliffenen Schmalseiten. (Abb. 38) Das Haften wird mitunter der direkten Wechselwirkung der festen Oberflächenmoleküle zugeschrieben. Nun werden nach Werkstattpraxis die geschliffenen Flächen der Maße unmittelbar vor dem Gebrauch mit einem Lederstück „gereinigt“. In Wirklichkeit werden die Schliffflächen durch diese Behandlung leicht gefettet. Durch Vermittlung des Fettes kommt eine gewöhnliche Flüssigkeitsadhäsion zustande (S. 63).

Im übrigen kann bei genügend kleinen Spaltdimensionen bereits ein Luftfilm die Rolle der verbindenden Flüssigkeitsschichte übernehmen. Da für das nichtturbulente Strömen von Gasen die gleichen Gesetze wie für Flüssigkeiten gelten, läßt sich Gl. (57) ohne weiteres auf diesen Fall anwenden. BIKERMAN[2] berechnet die sehr erheblichen Trennungszeiten zweier zusammengepreßter Stahlscheiben in Luft, von denen die obere befestigt und mit der unteren durch einen Luftspalt von 10^{-6} cm Dicke verbunden ist. Für den Scheibendurchmesser 5,1 cm, das Scheibengewicht 100 g, die Schwerkraft als wirkende Normalzugkraft und die Luftviskosität $\eta = 0,018$ cP folgt eine Trennungszeit von ~ 50 Stunden.

Abb. 38. Zusammensetzung von Stahlmassen durch Adhäsion

---

[1] Herstellerfirma: C. E. Johansson AB, Eskilstuna, Schweden.
[2] BIKERMAN, J. J.: The Science of Adhesive Joints, 72. New York: Academic Press 1960.

8.3 Die Grundregel des Verleimens (Verklebens)[1]

Von den auf S. 71 genannten Ausnahmen abgesehen kann die Vereinigung zweier fester Körper einzig und allein durch die Vermittlung einer flüssigen oder wenigstens zeitweise flüssigen Zwischenschichte erfolgen. Schmelzbare Substanzen können natürlich direkt zusammengeschmolzen werden, vorausgesetzt daß die Form und das Aussehen des Werkstückes durch die Erwärmung nicht Schaden leidet. In allen anderen Fällen muß ein Haftmittel, d.h. eine vermittelnde Hilfssubstanz verwendet werden, die bei normaler Temperatur flüssig ist – oder unterhalb der Schmelz- oder Zersetzungstemperatur des zu verleimenden Stoffes schmilzt und schließlich erstarrt. Die Wichtigkeit des flüssigen Zwischenzustandes, der eine wirkliche Berührung zwischen Leim und fester Unterlage verbürgt und mitunter auch eine Verdrängung von Verunreinigungen bewirkt, die an der festen Oberfläche adsorbiert sind[2], kann nicht genügend hervorgehoben werden. Der bekannte Satz der Alchimisten: „corpora non agunt nisi fluida"[3], der vom Standpunkt der modernen Chemie nur sehr bedingt richtig ist, hat in entsprechender Abänderung beim Verleimen (Verkleben) uneingeschränkte Gültigkeit: Eine Leim- oder Klebverbindung kommt nur dann zustande, wenn *beide* Fugenflächen, wenigstens für kurze Zeit, mit flüssigem Haftmittel in Berührung standen.

8.4 Verschiedene Bindungsarten

Man ist sich heute darüber einig, daß die Adhäsionsbindung meistens die wichtigste Rolle bei der Bildung einer Leim- bzw. Klebstoffverbindung spielt. Mechanische Theorien, die z.B. den Haftvorgang ausschließlich durch Verankerung des Haftmittels in den Poren und Spalten der Oberfläche zu erklären versuchen, stammen aus Zeiten, in denen die allgemeine Natur der Oberflächenkräfte noch nicht genügend klar erkannt wurde; sie werden dadurch widerlegt, daß auch porenfreie glatte Oberflächen, z.B. poliertes Glas, sehr gut vereinigt werden können. Mechanische Verankerung des Haftmittels kann jedoch neben der Adhäsionsbindung als wichtiger verstärkender Faktor auftreten (S. 83).

Neben Adhäsions- und mechanischer Bindung ist mitunter auch mit anderen Bindungsarten zu rechnen.

Chemische Bindung. Bei chemischer Bindung sind die Haftstoffmoleküle mit den Molekülen der Unterlage durch Kräfte erster Ordnung verbunden. Es wäre zwar unrichtig sich in diesem Falle außergewöhnliche technische Festigkeiten zu erwarten. Denn die Fugenstärke wird meistens

---

[1] Vgl. S. 115.
[2] Lasiski u. G. Kraus: Journ. Polym. Sci. 18 (1955) 359.
[3] Die Stoffe reagieren nur im flüssigen Zustand.

durch die technische Kohäsion der Haftmittelschicht bedingt (S. 77). Der Vorteil von chemischer Bindung besteht jedoch darin, daß man auch unter Bedingungen, die der Ausbildung von Adhäsionsbindungen ungünstig sind, starke Verleimungen erhalten kann. So lassen sich spiegelblanke, vollständig ausgehärtete Harnstoff- und Melamin-Formaldehydharz-oberflächen mit Hilfe von Harnstoff-Formaldehydharzleim gut auf Holz, Faserplatten usw. verleimen[1]. Unter gewöhnlichen Bedingungen wäre in diesem Falle mit schlechten Verleimungsresultaten zu rechnen (S. 82, Spannungen in der Leimschichte), da dem stark schwindenden Leim zunächst keinerlei mechanische Verankerungsmöglichkeiten geboten werden. Harnstoff-Formaldehydharzleim ätzt jedoch die Kunststoff-oberfläche stark an und verbindet sich mit ihr[2]. – Im großen gesehen tritt chemische Bindung jedoch nicht als Regel, sondern eher als Ausnahme auf.

Diffusionsbindung. Eine Gruppe russischer Forscher versucht gewisse Bindungserscheinungen zwischen viskoelastischen Kunststoffen, unter anderem auch die Autoadhäsion von Elastomeren, durch Diffusionsvorgänge zu erklären[3]. Autoadhäsion tritt beispielsweise beim Zusammenpressen zweier Kautschukplatten auf. Je nach Dauer und Stärke des angewendeten Druckes steigt die Klebkraft, die beim Trennen der Platten zu überwinden ist; mitunter wachsen sie sogar vollständig zusammen[4].

Derartige Beobachtungen stehen nicht im Gegensatz zu dem Inhalt von Abschn. 8.1 der ausschließlich von dem Verhalten starrer Körper berichtet. Viskoelastische Substanzen verhalten sich trotz anscheinender Festigkeit wie Flüssigkeiten mit im Prinzip beweglichen Molekülen. Nach der Diffusionstheorie kommt Autoadhäsion dadurch zustande, daß Kettenmoleküle, die der einen Platte angehören, ganz oder teilweise in die andere Platte diffundieren. Auf diese Weise entsteht schließlich eine Bindung, die sich der Kohäsionsbindung des einheitlichen Materials nähert. VOYUTSKII versucht auch die Adhäsion von permanenten Klebemassen (S. 189) durch Diffusion zu erklären[5], eine Auffassung die von amerikanischer Seite nachdrücklich bestritten wird[6].

---

[1] Gewiße Melamin-Schichtpreßstoffe mit vollkommen glatten Rückseiten werden fabrikationsmäßig mit Aminoplasten (Tab. 31) auf Hartfaserplatten verleimt. Vgl. Fußnote 1, S. 83.

[2] Die vielfach verwendeten und sonst chemisch sehr widerstandsfähigen Melamin-Schichtpreßstoffe eignen sich aus diesem Grunde nicht sonderlich für die Verkleidung von Arbeitstischen in Leimlaboratorien; eingetrocknete Aminoplastleime zerstören die Oberfläche.

[3] VOYUTSKII, S. S. u. V. L. VARULA: J. Appl. Polym. Sci. 7 (1963) 475.

[4] Beispiele von Autoadhäsion samt Zahlenangaben über die erreichte Klebkraft führt J. J. BIKERMAN an (The Science of Adhesive Joints, S. 69).

[5] VOYUTSKII, S. S.: Adhesive Age 5/4 (1962) 30.

[6] WEIDNER, C. L.: Adhesive Age 6/7 (1963).

Löslichkeit der Unterlage. Man beobachtet häufig, daß sich ein Anlösen der Unterlage durch das Haftmittel günstig auf die Fugenfestigkeit
auswirkt. Diese Beobachtung ist verständlich, wenn man folgende Umstände berücksichtigt. Jeder Lösungsvorgang wirkt im Sinne einer Auf-
hebung der Phasengrenze und infolgedessen verbesserter Benetzung. Ferner tritt der Fall, daß die Unterlage vom Haftmittel angelöst wird, am
häufigsten beim Verleimen oder Verkleben von Kunststoffen auf[1], die
wegen ihrer Weichheit und glatten Oberflächen oft Schwierigkeiten bereiten. Ein Anlösen muß offenbar zu einer besseren Verankerung
des Haftmittels in der Unterlage führen. Die Verankerung kommt dabei
in analoger Weise zustande, wie die Diffusionsbindung bei Autoadhäsion.

8.5 Der Einfluß von Adsorption

Die meisten Leime sind Lösungen fester Substanzen in einem Lösungsmittel. Die Bildung der Adhäsionsbindungen, die bei Berührung
von flüssigem Leim und Unterlage erfolgt, ist daher ein etwas kompli-
zierterer Vorgang als bei einheitlichen Flüssigkeiten. Denn Leim- und
Lösungsmittelmoleküle konkurrieren um die Benetzung der festen Oberfläche. Außerdem verschwinden beim Trocknen der Leimfuge Lösungsmittelmoleküle aus der Grenzschichte und bieten Leimmolekülen Gelegenheit nachzurücken. In welchem Ausmaß die Leimschichte von dieser
Gelegenheit Gebrauch macht, ist nicht genau bekannt. In der Praxis
stellt man mitunter fest, daß nochmaliges Schmelzen einer eingetrockneten Leimschichte die Stärke der Leimfuge erhöht. Bindende Schlüsse
lassen sich aus dieser Beobachtung jedoch nicht ziehen.

Man nimmt an, daß bei der Bildung der Leimfuge Adsorptionserschei-
nungen eine wichtige Rolle spielen. Besteht die Leimlösung, wie es meistens der Fall ist, aus kleinen Lösungsmittelmolekülen und größeren
hochpolymeren Leimmolekülen, so ist nach den allgemeinen Regeln der
Adsorption zu erwarten, daß die Leimmoleküle in Abwesenheit spezifisch chemischer Einflüsse an der festen Oberfläche bevorzugt adsorbiert
werden[2]. Man darf daher von vornherein mit einer günstigen Oberflächen-
konzentration des Leimes rechnen, als nur der Konzentration der Leimlösung entsprechen würde.

Die Adsorption von gelösten Stoffen an festen Oberflächen ist in theoretischer Hinsicht keineswegs vollständig geklärt. Eine angenäherte Beschreibung des Gesamtverlaufes gibt die Freundlichsche Adsorptionsisotherme:

$$y = kc^{1/n} \tag{61}$$

(k und n = empirische Konstanten, c = Konzentration).

---

[1] Vgl. z.B. LUCKE, H.: Kunststoffrundschau 1/9, Tab. 1, S. 517.

[2] Vgl. z.B. BIKERMAN, J. J.: The Science of Adhesive Joints, S. 24. Acad. Press
1961.

In dieser empirischen Beziehung bedeutet y gewöhnlich die von 1 g pulverförmigem Adsorbens aufgenommene Menge adsorbierter Substanz[1]. Denn die an und für sich experimentell schwierigen Adsorptionsmessungen lassen sich einfacher an suspendierten Pulvern als an zusammenhängenden festen Oberflächen durchführen. Es ist jedoch einleuchtend und experimentell nachgewiesen, daß (61) bei einer gegebenen Oberfläche auch für die je cm² aufgenommene Menge adsorbierter Substanz gilt. Nach (61) steigt die Oberflächenadsorption mit steigender Konzentration der Lösung, obwohl $1/n < 1$ zu sein pflegt und der Verlauf der Adsorptionsisotherme daher asymptotisch ist. Da beim Trocknen die Konzentration der Leimlösung ständig steigt, ist daher auch ein gewisses Steigen der Adsorption zu erwarten.

Die Adsorption aus Lösungen wird durch die Adsorptionsisotherme (61) nur in sehr allgemeiner Weise beschrieben, wobei eine Reihe von Einzelerscheinungen zusammengefaßt werden, die gegenwärtig Gegenstand intensiver Forschung sind. Nach REINHART und CALLOMAN[2] sind in den Jahren 1943–1959 mehr als 20000 Veröffentlichungen auf diesem Gebiete erschienen, ohne daß von einer restlosen Klarlegung der Verhältnisse die Rede sein könnte. Doch hat es den Anschein, daß stark polare Gruppen die Adsorption begünstigen und eine gerichtete Anlagerung der Leimmoleküle nach Art von Abb. 12 bewirken[3]. Im Gegensatz zu der Adsorption von Gasen scheint die Adsorption gelöster hochpolymerer Stoffe durch erhöhte Temperatur mitunter sogar begünstigt, auf keinen Fall aber wesentlich verschlechtert zu werden[3, 4].

8.6 Die Adhäsionsarbeit fest/fest

Ähnlich wie die freie Oberflächenenergie kann auch die Adhäsionsarbeit fester Körper bisher nicht direkt gemessen werden. Zu qualitativen Abschätzungen kann man die Adhäsionsarbeit fest/flüssig heranziehen, wobei man jeweils Flüssigkeiten auswählen muß, die einen der zweiten festen Substanz verwandten chemischen Bau besitzen. Wie bereits auf S. 40 erwähnt wurde, erhält man auch bei weniger guter Benetzung Adhäsionsarbeiten der Größenordnung 10^3 kp/cm².

Eine experimentelle Bestimmung der Adhäsionsarbeit durch Messung der Zerreißarbeit stößt, von den bei der Kohäsionsarbeit erwähnten Schwierigkeiten abgesehen, auf ein neues Hindernis. Bei Belastung wird gewöhnlich nicht die Adhäsionsschichte sondern der feste Körper oder die

---

[1] Vgl. z.B. BARROW, G. M.: Physic. Chemistry, S. 625. New York: McGraw-Hill 1961.

[2] REINHART, F. R. u. J. G. CALLOMAN: WADC Technical Report 58 (1959) 450.

[3] KORAL, J., R. ULLMAN u. F. R. EIRICH: J. Phys. Chem. 62 (1958) 541.

[4] JENCKEL, E. u. B. RUMBACH, Z. Elektrochem. 55 (1951) 612.

Haftmittelschichte zerrissen. BIKERMAN[1] hebt hervor, daß dieses Verhalten auf Grund einer einfachen Überlegung vorauszusehen ist. Schon BERTHELOT[2] hat für die Molekülattraktionskonstanten von Mischungen folgende Beziehung aufgestellt

$$\frac{(a_{12})^2}{a_{11}a_{22}} = 1 ; \quad a_{12} = \sqrt{a_{11}a_{22}} \tag{62}$$

(a_{11} und a_{22} = Konstanten der reinen Substanzen, a_{12} = Konstante der Mischung).

Demnach liegt z.B. die van der Waalssche Attraktionskonstante (vgl. S. 10) einer Gasmischung a_{12} zwischen den Konstanten a_{11} und a_{22} der reinen Gase. Es ist anzunehmen, daß Beziehung (62), die an Gasmischungen angenähert bestätigt gefunden wurde, in analoger Weise auch auf die Adhäsionsarbeiten ζ_{12} und die Kohäsionsarbeiten ζ_{11} und ζ_{22} zweier fester Körper angewendet werden darf[1]. Ist $\zeta_{11} > \zeta_{22}$ gilt daher:

$$\zeta_{11} > \zeta_{12} > \zeta_{22} . \tag{63}$$

Die Adhäsionsarbeit wird daher im allgemeinen größer als die Kohäsionsarbeit des schwächeren der beiden festen Körper sein. Vorausgesetzt, daß die Adhäsionskräfte zwischen Haftstoff und Unterlage voll zur Geltung kommen, wird der Bruch der belasteten Fuge nicht in der Adhäsionsschichte (Adhäsionsbruch) sondern in dem schwächeren festen Material entstehen (Kohäsionsbruch). Dazu kommt, daß Fehlerstellen die Festigkeit der makroskopischen Haftmittelschichte viel stärker beeinflussen dürften als die nur einige Moleküllagen dicke Adhäsionsschichte.

BIKERMAN führt weitere Argumente an, die gegen das Auftreten von wirklichen Adhäsionsbrüchen sprechen. Das aus der Praxis bekannte, mitunter zu beobachtende glatte Ablösen einer Leimschichte von der Unterlage (im folgenden technischer Adhäsionsbruch genannt) täuscht nach Ansicht dieses Forschers wirklichen Adhäsionsbruch nur vor: entweder war von Anfang an nur sehr unvollkommene Adhäsion vorhanden oder aber liegt in Wirklichkeit Kohäsionsbruch vor, wobei die zurückbleibende Schichte des zerrissenen Materials so dünn ist, daß sie vom unbewaffneten Auge nicht wahrgenommen wird.

Die Unterscheidung von wahrem und scheinbarem technischem Adhäsionsbruch wird den Praktiker häufig unbefriedigt lassen. Denn auch technischer Adhäsionsbruch ist oft das Anzeichen praktisch unbrauchbarer Resultate. Ein, wenn auch nur scheinbar glattes Ablösen von der Unterlage wird daher das Gefühl „schwacher Adhäsion" hervorrufen. Es sei in diesem Zusammenhange betont, daß die Adhäsionsarbeit im physikalischen Sinne und die „Adhäsion" des technischen Sprachgebrau-

---

[1] BIKERMAN, J. J.: The Science of Adhesive Joints, 54–59. New York: Acad. Press 1961.

[2] BERTHELOT, D.: Compl. rend. 126 (1898) 1703, 1857.

ches in Wirklichkeit synonyme Bezeichnungen sehr verschiedener Fugeneigenschaften sind. Mit technischer „Adhäsion" ist letzten Endes die Widerstandskraft der Fuge gegen äußere Belastungen gemeint, die nicht nur von der Adhäsionsarbeit sondern auch stark von inneren Fugenspannungen abhängig ist. Über den Einfluß von Kontraktionsspannungen in Zusammenhang mit dem Erstarren oder Trocknen, die eine starke Vorbelastung hervorrufen oder ungünstige Formen der Fugenränder, die zu hohen Spannungsspitzen Anlaß geben, wird im nächsten Abschnitt berichtet.

8.7 Regeln zur Erzielung guter technischer Adhäsion

Die wesentlichsten Voraussetzungen zur Erzielung mechanisch widerstandsfähiger Fugen, die nach heutigem Wissen zu beachten sind, decken sich der Hauptsache[1] nach mit den beiden Grundregeln, die DE BRUYNE an den Anfang des bereits 1951 erschienenen Leimkurses „Structural Adhesives" stellt[2]. Nach DE BRUYNE „hat man bei der Fugenbildung darauf zu achten, daß ein Haftmittel benützt wird, das die Materialoberfläche benetzt oder mit anderen Worten ähnliche Polaritätseigenschaften besitzt. Das ist die erste (Adhäsions-)Regel. Sie ist keine Garantie für eine gute Fuge, denn sie stellt zwar eine notwendige aber keine zureichende Bedingung dar. Auch die Spannungen in der Fuge müssen berücksichtigt werden. Die zweite Regel besagt, daß das Haftmittel beim Verfestigen nicht bleibende Spannungen entwickeln darf, die so stark sind, daß sie die Bindung wieder sprengen können. Die Haftmittelschichte soll auch nicht wesentlich größere mechanische Festigkeit als die Unterlage besitzen[3]. Eine äußere Belastung würde sonst vorzeitigen Bruch herbeiführen, da (schädliche) Spannungskonzentrationen entstehen".

Diese Grundregeln, die einander teilweise überschneiden, sollen nachstehend etwas näher besprochen werden.

8.7.1 Benetzung

Die Regel, daß gutes Haften nur bei guter Benetzung möglich ist, hat sich praktisch weitgehend bewährt. Daß andererseits gutes Benetzen gutes Haften durchaus nicht verbürgt, tritt besonders deutlich dann zutage, wenn die Oberflächeneigenschaften des gelösten Haftmittels durch ein Lösungsmittel überdeckt werden. Viele organische Lösungsmittel besitzen sehr niedrige Oberflächenspannung; die Oberflächenspannung

---

[1] Lediglich die Bemerkungen über ähnliche Polaritätseigenschaften bedürfen einer Abänderung.

[2] Erschienen bei Lange, Maxwell u. Springer, London 1951.

[3] „not should the adhesive be much more rigid than the adherends".

von Äthylalkohol beträgt beispielsweise $\gamma_{20°C} = 23$ dyn/cm. Alkohollösungen pflegen daher nahezu alle Werkstoffe vollständig zu benetzen. So wird auch Polyäthylen von einer 20%igen Polyvinylacetatlösung in Alkohol vollständig benetzt. Nichtsdestoweniger löst sich die Polyvinylacetatschichte, die als hochmolekularer polarer Stoff höhere freie Oberflächenenergie als unpolares Polyäthylen besitzen muß, von letzterem nach dem Trocknen wieder vollständig ab. Bei Wasserlösungen liegen umgekehrte Verhältnisse vor. Die Oberflächenspannung von Wasser ist verhältnismäßig sehr hoch (Tab. 10). Alle bisher bekannten Leime, die in Wasser gelöst werden, erniedrigen dessen Oberflächenspannung. Durch Abdunsten von Wasser wird daher die Benetzung von Leimen nicht verschlechtert.

Die Erfahrungstatsache, daß gutes Haften gute Benetzung voraussetzt, wird häufig als Selbstverständlichkeit angesehen, ist es aber, wie auch DE BRUYNE betont, im Grunde nicht. Die unmittelbar wahrzunehmende Folge schlechter Benetzung besteht zunächst nur in dem bekannten Zusammenziehen der Haftmittelschichte, bei dem sich unbedeckte Stellen bilden. Schlecht benetzende Haftmittel können schon durch geringe Kräfte zum gleichmäßigen Ausbreiten gebracht werden. Man kann sich leicht davon überzeugen, wenn man z. B. einen Leimtropfen zwischen zwei paraffinierten Glasplatten breitdrückt. Dort, wo schlecht benetzender Leim die Unterlage berührt oder durch leichten Druck zum Berühren gezwungen wird, entwickelt er während dem plastischen Zwischenstadium mitunter ein sehr merkliches Haftvermögen, bevor er sich nach vollständigem Erhärten wieder ablöst. Ein alltägliches Beispiel ist reiner Karbamidharzleim in Wasserlösung. Wegen seiner hohen Oberflächenspannung ($\gamma \sim 63$ dyn/cm) benetzt dieser Leim Polyvinylchlorid und Polyäthylen schlecht und haftet an beiden Kunststoffen nach dem Aushärten nicht. Ohne Härterzusatz bleibt Karbamidharzleim bei Raumtemperatur monatelang plastisch. In Leimlaboratorien, deren Böden mit harten Polyvinylchloridplatten belegt sind, hat man reichlich Gelegenheit, das hartnäckige Haften eingetrockneter, härterfreier Karbamidharzreste zu beobachten. Auch auf Polyäthylen haftet härterfreier Kabamidharzleim überraschend gut.

DE BRUYNE versucht die schädliche Wirkung schlechter Benetzung unter Hinweis auf die Untersuchungen von Mylonas[1] auf folgende Weise verständlich zu machen. Wird eine Leimfuge von Menisken mit großen Randwinkeln begrenzt, so entstehen bei Schubbelastung sehr ungünstige Spannungsverhältnisse. Man kann annehmen, daß in den meisten Leimschichten Schwund-Schubspannungen auftreten werden, da Leime bei Abdunsten des Lösungsmittels, beim Härten oder selbst nur bei Übergang von der flüssigen in die feste Form stets mehr

---

[1] MYLONAS, C.: Proc. Soc. Experim. Stress Analys. 17,2 (1955) 129. Abb. 39 u. 40 wurden von DE BRUYNE in Structural Adhesives, S. 4, veröffentlicht.

oder weniger schwinden. Natürliche Randwinkel werden sich zwar nur dort ausbilden, wo die Leimfuge während dem Erstarren nicht unter Druck stand, mit dem Vorhandensein natürlicher Randwinkel wird man jedoch entweder am Rande der Fuge oder an druckentlasteten Vertiefungen in ihrem Inneren stets rechnen können. Besonders ist das bei tieferen Poren zu erwarten, in die der Leim nur teilweise eindringt. Auch an nicht porösen Oberflächen kann Luft eingeschlossen werden. Man nimmt z. B. an, daß die auffällig schlechte Benetzbarkeit gewisser aufgerauhter Kunststoffoberflächen auf Lufteinschluß beruht[1].

MYLONAS[2] hat an Modellen fester Leimfugen[3], die z. B. auf Schub beansprucht wurden (vgl. Abb. 39), nachgewiesen, daß in der Nähe der

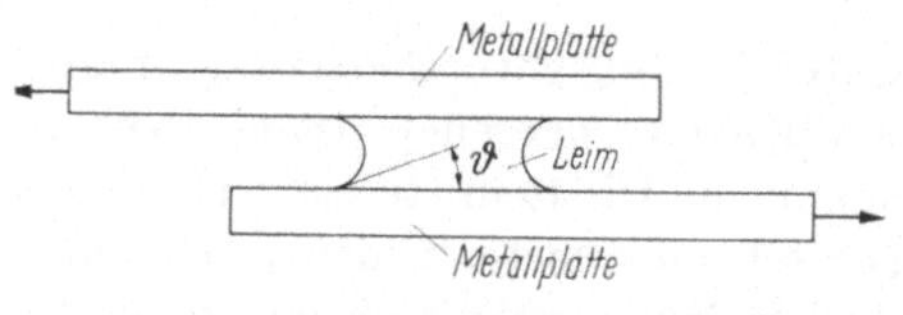

Abb. 39. Schubbelastung einer Modellfuge (nach MYLONAS)

Fugenränder Spannungsspitzen entstehen, die die angelegte Durchschnittsspannung um ein Vielfaches übersteigen können, wenn der (feste) Randwinkel ϑ größer als 50° ist. Der Nachweis ließ sich sehr anschaulich auf spannungsoptischem Weg erbringen. Wegen näherer Einzelheiten sei auf S. 282 verwiesen. Abb. 40 zeigt die spannungsoptische Fotografie einer belasteten Modellleimfuge mit großem Randwinkel. Eine Ansammlung heller und dunkler Streifen (Isochromaten) an beiden Enden der Randbegrenzungslinie zeigt zwei Spannungsmaxima, die das Entstehen von Adhäsionsbrüchen begünstigen.

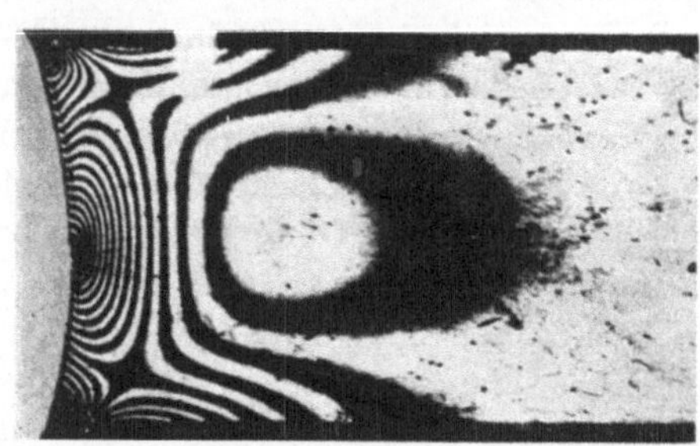

Abb. 40. Spannungsoptisches Interferenzbild einer schubbelasteten Modellfuge (nach MYLONAS)

Die Parallele zwischen Haften und Benetzen von erhärtenden Leimen, vorausgesetzt, daß die Oberflächenspannung der Leimlösung derjenigen des festen Leimes einigermaßen entspricht, läßt sich durch Beispiele belegen. Besonders aufschlußreich ist ein Vergleich des Benetzens von reinem härtendem Karbamidharzleim auf festem Polyäthylen und von geschmolzenem Polyäthylen auf festem gehärtetem Karbamidharz. Der Unterschied zwischen den Oberflächenspannungen von Wasser und reinem Karbamidharzleim ist, wie

---

[1] DE BRUYNE, A. N.: Aero Research Technic. Notes, Bulletin 268, 1956.

[2] Siehe Fußnote 1 Seite 79.

[3] Die Modellfuge bestand aus einigen Millimetern dicken, geschnittenen Streifen eines ausgehärteten Bindemittels, das zwischen festen Platten eingespannt wurde.

bereits erwähnt, nicht groß; Polyäthylen ist der chemischen Zusammensetzung nach nahezu identisch mit Paraffin und unterscheidet sich von letzterem nur durch das höhere Molekulargewicht. Das Resultat des an früherer Stelle (S. 39) erörterten Benetzungsproblems Wasser–Paraffin und Paraffin–Wasser (Eis) läßt sich auf den vorliegenden Fall übertragen, da der dort angegebene Gedankengang seine Gültigkeit unverändert beibehält, wenn Wasser durch Karbamidharzleim und Paraffin durch Polyäthylen ersetzt wird. Der Spreitungskoeffizient von Karbamidharzleim auf Polyäthylen ist daher stark negativ, von geschmolzenem Polyäthylen auf festem Karbamidharz dagegen ~ 0; zwischen Karbamidharzleim und Polyäthylen besteht daher schlechte Benetzung, geschmolzenes Polyäthylen benetzt dagegen feste Karbamidharzoberflächen praktisch vollständig. In Übereinstimmung mit dem Verhalten beim Benetzen haftet geschmolzenes Polyäthylen nach dem Erstarren ausgezeichnet auf festem Karbamidharz, während Karbamidharzleim sich nach dem Erhärten vollständig von Polyäthylenunterlagen ablöst.

8.7.2 Ähnliche Polaritäten

DE BRUYNE äußert in den angeführten Adhäsionsregeln sowie in anderen älteren Aufsätzen[1] die Vermutung, daß Kombinationen von Leimen und Werkstoffen verschiedener Polarität zu Verleimungsschwierigkeiten führen. Die genannten Arbeiten dieses hervorragenden Forschers stammen aus einer Entwicklungsperiode, die den modernsten Abschnitt der Verleimungstechnik einleitete und die daher noch nicht über das große Erfahrungsmaterial verfügte, das heute vorliegt. Während DE BRUYNE in späteren Veröffentlichungen dieses Thema nicht mehr berührte, hat die Ansicht, daß polare Stoffe mit polaren, unpolare Stoffe mit unpolaren Haftmitteln vereinigt werden sollen, in die technische Literatur Eingang gefunden und wird als selbstverständliches Axiom zitiert. Das gute Bindungsvermögen von Haftmitteln wie unpolarem Polyäthylen und Polystyrol auf nahezu allen Werkstoffen, die die erforderliche hohe Schmelztemperatur vertragen (je nach Sorte~ 120–170 °C) beweist, daß diese Ansicht nicht mit der Erfahrung übereinstimmt. Insbesonders gilt diese Feststellung für das ausgezeichnete Haften der genannten Stoffe auf stark polaren Glas- oder Metalloberflächen[2]. Die Polarität von Haftmittel und Unterlage berührt das Haften des ersteren nur in dem Maße als sie auf die Benetzung Einfluß hat. Ein wirkliches Maß der Benetzung ist der durch Beziehung (29) definierte Spreitungskoeffizient. Will man in Anlehnung an das Verhalten von Karbamidharz und Polyäthylen eine rein qualitative Polaritätsregel aufstellen, so muß man sich auf die Aussage

---

[1] DE BRUYNE, N. A.: Journ. Scient. Instr. 24,2 (1947) 29.

[2] FOX, H. W. u. W. A. ZISMAN: J. Coll. Sci. 4 (1952) 418–442; u. 2 (1952) 109–121, 2.

beschränken, daß bessere Benetzung eher erwartet werden kann, wenn der Leim schwächer polar als die Unterlage ist, als im umgekehrten Falle.

An Hand der Benetzungsdaten von Wasser auf einigen Kunststoffen und Paraffin läßt sich zeigen, daß die geänderte Polaritätsregel in besserer Übereinstimmung mit der Erfahrung steht. Die Adhäsionsarbeiten von Wasser mit diesen Stoffen in Tab. 24 sind aus Randwinkelmessungen nach Beziehung (34) berechnet und können als qualitatives Maß der Polarität gelten.

Tabelle 24. *Benetzung von Kunststoffoberflächen durch Wasser*
(Randwinkel ϑ, Adhäsionsarbeit ζ_{12} und Spreitungskoeffizient S_{21}, Wasser = 2)

Fester Stoff	ϑ Grad	ζ_{12}	S_{21}	Literatur
		erg/cm²		
Paraffin	108	50	-95	ZISMAN[1] und
Teflon	108	50	-95	Mitarb.
Polyäthylen	94	67	-78	
Polyvinylchlorid hart, technisch	76	89	-66	
Polyvinylacetat (rein)	61	107	-38	
Polyvinylacetat 10% Weichmacher	62	106	-39	H. BAUMANN[2]
Karbamidharz leicht gehärtet	41	126	-19	
Karbamidharz vollständig gehärtet	52	116	-29	

Das schlechte Haften von reinem gehärtetem Karbamid- oder reinem Polyvinylacetatleim auf Paraffin, Teflon und Polyäthylen sowie das gute Haften von Paraffin und Polyäthylen auf festem Karbamidharz wird durch die Abstufungen der Adhäsionsarbeiten wiedergegeben. (Der Schmelzpunkt von Teflon liegt über 300 °C; diese Substanz ist daher praktisch kaum als Schmelzbinder zu verwenden.) Ebenso ist das schlechte Haften der beiden erstgenannten Leime auf hartem Polyvinylchlorid verständlich. Man sieht jedoch, daß die Verleimungsbedingungen in diesem Falle nicht mehr ganz so ungünstig sind.

8.7.3 Spannungen in der Leimschichte

Auch bei guter Benetzung kann schlechtes Haften bzw. technischer Adhäsionsbruch bei Belastung auftreten, wenn in der Leimschichte zu große Spannungen während des Verfestigungvorganges entstehen. Diese Spannungen werden vor allem durch das Schwinden der Leimschichte beim Trocknen oder Härten hervorgerufen. In viskoelastischen Klebstoffschichten ist dagegen nur mit unbedeutenden Schwundspannungen zu rechnen.

---

[1] Fox, H. W. u. W. A. ZISMAN: J. Coll. Sci. 4 428–442 (1952); u. 2 (1952) 109–121, 2.

[2] BAUMANN, H.: Holz als Roh- und Werkstoff 23 (1965) 16–19.

Eine gute Gelegenheit, sich von dem Schwinden einer härtenden Kunstharzschichte ein anschauliches Bild zu machen, bietet die Herstellung dünner Melaminschichtpreßstoffe, die durch Verpressen melaminharzgetränkter Papiere zwischen feingeschliffenen, nicht gefetteten Hartaluminiumblechen erfolgt[1]. Der hohe Kunstharzgehalt der Papiere ($>100\%$) und der große Preßdruck (>50 kp/cm^2) bewirken, daß sich an der Papieroberfläche ein zusammenhängender Kunstharzleimfilm bildet, der während des Verpressens die Rolle einer Leimfuge spielt; bei vorzeitigem Abbruch des Preßvorganges haften die Papiere an den Blechen. Auch nach voller Preßzeit kommt es vor, daß die ausgehärteten Schichtstoffbögen nach dem Öffnen der Presse einige Sekunden an den Preßblechen haftenbleiben und sich erst nach dieser Frist ruckartig ablösen. Dabei findet eine bequem meßbare Kontraktion statt, die parallel zur Längsrichtung des Papieres 0,2% und senkrecht dazu 0,5% beträgt.

Unter nur wenig veränderten Bedingungen läßt sich Papier, Holzfurnier usw. mit dem gleichen Kunstharz ausgezeichnet mit Aluminium und anderen Metallen verleimen. Es ist nur notwendig

a) die glatte Metalloberfläche z. B. durch trockenes Bandschleifen leicht aufzurauhen;

b) die Schmelztemperatur des Kunstharzes durch bestimmte Zusätze etwas zu erniedrigen[2].

Das gute Haften der Melaminschichte wird demnach durch zwei verschiedene Maßnahmen erreicht. Die Zusätze verzögern das Erstarren des Kunstharzes und bewirken anscheinend, daß ein Teil der Volumverminderung beim Härtungsprozeß noch in der plastischen Phase erfolgt, so daß die Stärke der auftretenden Schwundspannungen vermindert wird. Das Aufrauhen der Unterlage bewirkt eine Vergrößerung der Leimfläche und ermöglicht vor allem eine mechanische Verankerung der Leimschichte in den Unebenheiten der Oberfläche, die anscheinend einen wesentlichen Teil der Schwundspannungen aufnehmen und unschädlich machen können. Die Möglichkeit, daß das bessere Haften auf einer Reinigung der Oberfläche oder Bloßlegen von reinem Metall beruht, kann ausgeschlossen werden; denn das Verleimungsresultat ändert sich auch dann nicht, wenn die aufgerauhten Bleche vor dem Verleimen wochenlang in gewöhnlicher ungereinigter Werkstattluft aufbewahrt werden. Unedle Metalle wie Aluminium, Eisen, Kupfer usw. sind unter diesen Umständen stets mit einer Oxydschicht überzogen.

Je nach Versuchsbedingungen erhält man bei den beschriebenen Verleimungen, z. B. von Holz und Metall, alle Abstufungen zwischen perfekten Resultaten mit mehr als 90% Faserbruch oder technische Adhäsions-

---

[1] Diese Bemerkungen beziehen sich auf einen bestimmten Herstellungsprozeß der Ji-Te AB. Schweden.

[2] BAUMANN, H.: Holz als Roh- und Werkstoff, 23 (1965) 16–19.

brüche. Das gute Haften von Melaminharz und anderen Leimen auf oxydierten Metalloberflächen ist in Abwesenheit sekundärer Störungen verständlich, da Metalloxyde stark polaren Charakter und daher ziemlich universelle Verleimbarkeit besitzen.

Das Verleimen glatter porenfreier Oberflächen mit Leimen, die stärkere Schwundeigenschaften besitzen und mit der Unterlage nicht chemisch reagieren, bereitet auch bei guter Benetzung ganz allgemein größere Schwierigkeiten. Eine bindende Erklärung für die Wirkung der Kontraktionskräfte und die Art, wie sie wirklichen oder scheinbaren Adhäsionsbruch hervorrufen, besitzt man vorläufig noch nicht. Als praktische Arbeitshypothese leistet jedoch die Annahme gute Dienste, daß Schwundspannungen bestehende Adhäsionsbindungen wieder sprengen können, jedoch durch mechanische Veränkerung der Leimschichte oder andere spannungsentlastende Maßnahmen daran verhindert werden. Von diesem Standpunkt aus ist es verständlich, daß Holz und andere poröse Stoffe mit stark schwindenden Leimen meistens ohne Schwierigkeiten gut verleimt werden. Auch scheinbar glatte Holzoberflächen enthalten gewöhnlich genügend Poren, um eine ausreichende Verankerung zu ermöglichen. Die bekannte Frage, ob die Verleimung von Holz auf Adhäsion oder mechanischer Verankerung des Leimes beruhe, wird daher kaum einseitig zugunsten des einen oder anderen Standpunktes beantwortet werden können.

8.7.4 Die mechanischen Eigenschaften von Haftstoff und Unterlage

Die zweite de Bruynsche Regel nennt auch den Erfahrungssatz, daß harte Haftstoffe mit weichen Unterlagen schlechte Fugen bilden. Für dieses Verhalten lassen sich einige einfache mechanische Gründe angeben. PLATH[1] weist darauf hin, daß bereits nach dem Hookschen Gesetz (64) ungünstige Spannungsverteilungen folgen, wenn der Elastizitätsmodul des Haftstoffes (E_H) größer als derjenige der Unterlage (E_U) ist[2]. Nach der genannten Beziehung ist die Dehnung eines zugbelasteten Körpers der angreifenden Kraft proportional (Proportionalitätsfaktor $1/E$):

$$\varepsilon = \frac{\sigma}{E} \tag{64}$$

(ε = Dehnung = $\dfrac{\text{Längenänderung } \Delta l}{\text{ursprüngliche Länge } l}$; σ = zum Querschnitt senkrechte Zugkraft in kp/cm²; E = Elastizitätsmodul).

---

[1] PLATH, E.: Die Holzverleimung S. 34. Stuttgart: 1951. Wissenschaftliche Verlagsgesellschaft.

[2] Strenggenommen darf zwischen Härte und Elastizitätsmodul eines Stoffes nicht ohne weiteres ein Gleichheitszeichen gesetzt werden, doch ist diese Substitution in großen Zügen meistens zulässig.

Zwei miteinander verbundene Körper erfahren durch eine, in Richtung der Verbindungsfläche dehnende Kraft, die gleiche gemeinsame Dehnung ε. In dem Körper mit höherem Elastizitätsmodul tritt jedoch eine höhere Zugspannung auf. Denn aus (64) folgt für $\varepsilon = $ konst.

$$\sigma_H : \sigma_U = E_H : E_U \tag{64a}$$

Gemeinsame Dehnung der genannten Art tritt beim Biegen, sowie bei Schub- und Schälbelastung von Leim- und Klebfugen auf. Sie führt zu einer Überbelastung der Haftstoffschichte, wenn $E_H > E_U$ ist. Die unbebefriedigende Fugenfestigkeit, die bei der Kombination harter Haftstoffe mit weichen Unterlagen auftritt, findet dadurch teilweise ihre Erklärung.

Zu dem schlechten Haften harter Haftstoffe auf weichen Unterlagen dürfte auch der Umstand beitragen, daß weiche Oberflächen meistens glatt sind, da sie schwer aufgerauht werden können und da sie auch in scheinbar aufgerauhtem Zustand keine befriedigende Verankerung des Leimes zulassen.

Für hochpolymere Stoffe läßt sich die genannte Regel in etwas modifizierter Form ansprechen. Diese Stoffklasse, der mit Ausnahme von Metallen, Glas und keramischem Material nahezu alle festen Haft- und Werkstoffe angehören, kommt in zwei festen Aggregatzuständen, dem Glaszustand und einem weicheren, meist gummielastischen Zustand vor (vgl. S. 96). Glasartige Leime haften nicht auf gummielastischen Unterlagen, gummielastische Haftstoffe dagegen sehr gut auf glasartigen Unterlagen. Diese Regel erinnert an die Benetzungs- bzw. Polaritätsregel: der Haftstoff soll die schwächere, nachgiebigere, die Unterlage die stärkere, starrere Substanz sein. Diese Übereinstimmung ist offenbar keine Zufälligkeit. Denn die Festigkeit und Polarität der Stoffe weisen in großen Zügen einen parallelen Verlauf auf. Man hat in der Praxis allerdings wiederholt Gelegenheit zu beobachten, daß die Härteregel auch dann noch gilt, wenn die Polaritätsregel versagt. Das Haftvermögen einer Reihe von Leimen wird durch Weichmacherzusatz auffällig erhöht, ohne daß von einer Änderung der Polarität die Rede sein könnte. Reiner PVAc-Leim haftet bei steigender äußerer oder innerer Weichmachung (s. S. 99) zuerst auf hartem und schließlich auch auf weichem PVC-Material. Derartige Leimfugen mit Weichmacherzusatz, die bei Raumtemperatur gut haften, erhärten jedoch häufig bei starker Abkühlung und verlieren dadurch wieder an Haftvermögen.

In diesem Zusammenhang verdient auch das auffällige starke Haften von trocknenden Glutinleimschichten an glatten Glasoberflächen Erwähnung. Die Glutinleimschichte besitzt, solange sie nicht stark ausgetrocknet ist, zähe Beschaffenheit und entwickelt starke Schwundspannungen (s. S. 117). Glutinleimlösungen reißen beim Eintrocknen mitunter die Böden aus Bechergläsern, in denen sie verwahrt werden, oder Splitter aus planen Glasoberflächen. Die Festigkeit von Glas/Holzverleimungen ist anfänglich sehr gut, beim vollständigen Austrocknen löst sich dagegen die Leimschichte häufig wieder von der Glasoberfläche. Es liegt nahe zu vermuten, daß auch dieses Verhalten auf Härteänderungen der Leimschichte beruht, deren Trocknung in unmittelbarer Nähe der Glasoberfläche durch die bekannte Hygroskopizität der letzteren verzögert werden kann. Die starken Schwundspannungen werden, solange die anhaftende Schichte nicht allzu spröde ist, voll auf die Unterlage übertragen und reißen an Fehlerstellen (s. S. 20), zu denen auch Bereiche hoher innerer Glasspannungen zu zählen sind, Stücke heraus[1].

8.7.5 Mechanische Schwächen der festen Oberfläche

Eine Ursache, die scheinbaren Adhäsionsbruch hervorrufen kann, sind mechanische Schwächen der festen Oberfläche. Beispiele hierfür sind feste und flüssige Verunreinigungen, die nur lose mit der festen Oberfläche verbunden sind, wie Schleifstaub, ölige Verunreinigungen, Strukturschäden der äußersten Oberflächenschichte, die häufig von der Bearbeitung herrühren usw.[2] In gewissem Sinne sind auch an der Grenzschichte eingeschlossene Luftbläschen hier mitzurechnen, die bei Belastung stets Anlaß zu Spannungsspitzen geben. Die Spannungssteigerungen an der Peripherie von Löchern sind in der Festigkeitslehre seit langem wohl bekannt[3, 4].

8.7.6 Zusammenfassung

Eine Zusammenfassung der vorhergehenden Abschnitte führt zu nachstehender Modifizierung der de Bruynschen Regeln:

1. Das Haftmittel soll die Unterlage gut benetzen. Man weiß aus Erfahrung, daß schlechte Benetzung häufig mechanisch schwache Fugen zur Folge hat. Nur bei guter Benetzung ist normalerweise ein gleichmäßiger Haftmittelauftrag möglich. Aber auch wenn bei schlechter Benetzung durch besondere Maßnahmen gleichmäßiger Auftrag erzwungen wird, pflegen schließlich nur schwache Fugen zu entstehen. Denn die äußeren und inneren Begrenzungsmenisken der Haftmittelschichte, die sich bei schlechter Benetzung ausbilden, begünstigen das Entstehen von Spannungsspitzen und führen zu vorzeitigem Bruch. – Künstliche Erniedrigung der Oberflächenspannung eines Haftmittels verbessert zwar die Gleichmäßigkeit des Auftrages, dagegen nicht immer das Schlußresultat.

---

[1] Diese auffällige Eigenschaft von Glutinleim ist im übrigen kein ausrsichender Beweis für das Vorhandensein von chemischen Bindungen zwischen Glas- und Glutinmolekülen.

[2] BIKERMAN, J. J.: The Science of Adhesive Joints, §. 54–59. New York: Acad. Press 1961.

[3] INGLIS, C. E.: Trans. Inst. Nov. Arch. 55, 219–230, London 1913.

[4] GRIFFITH, A. A.: Int. Congr. of Appl. Mech. 55–63, Delft 1924.

2. Ein Aufrauhen von glatten porenfreien Oberflächen verbessert oft die Fugenfestigung, wenn Leime verwendet werden, die beim Abbinden Spannungen entwickeln.

3. Die Oberflächen, die vereinigt werden sollen, müssen frei von mechanisch schwachen Stellen sein.

4. Die feste Leimschichte soll in mechanischer Hinsicht schwächer als die Unterlage sein (niedrigerer Elastizitäts- und Schubmodul, geringere Sprödigkeit). Häufig wird diese Forderung bedeuten, daß die Polarität des Leimes geringer als die Polarität der Unterlage sein soll. Praktisch gesprochen eignen sich harte Leime nicht zum Verleimen weicher Stoffe. Bei Nichtbeachtung dieser Regeln treten in der belasteten Leimfuge sehr ungünstige Spannungsverteilungen auf.

8.7.7 Verklebungen mit Kontaktklebstoffen (S. 183)

Die Art, wie die Bindung zwischen einer Kontaktklebstoffschichte und einem festen Körper zustande kommt, scheint der Grundregel des Verleimens (S. 73) zu widersprechen. Klebebänder haften bekanntlich unmittelbar bei Andrücken an der Unterlage. Es ist jedoch schon auf S. 69 auseinandergesetzt worden, daß Kontaktklebstoffe infolge ihrer viskoelastischen Eigenschaften eine Zwischenstellung zwischen festen und flüssigen Körpern einnehmen; ihr Haften beruht, wie die Adhäsion von Flüssigkeiten, auf flüssiger Berührung. Kontaktklebstoffe folgen im übrigen den gleichen allgemeinen Regeln wie gewöhnliche Leime. Gute Benetzung ist auch beim Kontaktklebevorgang die Vorbedingung für gutes Haften. Da Kontaktkleber aber meistens eine gewisse Menge organischer Lösungsmittel enthalten, pflegt ihre Oberflächenspannung niedrig zu sein. Wirklich schlechtes Benetzen gehört daher bei Kontaktverklebungen zu den Ausnahmen.

Da schädliche Spannungen in Kontaktklebschichten nicht bestehen bleiben (Spannungsrelaxation, S. 99) und da ferner hochviskose Klebmassen den Unebenheiten der Unterlage nicht in gleichem Maße wie niedriger viskose Leime folgen können, besteht bei Klebfugen ein wesentlich anderer Zusammenhang zwischen Festigkeit und Oberflächenrauhigkeit wie bei starren Leimfugen. Nähere Einzelheiten werden auf S. 196 ff mitgeteilt.

8.8 Leim- und Klebfugen

Eine Zusammenstellung aller bisher besprochenen Einzelvorgänge der Fugenbildung führt zu folgendem Gesamtbild des vollständigen Verleimungs- oder Verklebungsprozesses. Die Frage des Aufbringens des Haftmittels (einseitiger, beidseitiger Auftrag, fester Film) wird dabei offen gelassen.

I Verleimung

1. **Zeitweise Berührung beider fester Oberflächen durch flüssigen Leim** während des Preßvorganges. Die Leimschichte ist zunächst nicht imstande, beide Oberflächen aneinander zu binden, und muß unter Druck gehalten werden, bis Phase 2 des Verleimungsprozesses weit genug vorgeschritten ist.

2. Zunehmende Verfestigung der Leimschichte, bei *Lösungen* durch Trocknung (Diffusion und Abdampfen der Lösungsmittel) und gegebenenfalls chemische Härtung; bei *lösungsmittelfreien Leimen* durch Erstarren von Schmelzen oder chemische Härtung. – Der Verfestigungsvorgang ist häufig von Schwundspannungen in der Leimschichte begleitet.

3. Erreichung des Endzustandes der Leimfuge:

a) die Leimfuge ist spannungsfrei da entweder schwundfreie Leime verwendet oder die ursprünglichen Spannungen durch viskoelastisches Fließen der Leimschichte ausgeglichen wurden.

b) Spannungen sind vorhanden, werden aber von den mechanischen Verankerungen der Leimschichte aufgenommen und unschädlich gemacht.

c) Spannungen sind vorhanden und schwächen die Leimfuge: sie wirken wie eine dauernde äußere Belastung (meistens wie eine Schubbelastung). Auf glatten und besonders auf weichen Unterlagen können die schädlichen Komponenten dieser Spannungen solche Größe erreichen, daß sie ein „freiwilliges" Ablösen der getrockneten Leimschichte von der Unterlage bewirken.

II Verklebung

a) mit permanenten Kontaktklebern

Die beim Andrücken entstehende Klebstoffuge ist unmittelbar imstande beide Oberflächen aneinander zu binden. Der mechanische Teil des Verklebungsprozesses ist damit abgeschlossen; der Adhäsionsprozeß ist es dagegen nicht immer.

b) mit temporären Kontaktklebern

1. Die erste Phase der Verklebung verläuft in analoger Weise wie bei permanenten Kontaktklebern (II a).

2. Nach Abschluß des mechanischen Teiles der Verklebung durchlaufen temporäre Kontaktkleber einen ähnlichen Verfestigungsprozeß wie gewöhnliche Leime (I/2). Im Laufe dieser Verfestigung verlieren sie ihre Klebrigkeit und nehmen an Bindestärke zu.

3. behalten meistens aber auch im Endzustande viskoelastische Eigenschaften bei[1].

---

[1] Die Viskoelastizität permanenter und temporärer Klebfugen bedingt eine merkliche Empfindlichkeit gegen dauernde Belastung. Kontaktkleber oder viskoelastische Leime eignen sich daher nicht für dauerbelastete Fugen.

9 Eigenschaften hochpolymerer Stoffe

9.1 Fugenfestigkeit und Molekülgröße des Haftstoffes

Hohe Fugenfestigkeiten sind gleichbedeutend mit guter technischer Adhäsion. Die höchsten Fugenfestigkeiten, die bisher unter günstigen Bedingungen erzielt wurden, betragen einige 10^2 kp/cm^2 und liegen demnach eine Größenordnung unter jenen Werten, die man theoretisch aus den niedrigsten Kohäsions- und Adhäsionsarbeiten berechnet. Dieser auffällige Unterschied ist, wie bereits mehrfach erwähnt, auf Fehlerstellen und Spannungen in der Leimschichte zurückzuführen[1]. Hochpolymere Substanzen, die aus dreidimensionalen Riesenmolekülen oder langen, ineinander gut verankerten Fadenmolekülen bestehen, bilden verhältnismäßig große fehlerfreie Bereiche. Sie sind in bezug auf Fehlerstellen das gegebene Ausgangsmaterial für Leime und Klebstoffe. Niedrigmolekulare Substanzen sind dagegen im allgemeinen weniger geeignet.

9.2 Kolloide Stoffe – hochpolymere Stoffe

Sowohl die natürlichen als auch viele synthetische Haftstoffe bestehen aus Molekülen, die im Vergleich zu den Molekülen einfacher chemischer Verbindungen außergewöhnlich groß sind. Das Molekulargewicht von Wasser beträgt 18, von Kochsalz 59 oder von Rohrzucker, einem besonders großen einfachen Molekül, 342. Das durchschnittliche Molekulargewicht von Haftstoffen liegt eine Größenordnung höher. So beträgt das Molekulargewicht von Säurekasein $1,5 - 3 \cdot 10^4$, von Polyvinylacetat-Holzleimen 10^5 usw[2,3].

Leime gehören dem wichtigen Gebiet der Kolloide an. Diese klassische Bezeichnung, die von dem griechischen Wort $\varkappa o \lambda \lambda \alpha$[4] = Leim abgeleitet ist, wurde von T. GRAHAM im Jahre 1861 geprägt, als er die Eigenschaften von Gelatin- und Eiweißlösungen untersuchte. Er stellte fest, daß die Moleküle kolloider Lösungen offenbar größer als die Moleküle echter Lösungen sein müssen, da sie im Gegensatz zu letzteren nicht durch Pergament oder Kolloidmembrane in ein umgebendes Lösungsmittel dringen (dialysieren) können. Mit der Zeit setzte sich die Erkenntnis durch, daß die von GRAHAM entdeckte ungewöhnliche Größe kolloider Moleküle nicht nur eine charakteristische Eigenschaft sondern die Grundursache des kolloiden Zustandes und seiner verschiedenen Erscheinungs-

---

[1] Werden Fehlerstellen und Spannungsspitzen nach Möglichkeit ausgeschaltet, können Haftstoffe mit niedrigen Kohäsions- und Adhäsionsarbeiten wie z.B. Polyäthylen auffällig hohe Fugenfestigkeiten ergeben.

[2] SAMUELSSON, E. G.: Svensk Kem. Tidskrift 73 (1961) 623.

[3] Nach einer Mitteilung der Fa. Wacker-Chemie GMBH, München.

[4] Aussprache: „Kolla".

formen ist. Die Bezeichnung „kolloid" ist im Sinne der modernen physikalischen Chemie vor allem eine Größenangabe. Die Kolloidchemie befaßt sich mit den chemischen Verbindungen, die aus großen Molekülen bestehen. Im übrigen bezieht sich die Bezeichnung „kolloid" nicht nur auf Moleküle, sondern auch auf Partikel oder Partikelzusammenschlüsse, die sich in flüssiger Phase schwebend halten. Die untere Grenze des kolloiden Zustandes liegt bei etwa 1 $\mu\mu$ (10^{-7} cm). Die obere Grenze läßt sich nicht scharf ziehen. Auch grobdisperse Emulsionen und Dispersionen mit Teilchengrößen von mehreren μ werden zu den Kolloiden gerechnet, nur sind sie im allgemeinen weniger beständig als kolloide Lösungen, weil sich die gröberen Teilchen unter dem Einfluß der Schwerkraft rascher absetzen[1].

Zwischen den Partikeln von kolloiden Lösungen und grobdispersen Suspensionen besteht allerdings mehr als nur ein reiner Größenunterschied. Kolloide Lösungen enthalten zwar große aber voneinander unabhängige Einzelmoleküle (Molekülkolloide), Suspensionen dagegen makroskopische Partikel, die aus einem Zusammenschluß einer großen Zahl von Molekülen bestehen (Dispersionskolloide). Häufig wird die gleiche Substanz sowohl als Molekül- als auch Dispersionskolloid verwendet. Polyvinylacetat wird von organischen Lösungsmitteln zu kolloiden Lösungen gelöst. Wäßrige Polyvinylacetatleime sind dagegen Suspensionen grobdisperser runder fester Polyvinylacetatteilchen, die Durchmesser von 1–2 μ besitzen können. Kolloide Partikel können demnach auf sehr verschiedene Weise entstehen und sehr verschiedene Struktur aufweisen. Die Haltbarkeit grobdisperser Suspensionen ist im übrigen oft überraschend gut; sie beträgt bei den genannten Polyvinylacetatsuspensionen mehrere Jahre.

Nahezu alle natürlichen und synthetischen Haftmittel gehören der Gruppe der hochpolymeren Stoffe an. Die großen hochpolymeren Moleküle werden durch chemische Additionsreaktionen gebildet (S. 100), bei denen die kleinen Moleküle einer oder einer geringen Zahl von Ausgangsverbindungen zusammenwachsen. Bei dieser Reaktion entstehen entweder zweidimensionale lange Kettenmoleküle, deren Kettenglieder aus den einfachen (monomeren) Ausgangsmolekülen bestehen; oder aber können sich die Ausgangsmoleküle auch nach allen Seiten vernetzen und dreidimensionale Riesenmoleküle bilden. In beiden Fällen handelt es sich jedenfalls um sehr große Moleküle, die aus einer großen Zahl fehlerfrei zusammengefügter und durch Kräfte erster Ordnung zusammengehaltener Grundbausteine bestehen. Es ist einleuchtend, daß diese Molekülbauart im Vergleich mit niedrigmolekularen Verbindungen eine Verminderung der möglichen Fehlerstellen in festen Materialschichten

---

[1] FREUNDLICH, H.: Grundzüge d. Kolloidchemie, S. 7. Leipzig: Akad. Verlagsgesellschaft 1924.

bedeutet. Dazu kommt jedoch noch ein weiterer Umstand. Abb. 41 zeigt das schematische Bild einer hochpolymeren Substanz, die aus linearen Kettenmolekülen besteht. Wie ersichtlich, sind die Ketten nicht gestreckt und geordnet, sondern verknäult und ineinander verfilzt. Etwa vorhandene Fehlerstellen werden daher häufig von den langen an den Enden meist verhakten Molekülen überbrückt. Vernetzte hochpolymere Substanzen besitzen oft eine ähnliche Struktur (Abb. 42).

Abb. 41. Verfilzte Kettenmoleküle

Auch niedrigmolekulare Stoffe ergeben mitunter gute Verleimungen, wenn sie in reiner geschmolzener Form verwendet werden und in der Fuge erstarren. Doch ist das Arbeiten mit niedrigmolekularen Substanzen unbequem, da sie in geschmolzenem Zustand sehr dünnflüssig sind und daher leicht in die Unterlage eindringen oder aus der Fuge gepreßt werden. Bei Vermeidung dieser Fehlermöglichkeiten erhält man jedoch beispielsweise mit Wasser bzw. Eis ausgezeichnete Holzverleimungen[1], wozu wohl auch die Abwesenheit von Schwundspannungen beim Gefrieren des Wassers beiträgt.

Die überlegene Eignung hochpolymerer Stoffe macht sich besonders deutlich geltend, wenn wie üblich nicht hundertprozentige Substanzen, sondern Lösungen oder Dispersionen verwendet werden. Lösungen nichtkolloider Stoffe sind zum Verleimen oder Verkleben ungeeignet. Abgesehen von ihrer Dünnflüssigkeit kristallisieren sie beim Eintrocknen in unregelmäßiger und oft unzusammenhängender Weise aus und bilden Schichten geringer mechanischer Festigkeit.

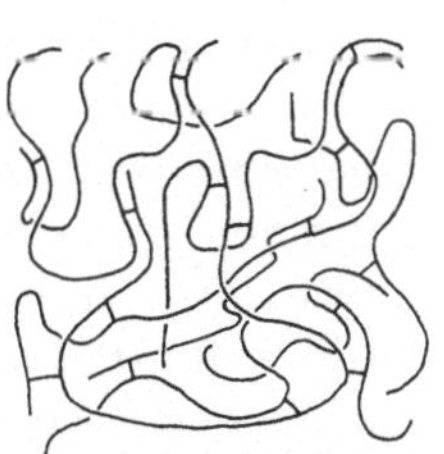

Abb. 42. Vernetzte hochpolymere Moleküle

Vollständig anders verhalten sich die Lösungen hochpolymerer Stoffe. Es fiel bereits GRAHAM auf, daß die Lösungen vieler kolloider Substanzen beim Eintrocknen als amorphe Massen oder firnisartige Häutchen abgeschieden werden. Er verknüpfte daher den Begriff des Amorph-festen, Nichtkristallinischen mit dem des Kolloiden[2]. Diese Charakterisierung ist zwar, wie sich nachträglich herausgestellt hat, nicht für alle Kolloide zutreffend, gilt jedoch weitgehend für hochpolymere Haftstoffe. Die für die Gleichmäßigkeit der Fugenschichte günstige Häutchenoder Filmbildung, die beim Eintrocknen hochpolymerer Lösungen im Gegensatz zu dem Kristallisationsbestreben echter Lösungen erfolgt, hängt mit der in Abb. 41 dargestellten Struktur hochpolymerer Substanzen aufs Engste zusammen.

---

[1] Die Eisverleimung wird von den Eskimos praktisch verwendet.
[2] FREUNDLICH, H.: Grundzüge der Kolloidchemie. Leipzig: Akad. Verlagsgesellschaft 1924.

Lösungen hochpolymerer Stoffe sind im Durchschnitt bedeutend zähflüssiger als gleichkonzentrierte Lösungen niedrigmolekularer Substanzen. Die gesteigerte Viskosität hochpolymerer Haftstofflösungen, die beim Bereiten der Lösung auf einen geeigneten Wert eingestellt wird, ist bei der Verarbeitung von größter Bedeutung, da sie teils ein bequemes Auftragen ermöglicht, teils das Aufsaugen in poröse Unterlagen hemmt.

Die Methoden, die GRAHAM zur Ermittlung des kolloiden und wie er annahm amorphen Zustandes benützte, erfassen im allgemeinen Stoffe mit Haftstoffcharakter, stimmen jedoch nicht immer mit den Befunden der modernen Röntgen- oder Ultrarotspektroskopie überein. Man weiß heute, daß auch hochpolymere Substanzen kristalline Struktur besitzen können. Allerdings zeigt die spektroskopische Analyse, daß hochpolymere Stoffe meistens nur teilweise kristallisiert sind. Hochpolymere Klebstoffe mit mehr oder weniger ausgeprägtem Kristallisationsvermögen sind beispielsweise die auf S. 199 näher beschriebenen verschiedenen Chlorbutadienkautschuksorten.

Eine teilweise kristalline Struktur von hochpolymeren Schichten braucht für die Festigkeit der Fuge durchaus keinen Nachteil zu bedeuten. Denn ihr mechanisch-physikalisches Verhalten unterscheidet sich wesentlich von demjenigen kristallisierter niedrigmolekularer Substanzen. Letztere sind meistens harte, spröde Stoffe von begrenzter Löslichkeit. Nach Überschreitung der verhältnismäßig niedrigen Sättigungsgrenze tritt gewöhnlich eine ungleichmäßige, von örtlichen Faktoren stark beeinflußte Kristallisation ein, die zu einer diskontinuierlichen Schichtenbildung führt. Dazu trägt stark bei, daß der überwiegende Teil des Volumens der gesättigten Lösung vom Lösungsmittel gebildet wird. Beim Auskristallisieren bilden sich feste unnachgiebige Bereiche, zwischen denen Hohlräume entstehen. Im Gegensatz dazu pflegen Lösungen hochpolymerer Stoffe kontinuierlich einzutrocknen auch wenn Kristallisationstendenzen vorhanden sind. Denn Sättigungsgrenzen fehlen und Lösungsmittelreste pflegen bis zu Ende des Trocknungsvorganges die Rolle temporärer Weichmacher zu spielen. Da die Nachgiebigkeit der trocknenden Schichte lange erhalten bleibt, sind gute Voraussetzungen für kontinuierliches Schwinden unter Vermeidung von Hohlräumen vorhanden. Im Sinne der Grahamschen Terminologie verhalten sich daher auch kristallisierende hochpolymere Substanzen oft so, als ob sie amorph wären.

9.3 Molekülform und Viskosität

Die viskositätssteigernde Wirkung einer hochpolymeren Verbindung ist von Stoff zu Stoff verschieden und hängt außerdem stark von der Molekülform ab.

Für kolloide Lösungen *linearer Kettenmoleküle* hat STAUDINGER[1] eine empirische Beziehung zwischen der spezifischen Viskosität und dem Molekulargewicht aufgestellt, die zwar keine ganz exakte Gültigkeit besitzt, sich jedoch im großen bewährt und sehr zum Verständnis des Viskositätsverhaltens hochpolymerer Lösungen beigetragen hat. Man versteht unter spezifischer Viskosität die Größe:

$$\eta_{sp} = \frac{\eta_c - \eta_0}{\eta_0} = \frac{\eta_c}{\eta_0} - 1 \qquad (65)$$

(η_c = Viskosität der Lösung mit der Konzentration c, η_0 = Viskosität des reinen Lösungsmittels).

Die spezifische Viskosität ist daher ein Maß der prozentuellen Viskositätserhöhung des Lösungsmittels durch den gelösten Stoff. Die empirische Beziehung von STAUDINGER lautet:

$$\eta_{sp} = K_m M c \qquad (66)$$

(K_m = Stoffkonstante, M = Molekulargewicht, c = Konzentration).

Die spezifische Viskosität eines hochpolymeren Stoffes oder genauer ausgedrückt, einer homologen Serie verschieden langer Kettenmoleküle soll nach (66) bei konstanter Konzentration dem Molekulargewicht des gelösten Stoffes proportional sein.

Beziehung (66) wird vor allem von unpolaren Verbindungen erfüllt, deren Moleküle einander nicht beeinflussen. Polare Verbindungen zeigen meist ein komplizierteres Verhalten[2]. Doch ist das Ansteigen der Viskosität mit dem Molekulargewicht auch bei ihnen deutlich zu erkennen, wie die in Tab. 25 zusammengestellten Werte von Polyvinylacetaten in Äthylacetatlösungen zeigen.

Da die Viskosität von Äthylacetat $\eta_0 \sim 0,5$ cP beträgt, müßten bei Gültigkeit von (66) auch die Viskositäten η_c dem Molekulargewicht proportional sein, da bei der Größe der η_c-Werte in Tab. 25 die Zahl 1 gegenüber η_c/η_0

Tabelle 25. *Viskositäten und Molekulargewichte von 20%igen Polyvinylacetatlösungen*[3]
(Lösungsmittel: Äthylacetat)

η_c (20 °C) cP	Molekulargewicht
5	35 000
25	110 000
100	260 000
2 200	1 000 000

---

[1] STAUDINGER, A.: Org. Kolloidchemie, S. 221. Vieweg: Braunschweig 1950.

[2] STAUDINGER, A.: Org. Kolloidchemie, S. 205. 206. Braunschweig: Vieweg 1950. Die grundlegenden Messungen von STAUDINGER wurden an unpolaren Styrollösungen ausgeführt.

[3] Farbwerke Hoechst, „Mowilith", Frankfurt/M.-Höchst 1959.

vernachlässigt werden kann. In Wirklichkeit steigen jedoch die Viskositäten bedeutend steiler an. Das Steigen der Viskosität mit zunehmender Kettenlänge wird selbstverständlich auch an linearen Kettenmolekülen natürlicher Herkunft beobachtet. Die Glutinleime (S. 117) sind ein bekanntes Beispiel dafür. Gewisse langkettige Verbindungen zeichnen sich durch besonders hohe Viskosität aus. Hochviskose Celluloseäther erreichen schon in 2%igen Wasserlösungen Viskositäten von mehreren 10^3 cP (S. 154). Sie können daher mit Vorteil zum Verdicken verschiedener dünnflüssiger Leimlösungen verwendet werden.

Sehr verschieden von linearen Kettenmolekülen verhalten sich *kugelförmige Moleküle* oder kugelförmige grobdisperse Partikel. Unter der Voraussetzung, daß die in der Flüssigkeit verteilten festen Teilchen starre Kugeln sind und weder aufeinander noch auf die Moleküle des Lösungsmittels Einfluß üben, hat EINSTEIN theoretisch die nachstehende Beziehung abgeleitet[1]:

$$\eta_{sp} = 2{,}5\,\Phi \tag{67}$$

Φ bedeutet den Volumanteil des gelösten Stoffes am Gesamtvolumen der Lösung und kann durch die Konzentration des gelösten Stoffes $c = $ g/l und dessen spezifisches Gewicht s ausgedrückt werden. Anstelle von (67) erhält man in diesem Falle:

$$\eta_{sp} = \frac{0{,}0025\,c}{s}. \tag{68}$$

Die Einsteinsche Gleichung ist an Substanzen, die die genannten Voraussetzungen erfüllen, sehr gut bestätigt worden. Dies gilt z.B. für Gummiguttsuspensionen und Gummilatex bis zu Konzentrationen von etwa 50 g/l. Bei höheren Konzentrationen beginnt die Konstante von Gl. (68) etwas zu steigen[2].

Man überzeugt sich leicht davon, daß die Viskositätszunahme, die nach Gl. (68) für hohe Konzentrationen folgt, ohne praktische Bedeutung ist. Die 40%ige wäßrige Lösung eines Stoffes mit dem spezifischen Gewicht 1 soll nach (68) und (65) die Viskosität 2 cP, d.h. die doppelte Viskosität von Wasser besitzen. Eine solche Viskositätsänderung wird praktisch kaum bemerkt. Tatsächlich können aber Leime, die aus runden Molekülen oder Partikeln bestehen, wie Karbamidharzlösungen oder Polyvinylacetatdispersionen, sehr erhebliche Viskositäten besitzen. Dieser scheinbare Widerspruch läßt sich folgendermaßen erklären. Bei einer Reihe von Substanzen wurde festgestellt, daß sie Gl. (68) befolgen, wenn für die Konstante ein höherer Wert als die von EINSTEIN berechnete Zahl 0,0025 eingesetzt wird. Man nimmt an, daß die Teilchen

---

[1] EINSTEIN, A.: Ann. Physik 19 (1906) 289.

[2] STAUDINGER, H.: Org. Kolloidchemie, S. 212, 213. Braunschweig: Vieweg 1950.

in diesem Falle einen sperrigen und verzweigten Bau besitzen, der zur Folge hat, daß ihre tatsächliche Volumbeanspruchung größer als der Quotient $c : s$ ist, der für die glatte, geometrisch runde Teilchenform gilt[1]. Unter dieser Annahme läßt sich die Volumbeanspruchung der Teilchen als das Verhältnis der beobachteten zu der Einsteinschen Konstante angeben

$$\text{Volumbeanspruchung runder Teilchen} = \frac{\eta_{sp} s}{c} : 0{,}0025 . \qquad (69)$$

Bei Teilchen mit hoher Volumbeanspruchung wird der in der Lösung zur Verfügung stehende Raum schon bei relativ niedrigen Konzentrationen vollständig ausgenützt sein. Dies wird zum Beispiel bei fünffacher Volumbeanspruchung und einem spezifischen Gewicht von $s = 1$ für eine Teilchenkonzentration von 20% der Fall sein. In der Nähe und besonders nach Überschreiten dieses Grenzwertes ist ein starkes Ansteigen der Viskosität zu erwarten. Diese Vermutung wird durch Tab. 26[2] gut bestätigt, in der Viskositätswerte einer grobdispersen Polyvinylacetatdispersion bei Konzentrationen, die sich jeweils wie 1 : 2 verhalten, angegeben sind. Die spezifische Viskosität steigt im Bereich größter Verdünnung angenähert proportional zur Konzentration. Für die Volumbeanspruchung der Polyvinylacetatpartikel erhält man bei den beiden niedrigsten Konzentrationen den Wert ~5. Da das spezifische Gewicht der Partikel $s = 1{,}2$ ist, berechnet man den Grenzwert für vollständige Volumausnützung zu $\sim 24\%$ $(c = 240 \text{ g/l})$. Die Größe $\eta_{sp} s/c$ steigt in der Nähe dieser Konzentration stark an, stimmt jedoch mit den vorhergehenden Werten noch der Größenordnung nach überein; bei nochmaliger Verdopplung der Konzentration steigt sie, wie auch die Viskosität der Lösung, um mehrere Zehnerpotenzen.

Einen ähnlichen Viskositätsverlauf beobachtet man an wäßrigen Harnstoff-Formaldehydharzlösungen, die allerdings bei niedrigen Konzentrationen nicht gemessen werden können, da Karbamidharz bei zu großer Verdünnung nahezu vollständig ausfällt.

Tabelle 26. *Konzentrationsabhängigkeit der Viskosität einer grobdispersen Polyvinylacetatdispersion*

c g/l	η_c cP	η_{sp}	$\dfrac{\eta_{sp} s}{c}$	Bemerkung
500	$1{,}9 \cdot 10^4$	$1{,}9 \cdot 10^4$	45	$s = 1{,}2$
250	17,6	16,6	0,080	$t = 25\ °\text{C}$
125	2,8	1,8	0,017	
63	1,7	0,7	0,013	
31	1,3	0,3	0,012	

---

[1] STAUDINGER, H.: Org. Kolloidchemie, S. 211, 212. Braunschweig: Vieweg 1950.

[2] Tab. 26 u. 27 nach Messungen des Autors.

Demnach gilt das modifizierte Einsteinsche Viskositätsgesetz nur für Konzentrationen, die in genügendem Abstand unterhalb des Grenzwertes vollständiger Volumbeanspruchung liegen. Da gewöhnlich die Mindestviskosität technischer Haftstofflösungen den Wert von einigen 100 cP beim Auftrag nicht unterschreiten darf, müssen Haftstoffe, die aus runden Teilchen bestehen, ziemlich hochkonzentriert verwendet werden, sofern sie keine Verdickungsmittel enthalten. Beim Verdünnen auf Konzentrationen von 20–30% wird die Viskosität derartiger Lösungen und Dispersionen stets sehr stark sinken. „Runde" Substanzen können daher niemals wirksame Verdickungsmittel sein.

Tabelle 27. *Konzentrationsabhängigkeit der Viskosität einer wäßrigen Harnstoff-Formaldehydharzlösung*

c g/l	η_c cP	η_{sp}	$\dfrac{\eta_{sp}S}{c}$	Bemerkung
670	530	529	1,6	$s = 1,4$
335	7,6	6,6	0,028	$t = 25\ {}^\circ\mathrm{C}$
168	2,0	1,0	0,0083	

Die auffällige Verdickungswirkung langkettiger Substanzen wird ebenfalls durch die Raumbeanspruchung der Kettenmoleküle erklärt, die extrem hoch ist. Man nimmt an, daß die Raumbeanspruchung eines Kettenmoleküles gleich dem Volumen des Rotationskörpers ist, der bei zweidimensionaler Rotation des Moleküles entsteht:

$$\text{Wirkungsbereich eines Kettenmoleküles} = (L/2)^2 \pi\, d^{\,1} \qquad (70)$$

($L =$ „viskosimetrische Länge", $d =$ Dicke des Moleküles).

Der wesentliche Faktor, der diese starke Erhöhung der Volumbeanspruchung eines linearen Kettenmoleküles bewirkt, ist die **Makro-Brownsche Bewegung**[2]. Langkettige Cellulosederivate erreichen mitunter schon in 1%iger Lösung die Grenzkonzentration für vollständige Volumbeanspruchung der Lösung.

9.4 Die beiden festen Aggregatzustände hochpolymerer Stoffe

Hochpolymere langkettige Verbindungen kommen infolge ihrer eigentümlichen Struktur (vgl. Abb. 41) in zwei verschiedenen festen Aggregatzuständen vor, einem weichen, oft gummielastischen, und einem harten Glaszustand. Beim Erstarren gehen diese Stoffe zuerst in den weichen Zustand über. Bei weiterem Abkühlen findet innerhalb eines bestimmten

---

[1] STAUDINGER, H.: Org. Kolloidchemie, S. 238. Braunschweig: Vieweg 1950.

[2] Makro-Brownsche Bewegung = Lage und Schwerpunktsänderungen des gesamten Moleküls, im Gegensatz zur Mikro-Brownschen Bewegung = Teilbewegung des Moleküls ohne Schwerpunktsänderung (S. 97).

Temperaturbereiches von 30–60 °C Breite die Umwandlung in die glasige Modifikation statt. Dabei ändern sich eine Reihe mechanischer Eigenschaften sprunghaft. Der Schubmodul steigt von 1–50 kg/cm² auf 10^4–10^5 kp/cm² während die hohe Bruchdehnung des gummielastischen Zustandes, die bis zu 100% betragen kann, auf 0,1% sinkt. Die Bruchspannungen behalten dagegen die Größenordnung von 10^2 kp/cm² bei[1].

Der gummielastische Zustand ist keine labile Übergangserscheinung, sondern als ein stabiles, für ein bestimmtes Temperaturgebiet charakteristisches Gleichgewicht zu betrachten[2]. Die Grenztemperatur kann für verschiedene Stoffe sehr verschieden sein, wie auch aus Tab. 28 hervorgeht. Die Glastemperatur T_g ist jene Temperaturgrenze, nach deren Überschreiten allmählich Erweichen eintritt.

Tabelle 28. *Glastemperatur amorpher polymerer Verbindungen*[1]

Substanz	T_g °C
Polyäthylen Natur- und Kunstkautschuk	tiefe Temperaturen
Polyvinylacetat	+ 28
Polyvinylchlorid	+ 80
Polystyrol	+100

Im gummielastischen Zustand sind die Kohlenstoffbindungen der Molekülkette noch mehr oder weniger drehbar. Die langen Moleküle sind daher beweglich und können ihre Form unter dem Einfluß von Wärme oder äußeren mechanischen Kräften verändern. Die Formveränderungen, die durch die Wärmebewegung hervorgerufen werden, kommen trotz dichtester Packung und gegenseitigen Kraftwirkungen vermutlich auf die Weise zustande, daß kurze Kettenstücke Platzwechselbewegungen mit entsprechenden Stücken der Nachbarketten ausführen[1]. Diese Molekülbewegung, die ohne Verlagerung des Molekülschwerpunktes stattfindet, wird Mikro-Brownsche Bewegung genannt.

Äußere Kräfte richten die gefalteten Moleküle aus, ohne jedoch den **Atomabstand der Molekülkette zu ändern**. Nach Aufhören der äußeren Krafteinwirkung gehen die Moleküle wieder in die verknäulte, gefaltete Form über, da letztere einen Zustand größerer thermodynamischer Wahrscheinlichkeit darstellt. Zwischen dem elastischen Dehnen eines Metalldrahtes und eines Gummibandes besteht daher ein prinzipieller Unterschied. Im ersten Falle handelt es sich um Energie-Elastizität, da die

---

[1] Schwarz, F.: in R. Houwink/A. J. Staverman: Chemie u. Technologie der Kunststoffe I. Kap. VI. Leipzig: Akad. Verlagsgesellschaft 1962.

[2] Das bekannte allmähliche Erhärten von z.B. Naturgummi beruht auf chemischen Veränderungen.

Atomabstände des Metalldrahtes vergrößert werden, im letzten Falle dagegen um Entropie-Elastizität[1].

Bei Abkühlung auf Glastemperatur friert die Mikro-Brownsche Bewegung der Moleküle vollständig ein. Der polymere Stoff wird starr und glasartig. Die Temperaturgrenze der Verglasung hängt von der individuellen Struktur der Makromoleküle ab. Je sperriger der Molekülbau ist und je polarer die Moleküle sind um so schwerer kann die Mikro-Brownsche Bewegung zustandekommen und um so früher, d. h. bei um so höherer Temperatur tritt der Glaszustand ein.

Besonders stark erhöhend wirken verfestigende Vernetzungen durch Hauptvalenzbindungen auf die Glastemperatur. Ein sehr hoher Vernetzungsgrad, der häufig bei härtenden Kunstharzleimen auftritt, verhindert das Entstehen des gummielastischen Zustandes vollständig. Derartige Leime verlieren alle thermoelastischen Eigenschaften. Bei steigender Erwärmung zersetzen sie sich schließlich ohne vorhergehende Erweichung.

Zugabe von „Weichmacher" zu langkettigen Polymerverbindungen hat die entgegengesetzte Wirkung von Vernetzen. Die Weichmacherwirkung soll dadurch zustandekommen, daß sich die Weichmachermoleküle mit ihren polaren Gruppen an die polaren Gruppen von Kettenmolekülen anlagern. Diese werden auseinandergedrückt und die van der Waalsschen Anziehungskräfte, die sie gegenseitig aufeinander ausüben, dadurch geschwächt[2]. Einige häufig verwendete Weichmacher sind Trikresylphosphat, Dibutylphthalat und Dioctylphthalat:

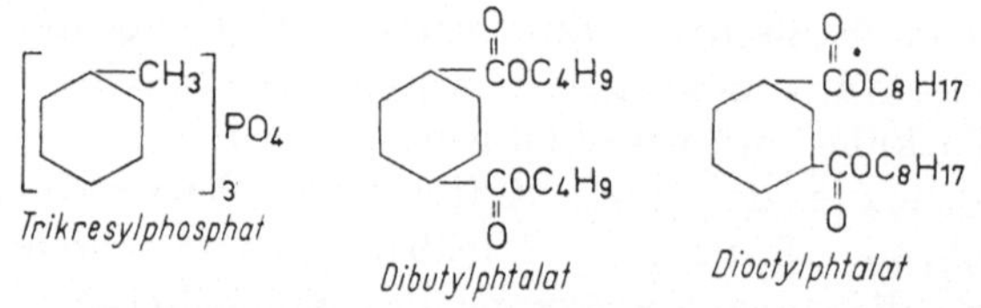

Durch Weichmacherzusatz wird die Glastemperatur von insbesonders polaren polymeren Verbindungen stark erniedrigt. Polyvinylacetat und Polyvinylchlorid nehmen schon bei Raumtemperatur gummielastischen Charakter an. Unpolare Polymerverbindungen lassen sich schwer weichmachen. Auch das Weichmachen von Verbindungen, die zu starkem Vernetzen neigen, ist mitunter vollkommen unmöglich, da sich die Weichmachermoleküle in den durch primäre Bindungen zusammengehaltenen Bereichen nicht einlagern können. Das ist beispielsweise bei Harnstoff-Formaldehydharzleimen der Fall, die trotz zahlreicher Ver-

---

[1] POHL, R. W.: Einf. in die Physik, Bd. 1, S. 97. Berlin/Göttingen/Heidelberg: Springer 1959.

[2] WÜRSTLIN, F. u. H. KLEIN: Kolloid-Z. 128, 136 (1952); u. 152 (1957) 32.

suche in voll ausgehärtetem Zustand bisher nicht weich gemacht werden konnten.

Die beschriebene Art der Weichmachung, die in der nachträglichen Zumischung geeigneter Substanzen zu dem polymeren Stoff besteht, wird *äußere Weichmachung* genannt. In technischer Hinsicht ist äußere Weichmachung nicht immer eine zufriedenstellende Lösung, da die Weichmachersubstanzen etwas flüchtig sind, sowie in die Unterlage eindringen und durch Diffusion abwandern können. Vollkommen beständig ist *innere Weichmachung*, bei der Substanzen mit erweichenden Eigenschaften chemisch eingebaut sind und daher nicht abwandern können. Die Wirkungsweise der eingebauten Gruppen ist allerdings eine andere als von äußeren Weichmachern; teils besitzen sie selbst weichen Charakter, teils bilden sie lange Seitenketten, die eine größere gegenseitige Beweglichkeit der Molekülhauptketten ermöglichen.

9.5 Viskoelastizität

Viskoelastizität ist ein charakteristisches Merkmal des gummielastischen Zustandes und wird daher an Elastomeren (S. 155 u. 190) beobachtet, d.h. jener hochpolymeren Substanzgruppe, die sich schon bei normaler Temperatur im gummielastischen Zustand befindet[1].

Wie bereits auf S. 69 erwähnt wurde, vereinigen viskoelastische Substanzen das Verhalten von festen, starren Körpern mit demjenigen von Flüssigkeiten. Feste Körper befolgen bei nicht allzu hoher Belastung das Hooksche Gesetz. Die Dehnung ε des festen Körpers ist nach (64) der wirkenden Kraft σ proportional. Verschwindet σ wird auch $\varepsilon = 0$. Viskoelastische Substanzen verhalten sich bei kurz andauernder Belastung wie Hooksche Körper. Bei längerer Belastungsdauer erhält man jedoch ein stark verändertes Bild: die Fließeigenschaften machen sich dann deutlich geltend. Die zwei wichtigsten Folgeerscheinungen des Fließens sind das *Kriechen* und die *Spannungsrelaxation* belasteter viskoelastischer Körper.

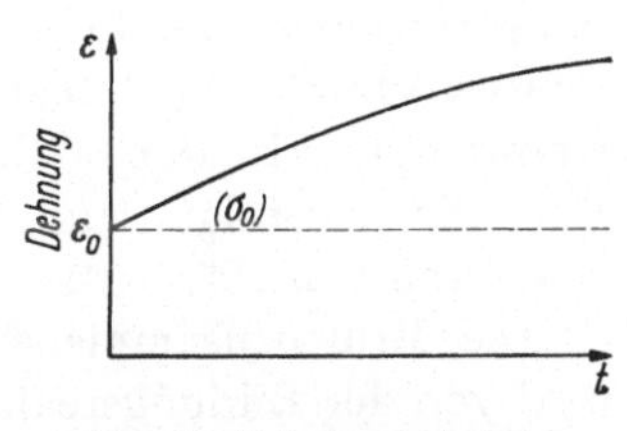

Abb. 43. Kriechen belasteter viskoelastischer Körper

Kriechen. Wird ein viskoelastischer Körper plötzlich einer Spannung σ_0 ausgesetzt (Abb. 43) so bleibt die Anfangsdehnung ε_0 nicht konstant, wie es bei einem elastischen Körper der Fall wäre (gestrichelte Linie), sondern steigt mit zunehmender Belastungsdauer t.

---

[1] Eine kurze theoretische Übersicht sowie Hinweise auf ausführlichere Behandlungen der Viskoelastizität sind in HOUWINK/STAVERMAN: Chemie u. Technologie der Kunststoffe, Bd. 1, S. 701–705, 4. Aufl., 1962, zu finden.

Das „Kriechen" einer viskoelastischen Fuge ist letzten Endes der Anlaß, daß nach längerer Belastungsdauer bedeutend niedrigere Festigkeitswerte gemessen werden als bei schnellem Zerreißen.

Spannungsrelaxation. Abb. 44 stellt das Verhalten eines viskoelastischen Körpers bei konstanter Dehnung dar.

Da eine konstante Belastung eine Zunahme der Dehnung hervorrufen würde, bleibt letztere nur dann konstant, wenn man die angreifende Spannung dauernd vermindert. Trocknende Klebstoffschichten haben beinahe immer das Bestreben zu schwinden. Sie werden jedoch durch die starren Fugenflächen daran gehindert und zwangsweise gestreckt gehalten. Die Spannungsrelaxation bewirkt ein allmähliches Abklingen der inneren Fugenspannungen. Im Gegensatz zum Kriechen ist daher die Spannungsrelaxation eine positive Eigenschaft viskoelastischer Fugen.

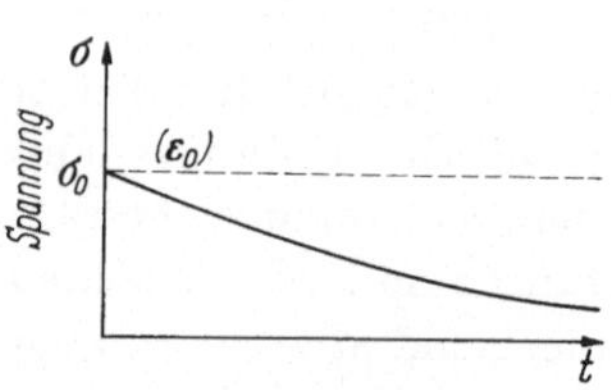

Abb. 44. Spannungsrelaxation belasteter viskoelastischer Körper

II Chemische Probleme

10 Bildungsreaktionen polymerer Substanzen

10.1 Funktionalität

Die chemischen Reaktionen, die zur Bildung von polymeren Substanzen führen, sind dem Bruttoformelbilde nach einfach. Denn sie sind Additionsreaktionen, bei denen meistens nur eine oder zwei monomere[1] Ausgangssubstanzen zu linearen oder räumlichen Makromolekülen zusammenwachsen. In den Makromolekülen können bis zu 10^4 monomere Moleküle vereinigt sein, entsprechend durchschnittlichen Molekulargewichten von 10^6.

Die Bruttozusammensetzung des entsprechenden Makromoleküles wird von der Bildungsreaktion nicht wesentlich verändert, sondern entspricht der Hauptsache nach den monomeren Ausgangssubstanzen. Monomere Verbindungen, die an hochmolekularen Reaktionen teilnehmen können, müssen mindestens bifunktionell sein. Diese Forderung besagt, daß die Monomermoleküle mindestens zwei reaktive Stellen besitzen müssen, die unter den Reaktionsbedingungen aktiviert werden und Bindungen eingehen können. Das Zusammenwachsen bifunktioneller Moleküle wird durch folgendes Reaktionsschema erläutert, in dem die funktionellen

---

[1] monomer = einfach: monomere Verbindung = einfache, niedrigmolekulare Verbindung.

Stellen eines monomeren Moleküles A durch Kreuze angedeutet sind. Bei der Reaktion treten zwei reaktive Stellen benachbarter Moleküle zu einer gemeinsamen Bindung zusammen:

$$\overset{x}{A}{}^{x}+\overset{x}{A}{}^{x}+\overset{x}{A}{}^{x}+\ldots\overset{x}{A}{}^{x} \longrightarrow \overset{x}{A}-A-A-\ldots-A^{x}$$
$$I \qquad\qquad\qquad II$$

Wie aus diesem Schema zu ersehen ist, können bifunktionelle Moleküle I nur lineare Makromoleküle II bilden. Diese müssen allerdings nicht immer gerade, sondern können mitunter auch verzweigte Ketten bilden. Denn unter gewissen Bedingungen kann die funktionelle Endgruppe von Molekül II auch in das Molekülinnere verlagert werden:

$$\overset{x}{A}-A-A-\ldots-A^{x} \longrightarrow {}^{x}A-A-\overset{x}{A}-\ldots-A$$
$$II \qquad\qquad\qquad III$$

Molekül III kann nun unter Bildung einer Kettenverzweigung weiterreagieren:

$$A-A-\overset{x}{A}-\ldots-A \longrightarrow {}^{x}A-A-\overset{\overset{x}{A}}{\underset{|}{\overset{|}{A}}}-\ldots-A$$
$$III \qquad\qquad\qquad IV$$

Tri- oder höherfunktionelle Moleküle bilden vernetzte dreidimensionale Moleküle:

$$\overset{x}{B}{}^{x}+\overset{x}{B}{}^{x}+\overset{x}{B}{}^{x}\ldots+\overset{x}{B}{}^{x} \longrightarrow \cdots$$
$$I \qquad\qquad\qquad II$$

Molekül II hat die Möglichkeit nach allen Seiten weiterzuwachsen.

10.2 Polymerisation und Polykondensation

Die Bildung von Makromolekülen kann auf zwei verschiedenen Wegen erfolgen, nämlich durch Polymerisation oder Polykondensation. In beiden Fällen besteht die Bruttoreaktion in einer Addition der monomeren Ausgangsmoleküle. Im Falle der Polykondensation wird meistens[1] für jede bei der Anlagerung eines Monomermoleküls entstehende Bindung ein Molekül eines anderen Stoffes, z.B. ein Wassermolekül, abgespalten. Der wesentliche Unterschied zwischen Polymerisation und Polykondensation besteht jedoch nicht in der Abtrennung von Spaltprodukten, sondern in einem prinzipiell verschiedenen Reaktionsverlauf.

---

[1] Bei der Polykondensation von Urethanen wird kein Wasser abgespalten (vgl. S. 267).

10.3 Polymerisation[1]

Die Polymerisation von einfachen kleinen Molekülen zu großen zusammengesetzten Makromolekülen ist eine Kettenreaktion. Sie wird durch die Aktivierung von Monomermolekülen eingeleitet. Nach erfolgter Aktivierung bildet sich das Makromolekül in dem Bruchteil einer Sekunde. Trotz der hohen Geschwindigkeit dieser Kettenreaktion nimmt die Gesamtreaktion bedeutend längere Zeit in Anspruch. Denn der Aktivierungsprozeß der Monomermoleküle erfolgt für das einzelne Molekül zwar schlagartig, jedoch in relativ großen Zeitabständen. Im Reaktionsgemisch findet man daher nur fertige Makromoleküle und unverbrauchte Monomermoleküle, jedoch keine Reaktionszwischenprodukte.

Zu Polymerisationsreaktionen eignen sich im Prinzip alle Verbindungen mit Kohlenstoffdoppelbindungen. Das Wesen der Polymerisationsreaktion soll an Hand der großen Gruppe jener Verbindungen besprochen werden, die durch die nachstehende Formel I a–c beschrieben werden:

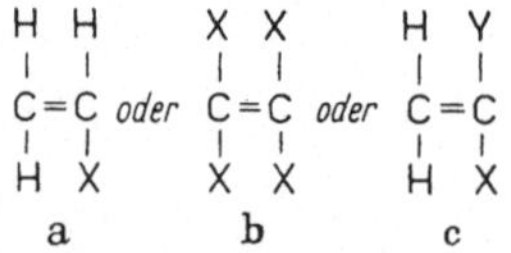

$$
\begin{array}{ccccc}
\mathrm{H}\ \ \mathrm{H} & & \mathrm{X}\ \ \mathrm{X} & & \mathrm{H}\ \ \mathrm{Y}\\
|\ \ \ | & & |\ \ \ | & & |\ \ \ |\\
\mathrm{C}=\mathrm{C} & oder & \mathrm{C}=\mathrm{C} & oder & \mathrm{C}=\mathrm{C}\\
|\ \ \ | & & |\ \ \ | & & |\ \ \ |\\
\mathrm{H}\ \ \mathrm{X} & & \mathrm{X}\ \ \mathrm{X} & & \mathrm{H}\ \ \mathrm{X}\\
a & & b & & c
\end{array}
\qquad \mathrm{I}
$$

Verbindungen dieser Bauart können als monomere Äthylenderivate aufgefaßt werden. Sie sind bifunktionell; während der Polymerisationsreaktion schlägt die Kohlenstoffdoppelbindung auf und ermöglicht die Bildung linearer Kettenmoleküle, z. B.

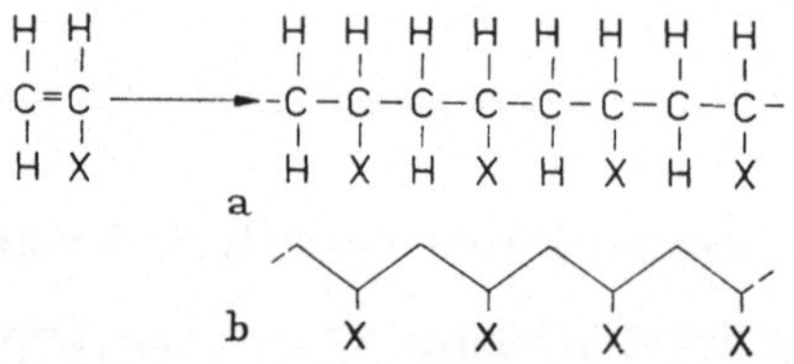

$$
\begin{array}{l}
\mathrm{H}\ \mathrm{H}\qquad\qquad\ \ \ \ \mathrm{H}\ \ \mathrm{H}\ \ \mathrm{H}\ \ \mathrm{H}\ \ \mathrm{H}\ \ \mathrm{H}\ \ \mathrm{H}\ \ \mathrm{H}\\
|\ \ |\qquad\qquad\ \ \ \ |\ \ \ |\ \ \ |\ \ \ |\ \ \ |\ \ \ |\ \ \ |\ \ \ |\\
\mathrm{C}=\mathrm{C}\ \longrightarrow\ -\mathrm{C}-\mathrm{C}-\mathrm{C}-\mathrm{C}-\mathrm{C}-\mathrm{C}-\mathrm{C}-\mathrm{C}-\\
|\ \ |\qquad\qquad\ \ \ \ |\ \ \ |\ \ \ |\ \ \ |\ \ \ |\ \ \ |\ \ \ |\ \ \ |\\
\mathrm{H}\ \mathrm{X}\qquad\qquad\ \ \ \ \mathrm{H}\ \ \mathrm{X}\ \ \mathrm{H}\ \ \mathrm{X}\ \ \mathrm{H}\ \ \mathrm{X}\ \ \mathrm{H}\ \ \mathrm{X}\\
a
\end{array}
\qquad \mathrm{II}
$$

$$
b \qquad \mathrm{X} \qquad \mathrm{X} \qquad \mathrm{X} \qquad \mathrm{X}
$$

Die bei dieser Polymerisationsreaktion entstehenden Kettenmoleküle *a* lassen sich in entsprechender Weise als Polyäthylenderivate auffassen und in zwar schematischer aber anschaulicher Weise durch den gewinkelten Kettenzug II b darstellen, der unter der Formel II a eingezeichnet ist. In der Darstellung II b versinnbildlichen die einzelnen Striche (C—C)-Bindungen, die Eckpunkte C-Atome mit der jeweils zur Sättigung erforderlichen Anzahl H-Atomen.

---

[1] Eine ausführliche Darstellung findet der Leser z. B. bei W. KERN und H. KÄMMERER in HOUWINK/STAVERMANN: Chemie und Technologie der Kunststoffe, Bd. 1, Kap. I, Leipzig: Akad. Verlagsgesellschaft 1962.

Die Deutung der Verbindungen I a–c als Äthylen-, der zugehörigen Kettenmoleküle als Polyäthylenderivate, sowie die Darstellung der letzteren durch die gewinkelten Kettenzüge II b erleichtert sowohl Übersicht als auch Verständnis dieser großen Gruppe von Polymerverbindungen. Denn wie aus den Tab. 29 und 30 zu ersehen ist, lassen die konventionellen Namen der einzelnen Verbindungen den gemeinsamen Zusammenhang, der sie zu einer Gruppe vereinigt, nicht unmittelbar erkennen und rufen bei Nicht-Fachchemikern leicht den Eindruck einer unübersichtlichen Vielfältigkeit hervor. Der einzige Ansatz zu einer vom Standpunkt der Polymerchemie einheitlichen Nomenklatur bei den Verbindungen der Bauart I a, die Vinylverbindungen genannt werden, ist nicht einheitlich durchgeführt. Denn die Vorsilbe „Vinyl" wird meistens nicht verwendet, wenn der Rest R mit einem C-Atom an das zweite Äthylen-C-Atom gebunden ist.

In Tab. 29 sind die Formeln verschiedener wichtiger Monomerverbindungen der Äthylengruppe nach Art der schematischen Formeln I a–c angegeben. Diese Schreibweise ist vielleicht etwas ungewöhnlich, läßt jedoch den Zusammenhang mit den entsprechenden Polymermolekülen von Tab. 30 klar hervortreten.

Die durch Formel II beschriebene Reaktion kann auf verschiedene Weise zustande kommen. Meistens wird die Polymerisation der Monomerverbindungen von Tab. 29 durch einen Reaktionsmechanismus hervorgerufen, der als *Radikalkettenpolymerisation* bezeichnet wird. Diese Reaktion wird gewöhnlich mit Hilfe einer Startsubstanz eingeleitet, die ein Radikal, d.h. eine hochaktive Verbindung mit freier Valenz bildet. Gebräuchliche „Initiatoren" sind Peroxyde mit der schematischen Struktur PO—OP, z. B. Benzoylperoxyd:

Tabelle 29. *Monomere Äthylenderivate*

Name	Struktur
Äthylen	$CH_2{=}CH_2$
Isobutylen	$CH_2{=}C(CH_3)_2$
Tetrafluoräthylen	$CF_2{=}CF_2$
Vinylchlorid	$CH_2{=}CHCl$
Vinylacetat	$CH_2{=}CH{-}O{-}CO{-}CH_3$
Vinyläther	$CH_2{=}CH{-}O{-}R$
Acrylsäureester	$CH_2{=}CH{-}CO{-}OR$
Methacrylsäureester	$CH_2{=}C(CH_3){-}CO{-}OR$
Acrylnitril	$CH_2{=}CH{-}C{\equiv}N$
Styrol	$CH_2{=}CH{-}C_6H_5$

Die verschiedenen Teilreaktionen, die bei einer Radikalkettenpolymerisation ablaufen, sollen am Beispiel einer Verbindung des Molekülbaues I a, also $H_2C{=}CH$ erläutert werden.

$$\overset{|}{X}$$

A. Startreaktion. Die Startsubstanz zerfällt in Radikale. Die aktive Stelle des Radikals ist durch das Zeichen · angedeutet:

$$PO{-}OP \longrightarrow 2PO^{\cdot} \qquad\qquad \text{III}$$

B. Wachstumsreaktion. Ein bei dem Zerfall des Peroxyds gebildetes aktives Radikal lagert sich an ein monomeres „totes" Molekül an; dieses wird seinerseits in ein aktives Radikal verwandelt und leitet die sehr schnell ablaufende Kettenbildung ein, bei der der „Kopf" des wachsenden Kettenmoleküles stets aktiv bleibt:

$$PO^{\cdot}{+}H_2C{=}\overset{|}{\underset{X}{C}}H \longrightarrow PO{-}CH_2{-}\overset{|}{\underset{X}{C}}H^{\cdot}$$

$$PO{-}CH_2{-}\overset{|}{\underset{X}{C}}H^{\cdot}{+}nCH_2{=}\overset{|}{\underset{X}{C}}H \longrightarrow PO{-}(CH_2{-}\overset{|}{\underset{X}{C}}H)_n{-}CH_2{-}\overset{|}{\underset{X}{C}}H^{\cdot} \qquad \text{IV}$$

C. Kettenabbruch. Radikale sind keine beständigen Substanzen. Die Kettenwachstumsreaktion IV kann auf zwei verschiedene Weisen beendet werden. Entweder erfolgt der Reaktionsabschluß durch Kombination V, womit der Zusammentritt zweier Kettenradikale bezeichnet wird:

$$PO{-}(CH_2{-}\overset{|}{\underset{X}{C}}H)_n{-}CH_2{-}\overset{|}{\underset{X}{C}}H^{\cdot} + {}^{\cdot}\overset{|}{\underset{X}{C}}H{-}CH_2{-}(\overset{|}{\underset{X}{C}}H{-}CH_2)_m{-}PO \longrightarrow PO{-}(CH_2{-}\overset{|}{\underset{X}{C}}H)_{n+m+2}{-}PO$$

$$\text{V}$$

Oder kann die Reaktion IV auch durch Disproportionierung VI beendet werden. In diesem Falle gehen zwei Radikalketten in eine gesättigte und eine ungesättigte Verbindung über:

$$PO{-}(CH_2{-}\overset{|}{\underset{X}{C}}H)_n{-}CH_2{-}\overset{|}{\underset{X}{C}}H^{\cdot} + {}^{\cdot}\overset{|}{\underset{X}{C}}H{-}CH_2{-}(\overset{|}{\underset{X}{C}}H{-}CH_2)_m{-}PO \longrightarrow$$

$$PO{-}(CH_2{-}\overset{|}{\underset{X}{C}}H)_n{-}CH_2{-}CH_2 + HC{=}CH{-}(\overset{|}{\underset{X}{C}}H{-}CH_2)_m{-}PO \qquad \text{VI}$$

Die Kettenmoleküle tragen daher an einem oder an beiden Enden Reste der Startsubstanz, die sich z.B. durch Kennzeichnung mit radioaktiven Isotopen im Fertigprodukt nachweisen lassen[1]. Mit Hinblick auf die meist sehr hohen Molekulargewichte der Kettenmoleküle ist der Gewichtsanteil der Startsubstanz nur sehr gering.

Setzt man für die mit X bezeichnete Gruppe den einfachsten Substituenten, nämlich ein Wasserstoffatom ein, so gehen die obenstehenden

---

[1] Bevington, J. C.: Fortschr. Hochpolym. Forschung 2 (1960) 1.

allgemeinen Formeln von Kettenmolekülen in das spezielle Kettenmolekül des Polyäthylens über, das den nachstehenden einfachsten Kettenbau besitzt[1]:

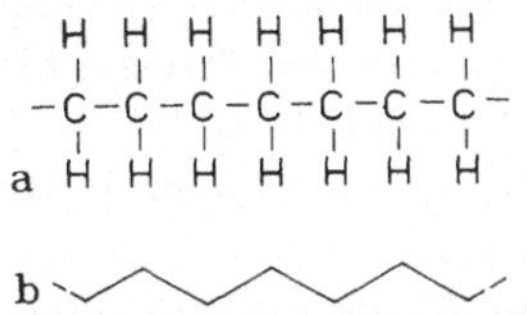

$$\begin{array}{c} \text{H} \quad \text{H} \quad \text{H} \quad \text{H} \quad \text{H} \quad \text{H} \quad \text{H} \\ -\text{C}-\text{C}-\text{C}-\text{C}-\text{C}-\text{C}-\text{C}- \\ \text{a} \quad \text{H} \quad \text{H} \quad \text{H} \quad \text{H} \quad \text{H} \quad \text{H} \quad \text{H} \end{array}$$

b

Die schematische Darstellung b führt zu einfachen, übersichtlichen Formelbildern der komplizierteren Kettenmoleküle, die bei der Polymerisation der übrigen Monomerverbindungen von Tab. 29 entstehen und in Tab. 30 zusammengestellt sind.

Außer durch Radikalkettenpolymerisation werden Kettenmoleküle auch durch Ionenkettenpolymerisation gebildet. Im ersteren Falle wird das π-Elektronenpaar der Doppelbindung in zwei Einzelelektronen aufgespalten, im letzteren Falle findet eine Elektronenverschiebung und dadurch eine Ionenbildung an den beiden ursprünglich durch die Doppelbindung verbundenen C-Atomen statt. Beide Fälle bedingen einen aktivierten Zustand des Moleküles. In großen Zügen erfolgt die

Tabelle 30. *Polyäthylenderivate*

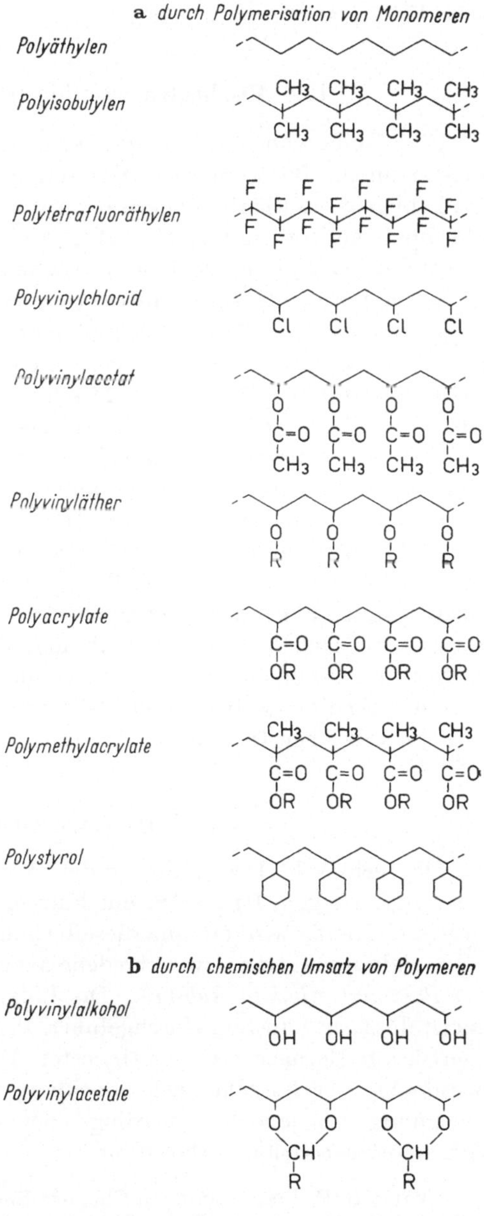

a *durch Polymerisation von Monomeren*

| Polyäthylen |
| Polyisobutylen |
| Polytetrafluoräthylen |
| Polyvinylchlorid |
| Polyvinylacetat |
| Polyvinyläther |
| Polyacrylate |
| Polymethylacrylate |
| Polystyrol |

b *durch chemischen Umsatz von Polymeren*

| Polyvinylalkohol |
| Polyvinylacetale |

---

[1] Abgesehen von der Faltung und Verknäulung langer Kettenmoleküle bilden Paraffinkohlenwasserstoffmoleküle immer gewinkelte Ketten.

Ionenkettenpolymerisation[1] auf analoge Weise wie die Radikalkettenpolymerisation. Doch werden nicht radikalbildende sondern saure oder basische Katalysatoren verwendet.

10.4 Mischpolymerisation (Copolymerisation)

Eine Reihe von Monomeren sind imstande gemischte Polymermoleküle zu bilden. Bei technischer Herstellung wird zu diesem Zwecke bisher am häufigsten Radikalpolymerisation angewendet. Dabei entstehen echte Mischpolymerisate mit statistischer Anordnung der monomeren Reaktionsteilnehmer in den gebildeten Kettenmolekülen.

Varianten der Mischpolymerisation sind die *Block-* und *Pfropfmischpolymerisation*. Bei Block-Mischpolymerisaten sind die Grundbausteine nicht statistisch sondern in längeren einheitlichen Ketten (Blöcken) periodisch angeordnet. Periodische Mischpolymerisation von Äthylen und Propylen gibt ein Blockpolymerisat, das im Gegensatz zu gewöhnlichem Polyäthylen vollkommen amorph ist und Kautschukcharakter besitzt. Bei Propfpolymerisation werden auf einheitliche Molekülketten kürzere Seitenketten anderer Monomere „gepropft". Durch Bestrahlung mit β- und γ-Strahlen können an hochpolymeren Verbindungen aktive Stellen erzeugt werden, an denen eine Propfpolymerisation einsetzen kann. Ein dem Pfropfen ähnlicher Vorgang ist das nachträgliche Härten von Polyäthylenoberflächen durch Bestrahlung, wobei aktive Stellen im Polymerisat miteinander reagieren und eine Art Vernetzung zustande zu kommen scheint; so behandelte Oberflächen sind leichter zu bedrucken oder zu verkleben (S. 179).

10.5 Polymerisationsmethoden

Die technische Durchführung der Polymerisation kann auf verschiedene Art erfolgen. Hier seien nur kurz einige der wichtigsten Methoden erwähnt. Häufig wird ein und dieselbe hochpolymere Verbindung je nach Verwendungszweck auf verschiedene Weise hergestellt.

Polymerisation in Substanz. Die Polymerisation wird in der reinen, meist flüssigen Substanz durchgeführt. Plexiglas ist ein in Substanz polymerisierter Methacrylsäuremethylester. Die Polymerisation in Substanz wurde bis vor kurzem auch Blockpolymerisation genannt. Diese Bezeichnung ist jedoch neuerdings der oben erwähnten periodischen Mischpolymerisation vorbehalten[2].

---

[1] Vgl. z.B. H. FIKENTSCHER in Ulmanns Encyclopädie der technischen Chemie, Bd. 14, 107–137. München/Berlin: Urban u. Schwarzenberg 1963.

[2] KERN, W. u. H. KÄMMERER: In HOUWINK/STAVERMANN: Chemie und Technologie der Kunststoffe, Bd. 1, Kap. I. Leipzig: Akad. Verlagsgesellschaft 1962.

Substanz-Fällungspolymerisation ist eine Variante der Substanz-Polymerisation, die angewendet wird, wenn das feste Polymere im flüssigen Monomeren unlöslich ist. Das Polymere fällt dann aus dem Monomeren je nach Temperatur als Koagulat oder Pulver aus. Polyvinylchlorid und Niederdruck-Polyäthylen werden mitunter auf diese Weise hergestellt.

Lösungspolymerisation. Man verwendet Lösungsmittel, in denen sowohl das Monomere als auch das Polymere löslich sind. Man erhält schließlich eine Lösung des Polymeren. Lösungspolymerisation wird daher vor allem dann angewendet, wenn die Polymerlösung direkt als Lack oder Haftstoff benützt werden soll. So sind fertige Lösungen von Polyvinylacetat oder Acrylsäureestern meistens Lösungspolymerisate.

Fällungspolymerisate. In diesem Falle ist nur das Monomere, nicht aber das Polymere im verwendeten Lösungsmittel löslich und fällt daher im Laufe der Polymerisation aus. Niederdruck-Polyäthylen wird nach dem Ziegler-Verfahren auf diese Weise hergestellt.

Emulsionspolymerisation. Die Emulsionspolymerisation ist eine der wichtigsten technischen Polymerisationsmethoden. Die Monomerverbindung wird mit Hilfe eines Emulgators in Wasser emulgiert und in der Emulsion polymerisiert. Als Endprodukt bildet sich eine meistens hochkonzentrierte Dispersion fester Polymerteilchen in Wasser. Die Polymerisation setzt nicht, wie man vermuten könnte, an den emulgierten Flüssigkeitströpfchen ein; sie findet vielmehr im Inneren der Emulgatormizellen statt[1], zu denen sich eine größere Anzahl von Emulgatormolekülen zusammenschließen, wenn eine bestimmte kritische Emulgatorkonzentration überschritten wird, und in die das Monomere aus den emulgierten Tröpfchen diffundiert. Die Rolle der emulgierten Flüssigkeitströpfchen beschränkt sich daher auf die Nachlieferung von neuem Material an die Polymerisationszentren in den Emulgatormizellen. Die Eigenart dieses Reaktionsmechanismus macht es verständlich, daß der jeweils verwendete Emulgator die Eigenschaften des Schlußproduktes stark beeinflussen kann.

Stark oberflächenaktive Emulgatoren (Netzmittel) bilden durchwegs Mizellen. Die Größe der festen Polymerpartikel, die sich in der Netzmittelmizelle bilden, pflegt $0,1–1,0\ \mu$ zu betragen. Die Viskosität pflegt auch bei hochkonzentrierten Dispersionen niedrig zu sein. Viskositäten von 10–20 cP sind bei Konzentrationen von 50% keine Seltenheit.

Schwach oberflächenaktive Emulgatoren (Schutzkolloide). Bei der Verwendung von Emulgatoren mit nicht ausgesprochen oberflächenaktivem Charakter entstehen Dispersionen mit deutlich veränderten Eigenschaften. Ein häufig verwendeter Emulgator dieser Art ist Polyvinylalkohol (Tab. 30). Obwohl schwach oberflächenaktive Emulgatoren keine Mizellen

---

[1] FIKENTSCHER, H.: Anglo. Chemie 51 (1948) 433. HARKINS, W. B.: J. Am. Chem. Soc. 69 (1947) 1428; J. Polym. Sci. 5 (1950) 217.

bilden, scheint die Polymerisation in Lösungen von Polyvinylalkohol ähnlich wie in Netzmittellösungen zu verlaufen[1]. Es entstehen jedoch bedeutend größere Polymerisatteilchen ($1-5\,\mu$), die außerdem etwas schlechter abgeschirmt sind. Infolgedessen ist auch die Viskosität dieser Dispersionen bei stärkerer Konzentration ziemlich hoch.

Eine Reihe polymerer Stoffe wie Polyvinylacetat, Polyacrylat usw. eignen sich als konzentrierte wäßrige Dispersionen der genannten, etwas gröberdispersen Art ausgezeichnet zum Verleimen und mitunter zum Verkleben. Im Gegensatz zu den feineren Netzmitteldispersionen diffundieren „Schutzkolloid"-Dispersionen[2] nicht in poröse Unterlagen, besitzen die beim Auftragen erwünschte hohe Viskosität und sind auch wegen der geringeren Oberflächenentwicklung der dispergierten Teilchen beständiger gegen eventuelle chemische Veränderungen bei der Lagerung[3].

Suspensionspolymerisation. Die Verteilung des flüssigen Monomeren in der suspendierenden Flüssigkeit erfolgt bei Suspensionspolymerisation durch mechanische Mittel, z.B. andauerndes Umrühren. Gleichzeitig können zwar, wie bei der Polymerisation von Vinylchlorid zu Polyvinylchlorid, auch Schutzkolloide zugesetzt werden; sie sind jedoch nur in so geringer Menge vorhanden, daß sich die Monomertröpfchen in der ruhenden Flüssigkeit absetzen würden. Da demnach nicht genügend Schutzkolloide zur Mizellbildung vorhanden sind, findet auch die Makroteilchenbildung auf andere Weise als bei der Emulsionspolymerisation statt. Bei der Suspensionspolymerisation von Vinylchlorid erfolgt beispielsweise in den einzelnen Monomertröpfchen eine Polymerisation-in-Substanz[4]. Die entstehenden Polymerteilchen sind infolgedessen so grob, daß sie mechanisch abfiltriert werden können. Der Vorteil von suspensionspolymerisiertem PVC besteht in seiner größeren Reinheit (Schutzkolloidgehalt $\sim 0,1\,\%$) gegenüber stärker schutzkolloidhaltigen Emulsionspolymerisaten.

10.6 Heterogene Katalyse

Bei den bisher beschriebenen Polymerisationsmethoden werden Katalysatoren benützt, die in dem Monomeren, bzw. in dem Lösungsmittel

---

[1] Vgl. z.B. KAHRS, K. H. u. W. STARK in HOUWINK/STAVERMAN: Chemie u. Technologie der Kunststoffe, Bd. II/1, Kap. 5. Leipzig: Akad. Verlagsgesellschaft 1963.

[2] In der einschlägigen technischen Literatur werden die beiden Emulgatorarten einander häufig als „oberflächenaktive Stoffe" und „Schutzkolloide" gegenübergestellt. Die Bezeichnung „stark oberflächenaktive" bzw. „schwach oberflächenaktive Emulgatoren" dürfte korrekter sein.

[3] Polyvinylacetat wird beispielsweise mit der Zeit teilweise verseift, wobei Polyvinylalkohol und Essigsäure entsteht.

[4] TROMMSDORF, E.: Makromol. Chem. 13 (1954) 76.

oder der wäßrigen Phase der Emulsion löslich sind. Eine wichtige Änderung des Reaktionsverlaufes findet statt, wenn heterogene Katalysatoren, z.B. feste, in einer Flüssigkeit aufgeschlämmte Katalysatorpartikel verwendet werden. Die Vereinigung neuer Monomermoleküle mit dem bereits vorhandenen Kettenteil findet in diesem Falle nur an der Katalysatoroberfläche statt, von der das Kettenmolekül nach einem anschaulichen Vergleich von WILDSCHUT[1] wie ein Haar wächst: bei jeder neuen Vereinigung rückt der vorhandene Kettenteil um ein Glied und im übrigen unverändert von der Katalysatoroberfläche ab. Man erhält nach dieser von ZIEGLER[2] begründeten Methode Kettenmoleküle mit einem Minimum an Verzweigungen und gegebenenfalls sehr hohem Polymerisationsgrad. Die Struktur dieser Moleküle entspricht annähernd den schematischen Formeln in Tab. 30, während bei homogener Katalyse Verzweigungen in größerem Ausmaße aufzutreten pflegen.

Wie NATTA[3] zeigte, läßt sich die Struktur von Kettenmolekülen mit seitlichen Gruppen durch geeignete heterogene Katalysatoren noch weiter beeinflussen. Bei homogener Katalyse ordnen sich die Seitengruppen gewöhnlich in keiner bestimmten sterischen Anordnung, sondern nur in statistischer Verteilung an (Tab. 31, „ataktisch“).

Tabelle 31. *Sterische Anordnung der Seitengruppen hochpolymerer Moleküle*
(nach NATTA)

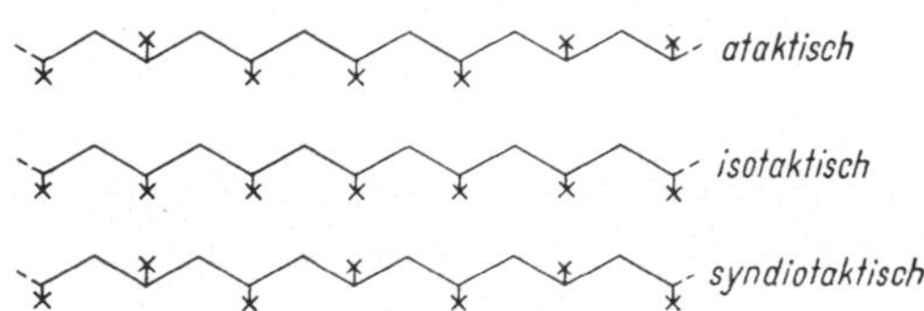

Durch heterogene stereospezifische Katalysatoren[4] können Polymere mit regelmäßiger isotaktischer oder syndiotaktischer Anordnung der Seitenketten erzeugt werden. Unverzweigte Polymere mit regelmäßiger Anordnung der Seitenketten unterscheiden sich von verzweigten ataktischen Polymeren gleicher Zusammensetzung durch einen größeren Anteil der kristallisierten Bereiche, höhere Dichte, höheren Schmelzpunkt und größere mechanische Festigkeit.

---

[1] In HOUWINK/STAVERMAN: Chemie u. Technologie der Kunststoffe, Bd. II/1, S. 138. Leipzig: Akad. Verlagsgesellschaft 1963.

[2] Zum Beispiel ZIEGLER, K. u. Mitarbeiter: Angew. Chem. 67 (1955) 414, 541.

[3] Zum Beispiel: NATTA, G.: J. Polym. Sci. 76 (1955) 143.

[4] Meistens metallorganische Mischkatalysatoren, z.B. Titantrichlorid + Triäthylaluminium.

10.7 Polykondensation

Der Reaktionsverlauf bei der Bildung von Makromolekülen durch Polykondensation der monomeren Ausgangsverbindungen ist einer gewöhnlichen organischen Reaktion sehr ähnlich und besteht in der mehrfachen Wiederholung einer Grundreaktion. Voraussetzung für das Zustandekommen einer Polykondensationsreaktion ist, wie bereits erwähnt, die Polyfunktionalität der Ausgangsstoffe. Reagieren nur monofunktionelle Verbindungen miteinander, wie z. B. Essigsäure und Äthylalkohol, so ist die Reaktion mit der Bildung einer monomeren Verbindung, in diesem Falle mit der Bildung des einfachen Esters Äthylacetat, abgeschlossen:

$$\text{H}_3\text{C}-\overset{\text{H}}{\underset{\text{H}}{\text{C}}}-\boxed{\text{OH} + \text{H}}\,\text{O}-\overset{\text{O}}{\text{C}}-\text{CH}_3 \longrightarrow \text{H}_3\text{C}-\overset{\text{H}}{\underset{\text{H}}{\text{C}}}-\text{O}-\overset{\text{O}}{\text{C}}-\text{CH}_3 + \text{H}_2\text{O} \qquad \text{I}$$

Werden dagegen bifunktionelle Dicarbonsäuren und Dialkohole verwendet, so kann die Reaktion fortsetzen und es werden allmählich lange Polyester-Kettenmoleküle gebildet. Zunächst entsteht auch in diesem Falle ein einfacher Ester:

$$\text{OH}-\overset{\text{H}}{\underset{\text{H}}{\text{C}}}-\text{R}_1-\overset{\text{H}}{\underset{\text{H}}{\text{C}}}-\boxed{\text{OH} + \text{H}}\,\text{O}-\overset{\text{O}}{\text{C}}-\text{R}_2-\overset{\text{O}}{\text{C}}-\text{OH} \longrightarrow \text{OH}-\overset{\text{H}}{\underset{\text{H}}{\text{C}}}-\text{R}_1-\overset{\text{H}}{\underset{\text{H}}{\text{C}}}-\text{O}-\overset{\text{O}}{\text{C}}-\text{R}_2-\overset{\text{O}}{\text{C}}-\text{OH} + \text{H}_2\text{O}$$

$$\text{II}$$

der jedoch an beiden Enden Säure- und Alkoholgruppen trägt und daher weiterreagieren kann. Die Gesamtreaktion verläuft nach der Bruttoformel:

$$\text{n}\left(\text{OH}-\overset{\text{H}}{\underset{\text{H}}{\text{C}}}-\text{R}_1-\overset{\text{H}}{\underset{\text{H}}{\text{C}}}-\text{OH}\right) + \text{n}\left(\text{HO}-\overset{\text{O}}{\text{C}}-\text{R}_2-\overset{\text{O}}{\text{C}}-\text{OH}\right) \longrightarrow \text{OH}\left[-\overset{\text{H}}{\underset{\text{H}}{\text{C}}}-\text{R}_1-\overset{\text{H}}{\underset{\text{H}}{\text{C}}}-\text{O}-\overset{\text{O}}{\text{C}}-\text{R}_2-\overset{\text{O}}{\text{C}}-\text{O}\right]_\text{n}\text{H} + (2\text{n}-1)\,\text{H}_2\text{O}$$

$$\text{III}$$

Die Polykondensation ist demnach eine stufenweise verlaufende langsame Reaktion, bei der ein höherer Grad des Zusammenschlusses erst gegen Reaktionsende erreicht wird. Zwischenstufen lassen sich ohne Schwierigkeiten isolieren! Der Polymerisationsgrad, der erreicht wird, ist im allgemeinen bedeutend niedriger als z.B. bei Radikalpolymerisation[1].

Polykondensation kann auch stattfinden, wenn nur eine Ausgangskomponente vorhanden ist. Durch Polykondensation der ε-Amino-

---

[1] HOLLEMAN-RICHTER: Lehrb. d. org. Chemie, S. 181, 37.–41. Aufl. Berlin: de Gruyter 1961.

capronsäure[1] $H_2N(CH_2)_5COOH$ entsteht ein Polyamid:

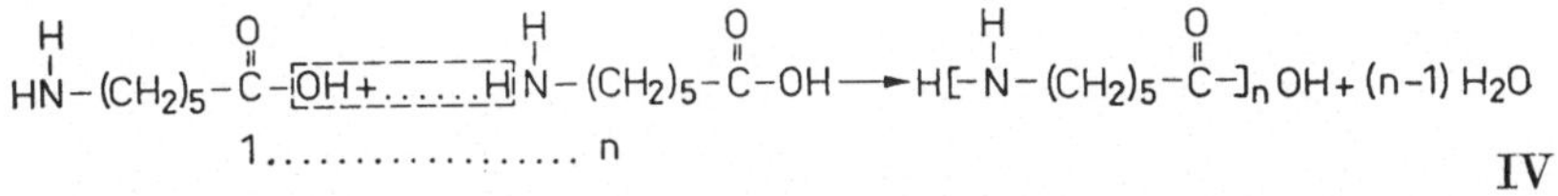

$$HN-(CH_2)_5-C-[OH + \dots\dots H]N-(CH_2)_5-C-OH \longrightarrow H[-N-(CH_2)_5-C-]_n OH + (n-1)\,H_2O$$

$$1 \dots\dots\dots\dots\dots\ n$$

IV

Dieses als der Kunstfaserstoff „Perlon 6" bekannte Polyamid hat zwar als Haftsubstanz keine größere Bedeutung und wird auch im technischen Großverfahren auf andere Weise hergestellt. Die Kondensationsreaktion der ε-Capronsäure läßt jedoch die nahe Verwandtschaft der einfach gebauten Polyamide mit den auf S. 119 näher besprochenen komplizierteren Proteinen deutlich erkennen.

Bei den beiden Beispielen einer Polykondensationsreaktion und organischen Polykondensationen im allgemeinen sind die Kohlenstoffketten der entstehenden Makromoleküle durch Atome anderer Stoffe periodisch unterbrochen. Sie unterscheiden sich dadurch von den durch Polymerisation gebildeten Makromolekülen in Tab. 29 und 30, deren Hauptketten ausschließlich aus Kohlenstoffatomen bestehen. Die Verschiedenheit des Molekülbaues ist besonders augenfällig, wenn man die schematische Darstellungsweise von Tab. 30 benützt. Polyestermoleküle (III) aus Dikarbonsäuren und Dialkoholen mit $R_1 = R_2 = (CH_2)_4$ besitzen in dieser Schreibweise folgende Struktur:

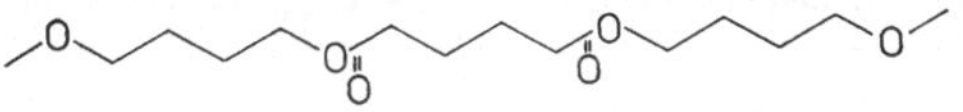

III a

In gleicher Weise folgt für Polyamid 6 (IV):

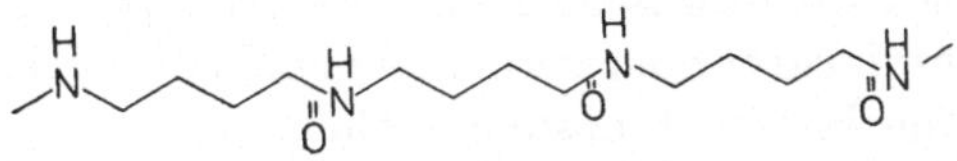

IV a

10.8 Polyaddition

Die Polyaddition gehört dem gleichen langsam und stufenweise verlaufenden Reaktionstyp wie die Polykondensation an. Sie unterscheidet sich von letzterer nur dadurch, daß keinerlei niedrigmolekulare Spaltprodukte entstehen. Die Analogie zu der Polymerisationsreaktion ist daher rein formeller Art. Beispiele von Polyadditionen bieten die Vernetzungsreaktionen von Epoxydharz- und Polyurethanleimen (16).

---

[1] Die ε-Stellung der NH_2-Gruppe bedeutet in diesem Falle, daß sie sich an dem der COOH-Gruppe entgegengesetzten Ende der Kohlenstoffkette befindet.

B Eigenschaften der wichtigsten Leime und Kontaktkleber

11 Übersicht über die gebräuchlichsten Leime und Kontaktkleber

11.1 Einteilung

In Tab. 32 sind die gebräuchlichsten Leime und Kontaktkleber in der Reihenfolge zusammengestellt, in der sie auf S. 117 ff besprochen werden. Die Einteilung nimmt Rücksicht auf die Art des Abbindens oder, was das Gleiche bedeutet, auf die Molekülgröße des Haftstoffes[1] beim Auftragen. Sie berücksichtigt ferner, ob der Haftstoff aus natürlichen oder synthetischen Rohstoffen hergestellt wurde. Von einer Einteilung nach dem Verwendungszweck wurde abgesehen, da oft ein und dasselbe Haftmittel in verschiedener Weise verwendet werden kann.

11.2 Hochpolymere[2], physikalisch bindende Leime und Kontaktkleber

Die verfestigte Haftmittelschichte in einer technisch brauchbaren Fuge besteht *immer* aus linearen oder vernetzten hochpolymeren Verbindungen. Die auftragsfertige Haftmittellösung enthält dagegen entweder lineare, hochpolymere oder niederpolymere[2] Verbindungen. Denn stark vernetzte hochpolymere Verbindungen sind unlöslich und unschmelzbar; sie können auch in dispergierter Form nicht als Leim verwendet werden.

Die Kettenmoleküle *linearer* hochpolymerer Haftstoffe befinden sich bereits in den Ausgangslösungen oder -dispersionen in fertig ausgebildetem Zustand. Das Abbinden dieser Klasse von Leimen oder Klebstoffen ist daher meistens[3] ein rein physikalischer Vorgang, der nur in Trocknen oder Erstarren besteht.

---

[1] Wegen der konkreten Bedeutung der hier verwendeten Bezeichnungen Leim, Kontaktkleber, Haftstoff (Haftmittel) usw. wird auf S. 115 verwiesen.

[2] Die Bezeichnungen „hochpolymer" und „niedrigpolymer" werden sowohl auf polymerisierte wie auch auf kondensierte Verbindungen angewendet; sie beziehen sich auf die Anzahl n der zu einem großen Molekül vereinigten Monomermoleküle.

[3] Das Abbinden dieser Haftstoffe *pflegt*, aber *muß* nicht unbedingt ein rein physikalischer Vorgang sein. Glutinleim bindet z. B. meistens physikalisch; bei Zugabe von Paraformaldehyd findet jedoch eine Vernetzung der linearen Kettenmoleküle statt.

Wie aus Tab. 32 zu ersehen ist, enthält die Gruppe der physikalisch bindenden Haftstoffe sowohl natürliche als auch synthetische Sorten. Die Leime dieser Gruppe bleiben auch nach dem Abbinden meistens löslich. Die synthetischen Sorten sind außerdem stets thermoplastisch.

11.3 Niedrigpolymere chemisch bindende (härtende) Leime

Dieser Gruppe gehören nur Leime an. Ihre Lösungen oder Dispersionen, die im festen „gehärteten" Zustand *vernetzte* hochpolymere Produkte bilden, enthalten zunächst nur niederpolymere Verbindungen. Diese Klasse von Leimen entwickelt ihre Bindekraft erst nach einem Kondensationsprozeß, der in der Leimfuge stattfindet. Die niederpolymeren, thermoplastischen bzw. schmelzbaren Ausgangsstoffe gehen dabei in unlösliche und unschmelzbare Formen über. Bei zu starkem Erhitzen zersetzen sich gehärtete Leime ohne vorhergehendes Schmelzen. Im Gegensatz zu linearen, thermoplastischen Haftstoffen, den „Thermoplasten", werden härtbare Leime auch „Härtplaste" genannt.

Härtplastleime bestehen entweder nur aus einer Kondensationskomponente (Phenoplaste, Aminoplaste) oder die Leimlösung wird durch Vermischen mehrerer Komponenten hergestellt (Epoxydharz-, Polyurethanleime). Die Vernetzungsreaktion wird durch Zugabe kleiner Katalysatormengen, Wärme oder Vermischen der ursprünglich getrennten Reaktionskomponenten ausgelöst.

Chemisch bindende Leime werden auch „härtende" Leime, der Vernetzungsprozeß „Härten" genannt. Mitunter wird die Bezeichnung „Härter" auch auf die mengenmäßig kleinste Reaktionskomponente eines Mehrkomponentenleimes angewendet. Die Härter der Praxis können daher sehr unterschiedlichen chemischen Charakter besitzen. Der Deutlichkeit wegen wird in den folgenden Abschnitten die Einheitsbezeichnung „Härter" vermieden und durch genauere Bezeichnungen, wie Katalysator, vernetzender Zusatz usw. ersetzt werden.

Erfolgt die Härtungsreaktion ohne Abspaltung niedrigmolekularer Verbindungen so entstehen spannungsfreiere Endprodukte von ziemlich universellem Haftvermögen.

11.4 Natürliche und synthetische Rohstoffe

Wie aus Tab. 32 zu ersehen ist, gehören alle Haftmittel, die aus natürlichen Rohstoffen hergestellt sind, der Klasse der (linearen) hochpolymeren Stoffe an. Es ist ja ziemlich selbstverständlich, daß niederpolymere, vernetzbare und daher reaktive Substanzen, von einigen Ausnahmen abgesehen, in der Natur nicht anzutreffen sind, sondern auf chemischem Wege hergestellt werden müssen.

Trotz großer Ähnlichkeiten unterscheiden sich die natürlichen makromolekularen Haftstoffe in mancher Hinsicht von synthetischen Produkten[1]. Die Struktur natürlicher Kettenmoleküle ist oft bedeutend komplizierter wie z. B. ein Vergleich der verwandten Kettenmoleküle von Glutin und Polyamid 6 überzeugend beweist (vgl. S. 119). Die natürlichen Kettenmoleküle sind häufig stark verzweigt, ferner durch relativ starke van der Waalssche Kräfte miteinander verbunden, in einigen Fällen möglicherweise sogar leicht vernetzt. Jedenfalls lassen einige der wichtigsten natürlichen Leime wie Protein-, Stärke- oder Celluloseleime thermoplastische Eigenschaften vermissen. Natürliche Rohstoffe unterscheiden sich ferner von synthetischen Produkten durch eine größere Empfindlichkeit gegen verschiedene äußere Einflüsse. Vor allem ist ihre Widerstandskraft gegen den Angriff von Mikroorganismen gewöhnlich viel geringer.

Tabelle 32

Übersicht über die gebräuchlichsten natürlichen und synthetischen Haftmittel

Physikalisch bindend (hochpolymer)		Chemisch bindend (härtend), (niederpolymer)	
Natürliche Rohstoffe	Synthetische Rohstoffe		
Proteine:	Polyvinylacetat	Harnstoff-Formaldehydharz	Aminoplaste
Glutin	Polyvinyläther	Melamin-Formaldehydharz	
Kasein	Polyacrylat	Phenol-Formaldehydharz	Phenoplaste
Sojaprotein	Polyäthylen	Epoxydharze	
Blutalbumin	Polystyrol	Polyurethane	
Stärke:	Synthetische		
Stärke	Kautschuke		
Dextrin			
Celluloseäther			
Naturkautschuk			

11.5 Die Namen synthetischer Leime und Kontaktkleber

Die Namen synthetischer Haftstoffe befolgen gewöhnlich nachstehende Regeln: Die Namen von linearen Thermoplasten beginnen meistens mit der Vorsilbe „Poly". Dies trifft auch für die Kautschuke zu, wenn man berücksichtigt, daß ihre chemische Benennung „Polydien" lautet (S. 156). Anstelle von Isoprenkautschuk, Butadienkautschuk … werden übrigens auch die Namen Polyisopren, Polybutadien usw. verwendet. Polyurethane bilden insofern eine Ausnahme von dieser Regel, als sie sowohl als lineare Thermoplaste wie auch als vernetzbare Härtplaste vorkommen. Nur die vernetzbare Form wird als Haftmittel verwendet.

---

[1] Eine Ausnahme bildet natürlicher und synthetischer Kautschuk. Das natürliche Kautschukmolekül ist verhältnismäßig einfach gebaut und unterscheidet sich in dieser Hinsicht nicht von synthetischen Kautschuken (vgl. S. 156).

Die Namen *vernetzbarer Härtplaste* tragen meistens den Zusatz „…-Harz". Diese Bezeichnungsweise stammt aus der frühen Periode der heute so hochentwickelten Kunststofferzeugung, die sich zunächst das Ziel gesetzt hatte, einige der in der Lackindustrie verwendeten natürlichen Harze synthetisch herzustellen. Diese vor allem durch Kondensation erzeugten harzähnlichen Produkte wurden Kunstharze genannt. Einige von ihnen, wie die Phenoplaste und Aminoplaste, erwiesen sich gleichzeitig als ausgezeichnete Leimgrundstoffe. Die Bezeichnung „Kunstharzleim" war daher naheliegend.

12 Einige leim- und klebetechnische Begriffe

S. 117 ff bringen eine nähere Beschreibung der in Tab. 32 zusammengestellten Haftstoffsorten. Die dabei verwendeten Fachausdrücke sind zwar durchaus allgemeinverständlicher Art. Trotzdem dürfte in einigen Fällen eine genauere Festlegung ihres Begriffinhaltes angebracht sein.

12.1 Leimen und Kleben

In der deutschen Fachliteratur ist es gebräuchlich geworden, die Bezeichnung „Klebstoff" als Sammelbegriff für verschiedene Arten von Haftmitteln anzuwenden, die im Endzustand feste Adhäsionsverbindungen ergeben. Dieser Sammelbegriff umfaßt sowohl Haftstofflösungen, deren Bindestärke sich erst allmählich entwickelt als auch Kontaktkleber mit sofortigem Haftvermögen usw. Die Bezeichnung „Klebstoff" besitzt daher zur Zeit die allgemeine Bedeutung des Begriffes „adhesive" der englischen Fachliteratur und ist nicht mehr auf die landläufige Bedeutung des Wortes „Kleben" beschränkt, mit dem man gewöhnlich die Vorstellung von Klebrigkeit und unmittelbarem Haften verbindet.

Gegen diese Festlegung des Begriffes „Klebstoff" und der zugehörigen Begriffe „Kleber" und „Verkleben" ist kein Einwand zu erheben, solange sie konsequent verwendet werden. Das ist jedoch nicht mehr der Fall, wenn man bei Holz von Leimen und Verleimen, in allen anderen Fällen dagegen von Klebern und Verkleben spricht. Der Verfasser legt in diesem Buche großen Wert darauf, die physikalische Einheitlichkeit der verschiedenen Bindungsprozesse hervorzuheben, die in der überwiegenden Mehrzahl der Fälle einer der beiden auf S. 88 genannten Arten angehören. Ob Haftstoffe in Wasser oder organischen Lösungsmitteln gelöst sind oder ob Holz oder andere Werkstoffe vereinigt werden, ist prinzipiell ohne Bedeutung. Doch ist es vom physikalischen Standpunkt unberechtigt, von „Holzverleimung" und z. B. „Metallverklebung" zu sprechen, wenn man berücksichtigt, daß der Bindungsvorgang in beiden Fällen der gleiche ist (I auf S. 88). Bezeichnenderweise können alle „Metallkleber" zum Ver-

8*

leimen von Holz und eine Reihe von Holzleimen zum „Verkleben" von Metall benützt werden, wie unter anderem die Vereinigung von Holz und Metall mit dem gleichen Haftstoff beweist (vgl. z. B. S. 248).

Die Anwendung verschiedener Bezeichnungen auf einheitliche Vorgänge ist nicht zweckmäßig und kann leicht zu einer Verwirrung der Begriffe führen. Es bleibt von diesem Standpunkt aus nur die Wahl:

a) die Prozesse I und II auf S. 88 Kleben (I) und Kontaktkleben (II) zu benennen und die Bezeichnungen Leim und Leimen prinzipiell zu vermeiden oder

b) für Prozeß I den Namen „Leimen" für II Kontaktkleben einzuführen.

Die letztgenannte Möglichkeit wird in diesem Buche aus folgenden Gründen gewählt. Die holzverleimende Industrie ist nach wie vor eine der größten Verbrauchsstellen von Haftstoffen. Die Ausdrücke „Holzleim" und „Verleimen von Holz" sind so tief eingewurzelt, daß eine Umstellung auf „Holzkleber" und „Verkleben von Holz" wenig Aussicht auf Erfolg haben dürfte. Vom physikalisch-chemischen Standpunkte ist es vollkommen natürlich, Lösungen und Dispersionen polymerer Stoffe als Leime zu bezeichnen. Denn nach den Ausführungen von S. 90 sind polymere Lösungen = kolloidale Lösungen. Das Wort „kolloid" ist aber von dem griechischen Wort $\varkappa\acute{o}\lambda\lambda\alpha$ = Leim abgeleitet. Schließlich werden durch die Bezeichnungen Leimen und Kontaktkleben die Prozesse I und II (S. 88) in unmißverständlicher Weise voneinander abgegrenzt.

Aus ähnlichen Gründen wird als Sammelbegriff für adhäsive Bindemittel anstelle von „Klebstoff" die Bezeichnung „Haftstoff" verwendet. Die Bezeichnung Haftung anstelle von Adhäsion ist in der Literatur bereits anzutreffen. Der Begriffsinhalt von Haftstoff oder Haftmittel entspricht etwa dem englischen „adhesive". – Die Bezeichnung „Klebstoff" soll dagegen Rohstoffen vorbehalten bleiben, die zur Herstellung von Kontaktklebern geeignet sind. Tab. 33 gibt eine Übersicht dieser Bezeichnungsweise.

Tabelle 33

Haftstoffe (Haftmittel)

Leime		*Kontaktkleber (Klebstoffe)*
Kalt-	⎫	permanente
Heiß-	⎬ Binder	temporäre
Schmelz-	⎭	

Haftstoff. Sammelbezeichnung für adhäsive Bindemittel.

Leim. Haftstoffe, die in kolloider Lösung, Dispersion oder Schmelze verwendet werden. Die aufgetragene flüssige Leimschicht bindet nicht unmittelbar, sondern erst nach Erstarren (vgl. S. 88).

a) Kaltbinder. Leime, die bei Raumtemperatur abbinden.

b) Heißbinder. Leime, die in der Wärme abbinden.

c) Schmelzbinder. Leime, die bei Raumtemperatur feste Substanzen oder erstarrte Lösungen sind. Sie werden bei erhöhter Temperatur geschmolzen aufgetragen.

Kontaktkleber. *a) Permanente Kontaktkleber.* Nichtflüssige, viskoelastische Klebstoffe ohne flüchtige Lösungsmittel, mit permanenter stark ausgeprägter Klebrigkeit. Sie binden unmittelbar.

b) temporäre Kontaktkleber. Meistens teilweise eingetrocknete Elastomerleime. Sie verhalten sich innerhalb eines bestimmten Trocknungsintervalles ähnlich wie permanente Kontaktkleber, verlieren aber bei noch weiterem Trocknen Klebrigkeit und Haftvermögen. Im Endzustand pflegen sie stärkere Fugen als permanente Kontaktkleber zu bilden.

12.2 Einige weitere Bezeichnungen

Wartezeit. Zeitspanne zwischen Leimauftrag und Einsetzen des Preßdruckes.

Außenverleimung, Innenverleimung. Verleimungen, die dem vollen Einfluß der Witterung, d.h. Sonne und Regen ausgesetzt, bzw. nicht ausgesetzt sind.

Konstruktive Verleimungen. Verleimungen, die dauernder mechanischer Belastung ausgesetzt sind.

13 Hochpolymere, physikalisch bindende Leime (Naturprodukte)

13.1 Glutinleim

13.1.1 Allgemeines

Die technisch wichtigsten Glutinleime umfassen die Sorten Haut-, Leder- und Knochenleim. Die traditionellen Glutinleime der **Tischlereiindustrie** waren vor allem Schmelzbinder, die auch „Warmleim" genannt wurden, da ihre Lösung, die im Gegensatz zu allen anderen gelösten Leimen bei Raumtemperatur erstarrt („gelatiniert") warm aufgetragen werden muß. In neuerer Zeit haben Heißbinder als Holzleime größere Bedeutung erlangt. Reiner Glutinleim dient in erster Linie zum Verleimen von porösem, nicht zu weichem (polarem) Material[1]. Da er nach vollständiger Trocknung ziemlich hart wird und deutliche Spannungen entwickelt, eignet er sich dagegen im allgemeinen nicht zum

---

[1] Eine scheinbare Ausnahme ist das starke Haften trocknender Glutinleime **auf** glatten Glasflächen (vgl. S. 85).

Verleimen von glatten porenfreien und insbesonders weichen Oberflächen.

Glutinleim war zu Beginn des Jahrhunderts einer der wichtigsten und meist verwendeten Holzleime. Die holzverleimende Industrie verwendet zwar auch heute noch nach wie vor Glutinleim, jedoch in viel geringerem Umfange als früher. Denn trotz ausgezeichneter Eigenschaften wird dieser natürliche Leim von modernen synthetischen Leimen in mancher Beziehung übertroffen. Die größten Glutinleimverbraucher sind heute die Papier-, und Schleifmittelindustrie. Die Produktion der Glutinleimfabriken hat durch diese Entwicklung keine Einschränkung erlitten, da der Bedarf der genannten beiden Verbraucher ständig im Steigen begriffen ist.

13.1.2 Ausgangsmaterial. Makromolekulare Proteine

Das Ausgangsmaterial für die Glutinleimherstellung sind kollagenhaltige tierische Abfälle. Wie die Namen Haut-, Leder- und Knochenleim andeuten, können diese Abfälle verschiedener Herkunft sein.

Kollagen und das aus diesem bereitete Glutin gehört der chemischen Gruppe der makromolekularen Eiweißstoffe oder „Proteine" an. Die Proteine, die sowohl als niedrig- wie auch als makromolekulare Verbindungen vorkommen, zählen zu den wichtigsten Aufbaustoffen des tierischen und pflanzlichen Organismus. Kollagen ist ein Faserprotein; es bildet die quergestreiften Fasern des Hautgewebes sowie das Knochen- und Knorpelgewebe. Die Kollagene der Haut und der Knochen unterscheiden sich äußerlich voneinander: Hautkollagen ist zähelastisch und wasserhaltig, Knochenkollagen dagegen hart und wasserarm[1]. Trotzdem besteht zwischen Glutinen, die aus beiden Kollagenarten hergestellt wurden, keinerlei Unterschied, vorausgesetzt daß sie gleichen Abbaugrad besitzen.

Glutin ist das wasserlösliche Abbauprodukt des wasserunlöslichen Kollagens. Unter Abbau ist in diesem Falle ein der Makromolekülbildung entgegengesetzter Vorgang zu verstehen, nämlich die Lösung von Bindungen und die Verkürzung von langen Molekülketten.

Die Struktur der makromolekularen Proteine im allgemeinen sowie von Kollagen und Glutin im besonderen gleicht im Prinzip derjenigen von synthetischen Makromolekülen, ist jedoch bedeutend komplizierter. Nach E. FISCHER[2] bestehen Proteine aus α-Aminosäuren

$$\underset{\substack{| \\ H}}{\overset{\substack{R \\ |}}{H_2N-C}}-\underset{\substack{\| \\ O}}{C}-OH$$

---

[1] SAUER, E.: Tierische Leime und Gelatine, S. 22. Berlin/Göttingen/Heidelberg: Springer 1958.

[2] FISHER, E.: Untersuchungen über Aminosäuren, Polypeptide und Proteine. Berlin: J. Springer 1906 u. 1923.

die also die Aminogruppen NH_2 und die Carboxylgruppe $COOH$ stets an benachbarten Kohlenstoffatomen tragen. α-Aminosäuren können in erster Näherung als bifunktionelle Verbindungen angesehen werden[1]. In den Molekülen eines Proteins sind sie durch „Peptidbindungen", d.h. Säureamidbindungen miteinander verknüpft:

$$HN-\underset{\underset{H}{|}}{\overset{\overset{R_1}{|}}{C}}-\underset{\underset{O}{||}}{C}-[OH+H]-N-\underset{\underset{H}{|}}{\overset{\overset{R_2}{|}}{C}}-\underset{\underset{O}{||}}{C}-OH\dots$$

Protein-Makromoleküle besitzen daher etwa folgenden schematischen Bau

$$H\left[-N-\underset{\underset{H}{|}}{\overset{\overset{R_1}{|}}{C}}-\underset{\underset{O}{||}}{C}-N-\underset{\underset{H}{|}}{\overset{\overset{R_2}{|}}{C}}-C\dots N-\underset{\underset{H}{|}}{\overset{\overset{R_x}{|}}{C}}-\underset{\underset{O}{||}}{C}-\right]OH$$

Die Bindung zwischen den monomeren α-Aminosäuren kommt auf gleiche Weise zustande wie zwischen den ε-Aminosäuren im Polyamid-6-Kettenmolekül (S. 111). Makromolekulare Proteine und Polyamide sind daher verwandte Substanzen. Wegen der α-Stellung der Aminogruppe sind die R-Gruppen jedoch nicht Teile der Hauptkette, sondern bilden seitliche Verzweigungen. Während ferner das relativ einfach gebaute Polyamidmolekül aus gleichen Kettengliedern besteht, sind in den Proteinmolekülen eine größere Anzahl verschiedener Monomerer zu Makromolekülen vereinigt. Es sind bisher mehr als zwanzig α-Aminosäuren bekannt, die als Bausteine von Proteinmolekülen in Frage kommen. Diese Grundbausteine sind häufig in komplizierter unregelmäßiger Weise angeordnet, doch ist anzunehmen, daß sich gewisse Formationen periodisch, zumindestens in angenäherter Form, wiederholen.

Tabelle 34. *Monomere α-Aminosäuren* $CHNH_2 \cdot COOH$ mit Seitenkette R

Name	Seitenkette R	
	Formel	Eigenschaft
Glykokoll	$-H$	(keine Seitenkette)
Alanin	$-CH_3$	neutral
Serin	$-CH_2OH$	neutral
Asparaginsäure	$-CH_2COOH$	sauer
Glutaminsäure	$-(CH_2)_2COOH$	sauer
Arginin	$-(CH_2)_3NHC\overset{||}{N}NH_2$ (NH)	basisch

---

[1] Die Seitenketten R können außerdem Brückenbindungen verschiedener Stärke bilden.

Die Seitenketten R der monomeren α-Aminosäuren der Proteine besitzen verschiedene Länge und tragen an ihren Enden neutrale, saure oder basische Gruppen, wie in Tab. 34 an einigen Beispielen erläutert wird.

Glykokoll ist die einfachste α-Aminosäure (keine Seitenkette: R = $-$H). Die Endgruppen der übrigen Monomersäuren können sowohl unpolar als polar sein und in letzterem Falle sauren oder basischen Charakter besitzen; sie bestimmen weitgehend das physikalisch-chemische Verhalten des Proteins, z.B. seine Löslichkeit. Durch Vermittlung der Endgruppen können ferner seitliche, wenn auch meistens nicht allzu starke Brückenbindungen zwischen den einzelnen Kettenmolekülen entstehen.

Die meisten Proteinmoleküle, darunter auch das auf S. 134 besprochene Kasein, besitzen kugelige oder ellipsoide Form. Eine geringere Anzahl von Proteinen, z.B. Kollagen, haben dagegen Faserstruktur.

Nach PAULING und COREY[1] besitzen Faserproteine spiraligen Aufbau. Wie Abb. 45 zeigt, bilden die linearen Makromoleküle des Kollagens keine gerade Kette, sondern eine spiralige „Helix“ (helix = Schnecke). Die einzelnen Spiralwindungen sind durch Wasserstoff-Brückenbindungen verstärkt. Man nimmt an, daß die „Protofibrille“ des Kollagens aus einer dreifach ineinandergewundenen Helixkette besteht[2, 3].

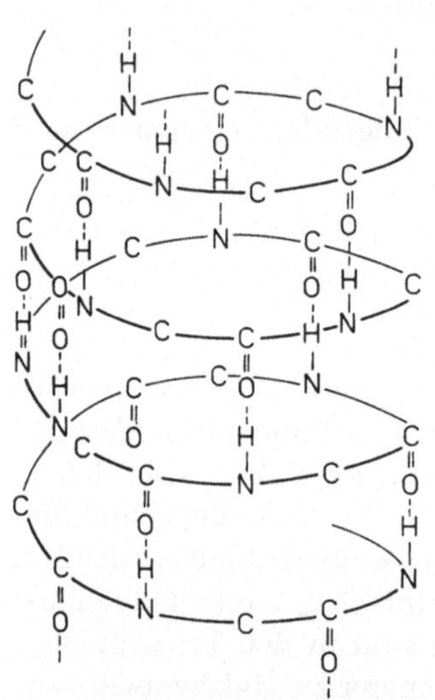

Abb. 45. Helixstruktur von Faserproteinen (nach PAULING und COREY)

13.1.3 Herstellungsmethoden von Glutin bzw. Glutinleim

Kollagen ist durch die erwähnten Brückenbindungen soweit vernetzt, daß es wasserunlöslich ist. Alle Herstellungsmethoden von Glutinleim zielen daher neben der Reinigung des Rohmaterials darauf ab, das Kollagen in lösliche Produkte überzuführen. Durch Behandlung mit milderen Alkalien (Calciumhydroxyd) oder Wasserdampf wird es zu Glutin abgebaut. Man nimmt an, daß die Glutinbildung sowohl auf der

---

[1] PAULING, L. u. R. B. COREY: Proc. Natl. Acad. U.S. 37 (1951) 148.

[2] SAUER, E.: Tierische Leime u. Gelatine, S. 29. Berlin/Göttingen/Heidelberg: Springer 1958.

[3] Kollagen ist eine sinnreich aufgebaute Substanz, die von der Natur zu weitaus subtileren Zwecken als dem Verleimen gebildet wurde.

Lösung von Querverbindungen[1] als auch auf der teilweisen Aufspaltung der langen Kollagenkettenmoleküle beruht[2].

Bei fortgesetzter Wärmebehandlung schreitet der Abbau des Glutins weiter fort und gibt sich in Übereinstimmung mit der Staudingerschen Gl. (66) durch die sinkende Viskosität der Glutinlösung zu erkennen (vgl. Abb. 46).

Hautleim[2]. wird aus Leimleder hergestellt, einem ungegerbten Abfallsprodukt der Gerbereien, das daher den Namen „Leder" zu Unrecht trägt; es besteht aus der ungegerbten, mit Fleisch- und Fetteilen besetzten, enthaarten tierischen Haut, die beim Gerben abgeschnitten wurde. Tab. 35 gibt eine Übersicht über die wichtigsten Momente der Hautleimerzeugung.

Tabelle 35. *Die Herstellung von Hautleim*

Leimleder
↓

Kälkung (Äschern)	*1*
Waschen	*2*
Verkochen (Diffusion)	*3* ➤ Rückstand zu Düngemitteln
Vakuumeindampfen	*4*
Formgebung	*5*
Trocknen	*6*

↓
Hautleim

Bei der Kälkung *1* wird das Leimleder einer längeren Behandlung mit Kalkmilch unterworfen; sie dient dazu, unerwünschte Begleitstoffe zu lösen, Fett zu spalten, Fleischstücke zu zersetzen, fermentative Vorgänge zu unterbrechen und vor allem das Kollagen der Haut abzubauen und sudreif zu machen. – Beim Waschen *2* werden Kalk und lösliche Bestandteile entfernt. – Zum Verkochen *3* wird das gereinigte Material in perforierten Behältern in die Leimpfannen eingebracht. Das gebildete Glutin wird durch eine Wechselbehandlung mit Dampf und Wasser ausgelöst. Der unlösliche Rückstand wird getrocknet und zur Herstellung von Düngemitteln verwendet. – Beim Vakuumeindampfen *4* wird die verdünnte Leimlösung, so schonend wie möglich konzentriert, d.h. bei Temperaturen unter 100 °C, um unerwünschten Wärmeabbau auf ein Minimum einzuschränken. Die konzentrierte Lösung wird schließlich in die gewünschte Handelsform gebracht (*5*). Dabei wird die erstarrte und zu Strängen gepreßte Leimbrühe mit rotierenden Messern zu Plättchen,

---

[1] SAUER, E.: Tierische Leime u. Gelatine, S. 31. Berlin/Göttingen/Heidelberg: Springer 1958.

[2] LIESE, H.: in Ullmanns Encyklopädie der techn. Chemie, 3. Aufl., Bd. 11 S. 630–642. München/Berlin: Urban u. Schwarzenberg 1959.

Würfeln und Krümeln zerteilt. Leimperlen werden durch Eintropfen von eingedickter Leimbrühe in organische, mit Wasser nicht mischbare Flüssigkeiten hergestellt[1]. Das Gießen von großen Leimtafeln kommt heute nur selten vor. – Ein weiterer Trockenprozeß *6* ist notwendig um die Feuchtigkeit der noch elastischen Leimpartikeln auf 12–15%, den Feuchtigkeitsgehalt normaler Handelsware, zu senken. Die Trocknung von kleinen Leimpartikeln kann natürlich viel schonender durchgeführt werden als von großen Leimtafeln. Die früher verbreitete Annahme, daß große Leimtafeln eine Garantie für gute Qualität seien, ist daher nicht zutreffend.

Lederleim wird aus „Chromfalzspänen" und „Chromlappen" hergestellt. Diese gegerbten Abfälle der Chromledererzeugung müssen vor der Verarbeitung zu Leim entgerbt werden. Die Behandlung des entgerbten Rohmaterials deckt sich der Hauptsache nach mit dem Herstellungsverfahren von Hautleim.

Das Ausgangsmaterial von *Knochenleim* sind Sammelknochen und Schlachthausknochen. Tab. 36 gibt wiederum eine Übersicht über das etwas abweichende Herstellungsverfahren von Knochenleim.

Tabelle 36. *Die Knochenleimherstellung*

	Rohknochen	
Brechen	*1*	
Extraktion	*2*	→ Knochenfett (Glycerin, Stearin, Olein; daraus Kerzen, Schmälzen usw.)
Trockene Reinigung	*3*	
Nasse Reinigung	*4*	
	↓	
	Leimschrot	
Entleimung (Druck- behandlung)	*5*	→ Rückstand zu phosphorreichen Dünge- und Futtermitteln
Vakuumeindampfen	*6*	
Formgebung	*7*	
Trocknen	*8*	
	↓	
	Knochenleim	

Das rohe Knochenmaterial wird zuerst zerkleinert (*1*). Das **Mahlgut** enthält Fleisch und Blutreste, die entfernt werden müssen, wenn **Kno**chenleim geruchlos sein soll. Der unangenehme Geruch schlecht gereinigter Knochenleime war in früheren Jahren allgemein bekannt und gefürchtet. Das Mahlgut enthält ferner größere Fettmengen, die ebenfalls entfernt werden müssen, da die Bindefähigkeit eines fetthaltigen Leimes stark beeinträchtigt wird. Durch Behandlung mit erwärmtem Benzin *2* wird vorhandenes Fett extrahiert, wiedergewonnen und zu anderen technischen Zwecken verwendet. Durch diese Behandlung werden gleichzeitig

---

[1] A. G. f. chem. Industrie, vom H. Scheidemandel, DRP 296, S. 22, 1914.

anhaftende Fleischpartikel getrocknet; sie können dann leicht bei der folgenden trockenen Reinigung *3* entfernt werden, die in speziellen Scheuertrommeln erfolgt. Bei der Naßreinigung *4* werden die letzten Verunreinigungen beseitigt. Die leicht saure Reaktion der meisten Knochenleime wird durch Spuren schwefliger Säure hervorgerufen, die als Reinigungsmittel zugesetzt wird. – Die Entleimung *5* der gereinigten gebrochenen Knochen (Leimschrot) erfordert eine etwas intensivere Wärmebehandlung als bei Hautabfällen und erfolgt daher in geschlossenen Druckgefäßen. Der weitere Herstellungsvorgang *6–8* stimmt mit den bei der Hautleimherstellung genannten Arbeitsgängen überein.

Die Fettextraktion mit Benzin wurde nicht immer angewendet. Man begnügte sich früher damit, das Fett, das sich an der Oberfläche der Leimlösung sammelte, mechanisch abzuscheiden. Ein wirklich fettfreies Produkt kann auf diese Weise nicht erzeugt werden. Diese Kompromißmethode wurde mitunter in Krisenzeiten angewendet, da das gewonnene Fett im Gegensatz zur Extraktionsmethode zu Speisezwecken verwendet werden kann. Die Abneigung gegen Knochenleim, die bei der alten Tischlergeneration manchmal noch vorherrscht, ist auf diese fetthaltigen Knochenleime zurückzuführen.

13.1.4 Eigenschaften und Anwendungsgebiete der verschiedenen Glutinleimsorten

Die aus verschiedenem Rohmaterial hergestellten Glutinleime unterscheiden sich chemisch nur durch den Abbaugrad des gewonnenen Glutines und somit durch die Viskosität ihrer Lösungen. Knochenleim, der während der Herstellung einer stärkeren Wärmeeinwirkung ausgesetzt war, ist im Durchschnitt stärker abgebaut und infolgedessen niedriger viskos als Hautleim. Das gleiche gilt für Lederleim, der bereits beim Entgerben einen Abbau erfährt. Trotzdem überschneiden die Viskositäten aller drei Leimsorten einander im mittelviskosen Gebiet (Tab. 37).

Die Stärke einer Glutinleimfuge hängt von zwei Faktoren ab, dem Abbaugrad und der Konzentration der verwendeten Leimlösung. Abb. 46 **und Abb. 47 illustrieren den Zusammenhang zwischen der Bindekraft von Hautleim und dem Abbaugrade des Glutins nach Versuchen von** MEESS[1]. Lösungen eines bestimmten Hautleimes wurden bei verschiedenen Temperaturen durch Wärmeeinwirkung abgebaut. Das Sinken der Viskosität kann als Maß des Abbaugrades angesehen werden. Parallel zu den Viskositätsbestimmungen wurde jeweils die mechanische Festigkeit von verleimten Holzproben gemessen. In Abb. 48 ist in ähnlicher Weise der Zusammenhang zwischen Bindekraft und Konzentration dargestellt. Sowohl Viskositäten als Festigkeiten sind als Relativwerte angegeben

---

[1] MEESS, H.: Sperrholz 2 (1930) 20, 365.

und auf die Ausgangswerte der nicht abgebauten, bzw. höchst konzentrierten Lösung bezogen. Glutinleime verschiedener Herkunft können

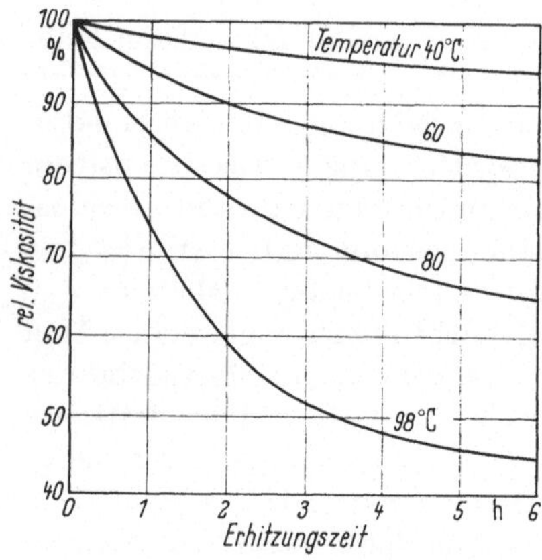

Abb. 46. Abnahme der Viskosität eines Hautleimes durch Überhitzen (nach MEESS)

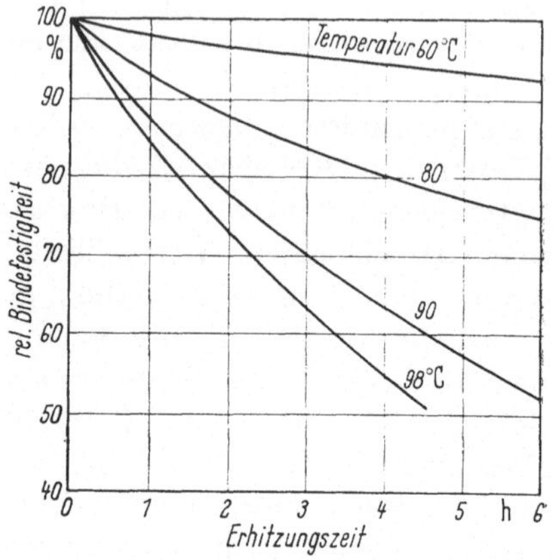

Abb. 47. Abnahme der Bindekraft eines Hautleimes durch Überhitzen (nach MEESS)

sich bei Wärmeabbau etwas unterschiedlich verhalten; trotzdem geben die Abb. 46–48 wenigstens in qualitativer Hinsicht einen brauchbaren allgemeinen Überblick.

Obwohl Leimlösungen konstanter Konzentration um so besser binden je höher ihre Viskosität ist, läßt sich das bessere Bindungsvermögen hochviskoser Glutinleime praktisch nicht unbegrenzt ausnützen, da sie nur bis zu Konzentrationen von 15–20 % verwendet werden können. Ihre hohe spezifische Stärke wird unter Umständen durch ihren geringeren Substanzgehalt wieder wettgemacht. Beim Verleimen von Holz sind beispielsweise mittelviskose Leime vorzuziehen, die in wesentlich höherer Konzentration aufgetragen werden können (40–50 %) und infolgedessen sehr gute Fugenfestigkeiten ergeben. Sie bieten aber außerdem den Vorteil, daß sie langsamer erstarren und bedeutend weniger zu Leimdurchschlag neigen als die verdünnten Lösungen hochviskoser Leime.

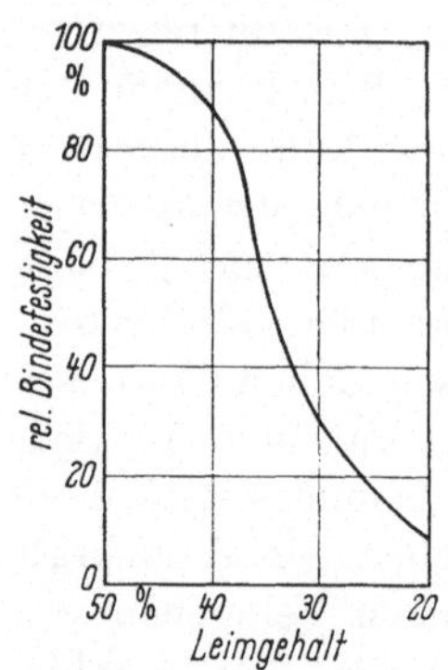

Abb. 48. Abnahme der Bin-
dekraft eines Knochenleimes
mit sinkender Konzentration
der Leimlösung (nach MEESS)

Tab. 37 gibt eine Übersicht über die wichtigsten Anwendungsgebiete von Glutinleimen verschiedenen Abbaugrades. Hochviskose Glutinleime werden vor allem von der Schleifmittelindustrie, mittelviskose Leime zur Holzverleimung und Papierherstellung und niedrigviskose Leime für eine Reihe von Spezialzwecken verwendet.

Tabelle 37. *Eigenschaften und Anwendungsgebiete verschiedener Glutinleime*

| Sorte | 12,5 %ige Lösung | | Verwendung |
	Viskosität (60 °C) mP	Gallertfestigkeit (10 °C) Bloomgramm	
Hautleim	hochviskos etwa 70–100	150–300	Schleifmittel-herstellung
Hautleim Lederleim Knochenleim	mittelviskos etwa 50–70	100–170	Papierherstellung Holzverleimung Buchbinderindustrie
Lederleim Knochenleim	niedrigviskos etwa 40	< 70	Watteherstellung, Farbbindemittel usw.

13.1.5 Indirekte Prüfungsmethoden

Da man für verschiedene Anwendungsgebiete Glutinleime bestimmten Abbaugrades verwenden muß, ist eine zuverlässige Prüfungsmethode von großer Bedeutung. Zur Zeit scheinen sich die amerikanischen Prüfungsnormen allgemein durchzusetzen und sind der Hauptsache nach auch in die deutschen Prüfnormen für Glutinleim aufgenommen (DIN 53260). Zur Kontrolle von Glutinleim werden unter anderem Viskosität und Gallertfestigkeit einer 12,5%igen Leimlösung bestimmt[1].

Viskosität. Die Viskositätsmessung wird bei $60 \pm 0,2$ °C durchgeführt. Als Meßgerät wird an erster Stelle die auf S. 54 beschriebene Bloompipette empfohlen (Abb. 26). Die Meßresultate werden in Millipoise ($1 \text{ mP} = 10^{-3} \text{ P}$) angegeben. Wie aus Tab. 37 zu entnehmen ist, sind unter den angegebenen Meßbedingungen auch die höchsten vorkommenden Viskositäten so niedrig, daß die Anwendung einer Kapillarpipette keine Schwierigkeiten bereitet.

Gallertfestigkeit[1]. Der Zusammenhang zwischen Abbaugrad, Viskosität und Bindestärke ist in Wirklichkeit nicht ganz so eindeutig, wie auf S. 122 der Übersichtlichkeit wegen vorausgesetzt wurde. Eine recht verläßliche Beurteilung der Leimqualität ist jedoch mög-

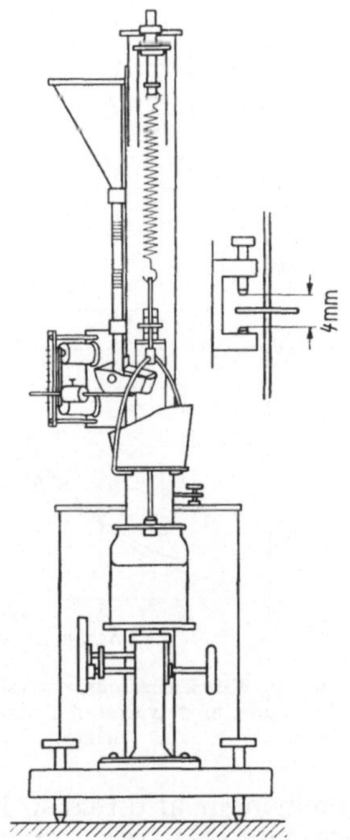

Abb. 49. Apparat zur Bestimmung der Gallertfestigkeit (nach BLOOM)

---

[1] Genauere Einzelheiten, Literaturangaben sowie weitere Prüfungen des Säuregehaltes, pH-Wertes usw. s. DIN 53260.

lich, wenn sowohl die Viskosität als auch die Gallertfestigkeit des Leimes bekannt sind[1]. Nach BLOOM ist jene Kraft p ein Maß der Gallertfestigkeit, die von einer in bestimmter Weise steigenden Belastung ausgeübt wird und die erforderlich ist, um einen zylindrischen Stempel von 12,7 mm Durchmesser und ebener Druckfläche in eine Gallerte von 12,5% Konzentration bei 10 ± 0,1 °C 4 ± 0,1 mm tief einzudrücken. Das Prüfgerät ist in Abb. 49 abgebildet[2]. Der Druckstempel des Gelometers besteht aus Ebonit. Es ist am unteren Ende einer Führungsstange befestigt, deren oberes Ende mit der Unterseite einer Waagschale starr verbunden ist. Die Waagschale mit Druckstempel ist an einer dünnen Spiralfeder aufgehängt und wird von dieser in Schwebe gehalten. Auf die Waagschale wird ein leichter Becher aufgesetzt, welcher das zur Belastung zulaufende Schrot aufnimmt. Der Schrotzulauf wird durch eine elektromagnetisch betätigte Sperrvorrichtung automatisch gestoppt, wenn die Eindrucktiefe von 4,0 mm erreicht ist. Die Endbelastung wird als Maß der Gallertfestigkeit in „Bloomgramm" angegeben[2].

13.1.6 Das Bereiten der Leimlösung

Beim Bereiten von Glutinleimlösungen ist es sehr wichtig, daß nicht nur die Leim- sondern auch die Wassermenge genau bestimmt wird. Wie Abb. 50 zeigt, können Konzentrationsfehler von einigen Prozenten bereits starke Viskositätsänderungen hervorrufen.

Die Bereitung einer Glutinleimlösung erfolgt stets in zwei getrennten Schritten, dem Quellen des Leimes und dem Schmelzen der Leimgallerte. Wie bereits erwähnt, löst sich Glutin in kaltem Wasser nicht. Es saugt jedoch eine beträchtliche Wassermenge auf und geht unter starker Quellung in einen gallertartigen Zustand über. Erst beim Erwärmen schmilzt die gequollene Gallerte. Fester Glutinleim kann im allgemeinen nicht direkt in heißes Wasser eingetragen werden. Denn an der Oberfläche der festen Leimpartikel bildet sich eine geschmolzene sehr zäh-

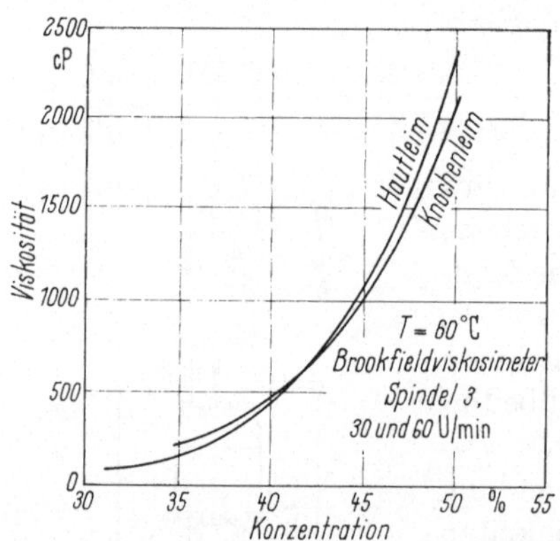

Abb. 50. Konzentrationsabhängigkeit der Viskosität eines mittelviskosen Haut- und Knochenleimes

[1] Vgl. z.B. LIESE, H. u. E. KRÜGER: Papiermusterheft 59-62 (1960).
[2] SAUER, E.: Tierische Leime u. Gelatine, S. 275. Berlin/Göttingen/Heidelberg: Springer 1958.

flüssige Haut, die eine weitere Lösung verhindert oder wenigstens sehr verzögert.

Am schnellsten lassen sich *Pulverleime* ansetzen. Nach LIESE und RÜGER[1] können Lösungen nicht allzu hoher Konzentration, wie sie z.B. in der Papierindustrie Verwendung finden, in Rührwerksbottichen mit rundem Boden und Kalt- und Warmwasseranschluß sehr schnell bereitet werden. Das Leimpulver wird nach Zugabe von einigen Teilen kalten Wassers verrührt und nach 10 Minuten soviel Heißwasser zugegeben, bis die gewünschte Gebrauchskonzentration und die zwischen 40–60° liegende Lösungstemperatur erreicht ist. Derartige Leimlösungen können in 15–20 min gebrauchsfertig hergestellt werden. Bei Verwendung von *kleinstückigen Leimen*. d.h. Perlen, Würfel, Plättchen oder Krümeln ist gewöhnlich eine Quellzeit von 1 Stunde ausreichend. Große Leimtafeln erforderten Quellzeiten von 12–36 Stunden und werden heute nicht mehr verwendet.

Beim Schmelzen der Leimgallerte und dem darauf folgenden Warmhalten der Leimlösung ist es wichtig, Überhitzungen zu vermeiden, die einen unnötigen Abbau des Glutins bewirken. Leimkessel mit indirekter Erwärmung, z.B. doppelwandige Konstruktionen mit Flüssigkeitsmantel und Thermostatregulierung sind für diesen Zweck gut geeignet. Erwärmung in einfachen Gefäßen über offener Flamme ist unbedingt zu vermeiden. Als Material für Leimkessel kommen mit Ausnahme von Eisen, das den Leim verfärbt, eine größere Anzahl Werkstoffe in Frage. Meistens wird Kupfer seiner guten Wärmeleitung wegen verwendet.

Der Schmelz- bzw. Gelatinierungspunkt von Glutinleimen der üblichen Konzentrationen pflegt im Temperaturbereich 30–45 °C zu liegen. Eine Schmelz- und Arbeitstemperatur von 60 °C ist daher stets ausreichend. Wird diese Temperaturgrenze eingehalten ist auch bei längeren Standzeiten mit keiner nennenswerten Verschlechterung des Leimes zu rechnen (vgl. Abb. 46 und 47).

Obwohl reiner Glutinleim physikalisch abbindet und Härtungsreaktionen, die den Leim allmählich unbrauchbar machen, nicht vorkommen, ist die Haltbarkeit der Leimlösung nicht unbegrenzt. Denn trotz Konservierungsmittelzusatz bei der Leimherstellung kann die Lösung besonders bei feuchtem und warmem Wetter von Bakterien angegriffen werden. Es ist daher eine gute Arbeitsregel, nur so viel Leimlösung herzustellen als dem Tagesbedarf entspricht, zumal infizierte Leime, die einer neuen Charge zugesetzt werden, diese wieder unmittelbar anstecken können.

13.1.7 Glutinleim in der Schleifmittelindustrie

Bei der Herstellung von keramischem Schleifmaterial wird Glutinleim als temporäres Bindemittel der weichen Formkörper vor dem Bren-

---

[1] LIESE, H. u. E. RÜGER: Papiermusterheft 59–62 (1960).

nen benützt. – Glutinleim wird ferner in Konkurrenz mit härtenden Kunststoffleimen bei der Herstellung von Schleifpapieren angewendet. Man bestreicht zu diesem Zwecke die Papieroberfläche mit Leim, streut Schleifpulver auf die noch feuchte Leimschichte und überzieht die Schleifmittelschichte mit einer weiteren Leimschichte. Glutinleim ist infolge seiner starken Klebrigkeit und seinem schnellen Anziehen ein sehr geeignetes Bindemittel, da alle drei Arbeitsoperationen (im Gegensatz zu härtenden Kunststoffleimen) in einer Folge ausgeführt werden können.

Glutinleim wird vor allem bei solchen Schleifpapieren benützt, die keinem allzu hohen Schleifdruck und infolgedessen auch keiner zu großen Wärmebeanspruchung ausgesetzt werden, also z.B. Handschleifpapieren, bei denen sich auch die Elastizität der Leimschichte vorteilhaft auswirkt, oder nicht zu stark belasteten Maschinenschleifpapieren.

13.1.8 Glutinleim in der Papierindustrie

Bei der Herstellung der meisten Papiersorten wird mit Leimzusätzen gearbeitet, die dem fertigen Produkt verbesserte Eigenschaften verleihen. Durch den Leimzusatz wird die Festigkeit und die Oberflächengüte des Papieres, d.h. Beschreibbarkeit, Bedruckbarkeit, Radierfestigkeit, Griff usw. wesentlich erhöht. Die Leimung des Papieres erfolgt auf zwei verschiedene Weisen. Bei der Stoffleimung wird der Leim dem Faserbrei im Holländer oder zwischen Holländer und Papiermaschine als Lösung zugesetzt, so daß eine Volumverleimung der Papierfasern stattfindet. Bei der Oberflächenverleimung wird eine ziemlich verdünnte Leimlösung nach Bildung der Papierschichte auf die Papieroberfläche aufgetragen. Die Oberflächenverleimung erfolgt entweder noch in der Papiermaschine auf der feuchten Papierbahn (in der sogenannten Sizepresse) oder in einem besonderen Arbeitsgang auf dem fertigen, trockenen Papier. Glutinleim wird vor allem zur Oberflächenleimung, mitunter auch zur Stoffverleimung von Papier verwendet[1].

Glutinleim wird auch zur Wiedergewinnung jener Fasermengen verwendet, die von den Sieben der Papiermaschinen nicht zurückgehalten werden und in das Abwasser gelangen. Die Fasern werden durch den Zusatz von etwas Glutinleim ausgeflockt und sammeln sich nach Durchleiten von Luft an der Wasseroberfläche.

13.1.9 Glutinleim als Holzleim

Zur Verleimung von Holz eignen sich vor allem mittelviskose Haut-, Leder- und Knochenleime, die bei übereinstimmender Viskosität und Gallertfestigkeit vollkommen gleichwertig sind (S. 126). Man verwendet

---

[1] Außer Glutinleim werden auch andere Stoffe zur Oberflächenleimung von Papier verwendet. Vgl. KALTENBACH, J.: Leimungsprobleme nach neueren Erkenntnissen (Papiererzeugung). Papiertechnische Bibliothek, Bd. 12.

meistens konzentrierte Leimlösungen mit einem Gehalt von 40–50 %
normaltrockener Handelsware, die einen Feuchtigkeitsgehalt von 12
bis 15 % besitzt. Leimsorte und Konzentration sind bei gegebener Temperatur der Lösung (60 °C) so aufeinander abzustimmen, daß die gebrauchsfertige Lösung eine Viskosität der Größenordnung 1000 cP besitzt. Mit den zur Verfügung stehenden Holzleimsorten ist diese Bedingung leicht zu erfüllen.

a) Leimauftrag. Maschineller Leimauftrag auf Werkstücke kleinen
Formates erfolgt mitunter mittels rotierender Auftragsvorrichtungen,
die in ein größeres erwärmtes Leimbad eintauchen und durch die Leimlösung warm gehalten werden. So wird in der Bleistiftindustrie eine Auf-
tragsanordnung benützt, bei der zylindrische rotierende Auftragsbürsten
die warme Leimlösung passieren. Zur maschinellen Warmbeleimung größerer Flächen sind bedeutend kompliziertere Leimautomaten, z. B. mit
erwärmbaren Auftragwalzen, erforderlich. Da reiner Glutinleim zu
Serienherstellungen von Werkstücken großen Formates kaum mehr
benützt wird, ist die Anschaffung kostspieliger Maschinen in der Regel
unrentabel. Der Leimauftrag erfolgt daher häufig von Hand mit Pinsel,
Bürste usw.

Wie bei Leimen im allgemeinen hängt auch bei Glutinleim die Auftragsmenge von der Beschaffenheit der Leimfuge und der Höhe des Preßdruckes ab. Stehen nur traditionelle Glutinleimpressen mit einem maximalen Preßdruck von 1 kp/cm^2 zur Verfügung und werden nicht
vollständig plane Fugenflächen verleimt, deren Unebenheiten mehrere
10^{-1} mm betragen, muß mit höheren Auftragsmengen gearbeitet werden,
z. B. 250–350 g/m^2. Bei höherem Preßdruck und ebeneren Fugenflächen
kann die Leimmenge vermindert werden (3–5 kp/cm^2 : $\sim$ 200 g/m^2).

Glutinleim kann wegen seinen verhältnismäßig elastischen Eigenschaften in größerer Schichtdicke aufgetragen werden, ohne daß eine
ernstliche Gefährdung der Leimfuge befürchtet werden muß: er ist jedoch trotzdem kein idealer Fugenfüller. Das spezifische Gewicht von
trockenem Glutinleim beträgt etwa 1,2. Mehr als das halbe Volumen einer
50 %igen Lösung besteht daher aus Wasser. Da Glutinleim Wasser nur
langsam abgibt und bald nach dem Auftragen erstarrt, ist im Augenblick
des ersten Abbindens meistens noch keine nennenswerte Verminderung
der Wassermenge erfolgt. Bei dem nachfolgenden Trockenprozeß
schrumpft die Leimschichte auf weniger als die halbe Dicke. Dabei entstehen kräftige Spannungen, die sich unter anderem in charakteristischen
Zugerscheinungen äußern können. Glutinleim hat daher das Bestreben,
die beiden Fugenflächen nach Möglichkeit aneinander zu ziehen. Diese
Eigenschaft verursacht bei furnierten Werkstücken mitunter Schwierigkeiten, da Unebenheiten der Unterlage mit der Zeit in der Oberfläche
sichtbar werden. Das Durchzeichnen der Unterlage ist sogar noch an

einige Millimeter starken Holzfaserplatten zu bemerken, die auf nicht massive Zwischenlagen, z.B. Holzleisten mit Zwischenräumen geleimt werden. Die Festigkeit der Leimfuge wird durch hohe Spannungen etwas beeinträchtigt. Es ist daher verständlich, daß Glutinleim seine höchste Festigkeit entwickelt, wenn er als Dünnschichtleim behandelt, d.h. sparsam aufgetragen und unter hohem Druck verpreßt wird.

b) Wartezeit. Wird ohne zusätzliche Wärmezufuhr verpreßt, ist die Wartezeit nur sehr kurz. Denn die Leimschichte muß vor dem Erstarren unter Druck gesetzt werden. Das Werkstück muß daher rasch beleimt und so bald wie möglich in die Presse gelegt werden. Die Wartezeit hängt im übrigen von der Temperatur des Holzes und der umgebenden Luft ab. Man pflegt mit warmgelagerten Hölzern zu arbeiten und die Raumtemperatur der Leimabteilung möglichst hoch, mindestens auf 25 °C zu halten. Die Erwärmung des Holzes durch genügend lange Lagerung in warmen Lokalen ist dabei weitaus das Wichtigste. Denn Holz ist ein schlechter Wärmeleiter und nimmt nur langsam Wärme an.

Bei geringer Dicke der zu verleimenden Schichte, also Furnierarbeiten, können die Werkstücke mit warmen Zulageblechen – Temperatur etwa 60 °C – in die Presse gelegt werden. In diesem Falle stehen längere Wartezeiten zur Verfügung, da die erstarrte Leimschichte wieder geschmolzen wird. Diese Methode pflegt man beim Furnieren größerer Flächen anzuwenden, wenn der Leim von Hand aufgetragen wird. Denn unter diesen Arbeitsbedigungen ist ein teilweises Erstarren der Leimschichte unvermeidlich, bevor das Werkstück in die Presse gelegt werden kann.

c) Pressen. Beim Verpressen von Glutinleim ist es besonders wichtig, daß die Viskosität des Leimes in der Fuge und der Preßdruck richtig aufeinander abgestimmt sind. War die Viskosität der aufgetragenen Leimlösung niedrig und ist außerdem die Fugentemperatur beim Verpressen hoch, kann leicht der Fall eintreten, daß ein großer Teil des Leimes wieder aus der Fuge gepreßt wird oder in die Unterlage diffundiert und daß infolgedessen zu wenig Leim zwischen den Fugenflächen zurückbleibt. Es entsteht eine „verhungerte Leimfuge" mit unzureichender Fugenfestigkeit. Besondere Vorsicht ist notwendig, wenn mit sparsamem Leimauftrag und hohem Preßdruck gearbeitet wird.

Das Auftreten verhungerter Leimfugen beschränkt sich natürlich nicht nur auf Glutinleim, doch ist die Gefahr für ihr Zustandekommen sonst meistens geringer, da alle anderen Leime kalt aufgetragen werden und längere Wartezeiten zulassen. Die längere Abtrocknung, die bei Kaltleimen möglich ist, ruft eine stärkere Viskositätserhöhung hervor. Härtende Warmbinder erstarren außerdem sehr bald nach dem Einlegen in die Presse.

Das schädliche Auspressen von Leim aus der Leimfuge ist im übrigen auch von der Größe der Fugenfläche abhängig. Gl. (56) und (57) gilt sowohl für das Öffnen einer Leimfuge von der kleineren Fugendicke d auf die größere Fugendicke D, als auch für die rückläufige Bewegung, d.h. das Zusammenpressen der Leimfuge von D auf d. Nach (56) ist bei runden (oder angenähert quadratischen) Fugenflächen die erforderliche Zeit, dem Flächeninhalt (R^2) der Fugenfläche proportional. Unter sonst gleichen Bedingungen nimmt daher das Auspressen des Leimes aus der Fuge um so längere Zeit in Anspruch je größer die Fugenfläche ist. Da aber während dieser verlängerten Zeit der Leim weiter erstarrt und abtrocknet, sind die Arbeitsbedingungen für das Verpressen großer Fugenflächen in Wirklichkeit noch günstiger.

Wie bei allen anderen Leimen mit nicht ausgesprochenen Fugenfüllereigenschaften erhält man auch mit Glutinleim die stärksten Leimfugen, wenn man ihn als Dünnschichtleim behandelt (vgl. z. B. S. 210). In diesem Sinne dürften auch die Versuche von TRUAX[1] zu deuten sein, bei denen die besten Fugenfestigkeiten bei Preßdrucken beobachtet wurden, die weitaus größer als 1 kp/cm² sind[2]. In der Praxis der Glutinverleimung wird man selten höhere Preßdrucke als 3–5 kp/cm² anwenden. Beim Verleimen von Holz genügend genauer Bearbeitung[3] wird man schon bei diesen Drucken ausgezeichnete Verleimungsresultate erhalten.

Glutinleim zieht als typischer Schmelzbinder beim Erstarren schnell an. Er entwickelt aber zunächst nur einen Teil seiner Bindekraft. Bei Verwendung von konzentrierten Leimlösungen (40–50%) erreicht er nach einer Preßzeit von rd. 1/2 Stunde etwa die Hälfte seiner Endfestigkeit[4]. Abb. 51 zeigt den Verlauf einer typischen Abbindekurve.

In der Praxis rechnet man bei Massivholzverleimung mit Preßzeiten von 1/4–1/2 Stunde, bei Furnierverleimung und erwärmten Zulageblechen mit 1–2 Stunden. Verglichen mit dem Festigkeitsverlauf in Abb. 51 erscheinen diese Zeiten etwas hoch. Es ist jedoch zu berücksichtigen, daß die

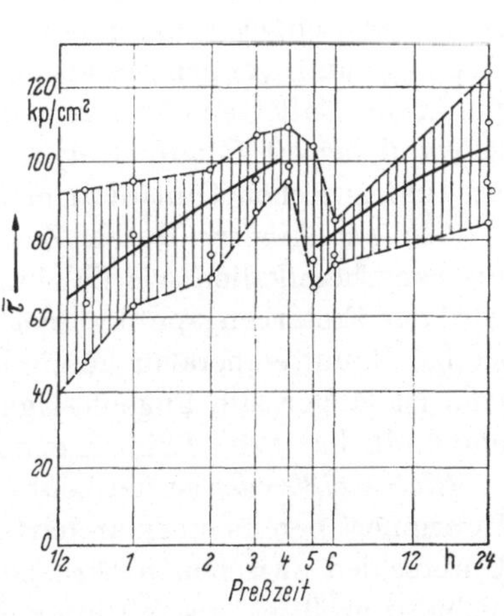

Abb. 51. Abbinden (= Zunahme der Schubfestigkeit) eines 50%igen Knochenleimes (nach PLATH)

---

[1] TRUAX, T. R.: The Gluing of Wood. Washington D.: U.S. Dept. Bull. Nr. 1500, 1929.

[2] TRUAX verwendete Preßdrucke bis zu 40 kp/cm².

[3] Vgl. S. 296.

[4] PLATH, E.: Die Holzverleimung, S. 67–70. Stuttgart: Wissensch. Verlagsgesellschaft 1951.

9*

Holzindustrie gewöhnlich mit größeren Werkstücken arbeitet, deren Wärmekapazität höher als diejenige der kleinen Prüfkörper der Schub-Zug-Prüfung ist. Ferner ist die Glutinleimfuge, bevor sie vollkommen erhärtet, noch etwas viskoelastisch und daher nicht genügend widerstandskräftig gegen dauernde Beanspruchung durch rückfedernde Fugenhälften.

Beim Verpressen von dünnen Schichten, also vor allem beim Furnieren, tritt mitunter ein störendes Durchschlagen des Leimes auf. Die Durchschlaggefahr sinkt, je konzentriertere Leimlösungen verwendet werden; sie kann noch weiter durch Zugabe von Streckmitteln wie Schlemmkreide, Leichtspat, Holzmehl usw. verringert werden. Streckmittel werden mitunter auch aus Ersparungsgründen benützt, müssen aber mit Umsicht verwendet werden[1]. Von Zugaben über 30% wird im allgemeinen abgeraten.

13.1.10 Modifizierte Glutinleime

Im Wettbewerb mit Kasein- und später mit Kunststoffleimen wurden von den Leimproduzenten eine Reihe von Versuchen unternommen, Glutinleim an diese bequemeren Leimsorten anzugleichen.

Leimgallerten sind erstarrte Leimlösungen, die nach Aufschmelzen sofort verwendet werden können. Sie ersparen dem Verbraucher das Ansetzen und Quellen des festen Leimes. Mitunter wird der Erstarrungspunkt der Gallerten etwas erniedrigt, so daß sie bereits bei 30 °C schmelzen und bei 40 °C aufgetragen werden können. Sie sind als Zwischenprodukt zwischen Glutinwarmleim und -kaltleim anzusehen.

Glutinkaltbinder. Durch Zusatz gewisser anorganischer oder organischer Chemikalien wie Calciumchlorid, Harnstoff, Thioharnstoff usw. wird der Erstarrungspunkt einer Glutinleimlösung soweit erniedrigt, daß sie bei Raumtemperatur flüssig bleibt. Die Abbindezeit von Glutinkaltleim ist länger, die Fugenfestigkeit, wegen der größeren Feuchtigkeitsempfindlichkeit des Leimes, etwas niedriger als bei Glutinwarmleim.

Glutinheißbinder ist der heute am meisten verwendete Glutinholzleim. Er erinnert bereits stark an härtende Kunststoffleime und zeigt, daß der Unterschied zwischen natürlichen und synthetischen Leimen durchaus nicht so groß ist, als mitunter angenommen wird. Glutin reagiert, wie auch andere Eiweißstoffe, mit Formalin und geht in eine einigermaßen wasserunlösliche Verbindung über. Die Natur der chemischen Reaktion, die dabei abläuft, ist noch nicht geklärt. Das Härten von Glutinleim mit Paraformaldehyd ist schon lange bekannt. TRUAX[2] berichtet bereits

---

[1] KOLLMANN, F.: Technologie des Holzes, 2. Aufl., Bd. 2, S. 995, 996. Berlin/Göttingen/Heidelberg: Springer 1955.

[2] TRUAX, T. R.: The Gluing of Wood. Washington D.: U.S. Dept. Bull. Nr. 1500, 1929.

1929 über ausgedehnte Versuche am U.S. Forest Product Laboratory in Madison. Technisch bequem brauchbare Leime erhielt man jedoch erst, seitdem man Glutinkaltleime zu diesem Zweck heranzog, die auch nach Paraformaldehydzusatz lange Topfzeiten besitzen (bis zu 10 Stunden), kalt aufgetragen und warm verpreßt werden. Gewöhnlich verwendet man Leimlösungen von 50–55% Gehalt. Glutinheißbinder werden mit den üblichen Leimautomaten aufgetragen. Wartezeiten bis zu einer Stunde sind zulässig. Man behandelt diese Heißbinder als Dünnschichtleime (Auftragmenge etwa 200 g/m², Preßdruck 4–6 kp/cm²). Die Preßzeiten sind kurz und von der Größenordnung härtender Kunstharzleime. Die Leimfuge ist unmittelbar nach dem Verlassen der Presse noch etwas empfindlich, wird jedoch bei einigermaßen vorsichtiger Behandlung nicht beschädigt. Die Wasserbeständigkeit gehärteter Kunstharzleime wird allerdings nicht erreicht.

Glutinheißbinder ist der einzige Glutinleim, der heute in der Bundesrepublik in größerem Maße zum Verleimen von Holz benützt wird[1]. Er wird verwendet, wenn von der Leimfuge eine gewisse Elastizität gefordert wird, also z.B. für Werkstücke, die nach dem Verleimen gebogen werden, wie es bei der Herstellung von Rundfunk- und Fernsehgehäusen der Fall ist.

13.2 Kaseinleim

13.2.1 Allgemeines

Kaseinleim eignet sich aus ähnlichen Gründen wie Glutinleim zum Verleimen von Holz und anderem porösem Material, dagegen nicht für glatte porenfreie Oberflächen. In Mischung mit Pigmenten wird er auch zur Oberflächenverleimung von Papier verwendet.

Obwohl Kaseinleim seit alters her bekannt ist, erlangte er erst zu Anfang des Jahrhunderts nach einem starken Fall der Kaseinpreise wirkliche technische Bedeutung. Als Folge des gesteigerten Interesses der Holzindustrie wurden bald verbesserte Leimsorten geschaffen, die sich unter anderem auch durch erhöhte Topfzeiten auszeichneten und dadurch das praktische Arbeiten erleichterten.

Die Verwendung von Kaseinleim brachte der Holzindustrie einige wesentliche Vorteile. Im Gegensatz zu Glutinwarmleim konnte Kaseinleim kalt aufgetragen werden. Die längeren Wartezeiten von Kaseinleim, die eine unmittelbare Folge des Kaltauftragens sind, ermöglichten die Einführung rationellerer Verleimungsmethoden, da eine größere Anzahl beleimter Werkstücke gesammelt und gleichzeitig verpreßt werden konnten. Schließlich eröffnete die verhältnismäßig gute Wasserbeständigkeit von Kaseinleim geleimten Konstruktionen neue Anwendungsgebiete.

---

[1] Nach Mitteilung von Herrn Dr. H. Liese.

Man ist heute oft geneigt, die Bedeutung von Kaseinleim als wasserbeständigem Leim mit Hinblick auf moderne synthetische Leime bedeutend höherer Beständigkeit etwas zu unterschätzen. Man darf aber nicht vergessen, daß Kaseinleim der einzige Leim war, der vor der Einführung synthetischer Leime für Außenverleimungen zur Verfügung stand. Wie KOLLMANN[1] hervorhebt, wurde in der Flugzeugindustrie bis 1935 ausschließlich Kaseinleim zur Verleimung hölzerner Konstruktionsteile verwendet.

Auch Kaseinleim ist trotz des Fortschrittes, den seine Einführung als Holzleim seinerzeit bedeutete, durch synthetische Leimsorten stark zurückgedrängt worden und wird in den meisten europäischen Ländern nur mehr in geringem Ausmaß verwendet. Für Außenverleimungen werden heute ausschließlich hochbeständige synthetische Leime (Phenol-Resorcin-Melaminharzleime) verwendet. Aber auch für Innenverleimungen zieht man Polyvinylacetat- und Karbamidharzleime vor. Denn im Gegensatz zu alkalischen Kaseinleimen wird Holz durch die beiden genannten Kunststoffleime nicht verfärbt. Kaseinleim ist auch, was Bereitung und Handhabung betrifft etwas unbequemer, zumal er schon bei verhältnismäßig niedrigen Konzentrationen sehr zähflüssig wird. Seine hohe Viskosität macht die Verwendung stärker konzentrierter Lösungen unmöglich. Infolgedessen muß man bei Verwendung von Kaseinleim entweder mit hohen Auftragsmengen arbeiten, die eine starke Befeuchtung der Unterlage nach sich ziehen, oder sehr hohe Preßdrucke anwenden. Bei Verwendung der höher konzentrierten synthetischen Leime liegen in dieser Hinsicht wesentlich günstigere Arbeitsbedingungen vor. Schließlich enthalten Kaseinleime harte mineralische Bestandteile, die höheren Werkzeugverschleiß als selbst gehärtete Kunststoffleime verursachen können.

13.2.2 Kasein. Eigenschaften

Kasein, der Grundbestandteil von Kaseinleim, ist seiner chemischen Natur nach ebenfalls ein Protein; es gehört der Untergruppe der Phosphorproteide an, die Phosphorsäure an das Eiweißmolekül gebunden enthalten. Speziell bei Kasein ist die Phosphorsäure an Steringruppen (vgl. Tab. 34) verestert.

Kasein besitzt im Gegensatz zu Kollagen keine Faserstruktur; vielmehr sind die einzelnen Molekülketten, die Molekulargewichte der Größenordnung 20–30000 besitzen[2], durch Sekundärbindungen zu größeren Gebilden von vermutlich sphärischen Formen vereinigt. Vom chemischen

---

[1] KOLLMANN, F.: Techn. d. Holzes, 2. Aufl., Bd. 2. Berlin/Göttingen/Heidelberg: Springer 1955.

[2] SAMUELSSON, E. G.: Svensk Kemisk Tidskrift 73 (1962) 12, 626.

Standpunkt ist Kasein keine einheitliche Substanz, sondern besteht aus einer Reihe verschiedener Komponenten (α, β, γ-Kasein).

Als Phosphorproteid ist Kasein im allgemeinen nicht wasserlöslich. Eine Ausnahme liegt bei Milch vor, die Kasein in Form kleiner Mizellen[1] gelöst enthält. Bei Abscheidung und Trocknung (S. 136) verfilzen jedoch die kleinen Mizellen zu bedeutend größeren, unlöslichen Gebilden. Technische Kaseinpulver quellen daher nur mehr in Wasser. Vollständige Hydratisierung, die zur Lösung führt, erfolgt erst nach Alkalizusatz.

Die Viskosität von Kaseinlösungen ist stark pH-abhängig. Sie steigt bei frischbereiteten Lösungen bis zu einem Maximum bei rd. pH 10 und sinkt bei höheren pH-Werten wieder. Vermutlich beruht dieses Verhalten von Kasein darauf, daß die Kaseinmizellen zunächst hydratisiert werden und dadurch an Größe zunehmen, daß aber bei höherer Alkalität Sekundärbindungen gelöst werden, so daß die Mizellgröße wieder abnimmt. Um einen Abbau der Eiweißmolekule dürfte es sich zunächst nicht handeln, da die Bindestärke durch die niedrigere Viskosität frischer stark alkalischer Kaseinlösungen in keiner Weise beeinflußt wird. Auf Abbau beruht dagegen das schließliche Fallen der Viskosität, das an alten Lösungen nach längerer Standzeit beobachtet wird und ein sicheres Zeichen für die Verschlechterung der Bindekraft ist.

In alkalischer Lösung reagieren ferner die Carboxylgruppen des Kaseins ($-R-COOH$) mit Calcium- und schweren Metallionen (in Formel I allgemein mit Me^+ bezeichnet) wobei wasserunlösliche Kaseinate entstehen:

$$-R-COOH + OH^- \qquad -R-COO^- + H_2O$$
$$-R-COO^- + Me^+ \qquad -R-COOMe$$
$$\textit{(Kaseinat)}$$

I

In Kaseinlösungen höherer Viskosität (Kaseinleimen) ruft Reaktion I zwar keine Fällung jedoch zunehmende Verdickung und schließlich Erstarren des Leimes hervor.

Die Viskosität von Kaseinlösungen wird demnach durch die Kaseinatbildungs- und durch die Abbaureaktion in umgekehrtem Sinne beeinflußt. Das Geschwindigkeitsverhältnis beider Reaktionen bestimmt, ob eine Kaseinlösung schließlich dünnflüssig wird oder erstarrt.

13.2.3 Rohstoffe und Herstellung von Kasein

Kasein ist ein Milchprodukt. Es stellt etwa ein Viertel der in Kuhmilch dispergierten und gelösten festen Stoffe dar. Die durchschnittliche Zusammensetzung von Kuhmilch ist in Tab. 38 angegeben.

---

[1] Unter Mizelle ist in diesem Falle ein aus einer größeren Zahl Molekülen zusammengesetztes Gebilde zu verstehen, in dem hydrophile Gruppen nach außen orientiert sind und das infolgedessen löslich ist.

Als Ausgangsprodukt für die Kaseinherstellung wird Magermilch verwendet, die nach dem Zentrifugieren (Entrahmen) von Vollmilch anfällt.

Tabelle 38. *Die Festbestandteile von Kuhmilch*[1]

Substanz	Festgehalt %	Zustandsform	Teilchengröße μ
Fett	3,5	Suspension	1–20
Eiweiß:			
Kasein	2,9	Mizellen	0,01–0,5
Serumprotein	0,5	makromolekulare Lösung	
Milchzucker	4,7	echte Lösung	
Asche	0,7		
	12,3		

Magermilch besitzt normalerweise einen Fettgehalt von 0,1%; ihr restlicher Gehalt an Festbestandteilen ist im übrigen unverändert. Der Fettgehalt von festem Kasein beträgt daher ~3% und stört bei der Verwendung des Leimes nicht[2].

Das Kasein bildet in der Milch kleine Kasein-Calciumphosphatmizellen bisher nicht ganz geklärter Struktur, die beim Entrahmungszentrifugieren nicht abgeschieden werden, dagegen auf verschiedene andere Weisen zum Koagulieren gebracht werden können. Bei der Herstellung von Milchsäurekasein, dem gewöhnlichen Rohstoff der Kaseinleimerzeugung, wird die Magermilch meist auf mikrobiologischem Wege mit Milchsäure angesäuert, wobei sie gerinnt. Die abgeschiedene Flüssigkeit wird dekantiert, der Niederschlag gewaschen, gepreßt, feucht gemahlen und in Heißlufttrocknern getrocknet. In südlicheren Ländern wird das Kasein oft in dünner Schicht im Freien an der Sonne getrocknet. Dabei entsteht eine etwas schwankende, aber für die Kaseinleimherstellung brauchbare Qualität[1].

Reines technisches Milchsäurekasein ist ein weißes bis gelbliches Pulver von schwachem Geruch und mildem Geschmack. Die Beurteilung der Handelsware erfolgt teils nach Aussehen und Korngröße. Kaseine mit Korngrößen von 0,3–0,6 mm werden feiner gemahlenen Pulvern wegen der geringeren Gefahr von Klumpenbildung beim Lösen meistens vorgezogen. Ferner ist der Gehalt an Eiweiß, Säure, Feuchtigkeit, Fett und Asche für die Qualitätsbeurteilung von Wichtigkeit. Geeignete Prüfungsnormen sind in den Vorschriften des Reichsausschusses für Lieferungsbedingungen RAL 093 B zusammengestellt.

---

[1] GRAF, H.: Ullmanns Enz. d. techn. Chemie, 3. Aufl., Bd. 12, S. 475, 1960.
[2] SAUER, E.: u. K. HAGENMÜLLER: Kolloid Z. 83 (1938) 216–217.

13.2.4 Die Herstellung von Kaseinleim

Lösungen von Kasein in Natriumhydroxyd können bereits als Leime verwendet werden, bilden aber Leimfugen, die wasserlöslich sind. Zur Erzielung von Wasserbeständigkeit ist es notwendig, daß das Kasein mit einer bestimmten Menge Calciumhydroxyd [$Ca(OH)_2$ = gelöschter Kalk] reagiert (S. 135)[1]. Calciumhydroxyd ist zwar schwerlöslich[2], verwendet man jedoch suspendiertes festes Calciumhydroxyd, so löst sich letzteres in dem Maße nach als Ca^{++}-Ionen vom Kasein gebunden werden und aus der Lösung verschwinden.

Calciumhydroxydzusätze begrenzen zwar die Gebrauchsdauer von Kaseinleim und bewirken nach einiger Zeit häufig das irreversible Erstarren der Leimlösung. Die Haltbarkeit der Lösung kann jedoch innerhalb annehmbarer Grenzen gehalten werden, wenn man die Löslichkeit von Calciumhydroxyd verringert, z. B. durch Erhöhung der Alkalität der Lösung. Das chemische Gleichgewicht

$$Ca(OH)_2 \rightarrow Ca^{++} + 2\,OH^- \hspace{4cm} II$$

wird nämlich durch OH^--Ionenüberschuß zugunsten von undissoziiertem $Ca(OH)_2$ verschoben. Nach der in Tab. 39 angegebenen Zusammensetzung erhält man einen Leim mit 6–7 Stunden Gebrauchsdauer.

Tabelle 39. *Kaseinleim der Type Calciumhydroxyd/Natriumhydroxyd*
(nach SUTTERMEISTER und BROWN[3])

⌈⌈ Kasein	100 g	
⌊ Wasser	250 g	
Natriumhydroxyd	11 g	(0,28-g-Äquiv.)
Calciumhydroxyd	20 g	(0,54-g-Äquiv.)

Einen ganz spezifischen Effekt besitzen Alkalisilikate, deren Bremswirkung bedeutend stärker ist, als man auf Grund der Alkalitätserhöhung

Tabelle 40. *Kaseinleim der Type Calciumhydroxyd/Wasserglas*
(nach S. BUTTERMAN)

⌈⌈⌈ Kasein	100 g	
Wasser	250 g	
⌈ Calciumhydroxyd	20–30 g	(0,54–0,81-g-Äquiv.)
⌊ Wasser	100 g	
Wasserglas	70 g	(0,2-g-Äquiv. Na_2O enthaltend)

---

[1] Genaugenommen reagiert Kasein mit den Calciumionen.

[2] 1,3 g/l bei 20 °C.

[3] SUTTERMEISTER, E. u. F. L. BROWN: Kasein, 2. Aufl., S. 252. Reinhold Publ. Corp. 1939. Die Klammern weisen auf die Reihenfolge hin, in der die verschiedenen Substanzen gelöst werden.

erwarten könnte, die sie hervorrufen. Mit ihrer Hilfe lassen sich daher besonders haltbare bzw. weniger alkalische Leime herstellen. Der von S. BUTTERMAN in dem der Allgemeinheit zur Verfügung gestellten USA-Patent 1291396 (1919) beschriebene Kaseinleim mit Wasserglaszusatz besitzt auch nach heutigen Begriffen gute Haltbarkeit (Tab. 40).
Die Gebrauchsdauer eines nach diesem Rezept hergestellten Leimes ist aus Abb. 52 abzulesen, die gleichzeitig die starke Abhängigkeit der Gebrauchsdauer vom Kalkgehalt veranschaulicht.

Kaseinleim wird von den Leimfabrikanten in Form von trockenen Pulvern geliefert, die bereits alle Leimkomponenten enthalten und vor Gebrauch lediglich mit Wasser in einem vorgeschriebenen Verhältnis zu mischen sind. Weder die Vorschriften von Tab. 39 noch Tab. 40 sind für diesen Zweck anwendbar, da sowohl das Einmischen von aggressivem festem Natriumhydroxyd als auch von festen Natriumsilicaten auf eine Reihe von Hindernissen stößt. Beide Vorschriften kommen daher nur für das Selbstansetzen von Kaseinleimlösungen in Frage.

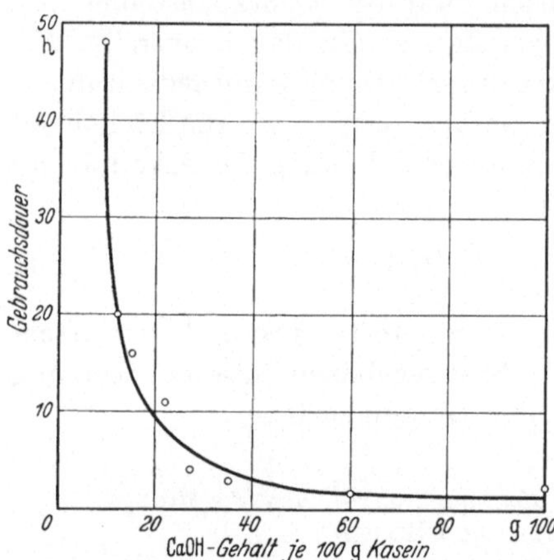

Abb. 52. Abhängigkeit der Gebrauchsdauer eines Kaseinleimes vom Kalkgehalt (nach BUTTERMANN)

Bei der Herstellung lagerbeständiger Leimpulver wird ein Kunstgriff angewendet. Der erforderliche Alkaliüberschuß ist im trockenen Pulver noch nicht vorhanden, sondern entsteht erst nach dem Lösen durch eine Sekundärreaktion (III). Die Lösungen derartiger Pulver haben die gleichen Eigenschaften wie Leime, die nach Tab. 39 angesetzt werden. Zur nachträglichen Bildung eines Alkaliüberschusses verwendet man Natriumsalze der schematischen Zusammensetzung NaX, die sich in trockenem Zustand anstandslos zumischen lassen und deren Kation X^- nach Zusatz von Wasser mit Calciumhydroxyd bzw. Calciumionen unlösliche Verbindungen bildet:

$$Ca^{++} + 2\,X^- \rightarrow CaX_2 \text{ (unlöslich).} \qquad \text{III}$$

Anstelle der ausgefällten Calciumverbindung geht neues Calciumhydroxyd nach Gleichung II in Lösung und die Menge der OH^--Ionen steigt. Als Beispiele von NaX-Verbindungen sind zu nennen: Natriumfluorid, Borax, Natriumcarbonat, Natriumphosphate usw.[1] Die Zusatzmenge wird natürlich so bemessen, daß nur ein Teil des vorhandenen

Calciums gefällt wird, wie die nachstehende Vorschrift in Tab. 41 zeigt.

Tabelle 41. *Kaseinleimpulver der Type Calciumhydroxyd/NaX*
(nach SUTTERMEISTER und BROWN)

Kasein	100 g	
Calciumhydroxyd	30 g	(0,81 g-Äquiv.)
NaX	→	(0,28-g-Äquiv.)

Dieser Leim hat eine Gebrauchsdauer von 6–7 Stunden und besitzt gute Wasserfestigkeit.

Außer den in Tab. 41 angegebenen Stoffen pflegen Pulverleime folgende Zusätze zu enthalten:

1. Einige Prozente organischer oder unorganischer Füllstoffe, die wie immer spannungsentlastend und festigkeitserhöhend wirken.

2. Konservierungsmittel zum Schutz gegen den Angriff von Mikroorganismen, von denen Kasein als Eiweißverbindung leicht angegriffen wird.

3. Geringe Mengen Öl zur Verhinderung des lästigen Staubens.

Die Eigenschaften von Pulverleimen lassen sich durch Veränderung des Alkaliüberschusses und der nicht gefällten Calciummenge innerhalb ziemlich weiter Grenzen variieren.

Tab. 42 gibt eine Übersicht über die Eigenschaften von verschiedenen im Handel befindlichen Pulverleimen. Leime mit höherem Calciumgehalt (1 und 2) besitzen größere Wasserfestigkeit und binden schneller, sind dagegen im Durchschnitt alkalischer und verfärben alkaliempfindliche Unterlagen stärker; sie besitzen ferner geringere Gebrauchsdauer und Wartezeiten und bilden härtere Leimfugen. Leime mit niedrigerem Calciumgehalt (3 und 4) sind weniger wasserbeständig und erfordern etwas längere Preßzeiten; alle übrigen Eigenschaften, insbesondere die Gebrauchsdauer sind merklich verbessert.

Tabelle 42*. *Kasein-Pulverleime (Kaltbinder)*

Kaseinleim „Casco"	Mischungsverhältnis	pH	Gebrauchsdauer	Wartezeit	Preßzeit	Leimfuge	Wasserbeständigkeit	Verfärbung von Holzen
1	1 : 2	12–12,5	6–7	10–15 min	15–20 min	hart	gut	stark
2	1 : 2	12–12,5	7–8	10–15 min	25 min	hart	gut	stark
3	1 : 2	11–11,5	24	15–20 min	25 min	weicher	nicht gut	weniger stark
4	1 : 2,25	11–11,5	mehrere Tage	15–20 min	30 min	weicher	nicht gut	weniger stark

* Die angegebenen Daten beziehen sich auf normale Temperatur und die Verleimung von trockenem Föhrenholz mit Kaseinleimen der Fa. Casco AB, Stockholm.

13.2.5 Die Anwendung von Kaseinleim-Kaltbindern (Holz)

Die Anwendung von Kaseinleim wird durch folgende zwei Umstände stark beeinflußt.

1. Die Konzentration des flüssigen Leimes muß wegen der Zähflüssigkeit der Lösung verhältnismäßig niedrig gehalten werden. Festgehalte von 30–33 % stellen die obere Konzentrationsgrenze dar. Zwei Drittel des Leimes bestehen daher aus Wasser.

2. Da Erstarren durch Abkühlung nicht stattfinden kann, bindet der Leim nach dem Auftragen nur in dem Maße ab, als er Wasser an die Umgebung abgibt. Die Viskosität der Leimschichte zu Beginn des Preßvorganges ist daher im Vergleich mit manchen anderen Leimsorten nicht besonders hoch[1].

Der niedere Festgehalt von Kaseinleim läßt den Zusammenhang von Preßdruck und Auftragsmenge (S. 312 ff) besonders deutlich in Erscheinung treten und ist auch letzten Endes der Grund für die schwankenden Angaben über Auftragsmengen und Preßdrucke, die in den Gebrauchsanweisungen und der technischen Literatur anzutreffen sind. Der hohe Wassergehalt hat starkes Schrumpfen des aufgetragenen Leimvolumens zur Folge. Trotz der nichtspröden Beschaffenheit der festen Leimschichte ist Kaseinleim als Fugenfüller daher wenig geeignet. Das langsame Erstarren und der niedrige Festgehalt erhöhen die Gefahr für verhungerte Leimfugen, wenn zu dünnflüssige Leime verwendet werden. Die Mischungsvorschriften käuflicher Leimpulver tragen diesem Umstand Rechnung und zielen bewußt auf besonders hohe Leimviskositäten ab, die das Handauftragen der Leime etwas erschweren.

a) Bereiten der Leimlösung. Beim Lösen von Kaseinleimpulvern ist es wichtig, daß die vom Leimhersteller beabsichtigte Viskosität erreicht und das vorgeschriebene Mischungsverhältnis genau eingehalten wird. Denn die Viskosität einer Kaseinleimlösung sinkt bereits bei geringer Verdünnung stark ab. Das Leimpulver wird unter starkem Umrühren in Wasser eingetragen und hierauf mindestens eine halbe Stunde stehen gelassen. Während dieser Zeit quillt und löst sich das Kasein. Gleichzeitig bildet sich ein Alkaliüberschuß nach Reaktion 13.2.4/III und II aus. Nach Ablauf der Ruhezeit kann der Leim, der nochmals durchzurühren ist, verwendet werden. Die Anfangsviskosität gebrauchsfertiger 33 %iger Lösungen beträgt häufig bereits 4000–5000 cP. Bei Leimen längerer Gebrauchsdauer, z. B. Nr. 1 und 2 in Tab. 42 steigt die Viskosität nur langsam, bei Leimen kürzerer Gebrauchsdauer dagegen bedeutend schneller. Abb. 53 zeigt den Viskositätsverlauf eines Leimes mit kurzer Gebrauchsdauer, der schließlich durch Erstarren der Lösung unbrauchbar wird.

---

[1] Trotz relativ hoher Anfangsviskosität des Leimes.

Das anfängliche Viskositätsminimum beruht auf dem In-Lösung-Gehen von gequollenem Kasein, und auf der Zunahme des Alkaliüberschusses, das Steigen der Viskosität auf der Kaseinatreaktion. Das anfängliche Fallen der Viskosität ist nicht mit dem schließlichen Dünnflüssigwerden zu verwechseln, das bei Lösungen langer Gebrauchsdauer (mehrere Tage) auftritt (S. 135).

Die hohe Alkalität des Leimes schließt die üblichen Metalle, mit Ausnahme von rostfreiem Stahl, als Material für Leimbehälter aus; Plastbehälter können mit Vorteil verwendet werden. Aus dem gleichen Grunde werden animalische Fasern, z. B. Haare, von Kaseinleim stark angegriffen. Beständig sind Pflanzenfasern sowie Gummi- und Kunststoffmaterial.

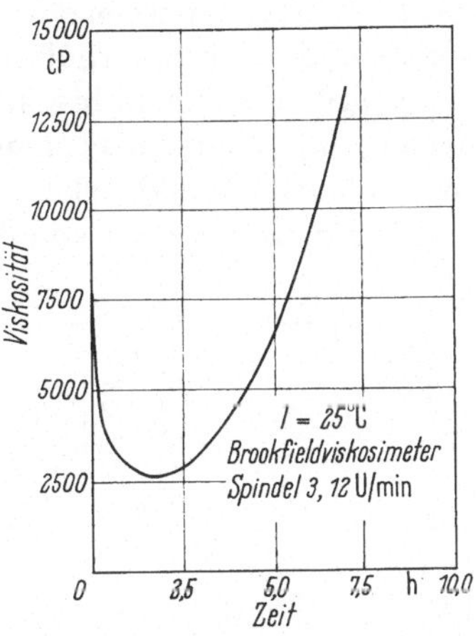

Abb. 53. Viskositätsverlauf eines Kaseinleimes mit kurzer Gebrauchsdauer

b) Leimauftrag. Zum Auftragen des Leimes können die üblichen automatischen Leimauftragsmaschinen mit Gummiwalzen, sowie Handwerkzeuge aus geeignetem Material benützt werden. Die Auftragmenge hängt von der Beschaffenheit der Leimfuge und der Höhe des Preßdruckes ab. Die in der Praxis vorkommenden Auftragsmengen schwanken zwischen 200–350 g/m², wobei die letztgenannte Zahl die obere Auftragsgrenze darstellt.

c) Wartezeit. Die in Tab. 42 angegebenen Wartezeiten, die Kaseinleim scharf von Glutinleim unterscheiden, ermöglichen das Sammeln einer größeren Anzahl von Werkstücken, die gleichzeitig verpreßt werden und bieten außerdem Gelegenheit, den aufgetragenen Leim vor dem Pressen noch etwas abtrocknen zu lassen, wodurch die Gefahr verhungerter Leimfugen, die auch bei Kaseinleim besteht, verringert wird. Man muß allerdings dafür Sorge tragen, daß man nicht gegen die Grundregel des Verleimens verstößt und den Leim soweit abtrocknen läßt, daß die Benetzung der nicht mit Leim bestrichenen Fugenfläche gefährdet wird. Tritt dieser Fall ein, sind Fehlleimungen unvermeidlich. Sehr stark eingedickte aber noch nicht erstarrte Leimaufstriche können unter gleichen Bedingungen wie weniger eingedickte Leime bereits merklich verschlechterte Festigkeiten ergeben, erreichen jedoch normale Festigkeit nach Anwendung erhöhten Preßdruckes. Offenbar erzwingt der erhöhte Druck eine bessere Berührung von Leim und Holzoberfläche.

Wegen dem starken Schwund und dem späteren Erstarren der Leimfuge werden bei Kaseinleim durchschnittlich höhere Preßdrucke angewendet als bei Glutinleim. Die Höhe des Preßdruckes kann innerhalb weiter Grenzen schwanken. Teile sehr gleichmäßiger Dicke und planer Oberfläche werden auch mit Kaseinleim nach wie vor bei niederen Drukken (∼1 kp/cm²) ausgezeichnet verleimt. Bei stärkeren Dickeschwankungen und begrenzten Auftragsmengen müssen dagegen bedeutend höhere Drucke angewendet werden. Derartige Verhältnisse liegen gewöhnlich bei der Sperrholzerzeugung vor, wo man teils aus ökonomischen Gründen, teils aber auch um schädliche Befeuchtungen zu vermeiden, mit sparsamem Leimauftrag arbeitet. Beim Verpressen von Sperrholz sind Preßdrucke >10 kp/cm² sehr gewöhnlich.

Die Preßzeiten sind von der Feuchtigkeit des benützten Holzes und der Natur des verleimten Werkstückes abhängig. Hoher Feuchtigkeitsgehalt des Holzes verzögert naturgemäß das Abbinden des Leimes. Die Angaben in Tab. 42 beziehen sich auf massives Föhrenholz mit 8–11 % Feuchtigkeitsgehalt. Es wird abgeraten Holz mit höherem Feuchtigkeitsgehalt als 16 % zu verleimen. Bedeutend längere Preßzeiten erfordern Furniere und andere Teile, die rückfedernde Kräfte entwickeln. Volle Festigkeit erreicht die Kaseinleimfuge nach etwa 24 Stunden. Das Ansteigen der Festigkeit ist aus Abb. 54 zu ersehen. Ein Vergleich mit Abb. 51 zeigt, daß die Festigkeit in den ersten Stunden niedriger als bei Glutinleim ist. Die verpreßten Werkstücke sollen im allgemeinen nicht unmittelbar, sondern nach einer von Fall zu Fall festzulegenden Ruhezeit von einer halben bis mehreren Stunden weiterverarbeitet werden.

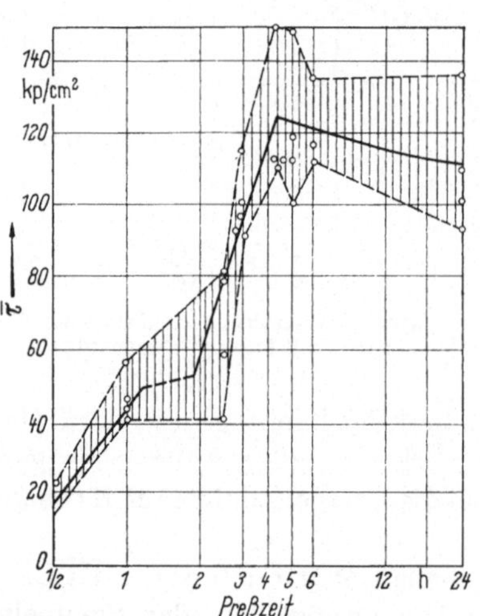

Abb. 54. Abbinden (= Zunahme der Schubfestigkeit) eines Kaseinleimes. – Buche (nach PLATH)

13.2.6 Heißbinder

Kaseinleim kann auch zum Warmpressen verwendet werden. Um zu verhindern, daß bei der Sperrholzherstellung das Deckfurnier zu stark verfärbt wird, benützt man Leime mit nicht zu hohem pH-Wert. Die Konzentrationen von Heißbindern (20–22 %) müssen daher niedriger als bei Kaltbindern gehalten werden. Reine Kaseinheißbinder werden heute nur wenig benützt. Dagegen sind Mischleime mit Blutalbuminzusatz in der amerikanischen Sperrholzindustrie noch relativ häufig anzutreffen.

13.3 Sojaleim

Sojaleime, die ebenfalls vor allem in Amerika verwendet werden, sind Kaseinleimen in jeder Beziehung sehr ähnlich. Als Rohmaterial dient das Mehl der proteinreichen Sojabohnen. Die für die Herstellung von Kaseinleimen beschriebenen Richtlinien einschließlich der angegebenen Chemikalien behalten in großen Zügen auch bei der Herstellung von Sojaleimen Gültigkeit. In den Leimrezepten[1] tritt Sojamehl anstelle von Kasein. Die Konzentration von Sojaleim, die ausschließlich als Kaltbinder verwendet werden, liegt bei ~ 20–22%, ist also wesentlich niedriger als von Kaseinkaltleimen.

Leime auf Sojabasis standen einige Zeit im Rufe schneller als Kaseinleime abzubinden. Von den Herstellern wurden Preßzeiten von 15 min genannt, die sich also den Preßzeiten moderner Leime zu nähern beginnen und rationelleres Arbeiten gestatten. Sojaleime wurden als „no-clamp"-Leime propagiert, im Gegensatz zu den bis dahin angewendeten Kaseinleimen, bei denen zur rationelleren Ausnützung der hydraulischen Presse ein besonderes Preßverfahren gebräuchlich war: es wurde z.B. bei der Sperrholzverleimung ein größerer Stapel beleimter Furniere zwischen zwei starken Deckplatten unter dem Druck einer hydraulischen Presse mit mechanischen Spannvorrichtungen[2] umgeben, so daß die Presse unmittelbar entleert und das Abbinden der verleimten Platten außerhalb der Presse unter Druck stattfinden konnte. Es stellte sich aber heraus, daß auch schnellbindende Kaseinleime die gleichen Dienste leisten.

Alle mit „no-clamp-Leimen" hergestellten Werkstücke müssen vorsichtig der Presse entnommen werden und dürfen erst nach einer bestimmten Ruhezeit weiter bearbeitet werden. Die no-clamp-Verleimung konkurrierte mit dem Warmpreßverfahren, das sich allmählich auszubreiten begann, jedoch teuere hydraulische Pressen erforderten; sie ist heute überholt.

13.4 Blutalbuminleim

13.4.1 Allgemeines

Auch die Blutalbuminleime gehören zu der Gruppe der Proteinleime. Da sie noch wasserfester als Kaseinleime sind, spielten sie bei der Sperrholzerzeugung eine gewisse Rolle, bevor überlegene Kunstharzleime zur

---

[1] Vgl. KOLLMANN, F.: Technologie d. Holzes, 2. Aufl., Bd. 2, S. 1008. Berlin/Göttingen/Heidelberg: Springer 1955.

[2] „Clamps", s. z.B. KOLLMANN, F.: Fußnote 1.

Verfügung standen. Allerdings ist die Trockenfestigkeit von Blutalbuminleimen geringer als von Kaseinleimen. In jenen Ländern, wo Blutalbuminleime heute noch Verwendung finden (Amerika, Finnland) werden sie selten rein, sondern in Mischung mit Kasein oder Sojaprotein für die Herstellung von billigerem Sperrholz benützt. Reine Blutalbuminleime sind weniger alkalisch als durchschnittliche Kaseinleime, doch wird der Vorteil der geringeren chemischen Verfärbung des Holzes durch die dunkle Farbe des Leimes wieder wettgemacht, vor allem wenn helle Deckfurniere verwendet werden. Das Arbeiten mit reinen Blutalbuminleimen ist unerfreulich. Denn abgesehen von dem unangenehmen Geruch wird diese Leimsorte besonders leicht von Mikroorganismen angegriffen. Ferner muß beim Einkauf von technischen Blutalbuminpulvern mit bedeutend größeren Qualitätsschwankungen als bei Kasein gerechnet werden.

13.4.2 Die Herstellung von Blutalbumin

Das Ausgangsmaterial für die Herstellung von Blutalbumin ist Rinderblut, das in den Schlachthäusern anfällt. Die durchschnittliche Zusammensetzung von Rinderblut geht aus der nachstehenden Tab. 43 hervor[1].

Außerhalb des Körpers erstarrt Blut dadurch, daß sich das Fibrinogen in eine unlösliche Verbindung verwandelt. Aus der geronnenen Blutmasse scheidet sich allmählich eine hellere Flüssigkeit, das Serum, ab, in dem die Albumine und Globuline des Blutes gelöst sind. Beide Stoffe sind Eiweißverbindungen. Das Blutserum wird entweder durch Zentrifugieren (Amerika) oder freiwilliges Abtropfen und schließliches Auswaschen der unlöslichen Blutrückstände (Blutkuchen) von letzteren getrennt und durch Sprüh- oder Vakuumtrocknung zu festem Pulver, dem „Blutalbumin" des Handels getrocknet. Zur Herstellung von Leimen werden billige Schwarzalbuminpulver verwendet, die aus der dunkelsten, bereits stark mit Hämoglobin verunreinigten Serumfraktion stammen[2]. Durch Alterung nimmt die Löslichkeit von Blutalbuminpulvern in Wasser ab und damit auch ihre Brauchbarkeit als Leimrohstoff. Vor der Verwendung

Tabelle 43. *Die Festbestandteile von Rinderblut*

Substanz	Festgehalt (%)
Hämoglobin (rote Blutkörper)	10,3
Serumalbumin und -globulin	6,3
Fibrinogen	0,5
Verschiedenes	1,9
	19,0

---

[1] ULLMANN: Enzyklop. d. technische Chemie, 2. Aufl., Bd. 2, S. 362, 1929.

[2] Pulver, die nur aus eingetrocknetem Blut bestehen, werden zu Unrecht als Blutalbumin bezeichnet.

ist daher vor allem die Löslichkeit von Blutalbuminpulvern zu prüfen, die 90–95% betragen soll.

13.4.3 Die Herstellung von Blutalbuminleim

Blutalbuminleime werden vom Verbraucher angesetzt. Die Herstellungsvorschriften sind einfach. Die Angaben von Tab. 44 sind als Durchschnittsregel anzusehen[1].

Das Blutalbumin quillt und löst sich bei Umrühren innerhalb von 1–2 Stunden. Der Kalk wird hierauf eingerührt. Die Mischung dickt allmählich ein und ist nach 20 min gebrauchsfertig. Überdosierung des Kalkzusatzes ruft eine zu starke Verdickung des Leimes hervor.

Nach der Vorschrift von Tab. 44 lassen sich auch Mischleime herstellen, die die erhöhte Wasserfestigkeit der Blutalbuminleime mit der besseren Trockenfestigkeit von Kaseinleimen verbinden. 2/3–3/4 der angegebenen Blutalbuminmenge sind dabei durch Kasein zu ersetzen[1].

Tabelle 44. *Blutalbuminleim*

Blutalbumin	100 g
Wasser	400–500 g
Calciumhydroxyd	6–10 g

13.5 Stärke als Leim und Verdickungsmittel

13.5.1 Allgemeines

Stärkeleime, zu denen zweckmäßigerweise auch Dextrinleime zu zählen sind, werden in größerem Ausmaß zum Verleimen und Gummieren von Papieren verwendet. Sie hatten zeitweise auch eine gewisse Bedeutung als Holzleime erlangt, konnten sich aber auf die Dauer nicht durchsetzen, da ihre Feuchtigkeitsbeständigkeit gering, ihr Festgehalt niedrig und die Preßzeiten lang sind. Auch Stärkeleime wurden ähnlich wie Kaseinleim im Gegensatz zu Glutinleim „Kaltleim" genannt, eine Bezeichnung, die wie bereits erwähnt, nicht mehr sehr zweckmäßig ist. Reine Stärke bzw. Stärkekleister werden zum Verdicken und Strecken einiger Kunstharzleime, vor allem der Aminoplaste (S. 209) häufig verwendet.

13.5.2 Rohmaterial und Herstellung von Stärke

Die Stärke ist eines der ersten Assimilationsprodukte der lebenden Pflanze. Die in den Blättern eingelagerten Stärkekörner wandern in die Früchte, Knollen oder Wurzeln weiter und werden dort abgelagert. Die Stärkekörnchen haben sehr verschiedene Größe $(1/2–170 \mu)^2$ und sind meist aus zahlreichen um einen Kern gruppierten Schichten aufgebaut. Das wichtigste europäische Rohmaterial für die Herstellung von Stärke

---

[1] Vgl. auch KOLLMANN, F.: Technologie d. Holzes, 2. Aufl., Bd. 2, S. 1010. Berlin/Göttingen/Heidelberg: Springer 1955.

[2] HOLLEMAN-RICHTER: Lehrb. d. Chemie. 37.–41. Tsd., S. 273. Berlin: W. de Gruyter 1961.

ist die Kartoffel; auch Getreide- und Maiskörner sind sehr reich an Stärke.

Die Kartoffeln, deren Stärkegehalt 15–20 % beträgt, werden gereinigt, zerkleinert und vermahlen. Die aus Fruchtsaft, Schalen und Zellmaterial bestehenden Verunreinigungen des entstehenden Breies werden ausgewaschen, die unlösliche Stärke noch mehrmals gereinigt und getrocknet. Getreidestärke kann direkt in Form der betreffenden Mehlsorte verwendet werden.

13.5.3 Chemischer Aufbau der Stärke

Stärke besteht aus zwei chemisch etwas verschiedenen Komponenten der Hüllsubstanz Amylopektin und der Inhaltssubstanz der Stärkekörner Amylose. Der größere Teil der Stärke besteht aus Amylopektin ($\leqq 70\,\%$). Sowohl Amylopektin als auch Amylose werden durch Kochen mit verdünnten Säuren vollständig in D-Glucose zerlegt[1]:

$$
\begin{array}{ll}
 & 1\ \ \overset{\displaystyle O}{\underset{\displaystyle H}{C}} \\
2 & H-C-OH \\
3 & HO-C-H \\
4 & H-C-OH \\
5 & H-C-O[H] \\
6 & CH_2OH \\
 & a
\end{array}
\qquad \rightleftharpoons \qquad
\begin{array}{ll}
1 & C \diagup OH \\
2 & H-C-OH \\
3 & HO-C-H \quad O \\
4 & H-C-OH \\
5 & H-C \\
6 & CH_2OH \\
 & b
\end{array}
\qquad I
$$

D-Glukose

D-Glucose, ein monomerer Zucker, neigt in der durch die punktierte Linie in Formel I a angedeuteten Art zur Ringbildung und liegt hauptsächlich in der durch Formel I b angegebenen Form vor[2].

Stärke und einige andere Stoffe, z.B. Cellulose, die sich vollständig zu Glucose abbauen lassen, werden Polysaccharide genannt; sie können als polymere Zuckerarten aufgefaßt werden. Nach HAWORTH[3] hat das Makromolekül der Stärke folgende Struktur:

(Strukturformel II: Das Makromolekül der Stärke — drei verknüpfte Glucose-Ringe)

Das Makromolekül der Stärke

II

---

[1] Die Bezeichnung D-(dexter-rechts) bedeutet optische Aktivität der betreffenden Verbindung: eine wäßrige Glucoselösung dreht die Polarisationsebene eines polarisierten Lichtstrahles nach rechts.

[2] HOLLEMAN-RICHTER: Lehrb. d. org. Chemie. 37.–41. Tsd., S. 238. Berlin: W. de Gruyter 1961.

[3] HAWORTH, W. N.: The constitution of sugar. London, S. 84, 1929.

Ein Vergleich von Formel I b und II zeigt, daß im Stärkemolekül Glucoseringe unter Wasserabspaltung durch O-Brücken an den C-Atomen 1 und 4 miteinander verbunden sind. Der Übersichtlichkeit wegen sind die C-Atome in I und II übereinstimmend numeriert.

Stärke hat in Wirklichkeit nicht die rein lineare Struktur von Formel II. Es treten viele Seitenverzweigungen auf, die wiederum durch O-Brücken verknüpft sind. Die Brückenbildung kann stets an jenen Stellen erfolgen, wo das Kettenmolekül (Formel II) OH-Gruppen trägt. Trotzdem ist das Stärkemolekül noch als einigermaßen langgestreckt zu betrachten; es nimmt eine Mittelstellung zwischen rein linearen und kugeligen Makromolekülen ein[1]. Das Durchschnittsmolekulargewicht der Stärke ist hoch. Die verschiedenen Angaben der Literatur entsprechen größenordnungsmäßig Zusammenschlüssen von 10^3–10^4 Glucosemolekülen[2].

Reine unbehandelte Stärke löst sich nicht in Wasser. Bei Zimmertemperatur tritt eine geringe, nach Überschreiten der Verkleisterungstemperatur eine sehr starke, von Sorte zu Sorte verschiedene Quellung ein. Es entsteht *Kleister*, der aus einer Suspension stark gequollener Stärkekörner besteht. Die Volumvergrößerung der Stärkekörner bei der Kleisterbildung kann mehr als das hundertfache ihres Ausgangsvolumens betragen. Die Verkleisterungstemperatur von unbehandelter Stärke in reinem Wasser liegt zwischen 50–70 °C.

Die verdickende Wirkung der Stärke wird ausschließlich von dem Amylopektinanteil hervorgerufen. Amylose ist wasserlöslich und wirkt nicht viskositätserhöhend. Bei dem ziemlich scharf einsetzenden Verkleisterungsvorgang dringt Wasser durch die Amylopektinhülle und löst die Amylose aus[3]. Die Verkleisterungsquellung ist eine irreversible Lockerung des Stärkegefüges. Verkleisterte und wieder getrocknete Stärke löst sich in kaltem Wasser. Technische Präparate dieser Art sind unter dem Namen „Quellstärke" im Handel.

Durch hydratisierende Zusätze, z. B. Calciumchlorid, vor allem aber durch Alkalien kann die Verkleisterungstemperatur der Stärke gradweise bis auf Zimmertemperatur gesenkt werden. Durch alkalische Verkleisterung und hierauf folgende Neutralisation wird auch die Viskosität verringert. Alkalisch bereitete Kleister können daher in höherer Konzentration (etwa 20%) hergestellt werden als gewöhnliche wäßrige Kleister (etwa 10% bei Verwendung von guter Kartoffelstärke).

Bei Abbau der Stärke durch Erhitzen auf 110 °C, eventuell unter Zugabe kleiner Mengen Salpetersäure, bilden sich *Dextrine*, die wasserlöslich sind, viel weniger verdickend wirken und daher in hoher Konzentration

---

[1] STAUDINGER, H.: Org. Kolloidchemie 213–217, Vieweg 1941.

[2] KEYNS, K.: Neuere Ergebnisse der Stärkeforschung 46, Vieweg 1949.

[3] HEYNS, K.: Neuere Ergebnisse der Stärkeforschung 73, Vieweg 1949.

(etwa 60%) gelöst werden können. Auch Dextrine sind Polysaccharide, jedoch mit bedeutend kleinerer Kettenlänge als Stärke. Stärke und Dextrin stehen daher in einer ähnlichen Beziehung zu einander wie hochviskose Hautleime und sehr stark abgebaute Knochenleime. Außer Stärke und Dextrinen sind auch Zwischenprodukte mittleren Abbaugrades bekannt, die als lösliche oder dünnkochende Stärken[1] bezeichnet werden und die bereits bei Verkleisterungstemperatur ziemlich dünnflüssige „Lösungen" ergeben. Eine vollständig adäquate Charakterisierung der entstehenden flüssigen Phase ist deshalb schwierig, weil ein kontinuierlicher Übergang zwischen Kleistersuspensionen und Dextrinlösungen vorhanden ist. Schon bei den alkalisch bereiteten Kleistern, die bedeutend homogener und glattfließender sind als die eher gallertartigen neutralen Kleister, liegt offenbar bereits eine gewisse Verschiebung in Richtung besserer Löslichkeit vor.

13.5.4 Neutrale Kleister (ohne hydratisierende Zusätze)

Zur Bereitung von technischen Kleistern wird vor allem Kartoffelstärke, mitunter auch Getreide- und Maisstärke verwendet. Als Leime sind neutrale fertigbereitete Kleister nur für einfache Verklebungen verwendbar, da sie wegen ihres niedrigen Feststoffgehaltes nur geringe Bindekraft besitzen. Entsprechend dem sperrig-linearen, hochmolekularen Bau des Stärkemoleküles ist die Viskosität von Stärkekleister hoch. 5%ige Kartoffelkleister pflegen je nach Bewegungszustand Viskositäten der Größenordnung 10^3–10^4 cP zu besitzen. Wie aus dem Kurvenverlauf von Abb. 55 zu ersehen ist, zeigt Stärkekleister deutliche Tixotropie und starke Strukturviskosität (zeit- und geschwindigkeitsabhängige Viskosität). Kleister können nicht lange gelagert werden, da „Retrogradation", eine Alterserscheinung[2] eintritt: die Viskosität des Kleisters steigt, seine Klebkraft sinkt und die Stärke wird mit der Zeit „unlöslich".

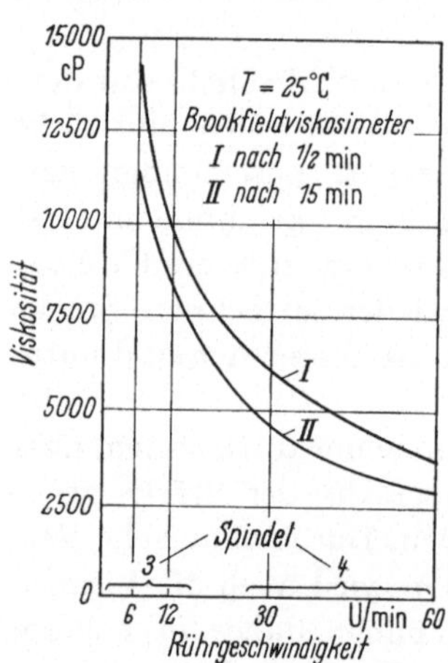

Abb. 55. Tixotropie und Strukturviskosität 5%iger Stärkekleister

Sehr gut eignet sich Kleister *zum Strecken oder Verdicken* gewisser Kunstharzleime, vorausgesetzt, daß sie nicht allzu lange gelagert werden. Frischbereiteter Kleister wird entweder kon-

---

[1] ULLMANN: Enz. d. techn. Chemie, 3. Aufl., Bd. 9, S. 83, 1957.
[2] ULLMAN: Enz. d. techn. Chemie, 3. Aufl. Bd. 9, S. 83, 1957.

zentrierter Kunstharzleimlösung zugesetzt oder wird die Verkleisterung der Stärke in dem verdünnten Leim vorgenommen.

Zusätze von unverkleisterter Stärke zu nicht alkalischen[1] Heißbindern sind ein ausgezeichnetes Mittel zur Verhütung verhungerter Leimfugen. Die verdickende Wirkung der Stärke tritt erst beim Erwärmen der Leimfuge ein, sobald die Fugentemperatur die Verkleisterungsgrenze überschreitet und hindert die schmelzende Leimschicht an zu starkem Eindringen in poröse Unterlagen. Derartige Leime können daher mit einer bequemen, relativ niedrigen Viskosität aufgetragen werden. Auf ähnliche Weise wirken neutrale Stärkeheißbinder, die man neuerdings in der Wellpappindustrie anstelle der traditionellen stark alkalischen Wasserglasleime (S. 157) zu verwenden beginnt. Sie sind Suspensionen unverkleisterter Maisstärke in gewöhnlichem Kleister als Trägersubstanz und können daher mit bedeutend höherem Festgehalt als gewöhnliche Kleister aufgetragen werden. Bei der Warmverpressung wird die Wasserbeständigkeit der Verklebung etwas verbessert.

Zum Verdicken und Strecken von Aminoplasten werden häufig billige Mehlsorten, sogenannte Nachmehle, verwendet und zwar aus preislichen Gründen meistens Roggenmehl. Der Zusatz von Mehl hat teils schon beim Einmischen einen spezifisch verdickenden Effekt; außerdem tritt beim Erwärmen nach Erreichung der Grenztemperatur wiederum Verkleisterung ein.

Tab. 45 gibt die ungefähre Zusammensetzung von Nachmehlen an.

Tabelle 45[2]. *Zusammensetzung von Roggen- und Weizennachmehlen* (%)

Sorte	Asche	Fett	Eiweiß	Zucker	Stärke	Faser	Pentosane
Roggen	2,1	2.7	16,6	11,5	55,4	1,2	8,1
Weizen	3,3	4,6	20,4	10,0	47,2	3,0	11,0

Wie man sieht enthalten Mehle außer Stärke auch einen erheblichen Anteil anderer Stoffe. Insbesonders besteht ein Teil der Eiweißstoffe aus stark quellenden Substanzen[3], die für die unmittelbare Verdickungswirkung des Mehles verantwortlich sind. Die Wirkung der eigentlichen Stärke macht sich erst beim Warmpressen geltend; sie ist allerdings bedeutend schwächer als bei Kartoffelstärke.

13.5.5 Stärke- und Dextrinleime

Beim alkalischen Aufschluß wird Stärke in Mischvorrichtungen mit kräftigen Rührwerken bei normaler Temperatur in Wasser suspendiert

---

[1] In stark alkalischen Leimen verkleistert die Stärke schon bei Raumtemperatur.

[2] ULLMAN: Enz. d. techn. Chemie, 3. Aufl., Bd. 9, S. 698, 1957.

[3] Der sogenannte Kleber, der bei der Teigbereitung eine wichtige Rolle spielt.

und mit Lauge behandelt. Es bilden sich zähe Massen, die nach längerer Bearbeitung und schließlicher Neutralisation mit Säure in homogene Leime mit einer gewissen Neigung zum Fadenziehen übergehen. Ein Durchschnittsrezept enthält Tab. 46.

Tabelle 46. *Zusammensetzung von Stärkeleim (%)*

Stärke	20
Wasser	70
Natronlauge (50%)	10
Neutralisation mit Salpetersäure	pH 7,5–8

Alkalisch aufgeschlossene Stärkeleime sind bedeutend haltbarer als gewöhnlicher Kleister und können auch in fertig bereitetem Zustande bezogen werden.

Dextrinleime werden einfach durch Lösen von Dextrin in Wasser hergestellt. Das Lösen wird erleichtert, bzw. die Gefahr der Klumpenbildung verringert, wenn das Dextrinpulver vor dem eigentlichen Lösen mit Wasser besprüht wird.

Sowohl Stärke- als auch Dextrinleime werden hauptsächlich zum Verleimen von (fertigen) Papieren und Kartonnagen verwendet. Stärkeleime, die infolge des niedrigen Festgehaltes der Unterlage mehr Wasser zuführen, rufen leicht das bekannte Wellen von verleimten Papieren hervor. Die höher konzentrierten, teureren Dextrinleime werden daher dann herangezogen, wenn glatte Verleimung gefordert wird. Aus ähnlichen Gründen werden Dextrinleime auch zu Gummierungen verwendet, besonders wenn letztere glänzend auftrocknen sollen.

Nicht neutralisierte Stärkeleime wurden seinerzeit zum Verleimen von Holz benützt[1]; sie ergaben Leimfugen von bemerkenswert guter Festigkeit, sind aber heute nicht mehr aktuell.

Alle Stärke- und Dextrinpräparate sind empfindlich gegen den Angriff von Mikroorganismen und müssen daher Zusätze von Konservierungsmitteln enthalten.

13.6 Wasserlösliche Celluloseäther

13.6.1 Allgemeines

Wasserlösliche Celluloseäther werden als Klebe- und Verdickungsmittel für ungefähr die gleichen Zwecke wie Stärkekleister und verkleisterte Stärkeleime eingesetzt. Der vergleichsweise hohe Preis wird zum guten Teil durch bessere Ergiebigkeit ausgeglichen. Auch in qualitativer Beziehung sind Celluloseätherlösungen Stärkekleistern und -leimen in mancher Beziehung überlegen; sie sind ausgezeichnet haltbar, da sie keinen Retrogradationserscheinungen unterworfen sind und da ferner ihre Widerstandsfähigkeit gegen Mikroorganismen bedeutend höher

---

[1] TRUAX, T. R.: The Gluing of Wood. Washington: U.S. Dept. Agric. Bull. Nr. 1500, 8, 1929; vgl. auch die Übersicht in KOLLMANN, F.: Techn. d. Holzes, 2. Aufl., Bd. 2, S. 1011. Berlin/Göttingen/Heidelberg: Springer 1955.

ist. Celluloseätherlösungen werden ziemlich allgemein als Tapetenkleister und mitunter auch zur Papierverleimung verwendet.

Celluloseäther werden in verschiedenen Viskositätsabstufungen vorausbestimmter Viskosität hergestellt. Da sie innerhalb weiter Grenzen pH-beständig[1] und gleichzeitig gegen gelöste Substanzen oft unempfindlich sind, können sie ziemlich universell als Verdickungsmittel verwendet werden. Die hochviskosen Typen gehören zu den wirksamsten Verdickungsmitteln, die heute bekannt sind.

13.6.2 Ausgangsmaterial

Celluloseäther werden aus technischer Cellulose und zwar in erster Linie Holzzellstoffen[2] oder Linters (Baumwollabfälle) hergestellt. Cellulose gehört ihrer chemischen Konstitution nach der Gruppe der Polysaccharide an. Wie die nachstehende, nach heutigen Erkenntnissen gültige Strukturformel erkennen läßt, ist auch Cellulose als ein Polymerisationsprodukt ringförmiger Glucosemoleküle anzusehen, jedoch sind im Gegensatz zu der Anordnung im Stärkemolekül benachbarte Glucosereste jeweils gegeneinander versetzt. Die Numerierung der C-Atome in nachstehender Formel I und Formel II auf S. 146 ist übereinstimmend:

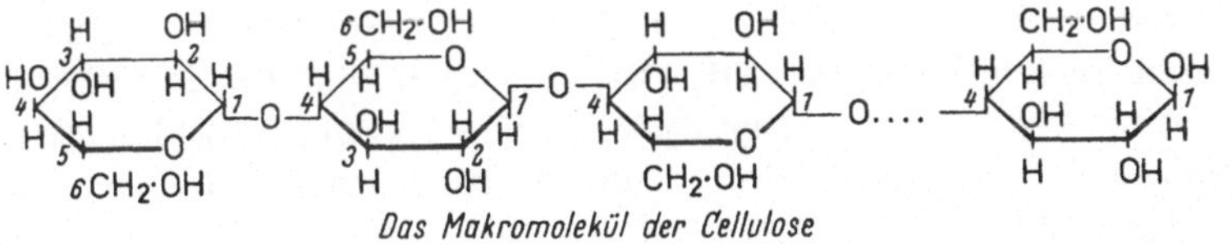

Das Makromolekül der Cellulose   I

Das Cellulosemolekül hat ausgeprägt lineare Struktur. Polymerisationsgrad und Anzahl der Kettenglieder sind bei Cellulose identisch. Der Polymerisationsgrad von nativer Cellulose[3] beträgt 10^3–10^4, sinkt jedoch bei jeder technischen Bearbeitung durch unvermeidlichen Abbau. Der Polymerisationsgrad der Cellulose in Holzzellstoff beträgt 900 bis 1600[4].

Cellulose, die Gerüstsubstanz der pflanzlichen Zellwandung, ist gegen nicht allzu starke chemische Einflüsse sehr widerstandsfähig. Sie ist unlöslich in Wasser und allen gewöhnlichen Lösungsmitteln. Durch chemische Eingriffe, die in der Einführung hydrophiler Gruppen bestehen, kann sie in lösliche Verbindungen umgewandelt werden.

---

[1] Bezüglich Carboxymethylzellulose bestehen gewisse Einschränkungen (vgl. S. 153).

[2] Vgl. z.B. KOLLMANN, F.: Techn. d. Holzes, 2. Aufl., Bd. 1, S. 193–224. Berlin/Göttingen/Heidelberg: Springer 1955.

[3] Cellulose in natürlichem, technisch unbeeinflußtem Zustand.

[4] KOLLMANN, F.: Techn. d. Holzes, 2. Aufl., Bd. 1, S. 130. Berlin/Göttingen/Heidelberg: Springer 1955.

13.6.3 Die Herstellung von Celluloseäthern

Zur Verätherung muß das Cellulose-Ausgangsmaterial mit starken Alkalien vorbehandelt werden. Es bildet sich Alkalicellulose nicht genau bekannter chemischer Zusammensetzung[1]. Dabei wird gleichzeitig das Cellulosegefüge aufgelockert und die OH-Gruppen der einzelnen Molekülketten den Verätherungsmitteln zugänglich gemacht. Die Verätherung, d. h. die Verknüpfung von organischen Resten R mit dem Sauerstoffatom der Cellulosehydroxylgruppen erfolgt gewöhnlich mittels chlorierter organischer Verbindungen des Typs ClR oder durch Addition von Äthylenoxyd, einer sehr reaktiven Flüssigkeit mit niederem Kochpunkt (11 °C):

$$
\begin{array}{ll}
\text{a} & {:}-OH + ClR + NaOH \longrightarrow -OR + NaCl + H_2O \\[2mm]
\text{b} & {:}-OH + H_2\overset{\displaystyle O}{\overset{\diagup\diagdown}{C-CH_2}} \longrightarrow -OCH_2CH_2OH \\
& \qquad\textit{Äthylenoxyd}
\end{array}
\qquad\text{II}
$$

Das Ausmaß der Verätherung wird durch den Substitutionsgrad ausgedrückt, der die durchschnittliche Anzahl der je Glucoserest verätherten OH-Gruppen angibt. Der höchstmögliche Substitutionsgrad 3 wird bei löslichen Celluloseäthern nie erreicht. Die Verätherung verläuft inhomogen, kann bei verschiedenen Makromolekülen verschieden sein und auch verschiedene OH-Gruppen angreifen. Der Substitutionsgrad stellt daher nur eine Durchschnittszahl und kein stöchiometrisches Verhältnis dar, was auch dadurch zum Ausdruck kommt, daß er meistens keine ganze Zahl ist.

Die Viskosität eines Celluloseäthers von bestimmtem Substitutionsgrad ist von der Behandlung der Alkalicellulose abhängig. Hohe Viskosität stellt sich bei kurzer, niedriger Viskosität bei langer „Reifung" der Alkalicellulose ein[2]. Das rohe Reaktionsprodukt enthält stets größere Mengen Natriumhydroxyd und oftmals auch Natriumsalze, die sich bei der Verätherung mit chlorierten Verbindungen durch Reaktion II a oder gewisse Nebenreaktionen bilden. Der Preis salzarmer Produkte[3], die in erster Linie zum Verleimen und Verdicken verwendet werden, hängt nicht zuletzt von der Schwierigkeit ab, die das Entfernen der verunreinigenden Stoffe bereitet.

A. Ionenbildende Celluloseäther. Carboxymethylcellulose (CMC), chemisch richtiger das Na-Salz der Carboxymethylcellulose, bildet sich nach

---

[1] HOLLEMANN-RICHTER: Lehrbuch d. org. Chemie, 34.–71. Tsd., S. 277. Berlin: W. de Greyter (1961).

[2] NEUROTH, H.: in ULLMANN: Enz. d. techn. Chemie, 3. Aufl., Bd. 5, S. 169, 1954.

[3] Produkte, die nur wenige Prozent Salz enthalten; im Gegensatz zu technischem CMC für die Waschmittelherstellung mit 30–40% Salzgehalt.

Reaktion II a, wenn Chloressigsäure ($ClCH_2COOH$) als Verätherungsmittel verwendet wird:

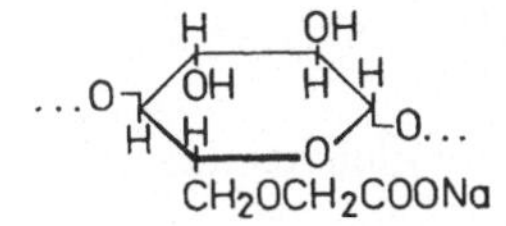

$$\ldots O \text{—} \overset{\overset{H \quad\; OH}{|\quad\;\; |}}{\underset{\underset{CH_2OCH_2COONa}{\underset{H \;\; H \quad O}{|\;\; | \quad\; }}}{\underset{OH \quad H \; H}{| \qquad | \;}}} O\ldots \qquad \text{III}$$

Formel III sowie die folgenden Formeln, die zur besseren Versinnbildlichung des jeweiligen Äthers benützt werden, haben insofern nur schematischen Charakter, als die Stelle der Verätherung willkürlich gewählt ist. Wasserlösliche Produkte entstehen bei einem Mindestsubstitutionsgrad von 0,4. Maximale Löslichkeit wird ab 0,8–1,0 erreicht. Zur Entfernung der Salze wird mit verdünntem Alkohol gewaschen, in dem Carboxymethylcellulose des genannten Substitutionsgrades unlöslich ist.

Da Carboxymethylcellulose das Na-Salz einer schwachen Säure ist, wird letztere in saurer Lösung, wenn auch stark gequollen, ausgefällt. CMC-Präparate eignen sich daher nur als Verdicker im neutralen und alkalischen Bereich. Außerdem bilden mehrwertige Ionen, z.B. Calcium und Kupfer, mit Carboxymethylcellulose unlösliche Salze. Gekalkte Oberflächen können daher nicht mit CMC-Kleistern bestrichen werden. Die Elektrolytverträglichkeit von Carboxymethylcellulose ist dagegen sehr gut.

B. Nicht ionenbildende Celluloseäther. Werden Alkylchloride oder Äthylenoxyd zur Verätherung benützt, so entstehen Celluloseäther, die keinerlei Möglichkeit besitzen an Säure-Salz-Reaktionen teilzunehmen. Derartige Äther können sowohl im neutralen und alkalischen als auch im sauren Gebiet benützt werden und bilden auch keine schwerlöslichen Salze. Ihre etwas größere Elektrolytempfindlichkeit ist in den meisten Fällen nicht hinderlich. *Methylcellulose* entsteht bei Verätherung mit Methylchlorid ($ClCH_3$, ein Gas):

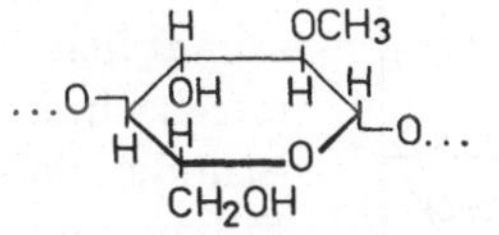

$$\ldots O \text{—} \overset{\overset{H \quad\; OCH_3}{|\quad\;\; |}}{\underset{\underset{CH_2OH}{\underset{H \;\; H \quad O}{|\;\; | \quad\; }}}{\underset{OH \quad H \; H}{| \qquad | \;}}} O\ldots \qquad \text{IV}$$

Wasserlösliche Äther werden bei Substitutionsgraden von 1,0–2,5 gebildet. Anstelle von reiner Methylcellulose werden heute gewöhnlich die besser löslichen Mischäther (vgl. Formel V) verwendet.

Hydroxyäthylcellulose (Oxyäthylcellulose) entsteht nach Reaktion II b bei Verätherung mit Äthylenoxyd. Die Anzahl der Äthylenoxydmoleküle an den Celluloseresten schwankt zwischen 1,5 und 2,5:

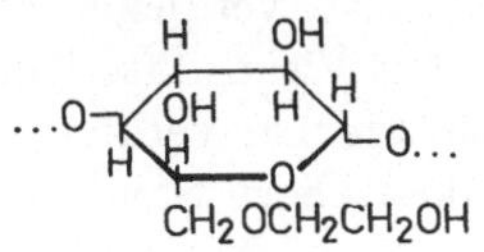

$$\ldots O \text{—} \overset{\overset{H \quad\; OH}{|\quad\;\; |}}{\underset{\underset{CH_2OCH_2CH_2OH}{\underset{H \;\; H \quad O}{|\;\; | \quad\; }}}{\underset{OH \quad H \; H}{| \qquad | \;}}} O\ldots \qquad \text{V}$$

Hydroxyäthylcellulose ist auch in kochendem Wasser löslich und gegen Elektrolyte ziemlich unempfindlich. Der Preis reiner Hydroxyäthylcellulose ist jedoch hoch, da sie sich wegen ihrer guten Löslichkeit schwieriger reinigen läßt.

Mischäther entstehen bei gleichzeitiger Verätherung mit Alkylchlorid und Äthylenoxyd:

VI

Gut lösliche Methylmischäther entstehen bei Substitutionsgraden von 1,0–1,2/0,25, bei Äthyläther von 0,9/0,8, wobei die erste Zahlenangabe sich jeweils auf die Alkyl-, die zweite auf die Hydroxyäthylgruppe bezieht. Mischäther sind in heißem Wasser unlöslich und lassen sich daher bequem reinigen. Die Verträglichkeit mit organischen Lösungsmitteln ist besser als bei reiner Hydroxyäthylcellulose, die Elektrolytempfindlichkeit in Wasserlösungen dagegen größer. Mischäther sind stärker oberflächenaktiv als Hydroxyäthylcellulose und bilden daher leichter Schaum.

13.6.4 Die praktische Anwendung von Celluloseäthern

Celluloseäther werden gewöhnlich als Pulver in verschiedenen Korngrößen hergestellt. Die Lösungsvorschriften des Herstellers zielen durchwegs auf das Vermeiden von Klumpenbildung ab. Gröbere Pulver werden unter langsamem Umrühren, feine Pulver unter schnellem mechanischem Umrühren kaltem Wasser allmählich zugesetzt und können durchschnittlich nach einer halben Stunde verwendet werden. Feine Pulver von Mischäthern kann man auch zuerst mit heißem Wasser befeuchten, das nur quellend wirkt. Hierauf wird das gequollene Pulver durch Zugabe von kaltem Wasser in Lösung gebracht.

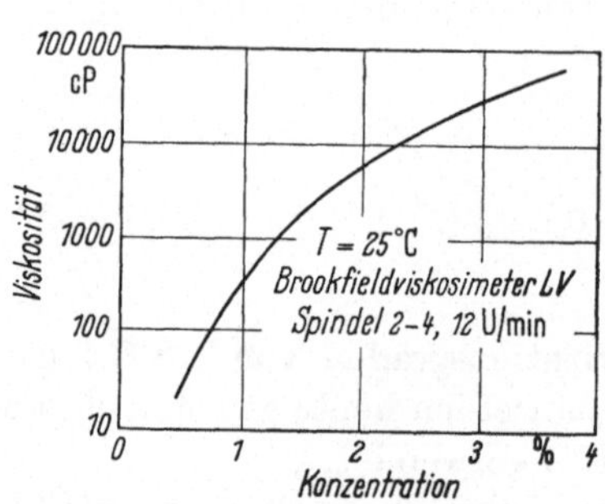

Abb. 56. Die Viskosität eines hochviskosen Cellulose-Mischäthers in Abhängigkeit von der Konzentration

Die hochviskosen Celluloseäther verdicken schon bei niedriger Konzentration stark, wie aus den Viskositäts-Konzentrations Kurven in Abb. 56 hervorgeht. Ähnlich wie bei verkleisterter Stärke beobachtet man an Lösungen von Celluloseäthern Strukturviskosität und mitunter

Thixotropie[1]. So besitzen nach Tab. 47 2%ige Lösungen des Celluloseäthers in Abb. 56 eine ausgeprägte Strukturviskosität. Viskositätsangaben sind bei dieser Stoffklasse daher nur dann sinnvoll, wenn auch die näheren Meßbedingungen genau angegeben werden.

Beim Verdicken bzw. Strecken von Leimen ist der Verdickungseffekt etwas von der Natur und der Konzentration des betreffenden Leimes abhängig und muß von Fall zu Fall ermittelt werden. Meistens sind Celluloseätherkonzentrationen von 1–2% ausreichend. Bei Verleimungen, deren Wasserfestigkeit höheren Ansprüchen genügen muß, ist die Streckung mit hochviskosen Celluloseäthern vorteilhafter als Zusätze von Roggenmehl, da in letzterem Falle der Leimfuge eine bedeutend größere Menge wasserlöslicher Substanz zugeführt wird.

Tabelle 47

Strukturviskosität einer 2%igen Lösung von Äthyl-Hydroxyäthylcellulose (Abb. 56)

η cP	Spindel	U/min	Bemerkungen
5600	3	6	$t = 25\ °C$
4700	3	12	Brookfield-
3640	3	30	Viskosimeter LV
2150	4	60	

13.7 Naturkautschuk

13.7.1 Allgemeines

Natürliche und synthetische Kautschuksorten sind die Grundstoffe der wichtigen Polydien-Kautschuk-Kleber[2], die sehr unterschiedlichen Charakter besitzen können. Je nachdem reine Kautschuksorten (in wäßriger Dispersion oder organischen Lösungen), vulkanisierbare Mischungen oder Kombinationen mit steigenden Mengen natürlicher Harze oder Kunstharze verwendet werden, entstehen schwache, mittelstarke oder starke Klebfugen. Da Naturkautschuk und die verschiedenen synthetischen Kautschuksorten in vieler Beziehung sehr verwandte Züge besitzen, wäre es unzweckmäßig sie getrennt zu besprechen. Die Ausführungen des vorliegenden Abschnittes beschränken sich **daher auf die Beschreibung des Rohmaterials** und der chemischen Struktur von Naturkautschuk. Nähere Angaben über temporäre und permanente Klebstoffmischungen sind auf S. 183 ff. zu finden.

---

[1] Zum Beispiel bei Carboxymethylcellulose.

[2] In der Nomenklatur der Dien-Elastomeren herrscht ein gewisser Dualismus. Die chemisch-technische Literatur bezeichnet die Rohstoffe ausschließlich als „Kautschuke", die daraus verfertigten Gegenstände werden dagegen meistens „Gummiwaren" genannt, z.B. Gummischläuche, Gummireifen usw. Man spricht auch von gummielastischem Zustand.

13.7.2 Rohmaterial und chemische Struktur

Natürlicher Kautschuk ist im Milchsaft einer Reihe von tropischen Pflanzen, z. B. des Hevea-Kautschukbaumes (hevea brasilianis) in dispergierter Form enthalten. Der Milchsaft, den man als „latex"[1] bezeichnet, wird durch Anschneiden der Stämme gewonnen. Der Festgehalt des Kautschuklatex beträgt etwa 30–40 %. Der gegen äußere Einflüsse empfindliche und daher wenig haltbare Naturlatex wird an Ort und Stelle entweder durch Eindampfen konzentriert und konserviert oder zu festem Kautschuk verarbeitet. Der dispergierte Kautschuk wird durch Säurezusatz gefällt, durch Walzen von der größten Menge des restlichen Wassers befreit und zu zusammenhängenden Schichten verfestigt, die im Rauch von Holzfeuer getrocknet und konserviert werden (smoked sheets). Auf ähnliche Weise lassen sich auch dünne kreppartige Häute herstellen, die leichter trocknen und nicht mehr geräuchert werden.

Natürliche und synthetische Kautschukarten gehören gemeinsam der Klasse der Dien-Elastomeren an, polymerer, bei normaler Temperatur gummielastischer Verbindungen, deren monomere Grundbausteine Kohlenwasserstoffe mit zwei Doppelbindungen sind (Diene). Die Monomerverbindung der hochpolymeren Naturkautschukmoleküle ist Isopren, ein bei 34 °C siedender, flüssiger Dien-Kohlenwasserstoff:

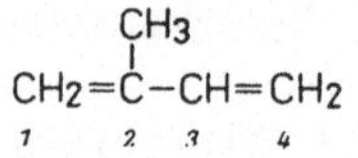

$$CH_2\!=\!\underset{1\quad\;2\quad\;3\quad\;4}{\overset{\overset{\textstyle CH_3}{|}}{C}}\!-\!CH\!=\!CH_2$$

Das polymere Kautschukmolekül entsteht durch 1,4-Addition von Isopren in *cis*-Stellung[2]. Die schematische Formel von Naturkautschuk hat daher in der bereits früher benützten Schreibweise[3] folgendes Aussehen:

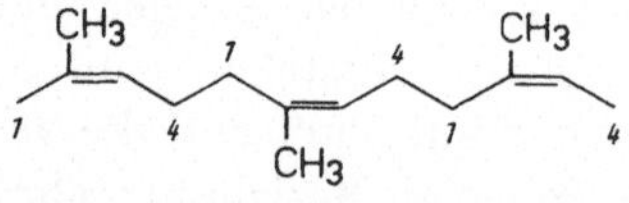

Der durchschnittliche Polymerisationsgrad von nativem Kautschuk beträgt nach STAUDINGER[4] 500–3000, von verknetetem (mastiziertem) Kautschuk 100–500 entsprechend Molekulargewichten von etwa 35000 bis 200000 bzw. 7000–35000.

---

[1] Latex (lateinisch) = Flüssigkeit.

[2] Ein anschauliches Formelbild des Isoprenmoleküles nach Aufspaltung der Doppelbindungen samt einer Erklärung der *cis*-Stellung ist auf S. 186 zu finden.

[3] Die in Tab. 30 benützte Schreibweise; die Eckpunkte der Kette stellen C-Atome mit einer zur Absättigung der Valenz notwendigen Anzahl H-Atome dar.

[4] STAUDINGER, H.: Organische Kolloidchemie, S. 282. Braunschweig: Vieweg 1950.

Die Schwierigkeiten der synthetischen Polymerisation von Naturkautschuk bestanden in der richtigen sterischen Anordnung der Isoprenmoleküle[1]. Die Synthese gelang erst zu einer Zeit als sie nicht mehr das gleiche aktuelle Interesse besaß wie zu Beginn des Jahrhunderts. Denn die inzwischen bekannt gewordenen synthetischen Kautschuksorten übertreffen Naturkautschuk qualitativ in vieler Beziehung.

13.8 Wasserglasleim

13.8.1 Allgemeines

Wasserglas, eine alkalische Lösung von Alkali-Kieselsäure-Gemischen, wird zum Verleimen von Papier und Kartonagen, z.B. in der Wellpappindustrie verwendet. Die etwa 35%ige Lösung erstarrt schon nach geringem Wasserverlust. Die feste Leimfuge ist daher einem längeren Schwund ausgesetzt und wird schließlich spröde und hart. Wasserglas ist infolgedessen das Musterbeispiel eines Leimes, der nur auf porösen Unterlagen verwendet werden kann. Eine Ausnahme bilden Glas- und keramische Oberflächen, die von Wasserglas chemisch angegriffen werden.

Die erwähnte Sprödigkeit der Leimfuge, die sehr leicht zu Festigkeitsverminderungen führt, das ungewöhnlich schmale Viskositätsbereich, innerhalb dessen brauchbare Verleimungen zustandekommen sowie die Alkalität von Wasserglasleimen sind Nachteile, die ihre Verwendungsmöglichkeiten bisher sehr eingeschränkt haben. Andererseits lassen einige ausgesprochen positive Eigenschaften, wie niedriger Preis, unbegrenzte Haltbarkeit, absolute Beständigkeit gegen Mikroorganismen sowie Unbrennbarkeit das Interesse der Leimforschung für Wasserglasleime nie ganz erkalten. Obwohl bisher keine prinzipiellen Verbesserungen erzielt werden konnten, ist damit nicht gesagt, daß die Lösung des Problemes unmöglich ist.

In theoretischer Hinsicht ist Wasserglasleim ein besonders lehrreiches Beispiel dafür, daß die Eigenschaften, die eine Substanz zum Leim stempeln, vor allem durch ihre Molekülgröße und ihrem sich daraus ergebenden physikalisch-chemischen Verhalten, nicht aber durch ihre spezielle chemische Eigenart bedingt werden.

13.8.2 Wasserglas: chemische Zusammensetzung und Molekülform

Das zum Leimen verwendete Wasserglas ist eine kolloide Lösung von polymeren Kieselsäuren und ihren Natriumsalzen. Die verschiedenen Kieselsäuren wurden häufig von einem monomeren Siliciumdioxyd SiO_2 abgeleitet, das in Wirklichkeit nicht existiert. Denn Silicium ist nicht im-

---

[1] HORNE, S. E. u. Mitarbeiter: Ind. Eng. Chem. 48 (1956) 748.

stande Doppelbindungen zu bilden; es umgibt sich vielmehr stets mit
4 Sauerstoffatomen, die als Ecken eines Tetraeders um das Silicium als
Mittelpunkt angeordnet sind[1]. Diese 4-Gruppierung führt zu polymeren
Verbindungen, wie die nachstehenden Formeln I–IV zeigen. Bekannt ist
die monomere Ortokieselsäure I sowie die nach Schema II gebildeten
Kondensationsprodukte, z.B. die ketten- oder blattförmigen Polykieselsäuren $(H_2SiO_3)_n$ und $(H_2Si_2O_5)_n$ (III und IV):

$$
\begin{array}{c}
OH \\
| \\
HO-Si-OH \\
| \\
OH
\end{array}
\qquad\qquad I
$$

$$
\begin{array}{c}
OH \qquad\quad OH \qquad\quad OH \qquad\quad OH \\
| \qquad\qquad | \qquad\qquad | \qquad\qquad | \\
HO-Si-\overline{OH\ H}O-Si-\overline{OH\ H}O-Si-O\overline{H\ \ HO}-Si-OH \\
| \qquad\qquad | \qquad\qquad | \qquad\qquad | \\
OH \qquad\quad OH \qquad\quad OH \qquad\quad OH
\end{array}
\qquad II
$$

$$
\text{III} \qquad\qquad\qquad\qquad\qquad\qquad\qquad\qquad\qquad\qquad \text{IV}
$$

Die blattförmigen Polykieselsäuren IV sind weiterer Kondensation
fähig. Denkt man sich die Durchschnittsebene eines Blattmoleküles mit
der Papierebene zusammenfallend, so liegen die OH-Gruppen abwechselnd über und unter der Papierebene und können die zweidimensionalen
Blätter zu dreidimensionalen Raummolekülen verknüpfen.

Bei der Bildung der Natriumsalze von Polykieselsäuren werden die
H-Atome der noch vorhandenen OH-Gruppen ganz oder teilweise durch
Na ersetzt. In Lösungen von Wasserglas sind Moleküle der Form III
und IV vorhanden[1]. Bei der für Wasserglasleime üblichen Zusammen-

---

[1] HOLLEMAN-WIBERG: Lehrb. d. anorg. Chemie, 57.-70. Tsd., S. 326–330. Ber-
in: W. de Gruyter 1964.

setzung Na_2O, $3,3\,SiO_2$ kommen durchschnittlich auf fünf Si-Atome drei Na-Atome. Es sind also auch in Blattmolekülen (IV) noch genügend OH-Gruppen für Querverbindungen verfügbar. Der Aufbau von festem Wasserglas entspricht daher der schematischen Darstellung in Abb. 57[1], in der die Vernetzung an den von Natrium besetzten Stellen unterbrochen ist. Die vierte Bindung der Si-Atome, die wieder senkrecht zur Papierebene gerichtet ist, kann in diesem Schema nicht eingezeichnet werden. Wichtig vom Standpunkt der Verleimungstheorie ist, daß Abb. 57 die Struktur eines typischen Glases, d.h. einer Substanz mit amorphem (Kunstharz-) Charakter darstellt[2].

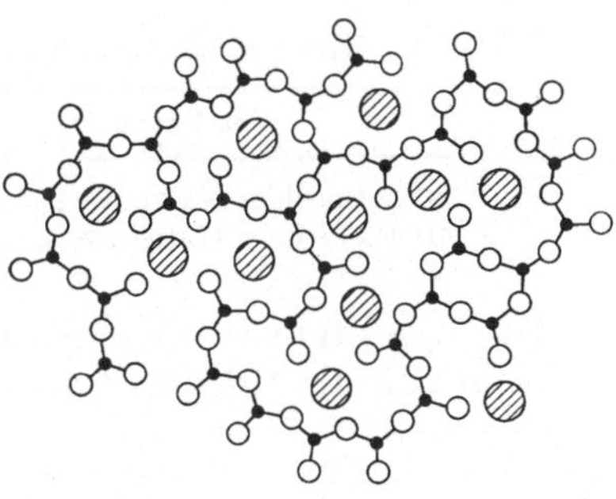

Abb. 57. Schematische Struktur von Wasserglas (nach WARREN)

13.8.3 Die Herstellung von Wasserglas

Wasserglas wird durch Zusammenschmelzen von Kieselsäure, z. B. Quarzpulver, mit entweder Soda oder Natriumsulfat und Kohle hergestellt:

$$Na_2CO_3 + nSiO_2 \longrightarrow Na_2O \cdot nSiO_2 + CO_2$$

$$Na_2SO_4 + nSiO_2 + C \longrightarrow Na_2O \cdot nSiO_2 + SO_2 + CO$$

Die Zahl n kann innerhalb weiter Grenzen schwanken und braucht keine ganze Zahl zu sein; durchsichtige Schmelzen – Gläser – erhält man jedoch nur innerhalb der Grenzen $n = 1,2\text{–}4,0$[3]. Feste Wassergläser lösen sich nur sehr langsam in Wasser. Es handelt sich dabei offenbar um keinen gewöhnlichen Lösungsvorgang, sondern um eine Art Depolymerisierung. Die Wasseraufnahme geht so langsam vor sich, daß feste Wassergläser offen verfrachtet werden können.

Die Herstellung von Wasserglaslösungen erfordert besondere Maßnahmen; sie erfolgt in drehbaren Lösetrommeln unter gleichzeitigem Einleiten von Dampf[4].

Zur Unterscheidung verschiedener Wasserglaslösungen wird von den Herstellern das Molverhältnis des festen Produktes sowie die Dichte der

---

[1] WARREN, B. E.: u. Mitarb. J. Appl. Phys. 8 (1937) 645.
[2] Wasserglas = ein *Glas*, das sich in Wasser löst.
[3] MAYER, H.: Das Wasserglas, Sammlung Vieweg 79 (1939) 6.
[4] MAYER, H.: Das Wasserglas, Sammlung Vieweg 79 (1959) 76.

Lösung in Baumé-Graden angegeben. Die Daten von Wasserglasleimen sind in Tab. 48 zusammengestellt.

Tabelle 48. *Wasserglasleime; Molverhältnis* $Na_2O \cdot 3{,}3\,SiO_2$ (nach H. MAYER)

Bezeichnung	Konzentration	Dichte
36/38gradiges Natronwasserglas	34,4%	1,34
40/42gradiges Natronwasserglas	37,9%	1,40

Die Viskosität von Wasserglaslösungen steigt mit zunehmender Dichte sehr stark an. In Abb. 58 ist der bequemeren Darstellung wegen die Viskosität von Lösungen verschiedenen Molverhältnisses in logarithmischem Maßstab aufgetragen. Bei üblichen Wasserglasleimen (Molverhältnis 3,3) steigt die Viskosität bei einer Dichtezunahme von 1,34 auf 1,40 (entsprechend einem 10%igen Wasserentzug) von 50 auf 500 cP.

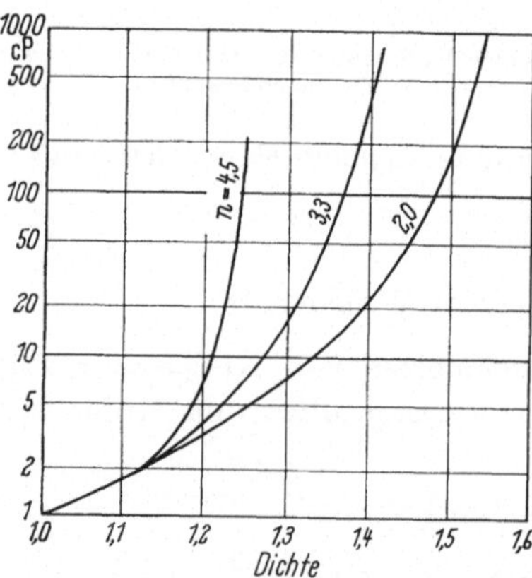

Abb. 58. Viskosität von Wasserglaslösungen in Abhängigkeit von der Dichte (nach H. MAYER)

13.8.4 Die Anwendung von Wasserglas

Die ungewöhnliche Empfindlichkeit der Viskosität von Wasserglasleimen auf Verdünnung oder Wasserentzug macht sich beim praktischen Arbeiten stark bemerkbar. Ein Vergleich von Abb. 58 mit Abb. 74 zeigt, daß Wasserglasleim (n = 3,3) eine etwa 3mal größere relative Viskositätsänderung erleidet als Harnstofformaldehydharzleim[1]. Beim Eindicken von Wasserglasleim pflegt sich ferner an der Oberfläche ein dünnes Häutchen – vermutlich aus kolloidaler Kieselsäure bestehend – zu bilden, das die Adhäsionsfähigkeit der Leimschichte stark vermindert. Eine Wasserglasleimschichte bindet daher schnell ab, obwohl die volle Festigkeit natürlich erst nach vollständigem Abtrocknen erreicht wird. Bei der Papierverleimung in schnellaufenden Automatmaschinen ist diese Eigenschaft ein ausgesprochener Vorteil. Andererseits ist beim Verleimen größerer Flächen ein Handauftragen von Wasserglasleim wegen der sehr kurzen Wartezeiten ausgeschlossen. Beim Verkleiden serienmäßig hergestellter Wandelemente mit Polyvinylchloridfolien auf Stoff- oder Papierträgern wird neuerdings Wasserglas verwendet, da man mit der feuerfesten Wasserglasfuge bei

---

[1] Das heißt bei 10 % Wasserzusatz, s. Beispiel weiter oben.

Brandversuchen bessere Resultate erzielt[1]. Die Verleimung erfolgt in Leimautomaten, wobei Folien und beleimte Unterlage sofort zusammengefügt werden müssen.

McBain und Hopkins haben die Eignung von Wasserglas zum Verleimen von Holz untersucht[2]. Sie benutzten Wassergläser verschiedenen Molverhältnisses und fanden bei vergleichenden Festigkeitsprüfungen ein Festigkeitsmaximum für das Molverhältnis 3,0, also eine Zusammensetzung, die den heute üblichen Wasserglasleimen ($n = 3,3$) sehr nahe kommt. Das Auftreten des scharfen Maximums in Abb. 59 steht in unmittelbarem Zusammenhang mit dem in Abb. 58 dargestellten Viskositätsverhalten von Wasserglaslösungen. Kieselsäurearme Wassergläser sind dünnflüssiger und verdicken langsamer, es entstehen verhungerte Leimfugen. Kieselsäurereichere Sorten verdicken allzu schnell und verlieren ihre Adhäsionsfähigkeit. Der Kurvenverlauf

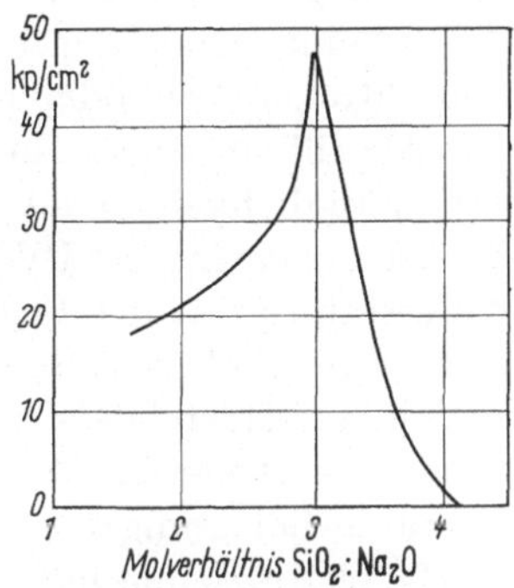

Abb. 59. Scherfestigkeit der Wasserglas-Leimfuge in Abhängigkeit vom Molekülverhältnis SiO_2 : Na_2O; Walnuß (nach McBain und Hopkins)

in Abb. 59 bringt die große Empfindlichkeit der Wasserglasverleimung gegen Konzentrationsverschiebungen anschaulich zum Ausdruck, die mit dazu beiträgt, daß sich Wasserglasleime nie zum Verleimen von Holz einführen konnten.

14 Hochpolymere, physikalisch bindende Leime (synthetische Produkte)

14.1 Polyvinylacetatleim (PVAc-Leim)

14.1.1 Allgemeines

Polyvinylacetat in Form einer grobdispersen, weichmacherfreien oder nahezu weichmacherfreien Wasserdispersion wird in großem Ausmaße zum Verleimen von Holz verwendet. PVAc-Leim[3], wie man ihn der Kürze wegen nennt, wird vor allem zur Massivholzverleimung als Kaltbinder benützt und hat trotz höherem Preise Glutin- und Kaseinleim weitgehend verdrängt. Denn das Arbeiten mit PVAc-Leim

---

[1] Der verbrennende PVC-Film kann sich nicht ablösen und gibt dem Sauerstoff nur einseitig Zutritt. Die je Zeiteinheit entwickelte Wärme- und Rauchmenge wird daher verringert.

[2] McBain, I. W. and D. G. Hopkins: J. of Physic. Chem. 29 (1925) 195–204.

[3] Die früher oft benützte Bezeichnung „PVA" ist nunmehr den Polyvinylalkoholen vorbehalten.

ist bedeutend bequemer und reinlicher als mit jenen älteren Leimsorten. Vor allem wird die praktisch unbegrenzte Haltbarkeit des Leimes, die teils auf der physikalischen und chemischen Stabilität der Dispersion, teils auf ihrer vollständigen Unempfindlichkeit gegen Mikroorganismen beruht als großer Vorteil empfunden. Auch wird Holz nicht verfärbt. PVAc-Leim eignet sich ausgezeichnet zur Herstellung von Möbel- und Einrichtungsteilen oder ganz allgemein Innenverleimungen, die nicht dem Angriff von Wasser ausgesetzt sind, kann dagegen wegen seiner Wasserempfindlichkeit nicht für Außenverleimungen verwendet werden. Ebenso ungeeignet ist PVAc-Leim für konstruktive Verleimungen, da die Widerstandskraft der Fuge durch Wärme und Feuchtigkeit stark, wenn auch reversibel, vermindert wird. Ferner behält die Leimfuge trotz scheinbarer Härte stets viskoelastische Eigenschaften bei; infolgedessen sinken die Dauerbelastungswerte der PVAc-Fuge weit unter die Werte für kurze Belastungen (vgl. S. 170).

PVAc-Holzleime haben etwa die gleichen Kontakt- und Fugenfüllereigenschaften wie Glutinleime. Sie können wie letztere mit niedrigem Preßdruck verpreßt werden, wenn mit genügend großen Auftragsmengen gearbeitet wird. Doch schwinden sie merklich und werden, falls sie frei von Weichmacherzusätzen sind, ziemlich hart, so daß es ratsam ist, sie als Dünnschichtleime zu behandeln. Aus dem gleichen Grunde eignen sich harte PVAc-Leime auch nicht sonderlich zum Verleimen von glatten porenfreien Unterlagen.

14.1.2 Ausgangsmaterial

Polyvinylacetat wird durch Polymerisation von monomerem Vinylacetat hergestellt, einer wasserklaren, organischen Flüssigkeit, die bei 72 °C siedet und ganz den Charakter eines organischen Lösungsmittels besitzt. Dieses synthetische Produkt entsteht bei der Reaktion von Acetylengas und Essigsäure in Gegenwart eines Katalysators:

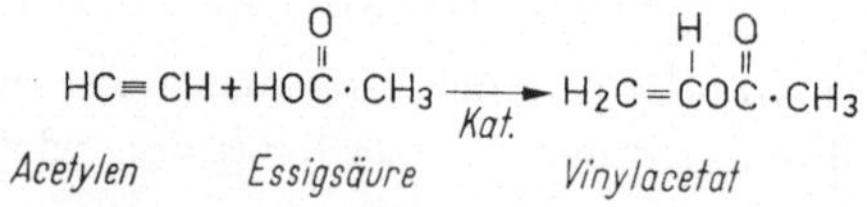

$$\underset{\text{Acetylen}}{HC\equiv CH} + \underset{\text{Essigsäure}}{HO\overset{\overset{O}{\|}}{C}\cdot CH_3} \xrightarrow{\text{Kat.}} \underset{\text{Vinylacetat}}{H_2C=\overset{\overset{H}{|}}{C}\overset{\overset{O}{\|}}{OC}\cdot CH_3} \qquad \text{I}$$

Zur übersichtlicheren Darstellung der Polymerisationsreaktion IV kann Vinylacetat auch in der Form:

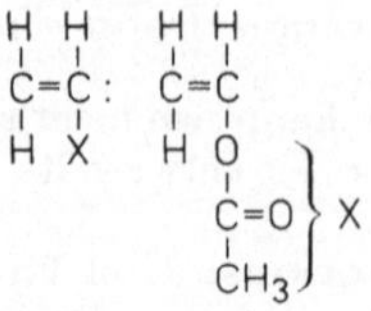

$$\begin{matrix} H & H \\ | & | \\ C & = C \\ | & | \\ H & X \end{matrix} \; : \quad \left. \begin{matrix} H & H \\ | & | \\ C & = C \\ | & | \\ H & O \\ & | \\ & C=O \\ & | \\ & CH_3 \end{matrix} \right\} X \qquad \text{Ia}$$

geschrieben werden.

Da Essigsäure von der chemischen Großindustrie längere Zeit hauptsächlich aus Acetylen über Acetaldehyd hergestellt wurde:

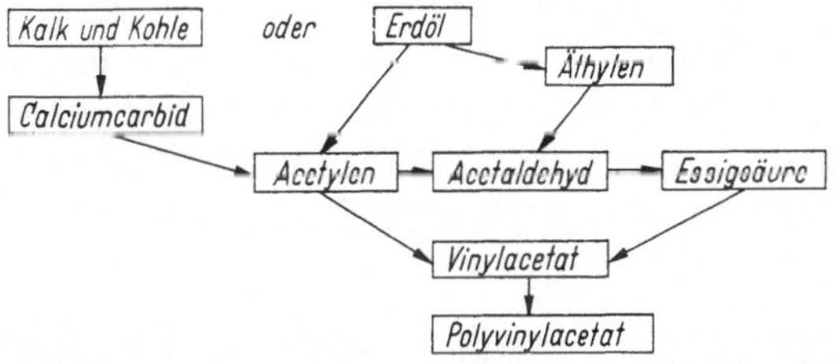

$$HC \equiv CH + H_2O \xrightarrow[Kat.]{} CH_3C\!\!\diagdown_H^{\diagup O}$$

Acetaldehyd

$$2CH_3C\!\!\diagdown_H^{\diagup O} + O_2 \xrightarrow[Kat.]{} 2CH_3COOH$$

II

konnte Vinylacetat als reines Acetylenprodukt gelten. In neuerer Zeit wird Acetaldehyd aber auch durch Oxydation von Äthylen erzeugt:

$$2H_2C\!=\!CH_2 + O_2 \xrightarrow[Kat.]{} 2CH_3C\!\!\diagdown_H^{\diagup O}$$

III

Für Vinylacetat bzw. Polyvinylacetat ergibt sich daher folgendes Herstellungsschema:

Tabelle 49. *Herstellungsschema von Vinylacetat und Polyvinylacetat*

14.1.3 Die Herstellung von Polyvinylacetat

Polyvinylacetat entsteht durch Radikalpolymerisation von monomerem Vinylacetat:

IV

Das Formelbild des Makromoleküles ist eine Vereinfachung der Wirklichkeit, da immer Verzweigungen entstehen. Die Zahl der Verzweigungen steigt mit steigendem Polymerisationsgrad.

Das Prinzip der Radikalpolymerisation sowie das für das polymere Molekül benützte Formelbild wurde bereits auf S. 102 näher besprochen. Die Polymerisation von Vinylacetat kann auf verschiedene Weise durchgeführt werden. Polymerisiert man reines Vinylacetat (Polymerisation in Substanz), so entstehen große Blöcke von festem Polyvinylacetat, das gemahlen und in Form glasiger Stücke geliefert wird. Lösungen von Polyvinylacetat in organischen Lösungsmitteln werden direkt durch Lösungspolymerisation hergestellt. Die weitaus größte Bedeutung besitzen wäßrige PVAc-Dispersionen, die bei geeigneter Partikelgröße unverändert oder nach gewissen Modifikationen als Holzleime verwendet werden können. Sie werden ebenfalls auf direktem Wege durch Emulsionspolymerisation hergestellt.

14.1.4 PVAc-Dispersionen

Die Eigenschaften von PVAc-Dispersionen sind teils von der Größe der Makromoleküle abhängig, die bei Holzleimen aus Zusammenschlüssen von etwa 1000–2000 Monomermolekülen bestehen. Außerdem spielt aber auch die Größe der dispergierten makroskopischen Partikel, die eine sehr große Anzahl von Makromolekülen enthalten, eine wichtige Rolle. Abb. 60 zeigt Elektronenmikroskopfotografien von PVAc-Dispersionen verschiedener Teilchengröße. Wie ersichtlich, ist die Partikelgröße der grobdispersen Dispersion a und der mitteldispersen Dispersion b von der ungefähren Größenordnung 1–2 μ, von der feindispersen Dispersion c dagegen viel geringer ($\sim 0{,}2 \, \mu$). Die Praxis hat gezeigt, daß die Dispersionen a und b gut zum Verleimen von Holz geeignet sind, während feinere Dispersionen zu tief in Holz oder andere poröse Unterlagen eindringen.

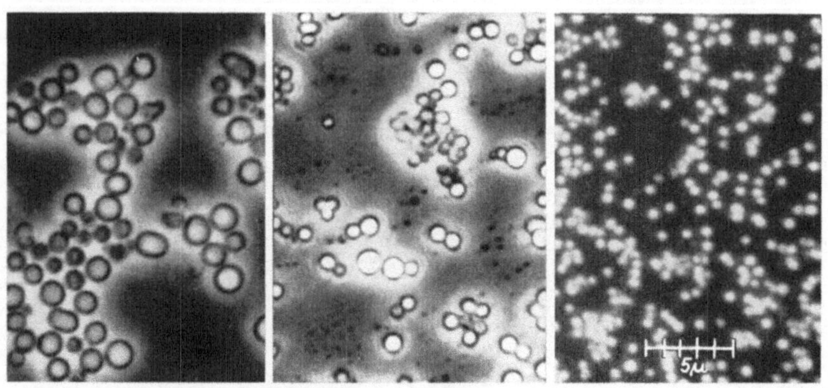

a   b   c

Abb. 60a–c. Elektronenmikroskopbilder von PVAc-Emulsionen (Wacker-Chemie)

Die Partikelgröße, die während der Emulsionspolymerisation erreicht wird, ist von dem verwendeten Emulgator (Schutzkolloid) abhängig. Für Dispersionen, die als Holzleime angewendet werden, benützt man nahezu ausschließlich Polyvinylalkohol als Emulgator (S. 107).

In PVAc-Dispersionen sind die einzelnen Partikel durch Wasser voneinander getrennt. Beim Trocknen eines Aufstriches verdunstet das Wasser und die dispergierten Partikel berühren einander allmählich. Bei nicht zu niedriger Temperatur ist die Plastizität der Polyvinylacetatpartikel so groß, daß sie nach der Berührung zusammenfließen und einen zusammenhängenden Film bilden können. Unterhalb einer bestimmten kritischen Temperatur, des Weiß- oder Kreidungspunktes[1], werden die Partikel so starr, daß Zusammenfließen oder Filmbildung nur mehr ungenügend oder überhaupt nicht mehr stattfindet. Trocknet eine Dispersionsschichte unterhalb des Weißpunktes, so bildet sich daher anstelle eines Filmes eine kohäsionslose Schichte, in der die einzelnen Partikel unverbunden nebeneinander liegen. In diesem Falle kann natürlich auch keine brauchbare Verleimung zustande kommen. Ein zusammenhängender Film und eine kohäsionslose Schichte unterscheiden sich schon äußerlich sehr deutlich voneinander. Der Film ist durchscheinend und klar, die kohäsionslose Schichte nimmt dagegen einen weißen, kreidigen Farbton an.

Die Weißpunkttemperatur ist von der Plastizität der dispergierten Teilchen abhängig; sie liegt um so höher je starrer die letzteren sind. Der Weißpunkt reiner PVAc-Dispersionen liegt bei etwa 18 °C, läßt sich aber durch Zusatz von permanenten oder temporären Weichmachern wesentlich senken. Als temporäre Weichmacher wirken Lösungsmittel, die mit der Zeit wieder abdampfen. Aus Sicherheitsgründen wählt man gewöhnlich schwerer flüchtige Lösungsmittel, die allerdings nur sehr langsam aus der Leimfuge verschwinden.

14.1.5 PVAc-Holzleime

Die von der chemischen Großindustrie hergestellten mittel- und grobdispersen PVAc-Dispersionen eignen sich nach einigen einfachen Justierungen ausgezeichnet zum Verleimen von Holz und anderem porösem Material. Die Originaldispersionen haben gewöhnlich eine Konzentration von etwa 50 %, sind hochviskos und besitzen jene charakteristische weiße Tönung, die entsteht, wenn ungefärbte Substanzen in ungefärbten Lösungsmitteln mit abweichendem Brechungsindex emulgiert oder dispergiert werden (Milchfarbe). Infolge geringer Mengen freier Essigsäure reagieren die Dispersionen leicht sauer und besitzen den Säuregrad pH 4.

Justierungen der Originaldispersion

a) Weißpunkt. Es empfiehlt sich, den Weißpunkt der Originaldispersionen, der bei 15–18 °C liegt, zu senken, da sonst in kühlen Arbeitslokalen Fehlleimungen auftreten können. Um die Kohäsion der Leim-

---

[1] „Mowilith"; Hoechst AG, Frankfurt-Hoechst.

schichte nicht unnötig zu erniedrigen, werden zu diesem Zweck ausschließlich schwerflüchtige Lösungsmittel verwendet. Ein Zusatz von 2,5%, z.B. folgender Lösungsmittel, erniedrigt den Weißpunkt 50%iger Leimdispersionen auf $+3$–4 °C.

1. GB-Ester, die Abkürzung von Glykolsäure-Butylester:

$$C(OH)H_2COOC_4H_9.$$

2. Butylcarbitolacetat, der Ester von Essigsäure und dem Monobutyläther von Diäthylenglykol:

$$CH_3COOCH_2CH_2 \cdot O \cdot CH_2CH_2OC_4H_9.$$

b) Neutralisation. Der leicht saure pH-Wert der Originaldispersion ist an sich für die Verfärbung von Holz gewöhnlich ohne Bedeutung. Dagegen werden Eisenteile bei längerer Berührung von der freien Essigsäure angegriffen und können ihrerseits Anlaß zu Verfärbungen geben. Mit Eisen verunreinigter Leim kann nicht nur auf stark gerbstoffhaltiger Eiche sondern auch auf vielen anderen Holzsorten, wie dem häufig verwendeten Gaboon, störende Flecke hervorrufen. Schließlich lassen sich Eisenteile von Maschinen, die mit Belägen von eingedickten oder eingetrockneten sauren PVAc-Resten verschmutzt sind, ziemlich schwer reinigen. Es ist daher mitunter vorteilhaft, PVAc-Leime vor Gebrauch durch Zugabe von etwas Ammoniak oder Kreide neutral einzustellen (pH 7).

c) Einstellung der Viskosität. Die Viskosität der Originaldispersionen kann bei Raumtemperatur bis zu 20000 cP betragen. Diese hohe Viskosität ist vom Standpunkt der Lagerungsfähigkeit vorteilhaft, für praktische Verleimungszwecke jedoch meistens zu hoch. Da sich die Viskosität der Dispersion bereits bei geringer Wasserzugabe stark ändert, ist es zweckmäßig, den gewünschten Verdünnungsgrad anhand einer Verdünnungskurve nach Art von Abb. 61 zu ermitteln und das Verdünnen mit gemessenen Leim- und Wassermengen durchzuführen.

Wie Tab. 50 zeigt, tritt auch bei PVAc-Holzleimen eine deutliche Strukturviskosität auf. Viskositätsdaten sind daher auch bei diesen Leimen durch gleichzeitige Angabe der Meßbedingungen zu ergänzen.

Tabelle 50. *Strukturviskosität eines 50%igen mitteldispersen PVAc-Holzleimes*

cP	Spindel	U/min	Bemerkungen
24200	4	6	$t = 25$ °C
18800	4	12	Brookfield-
14700	4	30	Viskosimeter LV

Die Viskosität von PVAc-Holzleimen ist ferner auch stark von der Temperatur abhängig (Abb. 62). Der Verdünnungsgrad muß daher an richtig temperierten Proben beurteilt und ermittelt werden.

d) Strecken des Leimes. Das Strecken von PVAc-Leimen mit geeigneten Füllstoffen zielt meistens auf eine Verbilligung des Leimpreises ab.

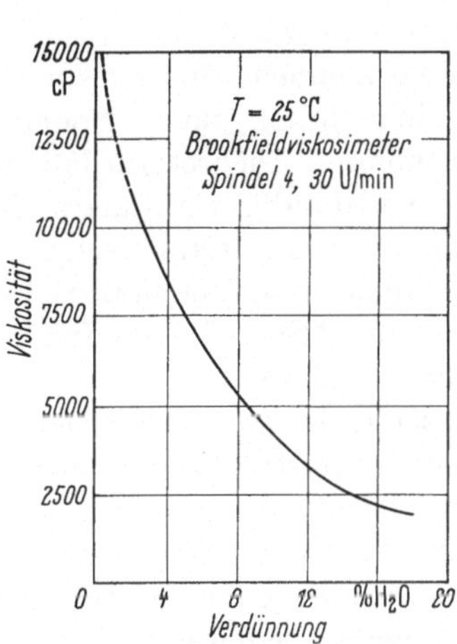

Abb. 61. Abhängigkeit der Viskosität von PVAc-Leimen vom Verdünnungsgrad

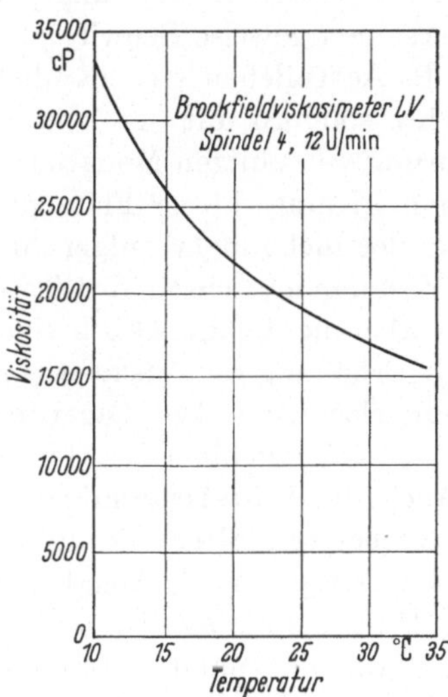

Abb. 62. Abhängigkeit der Viskosität von PVAc-Leimen von der Temperatur

Mitunter bezweckt man auch ein schnelleres Abbinden des Leimes[1]. Organische Füllstoffe, wie Stärke, die bei Aminoplasten gute Dienste leisten, setzen die Bindungsfähigkeit von PVAc-Dispersionen stark herab und sind daher ungeeignet. Gut bewährt haben sich anorganische Pulver. An erster Stelle ist Leichtspat zu nennen. Auch Kreide wird verwendet. Leichtspatpulver, das neutral reagiert, kann direkt eingerührt werden. Gewöhnlich ist es aber vorteilhafter, Pulver als gleichmäßige Paste zuzusetzen, die mit Wasser im Verhältnis 1 : 1 angeteigt wurde. Im Falle von Kreide ist dies die einzig statthafte Zusatzmethode, da eine Zugabe des trockenen, alkalisch reagierenden Pulvers zu partiellen Fällungen Anlaß geben kann. Berechnet auf das Gewicht von 50%iger Dispersion dürften Pastenzusätze von 30—40% die obere Grenze der zulässigen Streckung darstellen. Wie immer lassen sich für das Strecken von Leimen keine genau gültigen Regeln aufstellen, sondern ist die Grenze des Zulässigen von Fall zu Fall praktisch zu erproben.

Haltbarkeit und Lagerung. PVAc-Leime sind sehr haltbar, sofern man sie vor Eintrocknen schützt. Da sie auch von Bakterien nicht angegriffen

---

[1] Der Verfasser hat in seiner Praxis überzeugende Vorteile der „Schnellbinder", die auf diese Weise hergestellt wurden, gegenüber richtig eingestellten Originaldispersionen nicht feststellen können.

werden, können alte Leimreste mit neuen Leimmengen unbedenklich gemischt werden.

In der ersten Anwendungsperiode bereitete die Lagerung der Leimdispersionen gewisse Schwierigkeiten. Das erwähnte Zusammenwachsen von PVAc-Teilchen trat nämlich nicht nur beim Trocknen der Leimschichte sondern mit der Zeit in der Dispersion selbst ein. Nach einer Lagerung von einigen Monaten konnte es vorkommen, daß sich die Dispersion in eine dünne Flüssigkeit und einen festen zähen Bodensatz teilte, der nicht mehr aufgerührt werden konnte. Theoretisch läßt sich das Zusammenwachsen der Teilchen nie vollständig verhindern. Man kann aber heute die Geschwindigkeit des Teilchenzusammenschlusses durch Erhöhung der Viskosität soweit abbremsen, daß er praktisch bedeutungslos wird. Die Lagerungsfähigkeit moderner PVAc-Holzleime beträgt nach Angaben der Hersteller mehrere Jahre[1].

Auch die Kältebeständigkeit der Dispersionen wurde mit der Zeit sehr verbessert. Ältere Produkte waren nicht frostbeständig; moderne Leime vertragen nach Angaben der Hersteller oft Temperaturen bis zu − 18 °C ohne zu koagulieren. Trotzdem ist es ratsam, PVAc-Leime beim Lagern vor Einfrieren zu schützen, da das Auftauen der Dispersion für den Verbraucher eine beschwerliche Aufgabe bedeuten kann. Der Schmelzprozeß darf absolut nicht forciert werden. Es wird sowohl von der Anwendung von Dampf als auch von warmem Wasser abgeraten, sondern empfohlen, den gefrorenen Leim solange in erwärmten Lokalen zu lagern, bis er wieder normale Temperatur angenommen hat. Nach dem Auftauen pflegen die Leimdispersionen unnormal hohe Viskosität zu besitzen. Während der Abkühlungsperiode werden nämlich besonders große Sekundärteilchen durch losen Zusammenschluß einer größeren Anzahl von Primärteilchen gebildet. Die Sekundärteilchenbildung ist reversibel, jedoch erst nach kräftiger mechanischer Bearbeitung der Dispersion, z. B. mit einem Rührwerk von 1200–1400 U/min. Bereits bei Raumtemperatur tritt eine deutliche, wenn auch nicht allzu störende Sekundärteilchenbildung auf. Aus diesem Grunde beobachtet man häufig an PVAc-Dispersionen nach längerem kräftigem Umrühren ein Sinken und hierauf ein sehr langsames Wiederansteigen der Viskosität. Es handelt sich also um Tixotropieerscheinungen, die sich über lange Zeiträume erstrecken können.

14.1.6 Die Anwendung von PVAc-Holzleimen

Auftragmenge. Wie bereits erwähnt, liegen ähnliche Verhältnisse wie bei Glutinleim vor. Die Konzentration der Originaldispersionen liegt nach der notwendigen Verdünnung bei ∼45%; sie läßt sich durch Mit-

---

[1] Diese Angaben beziehen sich auf PVAc-Leime, deren Zusammensetzung und Viskosität sich nicht wesentlich von den Originaldispersionen unterscheiden.

verwendung gewisser besonders hochkonzentrierter Dispersionen ($\sim 60\%$) noch etwas erhöhen. Wegen seines relativ hohen Wassergehaltes ist PVAc-Leim jedoch kein Fugenfüller im eigentlichen Sinne. Obwohl auch reichlicher Leimauftrag nicht jene schädlichen Versprödungen hervorruft, die an Harnstoff-Formaldehydharzleimen beobachtet werden, sind die sichersten Verleimungsresultate bei Auftragsmengen von ~ 200 g/m² und Preßdrucken von einigen kp/cm² zu erwarten.

Wartezeit. PVAc-Leim muß verpreßt werden, bevor die Filmbildung der Dispersion stattgefunden hat. Eine einfache verläßliche Werkstattsregel besagt, daß die Leimschichte solange bindefähig bleibt, als man bei Berührung noch eine gewisse, charakteristische Klebrigkeit empfindet. Die Länge der Wartezeit wird stark durch den Polyvinylalkoholgehalt des Leimes beeinflußt. Mit der Einstellung von Originaldispersionen ergeben sich gewöhnlich Wartezeiten von 5–10 min. Weitere Zusätze von Polyvinylalkohol erhöhen die Wartezeit, gleichzeitig aber auch die Preßzeit.

Preßzeit. Der Gesamtverlauf des Abbindungsvorganges von PVAc-Leimen, dargestellt durch den Verlauf der Scherfestigkeiten bei schneller Belastung, ist den entsprechenden Festigkeitskurven von Kaseinleim (Abb. 54) sehr ähnlich[1]. Jedoch zieht PVAc-Leim in der allerersten Phase etwas schneller an, da sein Substanzgehalt höher ist und die Filmbildung früh einsetzt. Für Massivholzverleimung von trockenen spannungsfreien Holzteilen werden bei Raumtemperatur Preßzeiten von 5 bis 15 min, für Furniere von 30–60 min angegeben. Durch Erhöhung der Preßtemperatur werden die Preßzeiten verkürzt. Bei Fugentemperaturen von etwa 50 °C sinkt die Länge der Preßzeit auf etwa 60% der angegebenen Werte. Allerdings ist bei diesem abgekürzten Preßverfahren die Thermoplastizität von PVAc-Leim zu berücksichtigen, die sich um so mehr geltend macht, je frischer und feuchter die Leimfuge ist. Zu stark erwärmte Leimfugen öffnen sich daher wieder unter dem Einfluß der stets vorhandenen Restspannungen des Werkstückes nach dem Verlassen der Pressen.

PVAc-Leim nimmt unter den Kaltbindern für Innenverleimungen heute eine führende Stellung ein. Seine Bedeutung liegt vor allem auf dem Gebiet der Massivholzverleimung. Als Furnierleim konnte er sich wegen der längeren Preßzeiten im Wettbewerb mit den schnellen Harnstoff-Formaldehydharzheißbindern nicht in gleicher Weise durchsetzen. Hier kann auch die Löslichkeit von Polyvinylacetat in organischen Lösungsmitteln Schwierigkeiten bereiten. Mitunter tritt beim Lackieren dünner Furniere Blasenbildung auf, die auf das Anlösen der Leimschichte durch die Lacklösungsmittel zurückzuführen ist.

---

[1] Vgl. z.B. PLATH, E.: Die Holzerleimung, S. 98. Stuttgart: Wissensch. Verlagsgesellschaft 1951.

14.1.7 Beständigkeit und Festigkeit von PVAc-Holzleimen

Die PVAc-Leimschichte ist bakterienfest und löst sich auch nicht in Wasser, quillt jedoch in Berührung mit letzterem stark und wird bei längerer Einwirkung vollständig zerstört. PVAc-Leime sind daher für Außenverleimungen ungeeignet. Wesentlich besser ist die Beständigkeit gegen hohe Luftfeuchtigkeit. Zwar sinkt die Fugenfestigkeit bei hoher relativer Feuchtigkeit infolge von Wasserdampfadsorption merklich, nimmt jedoch in trockener Atmosphäre wieder normale Werte an.

Obwohl weichmacherarme PVAc-Fugen bei Kurzzeitbelastung etwa die gleichen hohen Festigkeiten wie Kaseinleimfugen besitzen, zeigen die Zeitstandfestigkeiten (S. 289) ein sehr unterschiedliches Verhalten. Trotz anscheinender Härte ist auch die trockene PVAc-Fuge noch immer etwas viskoelastisch. Die Viskoelastizität der Fuge wird häufig durch Reste der schwerflüchtigen Lösungsmittel begünstigt. PVAc-Leime sind

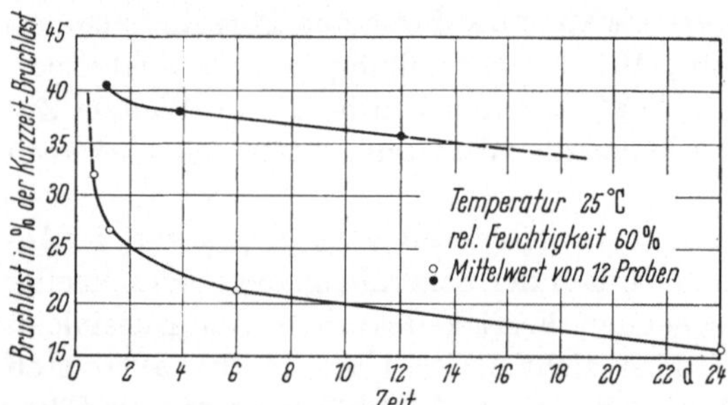

Abb. 63. Zeitstandfestigkeit von PVAc-Holzleimen (nach CARRUTHERS und PAXTON)[1]

in dieser Hinsicht den in Abschnitt 14.9 besprochenen Kautschuk-Kontaktklebern ähnlich. Einen guten Einblick in das Verhalten dauerbelasteter PVAc-Fugen gibt Abb. 63, die einem Bericht[1] des Forest Products Research Laboratory, Princes Risborough, England, entnommen ist. Die Bruchwerte zweier käuflicher PVAc-Holzleime nicht näher beschriebener Zusammensetzung werden in Prozenten der maximalen Bruchlast bei Kurzzeitbelastung angegeben. Zur Ermittlung der Bruchwerte wurde die auf S. 290 beschriebene Standardmethode benützt, bei der die Leimfuge auf Schub beansprucht wird. Nach 24 Tagen brach Sorte I bei 16%, Sorte II bei etwa 30% (extrapoliert) der maximalen Belastung.

Wie man sieht, sind Kurzzeit-Festigkeitswerte, nach Art der Abb. 51 und 52, die durch schnelle Steigerung der Belastung bis zur Bruchgrenze erhalten werden, nicht sonderlich geeignet, das Verhalten einer Leimfuge mit viskoelastischen Fließeigenschaften zu beschreiben. Auch vom Standpunkt des Verbrauchers ist die Kenntnis der Zeitstandfestigkeiten viskoelastischer Leime wichtig; sie ermöglicht in vielen Fällen erst die zweckmäßige Anwendung einer Leimsorte. Die Mitteilung entsprechender Kennzahlen durch den Hersteller ist daher wünschenswert.

---

[1] For. Prod. Res. Lab. Progress Report 100, 1956.

14.1.8 Modifizierte (erweichte) PVAc-Leime

Auf nicht porösen, glatten und vor allem weichen Oberflächen, z.B. Polyvinylchlorid verschiedener Weichmachungsgrade haften PVAc-Leime nur bei genügender Erweichung durch äußere oder innere Weichmacher.

Äußere Weichmachung erzielt man einfach durch Zumischen von Weichmachern wie Dibutyl- Dioctyl- Dinonylphtalat usw. Diese nicht chemisch gebundenen Substanzen können jedoch mit der Zeit wieder aus der Leimfuge abwandern[1]. Die Folge der Weichmacherwanderung ist nicht nur eine Härtezunahme der Leimschichte; mitunter tritt auch eine unerwünschte Erweichung von angrenzendem Plastmaterial auf.

Bei innerer Weichmachung werden diese Nachteile vermieden, da die weichmachenden Gruppen in die PVAc-Ketten chemisch eingebaut sind. Der Einbau erfolgt entweder schon bei der Herstellung von Polyvinylacetat und zwar durch Copolymerisation verschiedener Monomerer oder durch Umesterung von fertigem Polyvinylacetat, z.B. mit höheren Fettsäuren. Als Beispiele praktisch verwendeter copolymerisierbarer Monomerer können genannt werden:

1. Vinylester höherer Fettsäuren:

$$
\begin{array}{l}
\ \ \text{H}\ \ \ \text{H} \\
\ \ \ |\ \ \ \ \ | \\
\ \ \text{C} = \text{C} \qquad \text{\textit{(Anzahl der C-Atome in R>1;}} \\
\ \ \ |\ \ \ \ \ | \\
\ \ \text{H}\ \ \ \text{O} \qquad\ \ \text{\textit{z.B. R=C}}_{11}\text{\textit{H}}_{23}\text{\textit{= Laurinsäure-}} \\
\ \ \ \ \ \ \ \ | \qquad\qquad\ \ \text{\textit{ester)}} \\
\ \ \ \ \ \ \text{C}=\text{O} \\
\ \ \ \ \ \ \ | \\
\ \ \ \ \ \ \text{R}
\end{array}
$$

2. Maleinsäurehalbester (a) oder Maleinsäureanhydrid (b):

$$
\begin{array}{ll}
\ \text{H}\ \ \ \text{H} & \qquad\ \text{H}\ \ \ \text{H} \\
\ \ |\ \ \ \ | & \qquad\ \ |\ \ \ \ | \\
\ \text{C}=\text{C} & \qquad\ \text{C}=\text{C} \\
\ \ |\ \ \ \ | & \qquad\ \ |\ \ \ \ | \\
\text{O}=\text{C}\ \ \text{C}=\text{O} & \quad\text{O}=\text{C}\ \ \text{C}=\text{O} \\
\ \ |\ \ \ \ | & \qquad\ \ \ \backslash\ \ \ / \\
\ \text{OH}\ \text{OR} & \qquad\quad\ \text{O} \\
\ \ \ \ \text{a} & \qquad\quad\ \ \text{b}
\end{array}
$$

3. Acrylsäureester (vgl. S. 173).

Durch verschiedene Dosierung des Weichmacheranteiles entstehen Copolymerisate aller Abstufungen zwischen harten PVAc-Filmen und permanent klebrigen Schichten, die in Klebestreifen und -Bändern verwendet werden können. Mit zunehmender Weichheit steigt das Haftvermögen, aber auch gleichzeitig die Thermoplastizität der Leimschichte, während die Kohäsion sinkt. Als Haftstoffe betrachtet bilden die Copoly-

---

[1] Die Wanderungstendenz dieser Weichmacher fällt in der angegebenen Reihenfolge und ist bei Diponylphthalat verhältnismäßig gering.

merisate alle Übergänge von starken Leimen zu schwachen permanenten Klebern.

Dispersionen aus PVAc-Copolymerisaten spielen bei der Verleimung von Polyvinylchlorid eine wichtige Rolle. PVC-Folien werden in letzter Zeit von der Möbel- und Bautischlereiindustrie zur Oberflächenveredlung von Holz, Faserplatten usw. viel verwendet. Dipolymerisate nach Art der Beispiele 1–3 haben sich als nicht ganz geeignet erwiesen, da sie entweder bei Erwärmung zu früh erweichen oder in der Kälte zu stark verspröden. Gut bewährt haben sich dagegen Terpolymerisate mit z.B. Polyvinylchlorid oder Polyäthylen als dritte Komponente Verleimungen mit derartigen Terpolymerisatdispersionen, denen eventuell etwas Harz und Weichmacher zugemischt wird, besitzen für praktische Zwecke ausreichende Wärme- und Kältebeständigkeit.

14.2 Polyvinylalkohol und Polyvinylformal

Einige wichtige Polyvinylverbindungen werden nicht durch Polymerisation von Monomerverbindungen, sondern durch chemische Umwandlung von Polyvinylacetat hergestellt. Dies gilt für den auf S. 164 erwähnten Polyvinylalkohol, der bei Verseifung von Polyvinylacetat mit Säuren oder Basen entsteht:

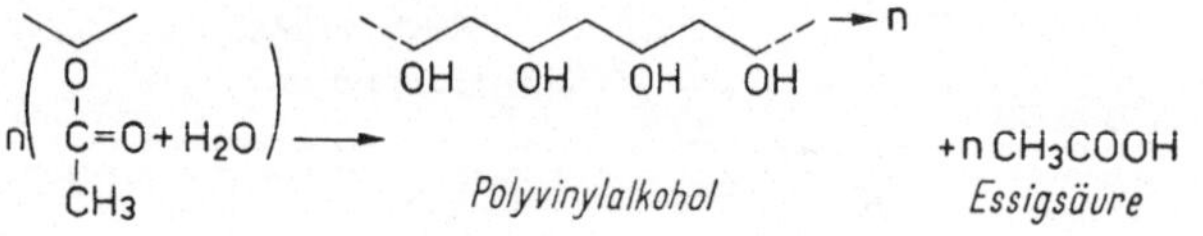

$$\left(\begin{array}{c} O \\ \| \\ C{=}O + H_2O \\ | \\ CH_3 \end{array} \right)_n \longrightarrow \underset{Polyvinylalkohol}{[\,OH\ \ OH\ \ OH\ \ OH\,]_n} + n\,CH_3COOH \quad (Essigsäure) \qquad \text{I}$$

Polyvinylalkohol reagiert wie andere Alkohole mit Aldehyden unter Bildung von Acetalen, Verbindungen, die als Doppeläther aufgefaßt werden können.

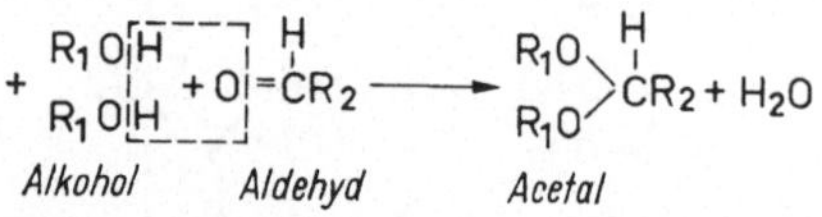

$$\begin{array}{c} R_1O[H \\ + \\ R_1O[H \end{array} + O] {=} CR_2 \longrightarrow \begin{array}{c} R_1O \\ {>}CR_2 \\ R_1O \end{array} + H_2O \qquad \text{II}$$

$$\underset{Alkohol}{\quad} \qquad \underset{Aldehyd}{\quad} \qquad \underset{Acetal}{\quad}$$

Nach Reaktionsschema II entsteht aus Polyvinylalkohol und Formaldehyd ($R_2{=}H$) Polyvinylformal:

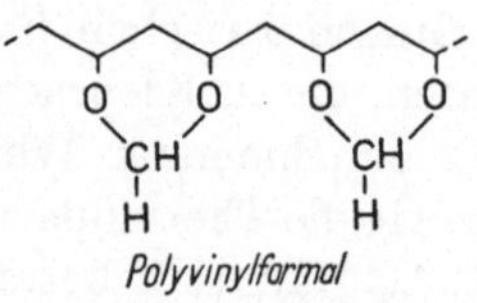

$$\begin{array}{c} O\ \ O\ \ \cdot\ \ O\ \ O \\ CH\qquad CH \\ H\qquad\ \ H \end{array} \qquad \text{III}$$

Polyvinylformal

Diese wasserunlösliche Polyvinylverbindung, die bei der Metall-Metall-Verleimung nach dem Reduxverfahren (S. 250) eine wichtige Rolle spielt, wird als weißes Pulver in den Handel gebracht, das in einigen organischen Lösungsmitteln wie Toluol, chlorierten Kohlenwasserstoffen usw. löslich ist. Bei der technischen Herstellung erfolgt Verseifung und Acetalbildung in einem Arbeitsprozeß. Der als Zwischenprodukt auftretende Polyvinylalkohol braucht nicht isoliert zu werden.

14.3 Klebstoffe aus Polyvinyläthern

Für die Herstellung gewisser Leime und Kontaktkleber eignen sich die weichen bis gummielastischen Polyvinyläther niedriger Alkohole. *Polyvinylmethyläther* ist bei Temperaturen unter 35 °C wasserlöslich und dient als adhäsionsverbessernder Zusatz zu Leimen und Verdickungsmitteln. Technisch wichtig ist ferner *Polyvinylisobutyläther*, eine hochpolymere Verbindung mit Kautschukcharakter, die ähnlich wie die verschiedenen Kautschukarten zur Herstellung von Klebemassen verwendet wird (vgl. S. 189).

Die technische Herstellung der monomeren Vinyläther erfolgt nach einem von REPPE ausgearbeiteten Verfahren, das in der katalytischen Vinylierung von Alkoholen durch Acetylen besteht[1]. Für die Synthese des Vinylmethyläthers gilt beispielsweise folgende Bruttoformel:

$$CH_3OH + HC \equiv CH \longrightarrow \underset{\text{Vinylmethyläther}}{HC = CH_2}$$

$$\underset{\text{Methylalkohol}}{CH_3OH} + \underset{\text{Acetylen}}{HC \equiv CH} \longrightarrow$$

Kleine Mengen von Alkoholaten übernehmen dabei die Rolle des Katalysators. Durch kationische Polymerisation entstehen polymere Äther:

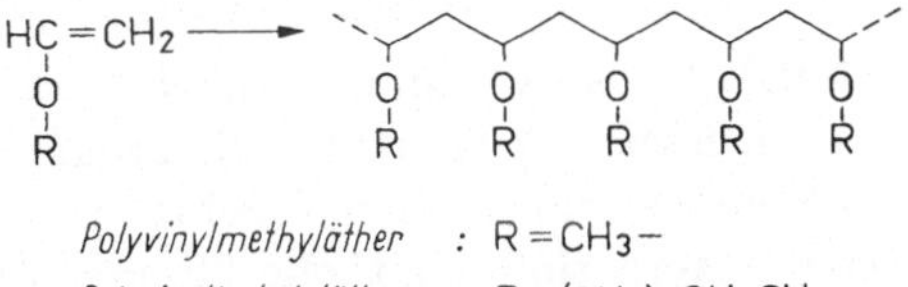

Polyvinylmethyläther   : R = CH_3 —
Polyvinylisobutyläther : R = (CH_3)_2 CH_2 CH_2 —

14.4 Klebstoffe aus Polyacryl- und Polymethacrylverbindungen

14.4.1 Allgemeines

Polyacryl- und Polymethacrylverbindungen, die eine der technisch wichtigsten hochpolymeren Substanzgruppen sind, werden als Leime nur in begrenztem Umfang verwendet. Dies beruht nicht etwa auf einer geringeren durchschnittlichen Eignung dieser Substanzen für Verleimungszwecke. Es ist anzunehmen, daß auch Dispersionsleime auf Acrylat-

---

[1] REPPE, W.: Neue Entwicklungen auf dem Gebiete der Chemie des Acetylens und Kohlenoxyd, S. 12. Berlin/Göttingen/Heidelberg: Springer 1949.

basis zur Holzverleimung hergestellt werden könnten, die PVAc-Leimen an Stärke gleichkommen und an Wasserbeständigkeit übertreffen. Acrylatleime bedingen jedoch bedeutend höhere Preise. Auch ist die Verbesserung der Wasserbeständigkeit nicht so durchgreifend, daß sie den hohen Forderungen für Außenverleimungen genügen würde.

14.4.2 Chemische Struktur und Ausgangsmaterial der Acrylverbindungen

Die wichtigsten Polyacrylverbindungen haben folgende chemische Struktur

$$
\begin{array}{ll}
\textit{Polyacrylsäure} &
\begin{array}{ccccc}
C{=}O & C{=}O & C{=}O & C{=}O & C{=}O \\
OH & OH & OH & OH & OH
\end{array} \\[3ex]
\textit{Polyacrylsäureester} &
\begin{array}{ccccc}
C{=}O & C{=}O & C{=}O & C{=}O & C{=}O \\
OR & OR & OR & OR & OR
\end{array} \\[3ex]
\textit{Polyacrylsäurenitril} &
\begin{array}{ccccc}
C{\equiv}N & C{\equiv}N & C{\equiv}N & C{\equiv}N & C{\equiv}N
\end{array} \\[3ex]
\textit{Methacrylsäure} &
\begin{array}{ccccc}
CH_3 & CH_3 & CH_3 & CH_3 & CH_3 \\
C{=}O & C{=}O & C{=}O & C{=}O & C{=}O \\
OH & OH & OH & OH & OH
\end{array} \\[3ex]
\textit{Methacrylsäure–Methylester} &
\begin{array}{ccccc}
CH_3 & CH_3 & CH_3 & CH_3 & CH_3 \\
C{=}O & C{=}O & C{=}O & C{=}O & C{=}O \\
OCH_3 & OCH_3 & OCH_3 & OCH_3 & OCH_3
\end{array}
\end{array}
\qquad \text{I}
$$

Bei der Herstellung[1] der Acryl- und Methacrylmonomeren werden, zumindestens bisher, meistens C_2- bzw. C_3-Ausgangsverbindungen benützt, an die bei der Synthese ein C-Atom angefügt wird. Mit Ausnahme von sehr langkettigen Estern sind sämtliche Monomere bei Raumtemperatur wasserklare Flüssigkeiten.

Acrylsäure und Acrylsäureester können aus Acetylen (C_2H_2) und Kohlenmonoxyd (CO) in Gegenwart von Wasser oder Alkoholen (ROH) hergestellt werden. Das Kohlenmonoxyd wird der Reaktion in Form von Nickeltetracarbonyl $Ni(CO_4)$ zugeführt:

$$
HC{\equiv}CH + CO + \left\{\begin{array}{l} H_2O \\ oder \\ ROH \end{array}\right.
\longrightarrow
\begin{array}{c} H\ \ H \\ C{=}C \\ H\ \ C{=}O \\ OH \end{array}
\quad bzw. \quad
\begin{array}{c} H\ \ H \\ C{=}C \\ H\ \ C{=}O \\ OR \end{array}
\qquad \text{II}
$$

Acrylsäure   Acrylsäureester

---

[1] Ausführlichere Angaben z.B. in HOUWINK/STAVERMAN: Bd. 2/I, S. 541–544.

Methacrylsäure und Methacrylsäuremethylester werden aus Aceton (CH_3COCH_3) und Blausäure (HCN) hergestellt; das Zwischenprodukt Acetoncyanhydrin wird mit Schwefelsäure und gegebenenfalls Methylalkohol (CH_3OH) zu Methacrylsäure oder Methacrylsäure-Methylester umgesetzt:

$$CH_3-\underset{\underset{\displaystyle CN}{|}}{\overset{\overset{\displaystyle CH_3}{|}}{C}}=O + HCN \longrightarrow CH_3-\underset{\underset{\displaystyle CN}{|}}{\overset{\overset{\displaystyle CH_3}{|}}{C}}-OH \qquad \xrightarrow{\quad H_2SO_4,\ H_2O\ oder\ CH_3OH\quad}$$

Acetoncyanhydrin

$$\longrightarrow \ \underset{\underset{\displaystyle OH}{\underset{\displaystyle |}{C=O}}}{\overset{\overset{\displaystyle CH_3}{|}}{\underset{|}{C}}}\ \ oder\ \ \underset{\underset{\displaystyle OCH_3}{\underset{\displaystyle |}{C=O}}}{\overset{\overset{\displaystyle CH_3}{|}}{\underset{|}{C}}}\ +\ NH_4HSO_4$$

Methacrylsäure   Methacrylsäuremethylester

III

Acrylnitril wird in analoger Weise aus Äthylenoxyd $H_2C\!-\!CH_2$ (O) und Blausäure aufgebaut; das als Zwischenprodukt auftretende Äthylencyanhydrin geht durch Wasserentzug in Acrylsäurenitril über:

$$H_2C\!-\!CH_2 + HCN \longrightarrow CH_2OH-CH_2 \xrightarrow{-H_2O} C=C$$

Äthylencyanhydrin   Acrylsäurenitril

IV

Eine Ausnahme von den obigen Reaktionsschemen ist die katalytische Bildung von Acrylnitril aus dem Gas Propylen ($CH_2\!=\!CH\!-\!CH_3$), Ammoniak und Luftsauerstoff:

$$CH_2\!=\!CH + NH_3 + 3/2\,O_2 \longrightarrow C=C + 3H_2O$$

IVa

Hier liegt also bereits eine C_3-Ausgangssubstanz und im übrigen billige Rohmaterialien vor.

Unter den Acrylmonomeren steht Acrylnitril mengenmäßig an erster Stelle, da es in großem Maße zur Herstellung von Kunstfasern (Orlon, Dralon) und Kunstgummi (Perbunan N, Buna N) Verwendung findet[1].

Acrylverbindungen als Haftmittel. Polyacrylsäure und Polymethacrylsäure, sowie Copolymerisate von Methacrylsäure und Methylmethacrylat[2]

---

[1] Die Kunstgummierzeugung verbraucht allerdings nur einen Bruchteil jener Mengen Acrylnitril, die zur Herstellung von Kunstfasern verwendet werden.

[2] Die Bezeichnung „Acrylat" ist eine Verkürzung von „Acrylsäureester".

sind wasserlösliche Substanzen, die als Verdickungsmittel und Kleister verwendet werden können. Die oft sehr starke Verdickungswirkung tritt erst nach Neutralisation mit Basen, z.B. Natronlauge oder Ammoniak, ein und pflegt in der Nähe des Äquivalenzpunktes am höchsten zu sein. In stärker saurer Lösung fallen höhere Polymerisationsstufen der genannten Verbindungen aus, da sich die undissoziierten und daher unlöslichen Säuren bilden. Es liegen also ähnliche Verhältnisse wie bei den Carboxymethylcellulosen (S. 152) vor.

Polyacrylate und Polymethacrylate[1] werden durch in-Substanz-, Lösungs- und Emulsionspolymerisation hergestellt. Polyacrylate sind weiche bis klebrige Substanzen, Polymethacrylate dagegen bedeutend fester. Äthyl- oder höhere Acrylate werden zur Herstellung von Klebemassen verwendet. Am härtesten ist Polymethylacrylat, der am häufigsten verwendete Methacrylsäureester, der in fester Form unter dem Namen Plexiglas bekannt ist. Polyacrylat und Polymethacrylatdispersionen können unter ähnlichen Voraussetzungen wie Polyvinylacetatdispersionen zum Leimen verwendet werden. Durch Variation des Verhältnisses Polymethylacrylat : Polyacrylat entstehen alle Abstufungen zwischen harten und weichen Leimen, die frei von äußeren Weichmachern sind. Für einige Spezialzwecke werden auch Lösungsmittelpolymerisate benützt. Einige Acrylatleime zeichnen sich durch besonders gute Haftfähigkeit auf nichtporösen Unterlagen, z.B. Polyvinylchlorid (PVC) aus[2]. Geringe copolymerisierte Zusätze von Acrylsäure erhöhen häufig die Haftfähigkeit anderer hochpolymerer Substanzen[3].

Acrylnitril, das in reiner polymerer Form ein wichtiger Ausgangsstoff der Kunstfasererzeugung ist, bildet als Copolymerisat mit Butadien einen synthetischen Kautschuk. Die üblichen Polybutadien-Acrylnitrilsorten enthalten etwa 30–40% Acrylnitril. Nitrilkautschuk ist unter verschiedenen Handelsbezeichnungen wie Perbunan N, Buna N, Hycar usw. bekannt.

14.5 Polyäthylen

14.5.1 Allgemeines

Von den in Tab. 30 genannten polymeren Substanzen eignen sich nur verschiedene Polyvinylacetat-, Polycrylat- und Polyvinylätherderivate zur Herstellung von Leimen, die bei Raumtemperatur flüssig aufgetragen werden können (Kaltbinder, Heißbinder[4]). Als Schmelzbinder können

---

[1] Siehe Fußnote 2 Seite 175.

[2] Eine Acrylatdispersion von sehr guten Hafteigenschaften ist das Acronal der BASF, Ludwigshafen.

[3] ULLMANN: Enz. d. techn. Chemie, 3. Aufl., Bd. 14, S. 275. Berlin/München: Urban u. Schwarzenberg 1963.

[4] Dispersionsleime, die bei erhöhter Temperatur schneller abbinden (Beschleunigung der Filmbildung) sind als eine Art Heißbinder zu bezeichnen.

dagegen alle Kunststoffe verwendet werden, die bei nicht allzu hoher Temperatur unzersetzt schmelzen. Tatsächlich sind Kunststoffschmelzbinder unter Entwicklung, die rasches bequemes Leimen gestatten und die vermutlich dazu berufen sind, in der Zukunft eine wichtige Rolle zu spielen. In diesen neuen Schmelzbindern ist oft Polyäthylen als copolymere Komponente enthalten. Da bereits reines Polyäthylen an der Grenze der technischen Verwendbarkeit (als Schmelzbinder) steht, sollen die wichtigsten Eigenschaften dieser auch in theoretischer Hinsicht interessanten Substanz (S. 178) kurz beschrieben werden.

Polyäthylen ist ein verhältnismäßig billiger Rohstoff, dessen physikalische Eigenschaften innerhalb weiter Grenzen variiert werden können. Eine Reihe von Sorten mit gestaffelten Schmelzpunkten bis zu einer unteren Grenze von $\sim 100\ °C$ sind im Handel erhältlich. Außerdem ist Polyäthylen chemisch äußerst widerstandsfähig und wird von Wasser nicht angegriffen.

Käufliche technische Polyäthylene sind bisher gewöhnlich nicht ohne weiteres zum Verleimen geeignet. Die Bindefähigkeit eines geschmolzenen und wieder erstarrten Polyäthylenfilmes ist meistens unbefriedigend: die resultierende Fugenfestigkeit pflegt weit unter der Eigenfestigkeit von Polyäthylen zu liegen. Dieser Umstand bzw. die oft etwas umständlichen Methoden, die angewendet werden müssen, um gute Resultate zu erzielen, sind offenbar der Grund dafür, daß sich gewöhnliches Polyäthylen als Schmelzbinder bisher kaum einführen konnte.

Das schlechte Binden von Polyäthylen wird häufig auf die unpolare Natur und die infolgedessen schwächeren Oberflächenkräfte dieses Kunststoffes zurückgeführt. Eine Stütze scheint diese Ansicht durch die Beobachtung zu erhalten, daß die Bedruckbarkeit und Verleimbarkeit von Polyäthylenoberflächen durch Behandlungen mit offener Flamme, heißer Luft usw.[1] wesentlich verbessert wird. Es ist üblich dieses Verhalten dem polaren Charakter der oxydativ veränderten Polyäthylenoberfläche zuzuschreiben. DE LOLLIS[2] überträgt diesen Gedankengang auf das Verleimen mit Polyäthylen und erklärt das gelegentlich beobachtete gute Haften von Polyäthylen auf Aluminium mit einer Oxydation der an das Metall grenzenden Leimschichte durch Spuren von stets vorhandenem Aluminiumoxyd. Diese Vermutung ist aus verschiedenen Gründen problematisch. Die verschiedenen Vorbehandlungsmethoden verbessern zwar erwiesenermaßen die Benetzbarkeit und damit die Verleimbarkeit von festem Polyäthylen. Dadurch ist jedoch nicht ohne weiteres das gute Haften von geschmolzenem Polyäthylen auf festen Unterlagen erklärt (vgl. z. B. S. 81/82). Es liegen auch andere Beobachtungen vor, die gegen Oxydationstheorien beim Verleimen mit Polyäthylen sprechen. Sehr überzeugend sind

---

[1] PEUKERT, H.: Kunststoffe 48 (1959) 3.
[2] SKEIST, I.: Handbook of Adhesives, S. 513. Reinhold Publ. Corp. 1962.

Versuche von BIKERMAN[1], der nachwies, daß die schlechten Hafteigenschaften einiger von ihm untersuchter Polyäthylensorten von Verunreinigungen verursacht werden; er erhielt mit diesen Polyäthylenen nach Lösen und Wiederausfällen ausgezcichnete Fugenfestigkeiten. BIKERMAN zieht aus diesen Versuchen den Schlußsatz, daß die verschiedenen Vorbehandlungsmethoden von Polyäthylen nicht eine Oxydation, sondern eine Entfernung von Verunreinigungen beinhalten. Die Verunreinigungen, die zum guten Teil aus niedrigen Kohlenwasserstoffen bestehen dürften, können nach Ansicht dieses Forschers auf Polyäthylenoberflächen mechanisch schwache Beläge bilden[2], die das Binden von bzw. das Haften auf Polyäthylen erschweren oder unmöglich machen.

Die Untersuchungen von BIKERMAN und anderen Autoren haben übereinstimmend gezeigt, daß man mit Polyäthylen unter geeigneten Bedingungen Stoffkombinationen wie Stahl/Stahl[3,4], Stahl/Glas[3], Glas/Glas[3] und Aluminium/Aluminium[5] ausgezeichnet verleimen kann. Wie zu erwarten, hängt die Höhe der Festigkeitswerte von dem Molekulargewicht bzw. der Festigkeit des verwendeten Polyäthylens ab. Für Molekulargewichte von 20000–100000 wurden bei bestimmten Polyäthylenproben Zugfestigkeiten von 100–300 kp/cm² gemessen. Die Festigkeiten dünner Fugen lagen zum Teil weit über der Eigenfestigkeit von Polyäthylen (vgl. Abb. 91).

BIKERMANs Versuche sind in theoretischer Hinsicht bedeutungsvoll. Sie widerlegen die physikalisch schwer verständliche Theorie, daß zwischen polaren und unpolaren Stoffen prinzipiell ungünstige Adhäsionsverhältnisse bestehen sollen.

14.5.2 Rohstoff und Herstellung

Polyäthylen entsteht bei der Polymerisation von Äthylen ($CH_2=CH_2$), einem gasförmigen ungesättigten Kohlenwasserstoff (Olefin) mit der kritischen Temperatur von 9,9 °C. Äthylen ist einer der wichtigsten Rohstoffe der modernen chemischen Industrie und wird heute vor allem durch Cracken und Dehydrieren von höheren Kohlenwasserstoffen der Erdöle gewonnen.

Die Polymerisation von Äthylen zu Polyäthylen kann auf zwei verschiedenen Wegen erfolgen, die zu merklich verschiedenen Endprodukten führen.

Nach dem Hochdrucksverfahren entsteht ein relativ weiches, stark ver-

[1] BIKERMAN, J. J. u. C.-R. HUANG: Trans. Soc. Rheol. 3 (1959) 5–12.
[2] BIKERMAN, J. J.: The Science of Adhes. Joints, S. 112–115. Acad Press 1961.
[3] BIKERMAN, J. J. u. C.-R. HUANG: Trans. Soc. Rheol. 3 (1959) 5–12.
[4] KRAUS, G. u. J. E. MANSON: J. Pol. Sci. VI, 15 (1950) 625–631.
[5] Siehe Fußnote 2 auf S. 177.

zweigtes, wenig kristallisiertes Produkt mit der niedrigeren Dichte von etwa 0,92 und Molekulargewichten bis zu 50000. Dieses Hochdruckpolyäthylen wird durch in-Substanz-Polymerisation des stark komprimierten Äthylengases gewonnen, das sich wegen der niedrigen kritischen Temperatur auch bei den außerordentlich hohen Arbeitsdrucken von 1000 bis 1500 at nicht verflüssigt. Als Katalysator wird z.B. Sauerstoff benützt. Das geschmolzene Polymerisat wird der Anlage meist durch Extruderanordnungen entnommen und unmittelbar in Band- oder kleinstückige Form gebracht.

Bei Niederdruckpolymerisation entstehen härtere unverzweigte Produkte mit höherem Schmelzpunkt, höherer Dichte ($\sim$ 0,96) und Molekulargewichten bis zu 1000000. Zur Polymerisation benützt man Aufschlämmungen heterogener Katalysatoren (S. 108). Als Dispergierungsmittel dienen z.B. Kohlenwasserstoffe, in die Äthylen bei niedrigen Drucken eingeleitet wird. Das gelöste Äthylen polymerisiert rasch zu Polyäthylen:

$$H_2C{=}CH_2 \longrightarrow \quad \diagdown\diagup\diagdown\diagup\diagdown\diagup\diagdown\diagup\diagdown$$

Das Polymerisat fällt bei nicht zu hohen Betriebstemperaturen aus dem Dispergiermittel wieder aus.

14.5.3 Bestrahlung von Polyäthylen

Durch Elektronen- oder γ-Bestrahlung werden Polyäthylenoberflächen in ähnlicher Weise wie bei den sogenannten oxydativen Vorbehandlungen verändert. Milde Bestrahlungsbehandlung wird heute vielfach schon bei der Polyäthylenfolienherstellung angewendet. Die Bedruckbarkeit und Verleimbarkeit der Folien wird dadurch für eine gewisse Zeit[1] merklich verbessert, nimmt hierauf jedoch wieder ab.

Es ist erwiesen, daß die Wirkung der Bestrahlung vor allem in einer Vernetzung der Molekülketten infolge Radikalbildung besteht. Mit zunehmenden Bestrahlungsdosen ist eine zunehmende Änderung der physikalischen Eigenschaften von Polyäthylen festzustellen. Bestrahltes Polyäthylen wird härter und schließlich sogar spröd und brüchig. Oxydationsprozesse treten beim Bestrahlen von Polyäthylen als Sekundärerscheinungen in beschränktem Ausmaße auf[2]. Die Bildung von Carbonylgruppen kann durch Infrarot-Spektroskopie festgestellt werden. Ob diese oxydativen Veränderungen nennenswert zu den veränderten Eigenschaften von bestrahltem Polyäthylen beitragen, konnte bisher nicht mit Sicherheit festgestellt werden.

---

[1] Von den Folienherstellern werden Zeiten von etwa einem halben Jahr angegeben.
[2] Vgl. z.B. HOUWINK/STAVERMAN: Bd II/1, S. 253.

Die ähnlichen Wirkungen von milder Bestrahlung und Wärmevorbehandlungen können im Grunde als eine weitere Bestätigung der Auffassung von BIKERMAN gelten. Es ist denkbar, daß auch die Wärmebehandlungen nicht nur eine Entfernung, sondern auch eine Vernetzung niedrigmolekularer Verunreinigungen hervorrufen. Umgekehrt dürfte der zeitliche Rückgang des Bestrahlungseffektes auf einem allmählichen Nachdringen niedrigmolekularer Verunreinigungen aus dem Folieninneren an die Folienoberfläche beruhen.

14.5.4 Schmelzbinder

In den letzten Jahren haben Kunststoff-Schmelzbinder in die Holz- und Verpackungsindustrie Eingang gefunden. Sie enthalten als wichtigste Komponente Polyäthylen-Polyvinylacetat-Copolymerisate. Durch Variation des PVAc-Gehaltes und des Polymerisationsgrades können ihre physikalischen Eigenschaften innerhalb ziemlich weiter Grenzen verändert werden[1]. Die Unsicherheit des Haftens, die bei gewöhnlichem Polyäthylen beobachtet wird, tritt bei diesen Produkten nicht auf. Gebrauchsfertige Schmelzbinder enthalten neben Copolymerisat gewöhnlich auch größere Mengen von Paraffinen, Wachsen, natürlichen oder veredelten Harzen sowie unorganischen Füllstoffen. So enthalten gewisse Schmelzbinder für Holzverleimung 30–40% Copolymerisat, 30–40% Harze und 20–30% Füllstoffe. Die Auftragstemperatur derartiger Schmelzbinder liegt bei rd. 180 °C. Sie werden vorläufig nur zum Verleimen kleinerer Flächen, z.B. zum Abdecken der Schmalkanten von Platten mit Umleimern, verwendet. Der Auftrag erfolgt mit Metallwalzen, die ständig in die erwärmte Schmelze eintauchen und mit Abstreifern zur Regulierung der Schichtdicke ausgerüstet sind. Die Umleimer werden unmittelbar nach dem Auftrag der Schmelze aufgewalzt. Die Preßzeiten rechnen nach Sekunden, da die Schmelze sehr schnell erstarrt[2]. Schmelzbinder dieser Art eignen sich daher zu schnellen Fließfertigungen. Ein ausgesprochener Nachteil ist ihr vorläufig hoher Preis, der sich bei größeren Fertigungsmengen deutlich bemerkbar macht. – Schmelzbinder etwas veränderter Zusammensetzung können zum Verleimen von Papier, Plast- und Metallfolien usw. verwendet werden[3].

---

[1] Die „Elvax"-Typen der Firma Du Pont (europäische Filiale in Genf) enthalten 20–40% PVAc.

[2] Jedoch nicht schlagartig, wie niedermolekulare Substanzen, z.B. Wasser. Der Übergang flüssig/fest erfolgt innerhalb eines verhältnismäßig breiten Gebietes; dadurch wird die Gefahr von Fehlleimungen verringert.

[3] Richtlinien für die Herstellung verschiedener Schmelzbinder sind in Broschüren von Du Pont sowie der Hercules Powder Comp. angegeben; sie sind allerdings ziemlich allgemein gehalten.

14.6 Polyisobutylen

Auch höhere Olefine sind polymerisationsfähig. Ein technisch wichtiges Produkt entsteht bei der Polymerisation von Isobutylen, einem gasförmigen C_4-Olefin, das technisch vor allem aus den C_4-Fraktionen der Crackprozesse gewonnen wird:

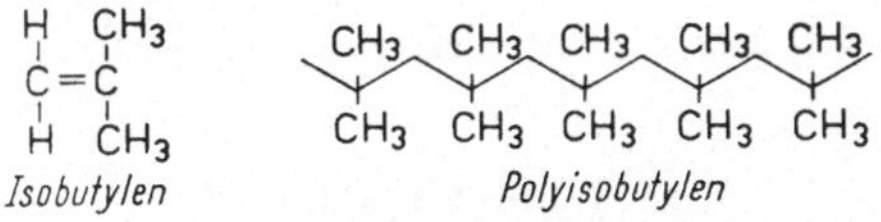

$$\underset{\text{Isobutylen}}{\overset{\text{H} \quad CH_3}{\underset{\text{H} \quad CH_3}{C = C}}} \qquad \underset{\text{Polyisobutylen}}{CH_3 \quad CH_3 \quad CH_3 \quad CH_3 \quad CH_3}$$

Polyisobutylen hat durchaus Kautschukcharakter. Im Gegensatz zu den Dienkautschuken enthält es jedoch keine Doppelbindungen und ist ohne copolymerisierte Dienanteile (Dien = Kohlenwasserstoff mit 2 Doppelbindungen) nicht vulkanisierbar. Aus dem gleichen Grunde ist Polyisobutylen beständiger als Dienkautschuke.

Der vulkanisierbare *Butylkautschuk* entsteht durch Zusatz von wenigen Prozenten copolymerisierter Diene, z.B. Butadien oder Isopren (S. 185).

Polyisobutylen und Butylkautschuk werden zur Herstellung von Klebemassen und weicheren Leimen verwendet. Man befolgt dabei ungefähr die gleichen Richtlinien wie bei der Herstellung der übrigen Klebemassen und Leime auf Elastomerbasis, die in Abschnitt 14.9 besprochen werden.

14.7 Polystyrol

Mit dem nahezu unpolaren Polystyrol können Verleimungen in ähnlicher Weise wie mit Polyäthylen durchgeführt werden. Auch die Festigkeit der Polystyrolfuge ist hoch[1]. Allerdings liegen die Schmelzpunkte von Styrol höher als von Polyäthylen niedriger Dichte.

Monomeres Styrol, das auch zur Erzeugung vieler Copolymerisate dient, wird über Äthylbenzol aus Benzol und Äthylen mit Hilfe von Katalysatoren hergestellt:

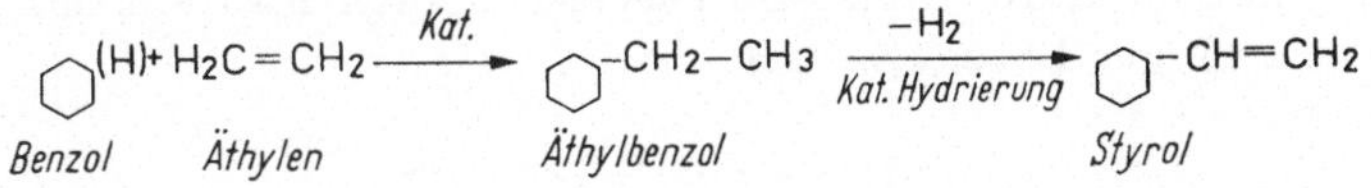

$$\underset{\text{Benzol}}{\bigcirc}(H)^+ \underset{\text{Äthylen}}{H_2C = CH_2} \xrightarrow{\text{Kat.}} \underset{\text{Äthylbenzol}}{\bigcirc -CH_2-CH_3} \xrightarrow[\text{Kat. Hydrierung}]{-H_2} \underset{\text{Styrol}}{\bigcirc -CH=CH_2}$$

Styrol ist eine reaktive, wasserhelle Flüssigkeit (Siedepunkt 144 °C), die nur nach Zugabe von Stabilisierungsmitteln, z.B. mehrwertigen Phenolen, lagerungsbeständig wird. Die Polymerisation zu Polystyrol erfolgt

---

[1] KRAUS, G. u. E. J. MANSON: Journ. Pol. Sci. VI; 5 (1950) 625–631.

nach den verschiedenen Radikal-Polymerisationsmethoden:

$$Styrol \longrightarrow Polystyrol$$

Die wichtigen Butadien-Styrolcopolymerisate (Buna-S-Kautschuk) bestehen zu etwa 1/3 aus copolymerisiertem Styrol.

14.8 Polyvinylchlorid

Polyvinylchlorid – PVC – ist einer der häufigst angewendeten, billigsten Polymerkunststoffe, dessen Bedeutung für die Herstellung von Strang- und Formpreßartikeln sowie von Platten und Folien allgemein bekannt sein dürfte. Die Verwendung von PVC als Klebgrundstoff ist dagegen auf einige Spezialfälle, z.B. die Verleimung von Metallen, beschränkt.

Die Monomerverbindung von PVC, Vinylchlorid $H_2C{=}CH$, bei $\overset{|}{Cl}$ Raumtemperatur ein Gas, wird entweder aus Acetylen und Salzsäure

$$HC{\equiv}CH + HCl \qquad H_2C{=}\underset{Cl}{CH} \qquad\qquad I$$

oder aus Äthylen und Chlor über das Zwischenprodukt Dichloräthan hergestellt:

$$H_2C{=}CH_2 + Cl_2 \qquad ClH_2C{-}CH_2Cl$$
$$Dichloräthan$$
$$ClH_2C{-}CH_2Cl \xrightarrow{500^{\circ}C,\,2\,at.} H_2C{=}\underset{Cl}{CH} \qquad\qquad II$$

Beide Prozesse sind annähernd gleichwertig. Das Äthylengas der Petrochemie ist billiger als Acetylen, Reaktion II umfaßt dagegen zwei Reaktionsstufen und ist mit einem Abfallprodukt (HCl) behaftet.

PVC entsteht durch Radikal-Suspensionspolymerisation des Monomeren in wäßriger Phase (S. 108):

$$n(H_2C{=}\underset{Cl}{CH}) \longrightarrow \qquad\qquad III$$

aus der es durch Filtration abgeschieden wird.

Zur Metallverleimung benützt man PVC in Form von Plastisolen, d.h. pastenartigen Suspensionen fester PVC-Pulver in flüssigen Weichmachern der auf S. 98 genannten Art. PVC-Plastisole enthalten keine flüchtigen Lösungsmittel und erfüllen daher die Voraussetzungen für das Verleimen diffusionsdichter Fugenflächen.

Die eingebauten Cl-Gruppen verleihen der Polyäthylenkette polaren Charakter und ermöglichen den Einbau von Weichmachermolekülen. Über die Natur des Weichmachungsprozesses wurde bereits auf S. 98 berichtet. Beim Erwärmen geht die zweiphasige Plastisolpaste, in der PVC-Partikel und Weichmacher noch nicht miteinander reagiert haben, unter Quellen der PVC-Partikel in eine einheitliche Phase von weichgemachtem PVC über, das nach dem Erkalten eine feste Fuge bildet. Da die Festigkeit der Fuge mit steigender Weichmachung abnimmt, kann es vorteilhaft sein, den Weichmacheranteil von Metalleim-Plastisolen zu beschränken. Dabei muß jedoch die Streichbarkeit des Plastisols erhalten bleiben. Man erreicht dies durch Verwendung von PVC-Pulvern bestimmter Teilchenform und Größenverteilung[1]. Der Weichmacheranteil läßt sich auf diese Weise bis auf rd. 30% erniedrigen.

PVC-Plastisols werden in der Autoindustrie zum Verleimen nicht tragender Karosserieteile verwendet und entwickeln für diesen Zweck gute Zug- und Schubfestigkeiten, ohne daß nennenswerter Druck beim Abbinden angewendet werden muß[2]. Ein weiterer Vorteil ist die Unempfindlichkeit der PVC-Plastisole gegen ölige Verunreinigungen der Blechoberfläche.

14.9 Klebstoffe auf Elastomerbasis

14.9.1 Dien-Elastomergrundstoffe

14.9.1.1 Allgemeines. Die Dienkautschuke sind die meist angewandten Elastomergrundstoffe für die Herstellung der zahlreichen auf Elastomerbasis aufgebauten Klebstoffe. Die technisch wichtigsten Dien-Kautschuke sind in Tab. 51 zusammengestellt.

Naturkautschuk war bis etwa 1940 praktisch das einzige Elastomermaterial, das zur Klebstoffherstellung benützt wurde. Diese Vorrangstellung hat er heute eingebüßt, wird aber noch immer in großem Ausmaß verwendet. Neben reinem Kautschuk wird auch häufig das billigere, meistens gefärbte Regenerat aus vulkanisierten Abfällen benützt.

Butadien-Styrolkautschuk ist zwar der führende Rohstoff in der Gummiwarenerzeugung, hat aber als Klebrohstoff nicht die gleiche Bedeutung. Denn im Vergleich mit anderen Kautschuken trägt er weniger

---

[1] Runde Teilchen verschiedener Größe, so daß dichte Materialpackung durch Ausfüllung der Zwischenräume entsteht. Vgl. ASBECK, W. K.: Off. Dig. 326 (1952) 156.

[2] BERMAN, A. M. u. W. RUBIN: Automative Design Eng., S. 78–80, Nov. 1963.

zu dem Haftvermögen und der Bindekraft der fertigen Klebstoffmischungen bei und erfordert daher mehr Hilfsstoffe[1]. Die Alterungsbeständigkeit von Butadien-Styrolkautschuk ist dagegen besser als von Naturkautschuk.

Tabelle 51. *Dien-Kautschuke*

Chemische Bezeichnung	Handelsnamen[2]
cis-1,4-Polyisopren	
a) natürlich	Naturkautschuk
b) synthetisch	synthetischer „Naturkautschuk"
Butadien-Styrol-Copolymerisate	Buna S
Butadien-Acrylnitril-Copolymerisate	Buna N, Perbunan N
Poly-2-Chlorbutadien (Polychloropren)	Neopren, Perbunan C

Chloropren-Kautschuke mit gutem Kristallisationsvermögen sind besonders geeignete Rohstoffe für temporäre Kontaktkleber.

Chloropren-Kleber vereinigen gute Kontakteigenschaften während der Klebrigkeitsperiode mit relativ hoher Fugenstärke nach Kristallisation und Verfestigung der Klebschichte. Aus dem gleichen Grunde eignen sich kristallisierende Chloroprene weniger für die Herstellung von permanenten Kontaktklebern. Zu konstruktiven Verleimungen können Chloroprenkleber nicht verwendet werden, da ihre Zeitstandfestigkeit relativ niedrig ist.

Butadien-Acrylnitrilkautschuk (Nitrilkautschuk) wird ebenfalls zur Herstellung von Kontaktklebern benützt, deren Fuge sich durch große Ölbeständigkeit auszeichnet. Nitrilkautschuk ist sehr gut mit Phenolharzen verträglich. Phenolharz-Nitrilkautschukleime guter Festigkeit werden in der Flugzeugindustrie zu Metallverleimungen, allerdings meistens nichtkonstruktiver Art, benützt.

Reiner Polybutadienkautschuk ist in technischer Hinsicht wenig zufriedenstellend und wird daher praktisch nicht verwendet. Der Butadienanteil der Copolymerisate ist selten geringer als 60%.

14.9.1.2 Herstellungsmethoden und Polymerisationsreaktionen der monomeren Diene. Diene sind Kohlenwasserstoffe mit zwei Doppelbindungen. Die drei Dienmonomere der Dienkautschuke können nach verschiedenen Methoden hergestellt werden[3]. Hier seien nur Herstellungsverfahren kurz angedeutet, die ausschließlich von Acetylen oder anderen leicht zugänglichen und billigen Kohlenwasserstoffen ausgehen.

---

[1] Skeist's Handbook of Adhesives: S. 248.

[2] Die Butadien-Styrol- und Butadien-Acrylnitrilkautschuke sind Produkte deutscher, die Chlorbutadienkautschuke amerikanischer Forschungsarbeiten. Die Namen Buna, Perbunan und Neopren haben eine weit über Handelsnamen hinausgehende Bedeutung erlangt und sind zu chemisch-technischen Begriffen geworden.

[3] Vgl. z.B. HOUWINK/STAVERMAN: Bd. II/2, S. 1002.

(1,3)-Butadien, Siedepunkt − 4,5 °C, kann aus Butangas, das in großen Mengen zur Verfügung steht, durch Dehydrierung hergestellt werden:

$$CH_3-CH_2-CH_2-CH_3 \xrightarrow{-H_2} CH_2=CH-CH_2-CH_3 \xrightarrow{-H_2} CH_2=CH-CH=CH_2 \qquad I$$

Butan ・ *Buten* ・ *(1,3)-Butadien*

(Die eingeklammerten Ziffern vor oder nach dem Namen eines Diens geben die Lage der Doppelbindungen an)

Isopren (2-Methyl-1,3-butadien), Siedepunkt 34,1 °C, wird beim Cracken bestimmter Petroleumfraktionen gewonnen. Neuerdings werden auch verschiedene Syntheseverfahren angewendet. In Amerika wird z.B. eine Synthese durch Dimerisation[1] von Propylengas und folgende Entmethylisierung der Additionsverbindung durchgeführt:

$$2CH_2=CH-CH_3 \xrightarrow{Kat.} CH_2=\overset{\overset{CH_3}{|}}{C}-CH_2-CH_2-CH_3 \xrightarrow{-CH_3} CH_2=\overset{\overset{CH_3}{|}}{C}-CH=CH_2 \qquad II$$

Propylen ・ *2-Methylpenten (1)* ・ *Isopren*

2-Chlorbutadien (1,3), Siedepunkt 59 °C. a) Man dimerisiert Acetylen und addiert hierauf Salzsäure:

$$2CH\equiv CH \xrightarrow{Kuf.} CH_2=CH-C\equiv CH \xrightarrow{+HCl} CH_2=\overset{\overset{Cl}{|}}{C}-CH=CH_2 \qquad IIIa$$

Acetylen ・ *Vinylacetylen* ・ *2-Chlorbutadien (1, 3)*

oder b) chloriert man Butadien und spaltet Salzsäure ab:

$$CH_2=CH-CH=CH_2 \xrightarrow{+Cl_2} CH_2=CH-\overset{\overset{Cl}{|}}{CH}-\overset{\overset{Cl}{|}}{CH_2} \xrightarrow{-HCl} CH_2=\overset{\overset{Cl}{|}}{C}-CH=CH_2 \qquad IIIb$$

Butadien ・ *3, 4-Chlorbuten (1)* ・ *2-Chlorbutadien (1, 3)*

Wie aus den Formeln I–III zu ersehen ist, haben die drei Diene verwandte Struktur, die sich durch die gemeinsame Formel

$$CH_2=\overset{\overset{R}{|}}{C}-CH=CH_2 \qquad IV$$

darstellen läßt, wobei dem Rest R jeweils die Bedeutung H, CH_3 oder Cl zukommt. Unter dem Einfluß der üblichen Polymerisationskatalysatoren polymerisieren die monomeren Diene. Die Polymerisationsreaktion kann verschiedene Wege einschlagen. Am häufigsten findet die Umlagerung V a → V b statt, bei der beide Doppelbindungen aufschlagen und eine neue Doppelbindung in der Mitte des Moleküls entsteht:

$$CH_2=\overset{\overset{R}{|}}{C}-CH=CH_2 \longrightarrow -CH_2-\overset{\overset{R}{|}}{C}=CH-CH_2- \qquad V$$

a ・ b

---

[1] Der Beginn einer Polymerisation, bei dem sich jedoch nur 2 Moleküle vereinigen.

Das Molekül V b kann in zwei stereoisomeren Formen, der *cis*- und der *trans*-Form auftreten. Das geht aus den Formeln VI a und b hervor, die V b in geänderter Schreibweise wiedergeben:

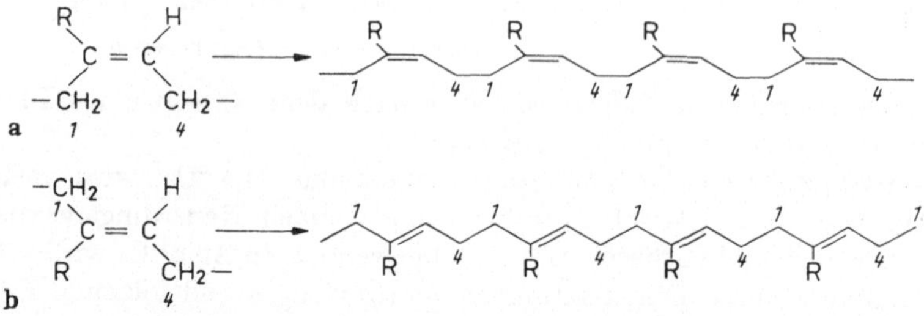

VI

Je nachdem die von den C-Atomen 1 und 4 gebildeten CH_2-Gruppen auf der gleichen oder auf verschiedenen Seiten der durch die (C=C)-Bindung angedeuteten Linie liegen, entsteht die *cis(a)*- oder *trans(b)*-Form von V b, bzw. *cis*- oder *trans*-Kettenmoleküle mit merklich verschiedenen Eigenschaften.

Die Umlagerung V muß nicht immer stattfinden. Das Dienmolekül V a kann sich auch wie ein Äthylenderivat verhalten und auf die bereits wiederholt erörterte Weise reagieren:

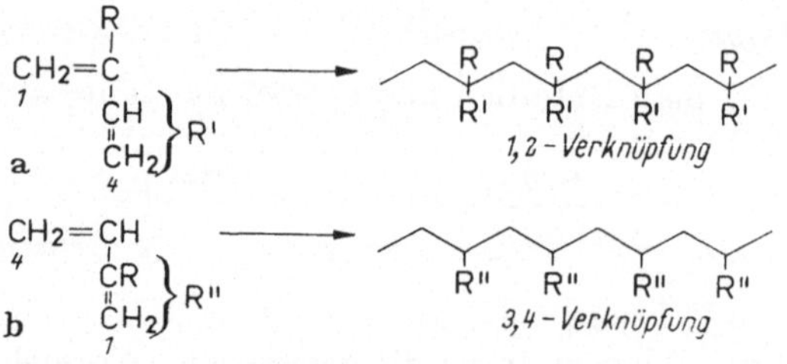

VII

Bei der technischen Herstellung der verschiedenen Dienkautschuksorten wird überwiegend Emulsionspolymerisation angewendet. Das gilt auch für die Butadiencopolymeren, bei denen Mischungen von monomerem Butadien und Styrol oder Butadien und Acrylnitril gemischt und polymerisiert werden. Fester Kautschuk kann aus den entstehenden künstlichen Latices in ähnlicher Weise wie aus Naturkautschuklatex gefällt werden. Die *cis*- und *trans*-Struktur sowie die Verknüpfungsart der Kettenmoleküle hat auf die Eigenschaften der jeweiligen Kautschuksorte großen Einfluß. So besteht natürlicher Kautschuk nahezu ausschließlich aus 1,4-*cis*-Polyisopren, Guttapercha aus 1,4-*trans*-Polyisopren. Es ist heute verständlich, daß die zahlreichen Versuche, Naturkautschuk künstlich herzustellen, fehlschlagen mußten, solange stereospezifische Katalysatoren nicht bekannt waren. Die zur Haftmittelherstellung besonders geeigneten kristallisierenden Chloroprenkautschuksorten, die bei niedriger Temperatur polymerisiert werden, besitzen überwiegend 1,4-*trans*-Struktur. Andere Chloroprenkautschuke sowie die meisten Butadien-Styrol- und Butadien-Acrylnitrilkautschuke enthalten größere Anteile von sowohl *cis*- und *trans*- sowie 1,2- und 3,4-Verknüpfungen.

14.9.1.3 Vernetzungsreaktionen. Dienkautschuke enthalten eine große Zahl ungesättigter Kohlenstoffbindungen. Durch jedes Dienmonomermolekül wird dem Kautschukkettenmolekül eine Kohlenstoffdoppelbindung zugeführt. Diese Doppelbindungen geben Anlaß zu beabsichtigten aber auch zu unerwünschten chemischen Reaktionen: unter geeigneten Bedingungen schlagen sie auf und rufen seitliche Vernetzungen der Kettenmoleküle sowie auch andere Reaktionen hervor.

Eine bekannte Vernetzungsreaktion ist das *Vulkanisieren* von Kautschuk, das beim Erwärmen von Kautschuk mit etwas Schwefel eintritt. Bei diesem Prozeß entstehen seitliche Vernetzungen über Schwefelbrücken, die in bekannter Weise die elastischen Eigenschaften von Kautschuk erhöhen und gleichzeitig seine Fließeigenschaften verringern.

Chloroprenkautschuk kann mit Schwefel nicht vulkanisiert werden, da seine Doppelbindungen auffällig inaktiv sind. Dagegen ist eine Art Vulkanisation durch Vermittlung von basischen Substanzen wie Magnesiumoxyd (MgO) oder Zinkoxyd (ZnO) möglich. Diese Stoffe begünstigen Salzsäureabspaltung und darauf folgende seitliche Vernetzungen der Kettenmoleküle durch direkte (C–C)-Seitenbindungen. Dieser Vernetzungsreaktion scheinen nur die 1,2-Anteile des Chloroprenkautschuks fähig zu sein.

Sämtliche Kautschuksorten können mit Polyisocyanaten vernetzt werden. Diese Verbindungen, die im Zusammenhang mit den Polyurethanleimen näher besprochen werden (S. 269), besitzen die schematische Struktur O=C=N–R–N=C=O. Die sehr reaktionsfähigen Isocyanatgruppen –N=C=O reagieren mit den Kautschukmolekülen unter Bildung von Querverbindungen. Benützt werden z.B. die Triisocyanate von Triphenylmethan oder Triphenylphosphat[1]. Mit letztgenannter Verbindung (b) wird die Violettfärbung vermieden, die das Triphenylmethanderivat (a) hervorruft.

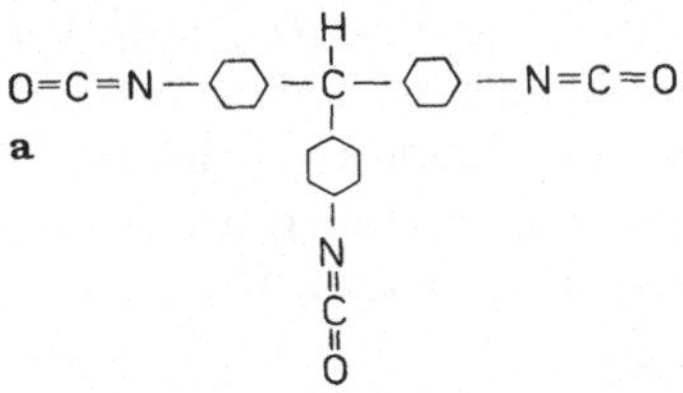

$$
\text{a}\quad O=C=N-\bigcirc-\overset{H}{\underset{|}{C}}-\bigcirc-N=C=O
$$

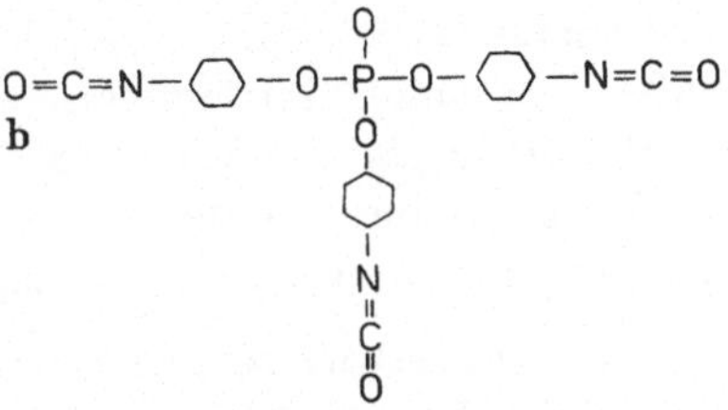

$$
\text{b}\quad O=C=N-\bigcirc-O-\overset{O}{\underset{\|}{P}}-O-\bigcirc-N=C=O
$$

---

[1] „Desmodur" R bzw. RF der Farbenfabriken Bayer AG.

14.9.1.4 Alterung. Die unerwünschten Reaktionen der reaktiven Stellen von Dienkautschuken werden unter der Bezeichnung „Alterungserscheinungen" zusammengefaßt. Alterungserscheinungen treten als Folge der Einwirkung von Sauerstoff (Ozon), Licht, Wärme usw. auf. Gewöhnlich erfolgt der Angriff an der Kohlenstoffdoppelbindung. Bei Chloroprenkautschuk sind jedoch, wie bereits erwähnt, gewisse Chloratome reaktiv und können zu Reaktionen Anlaß geben, die in einer Abspaltung von Salzsäure resultieren.

Von den vielen an Gummiprodukten erprobten Alterungsschutzmitteln eignen sich durchaus nicht alle bei der Haftmittelherstellung. Denn Gummiprodukte sind meistens vernetzt und enthalten große Mengen aktiver Füllstoffe. Gummikleber werden dagegen nur bei speziellen Anlässen vernetzt und haben meistens andere Zusammensetzung[1]. Doch eignen sich auch für sie jene Schutzmittel, die der Gruppe der substituierten Phenole (a) oder aromatischen Amine (b) angehören.

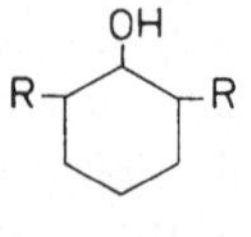

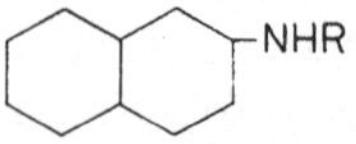

Substituierte β-Naphthylamine (b$_1$) und p-Phenylendiamine (b$_2$) sind ausgezeichnete Alterungsschutzmittel, verfärben aber stark. Phenole, deren Orthostellungen und Parastellung durch Substituenten besetzt sind, verfärben nicht und sind ebenfalls wirksam[2].

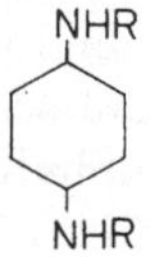

In gewissem Sinne sind auch Zink- und Magnesiumoxyd, die in Chloroprengummileimen stets enthalten sind, zu den Alterungsschutzmitteln zu rechnen. Sie dienen als Acceptoren für die geringen Salzsäuremengen, die Chloroprenkautschuk mit der Zeit abspaltet und die in freiem Zustande außerordentlich störend wirken würden.

14.9.2 Elastomerklebstoffe, Allgemeines

Die Gruppe der Elastomerklebstoffe ist sehr umfangreich und mannigfaltig. Zu ihrer Herstellung werden neben Dienkautschuken auch die elastomeren Verbindungen der Polyäthylenreihe in beschränktem Ausmaße verwendet. Zu letzteren sind zu rechnen: die Polyvinyläther, einige Polyacrylsäureester sowie Polyisobutylen. Die fertigen Klebstoffmischungen haben häufig eine ähnliche Zusammensetzung wie Lacke, d.h., sie enthalten organische Lösungsmittel, Bindemittel, Harze, Füll-

---

[1] Vgl. z.B. Perbunan C – Merkblatt Bayer (1963).

[2] HOUWINK/STAVERMAN: Chemie u. Technologie der Kunststoffe, 4. Aufl., Bd. II/2, 1965.

stoffe, Weichmacher usw. Die Variationsmöglichkeiten bei der Ausarbeitung von Rezepten sind daher bedeutend größer als bei gewöhnlichen Leimen. Der Inhalt der folgenden Abschnitte muß sich auf die allerwichtigsten Tatsachen beschränken, da eine ausführliche Beschreibung dieses Gebietes eine besondere Monographie erfordern würde.

Der Totalverbrauch der Technik an Elastomerklebstoffen ist groß. Der Anreiz zu ihrer Verwendung liegt vor allem in ihren ausgeprägten Kontakteigenschaften, ihrem ziemlich universellen Haftvermögen, das nicht zuletzt durch die Spannungsrelaxation der viskoelastischen Fuge bedingt ist (S. 100). Man zieht sie meistens nicht so sehr zur Erzielung höchster Fugenfestigkeit als zu unmittelbaren oder zumindestens sehr raschen Verklebungen heran. Große Mengen von Kontaktklebern werden besonders von der amerikanischen Autoindustrie (hauptsächlich zum Befestigen nichtkonstruktiver Einrichtungsteile), der Schuhindustrie, zum Verlegen von Fußbodenmaterial und nicht zuletzt zur Herstellung selbstheftenden Klebmaterials verwendet. Naturgummi und Naturgummiregenerat bestreiten noch immer mehr als die Hälfte des zur Klebstoffherstellung benützten Elastomermaterials.

Die Fugenstärken der verschiedenen Elastomerklebstoffe bewegen sich in umgekehrter Richtung wie ihre Fließeigenschaften. Starker, mittlerer und geringer Viskoelastizität entsprechen schwache, mittelstarke und starke Fugen. Diese Stärkebezeichnungen sind jedoch nicht als absolute Qualitätsmerkmale aufzufassen. Denn besonders die schwächeren und mittelstarken Sorten haben ein breites technisches Anwendungsgebiet, dessen Ansprüche sie voll befriedigen.

14.9.3 Permanente Kontaktkleber (Tape)[1]

14.9.3.1 Allgemeines. Permanente Kontaktkleber werden gewöhnlich in Verbindung mit einem flexiblen Trägermaterial als selbstheftende Klebebänder oder -blätter verwendet. Sie kommen daher in Form von Rollen oder als aufeinandergeschichtete Blätter (selbstheftende Etiketten!) in den Handel. Dadurch entsteht ein neues Problem: die Klebstoffschichte, die stets die Rückseite der benachbarten Trägerschichte berührt, darf an letzterer nur schwächer haften als an ihrer eigenen Unterlage. Um das Festkleben der Klebstoffschichte zu verhindern, muß daher häufig eine Hilfsschichte eingeführt werden.

Selbstheftendes Tapematerial ist heute zu einem unentbehrlichen Hilfsmittel der Technik geworden und wird in steigenden Mengen hergestellt. Tape wird heute ziemlich allgemein zum Verpacken, Isolieren, Abschirmen, als Heftpflaster, Verband usw. angewendet.

---

[1] Die vollständige Bezeichnung der englischen Literatur für selbstheftendes Klebematerial ist „pressure-sensitive adhesive tapes".

14.9.3.2 Rohstoffe: Elastomere. Die charakteristischen Eigenschaften von permanenten Kontaktklebemassen werden meistens durch das Zusammenwirken einer Kautschuk- und einer Harzkomponente hervorgerufen. Die Elastomerkomponente verleiht der Kunststoffschichte die erforderliche Kohäsionsstärke, damit sie sich beim Abwickeln der Rolle usw. ohne Zerteilen von der Deckschichte löst. Die Aufgabe des Harzes ist es, die Klebrigkeit der Mischung zu erhöhen. Permanente Kontaktklebmassen enthalten ferner häufig auch andere Zusätze wie Füllstoffe, Pigmente, Alterungsschutzmittel und Weichmacher. Kautschuk und Harz sind jedoch die grundlegenden Bestandteile. Wenn Elastomere besonders hoher Eigenklebrigkeit verwendet werden, kann mitunter sogar das Harz fortgelassen werden. Das ist z.B. bei einigen Polyacrylsäureestern und Polyvinyläthern der Fall.

Von einem Vulkanisieren der Kautschukkomponente wird gewöhnlich abgesehen, da vulkanisierte Klebstoffe leicht einen zu großen Teil ihrer viskoelastischen Fließeigenschaften und damit auch ihr Kontaktvermögen einbüßen. Nur in Spezialfällen wird die Klebmasse leicht anvulkanisiert, um die Temperaturempfindlichkeit der Klebstoffschichte herabzusetzen. Ein Ausweg, der in derartigen Fällen beschritten werden kann, besteht darin, daß man der Klebmasse Vulkanisierungsmittel zusetzt, die erst nach dem Anbringen der Klebestreifen bei einer Wärme- und Drucknachbehandlung aktiviert werden.

Naturkautschuk in Form von Krepkautschuk oder smoked sheets (S. 156) wird immer noch bevorzugt verwendet, jedoch bereits teilweise durch „synthetischen Naturkautschuk" (Polyisopren) ersetzt.

Butadien-Styrolkautschuk wird häufig in Mischung mit Naturkautschuk, jedoch nicht allein verwendet.

Butadien-Acrylnitrilkautschuk läßt sich nur schwer genügend klebrig einstellen. Man benützt ihn zur Erzeugung von ölbeständigen Klebemassen.

Polyisobutylkautschuk wird in gewissem Ausmaße zur Herstellung von selbstheftenden Etiketten verwendet.

Polyvinyläther und Polyacrylate sind farblos und sehr lichtbeständig. Sie eignen sich für Beläge auf transparentem Trägermaterial.

14.9.3.3 Rohstoffe: Harze und andere Zusätze. Die Wahl des Harzes wird durch die Art des verwendeten Kautschuks bestimmt. Das gleiche Harz kann mit verschiedenen Elastomeren sehr verschiedene Klebrigkeitseffekte ergeben. Der Grad der erzielten Klebrigkeit ist von der gegenseitigen Verträglichkeit und Löslichkeit abhängig. Harze, die in Kontaktklebmassen häufig verwendet werden, sind Polyterpenharze sowie modifizierte Kolophoniumprodukte. Das natürliche Rohmaterial, aus dem diese Harze hergestellt werden, ist Terpentin, die flüssige Absonderung verschiedener Nadelhölzer. Durch Destillation wird Terpentin in ein terpenreiches Destillat, Terpentinöl, und einen festen, aus Harzsäuren bestehenden Rückstand, Kolophonium, zerlegt, der schon bei Handwärme klebrig wird. Sowohl Terpene als auch Harzsäuren lassen sich als niederpolymere Isoprenderivate der Bruttoformel $(C_5H_8)_n$ auffassen.

Polyterpenharze. Terpenkohlenwasserstoffe besitzen trotz unterschiedlicher hydroaromatischer Molekülstruktur die gemeinsame Bruttoformel $C_{10}H_{16} = (C_5H_8)_2$. Sie können daher als verschiedene Dimerisationen des gleichen Grundbestandteiles betrachtet werden:

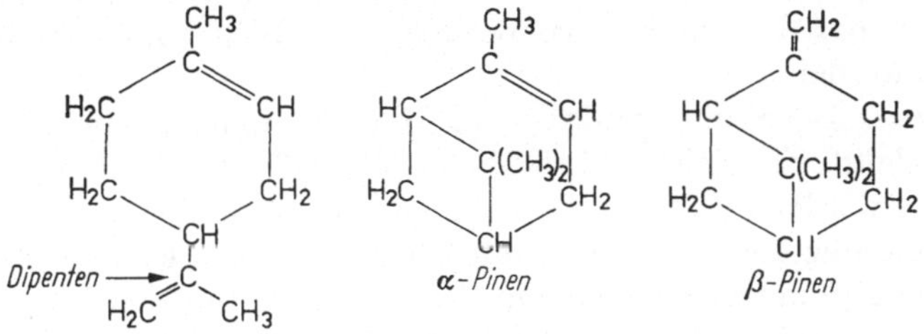

Dipenten, ein Bestandteil vieler ätherischer Öle, entsteht tatsächlich bei Dimerisation von Isopren oder trockener Destillation (Abbau!) von Kautschuk. α-Pinen ist der Hauptbestandteil von europäischen, β-Pinen von amerikanischen Terpentinölen. Auf Grund ihrer ungesättigten Doppelbindungen können Terpenkohlenwasserstoffe, vor allem β-Pinen, zu festen Polyterpenharzen polymerisiert werden. Mitunter verwendet man auch Terpenphenolharze, Kondensationsprodukte von Phenol mit Dipenten, Terpentinöl oder anderen ungesättigten Kohlenwasserstoffen der Zusammensetzung $C_{10}H_{16}$. Die Schmelzpunkte der Polyterpenharze umfassen ein weites Gebiet. Sowohl bei Raumtemperatur flüssige Sorten wie auch harte Harze mit Schmelzpunkten $> 100\,^{\circ}C$ werden hergestellt.

Hydrierte, disproportionierte oder polymerisierte Kolophoniumharze (Modifizierte Harze). Technisches Kolophonium, der feste Rückstand der Terpentindestillation, besteht aus ungesättigten Harzsäuren der Bruttoformel $C_{20}H_{30}O_2$ und ist daher eine sauerstoffempfindliche Substanz. Die Natur der kompliziert gebauten Harzsäuren tritt klarer zutage, wenn man sie wiederum als Derivate eines tetrameren, ringbildenden **Isoprens** $(C_5H_8)_4$ auffaßt, in dem eine CH_3-Gruppe durch eine $COOH$-Gruppe ersetzt ist:

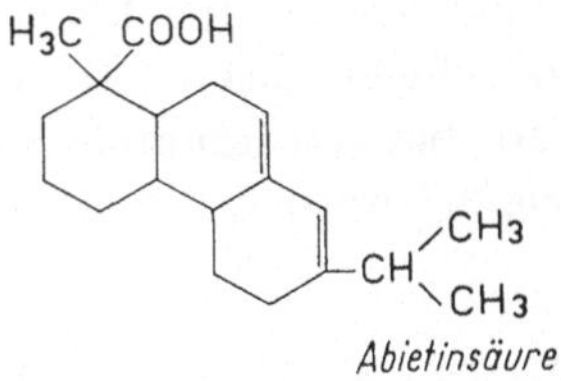

Abietinsäure

Man kann die Harzsäuren verschiedenen chemischen Behandlungen unterwerfen, um den schädlichen Einfluß der Doppelbindungen unwirksam zu machen. Durch *Hydrierung* werden die Doppelbindungen mit Wasserstoff abgesättigt. *Disproportionierung* tritt ein, wenn die Harzsäuren in Gegenwart von Wasserstoffkatalysatoren erhitzt werden; infolge innerer Umlagerungen von H-Atomen bilden sich teils gesättigte Ringe, teils werden die Doppelbindungen zu stabilen Benzolringen vereinigt, die sich wie gesättigte Verbindungen verhalten. Schließlich können die Doppelbindungen auch durch *Polymerisation* der Harzsäuren mit geeigneten Katalysatoren, z. B. Borfluoridgas BF_3, zum Verschwinden gebracht werden.

Harzester. Der Säurecharakter der Kolophoniumderivate wirkt störend, wenn in Klebstoffen gleichzeitig basische Füllstoffe, basische Pigmente usw. verwendet werden. Neutral reagierende Reaktionsprodukte entstehen bei der Veresterung der Harzsäuren mit Alkoholen. Am wichtigsten sind die Veresterungsprodukte mit Glycerin, die durch Reaktion von Kolophonium und Harzsäuren bei höherer Temperatur (250–280°) entstehen. Der Erweichungspunkt dieser Harzester liegt zwischen 60 und 80 °C.

Cumaron-Indenharze, die ebenfalls häufig bei der Klebstoffherstellung benützt werden, gehören einer anderen Substanzklasse an. Sie werden durch Polymerisation von monomeren Inden und Cumaron hergestellt,

Inden   Cumaron

ungesättigten organischen Flüssigkeiten, die in den zwischen 150 und 200° siedenden Fraktionen von Rohbenzol enthalten sind. Der Hauptbestandteil der Fraktionen besteht aus Inden. Bei der Polymerisation der Monomeren bilden sich Polymerharze, deren Kettenmoleküle dem Aufbau nach an Polystyrol erinnern. Auch die Cumaron-Indenharze werden innerhalb eines weiten Schmelzpunktbereiches hergestellt. Allerdings sind die weichen bzw. flüssigen Sorten meistens ziemlich dunkel gefärbt.

Als *Weichmacher*[1] werden Mineralöle, Lanolin, mitunter auch niedrigpolymere, flüssig-viskose Elastomere, z. B. Polyisobutylen oder Polyacrylate verwendet.

Durch Füllstoffe kann man sowohl die Fließeigenschaften als auch die Festigkeit der Klebstoffschichte beeinflussen. Einer der gebräuchlichsten Füllstoffe, vor allem bei Naturgummiklebstoffen, ist Zinkoxyd (ZnO). Als *Alterungsschutzmittel* werden die auf S. 188 genannten Verbindungen verwendet.

---

[1] Skeist's Handbook of Adhesives, S. 586. Reinhold Publ. Corp. 1963.

14.9.3.4 Zusammensetzung von permanenten Kontaktklebmassen.
Literatur- und Patentangaben über die Zusammensetzung permanenter
Klebmassen sind meistens sehr schwebend gehalten, da die Hersteller
bestrebt sind, praktisch erprobte Vorschriften nach Möglichkeit geheim-
zuhalten. Die nachstehenden Angaben sind daher nur als prinzipielle
Richtlinien zu werten. Die durchschnittliche Zusammensetzung gewöhnlicher Kontaktkleber ist aus Tab. 52 zu entnehmen.

Tabelle 52. *Permanente Naturkautschuk-Kontaktkleber*

Substanz	Gew.-Teile
Kautschuk	100
Harz (z.B. Polypinenharz)	50–100
Füllstoffe (ZnO)	0–100
Weichmacher (z.B. Mineralöle)	0–30
Alterungsschutzmittel	1–2

Der Weichmacheranteil steigt mit zunehmender Härte der verwendeten Klebharze und der Größe des Füllmittelanteiles. Härtere Harze und
höherer Füllstoffgehalt bedingen steigende Weichmachermengen. – Ein
Naturkautschuk-Kontaktkleber, dessen physikalische Eigenschaften
durch die Untersuchungen von BRIGHT[1] gut bekannt sind, ist in Tab. 53
beschrieben.

Tabelle 53. *Permanente Naturkautschuk-Kontaktkleber*

Substanz	Gew.-Teile
Naturkautschuk	100
Modifiziertes Harz	93
Zinkoxyd	110
Weichmacher	27
(Alterungsschutzmittel)	1–2

In der amerikanischen Patentschrift 2 567 671 werden nachstehende
Angaben über die heute vielfach verwendeten Naturkautschuk/Butadien-
styrolkautschuk-Kontaktkleber gemacht.

Tabelle 54[2]. *Permanente Naturkautschuk/S.-B.-kautschuk-Kontaktkleber*

Substanz	Gew.-Teile
Naturkautschuk	50
S.B.-Kautschuk	50
Polyterpenharz oder Harzester (Schm.-P. $\geqq$ 80 °C)	50
(Weichmacher)	(0–20)[2]
Alterungsschutzmittel	1

---

[1] BRIGHT, W. M.: in Adhesion and Adhesives, S. 130; Soc. Chemic. Industry,
London 1954.

[2] Die angegebenen Zahlen sind gemittelte Werte.

Schließlich sei noch eine Zusammensetzung erwähnt, in der ein niedrigpolymerer Kautschuk die Rolle von Harz und Weichmacher übernimmt.

Tabelle 55. *Permanenter Kontaktkleber ohne Harz und Weichmacher*

Substanz	Gew.-Teile
Polyisobutylen hochpolymer	100
Polyisobutylen niedrigpolymer*	70

* (viskose Flüssigkeit).

Zur Beschichtung der Trägerbahn werden die Klebmassen meistens in flüchtigen Lösungsmitteln gelöst und nach dem Auftragen wieder getrocknet. Nur auf Stoffbahnen wird die Klebmasse unverdünnt aufgewalzt, da Lösungen zu tief einsinken würden.

14.9.3.5 Träger. Als Träger der Kunststoffschichte werden Papier-, Kunststoff- und Textilunterlagen verwendet. *Papier* ist das gewöhnlichste und für technische Zwecke am meisten benützte Trägermaterial. Die gute Formbarkeit von glatten und besonders von schwach gekreppten Papieren erleichtert die Anwendung, z.B. beim technischen Verpacken und speziell beim Maskieren. Gewöhnliches Papier besitzt nur geringen Spaltwiderstand und wird beim Trennen der Schichten leicht beschädigt. Man verwendet daher meistens imprägnierte Papiere mit wesentlich verbesserten Festigkeitseigenschaften. Geeignete Imprägniermittel sind die Dispersionen (Latices) von verschiedenen synthetischen Elastomeren. – Einer der ältesten Trägerstoffe, der auch heute noch in großen Mengen verwendet wird, ist *Cellulosehydratfilm*[1], gewöhnlich unter dem Namen *Cellophan*[2] bekannt. Die Formbarkeit von Cellulosehydratträgern ist etwas schlechter als von Papier, doch werden sie ihrer Durchsichtigkeit wegen häufig für Kontors- und Haushaltzwecke sowie für ästhetische Verpackungen verwendet. – Die etwas teueren *vollsynthetischen Kunststoffträger* sind bisher speziellen technischen Anwendungsgebieten vorbehalten. Polyvinylchlorid- und Polyesterfilme verwendet man, wenn höhere mechanische Festigkeit, chemische Beständigkeit und gewisse elektrische Eigenschaften gefordert werden müssen. Polyäthylenträger zeichnen sich durch besonders hohe Beständigkeit gegen Wasser und Luftfeuchtigkeit aus. Polyäthylentape wird z.B. mit gutem Erfolg zum Verstärken der Säume und anderer schwacher Punkte von Stratosphärenballons, oder zum Isolieren von in Erde verlegten Rohrleitungen verwendet. Teflonträger sind außerordentlich beständig gegen sowohl tiefe als auch hohe Temperaturen (bis 260 °C), jedoch ziemlich teuer. – Der gebräuchlichste *Textilträger* besteht aus

---

[1] Cellulosehydrat, im Gegensatz zu nativer Cellulose: gelöste und wiederausgefällte Cellulose.

[2] Warenname der Firma Kalle AG, Wiesbaden-Biebrich.

Baumwollgewebe, das bedeutend stärker als Papier und Cellophan ist. Häufig wird plastimprägniertes Gewebe verwendet. Für Spezialzwecke, besonders Dauererwärmung bis ∼ 140 °C eignet sich Glasseide; natürlich werden in solchen Fällen auch wärmebeständige (vulkanisierende) Klebstoffschichten benützt.

14.9.3.6 Überzüge. Überzüge zur *Verbesserung* des Haftens zwischen Träger- und Klebstoffschichte sind bei Papier- und Baumwollträgern meistens überflüssig, werden jedoch stets bei glatten porenfreien Oberflächen angewendet. Sie sind prinzipiell aus zwei Komponenten zusammengesetzt, von denen die eine besonders gutes Haften an der Träger-, die zweite an der Klebstoffschichte hervorruft. Eine Komponente besteht gewöhnlich aus einer Kautschuksorte, während die zweite auf den jeweils vorliegenden Kunststoff abzustimmen ist. Auch für die zweite Komponente kommen Kautschuksorten in Frage, doch werden in schwierigeren Fällen spezifische Haftverbesserer wie Diisocyanate oder Polyacrylate usw. verwendet.

Für Überzüge zur *Verhinderung* von zu starkem Haften der Klebstoffoberfläche an der nächstfolgenden Schichte werden Silicone oder Verbindungen mit C_{18}-Ketten verwendet. Silicone, emulgiert in einem Bindemittel, kommen nur zur Anwendung, wenn die Klebstoffschichte mit einer Schutzschicht versehen ist, die vor Benützung abgezogen wird. Bei Klebrollen ist aus praktischen Gründen ein gewisser Grad des Haftens zwischen den einzelnen Klebbandwindungen erwünscht. Anstelle von Silicon, das oft zu haftvermindernd wirkt, benützt man Vinyl- und Acrylcopolymerisate mit C_{18}-Seitenketten, z. B. Vinylacetat/Octadecylmaleinat oder Acrylsäure/Octadecylacrylat, oder spezielle Salze und Amide der Stearinsäure. Seifen, d. h. gewöhnliche Alkalisalze der Stearinsäure sind dagegen weniger geeignet, da ihre Wirkung mit der Zeit abnimmt.

14.9.3.7 Die Haftfestigkeit von Klebebändern. Als Maß der Haftfestigkeit eines Klebebandes dient meistens die auf S. 285 näher besprochene Schälstärke (σ_S). Die Klebbandhersteller bedienen sich zur Ermittlung der Schälstärke gewöhnlich der amerikanischen Standardmethode ASTM D 903-49 (S. 287). Die Messung wird auf poliertem Stahl mit dem Schälwinkel $\omega = 180°$ und der Schälgeschwindigkeit $v_S = 15$ cm/min durchgeführt. Die ASTM-Werte von im Handel befindlichen Klebe-

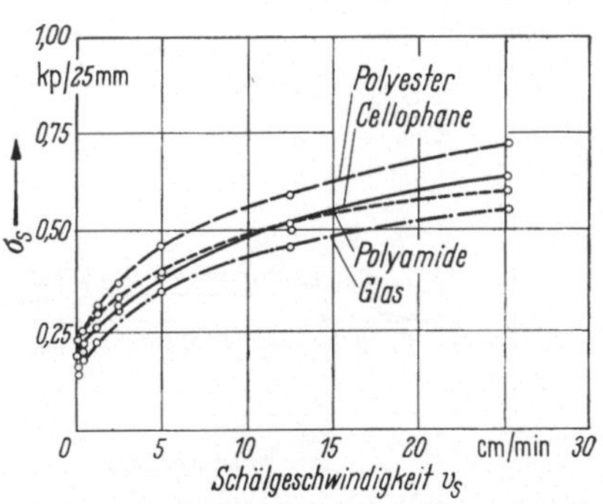

Abb. 64. Die Schälfestigkeit in Abhängigkeit von Schälgeschwindigkeit und Werkstoff. Polyätherbelag: ω = 180° (nach WEIDNER)

bändern pflegen innerhalb des Bereiches 0,5–1,5 kp/25 mm zu liegen. Diese konventionellen Festigkeitszahlen geben von der Eignung eines Klebebandes für einen bestimmten Zweck zwar ein ungefähres aber nicht vollständiges Bild. Denn die Schälstärke ist in nicht ganz einfacher und individueller Art von den Versuchsbedingungen (Schälwinkel, Schälgeschwindigkeit, Temperatur usw. stark abhängig, die im praktischen Anwendungsfalle wesentlich von den Standardbedingungen abweichen können. Diese Tatsache ist beispielsweise aus den Abb. 64 und 65 zu ersehen, die durch Schälfestigkeitsmessungen an einem etwas härteren Polyvinyläther- und einem etwas weicheren Natur-gummiklebband ermittelt wurden. Bei der Standardgeschwindigkeit ($v_S = 15$ cm/min) ist die Schälgeschwindigkeit in beiden Fällen annähernd gleich groß. Die Dauerstandfestigkeiten ($v_S = 0$) verhalten sich dagegen wie $\sim 2 : 1$. Der härtere Polyvinylätherbelag ist für Verpackungszwecke daher offenbar etwas besser geeignet. – Auch wissenschaftliche Messungen werden oft unter abweichenden Bedingungen durchgeführt und können in diesem Falle nicht ohne weiteres mit Standardmessungen verglichen werden.

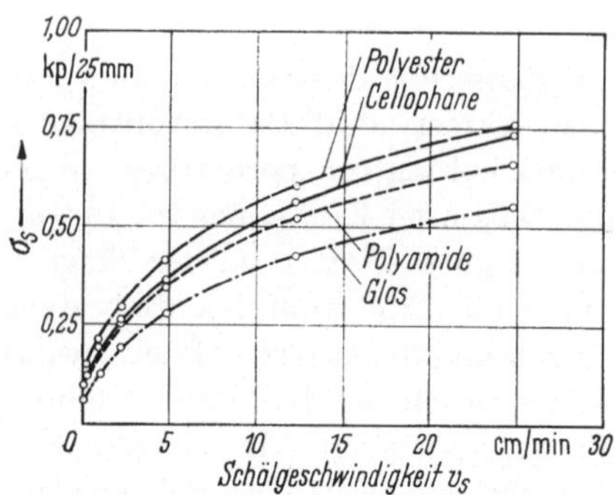

Abb. 65. Die Schälfestigkeit in Abhängigkeit von Schälgeschwindigkeit und Werkstoff. Naturgummibelag; $\omega = 180°$ (nach WEIDNER)

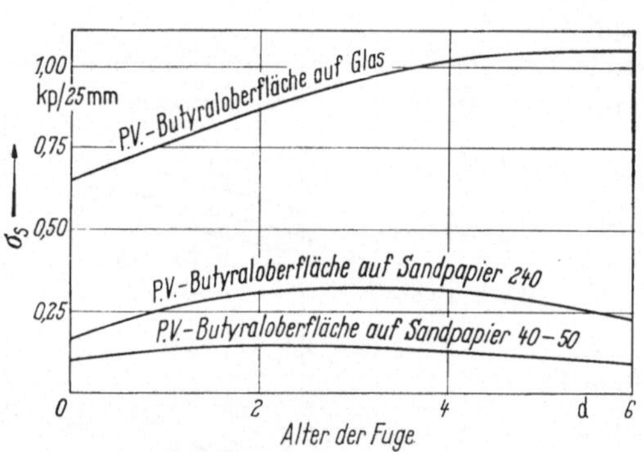

Abb. 66. Schälfestigkeit in Abhängigkeit von der Rauhigkeit von Polyvinylbutyralunterlagen und dem Alter der Klebefuge (nach LAVANCHY[2])
(P.V.-Butyralfilm. *1*: auf Glas: *2* auf Sandpapier 240; *3*: auf Sandpapier 40–50; $\omega = 180°$, $v_s = 25$ cm/min)

Gegen glatte und rauhe Oberflächen verhält sich eine Klebeschichte, die im viskoelastischen Zustand aufgedrückt wird, in entgegengesetztem Sinn wie eine flüssig aufgebrachte Leimschichte: für die Leimschichte bedeuten rauhe Oberflächen eine Ver-

[1] WEIDNER, C. L.: Adhesive Age 6, 7 (1963).
[2] Unveröffentlichte Arbeiten von P. LAVANCHY, zitiert von WEIDNER, C. L. and G. J. CROCKER: Rubber Chemists and Technol. 33, 5 (1960) 1338.

größerung, für die Klebschichte dagegen eine Verkleinerung der Berührungsfläche. Denn die viskoelastische Schichte besitzt im Vergleich mit flüssigem Leim nur ein sehr begrenztes Fließvermögen und kann die Unebenheiten der rauhen Unterlage nicht ausfüllen. Dementsprechend *sinkt* das Haftvermögen von Klebebändern mit zunehmender Rauhigkeit der Unterlage. Abb. 66 bestätigt diese Tatsache an Hand von Schälfestigkeiten, die für das gleiche Klebeband an verschieden rauhen Polyvinylbutyraloberflächen gefunden wurden. Da ein reproduzierbares Anrauhen von Kunststoffoberflächen schwierig ist, überzog man Unterlagen verschiedener Rauhigkeitsgrade mit Kunststoff. Als Unterlage wurde Glas sowie Sandpapier verschiedener Körnung benützt.

In Abb. 66 ist auch eine gewisse Zeitabhängigkeit der Schälfestigkeit zu bemerken. Der Einfluß des Alters der Klebfuge scheint bei Klebmassen verschiedener Zusammensetzung ziemlich unterschiedlich zu sein. BRIGHT fand für Klebschichten der in Tab. 53 angegebenen Zusammensetzung, die modifizierte Harze mit freien Harzsäuren enthalten, während den ersten Stunden einen starken Anstieg der Schälfestigkeit (Abb. 67, *Tape 1*). Werden die sauren Harze durch neutrale Polyterpene ersetzt, bleibt die Schälfestigkeit konstant (Abb. 67, *Tape 2*).

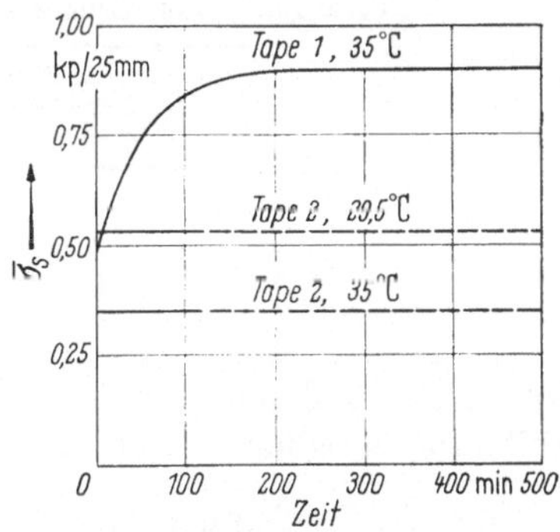

Abb. 67. Schälfestigkeit in Abhängigkeit von dem Alter der Klebfuge ($\omega = 180°$, $v_s = 19$ cm/min, polierte Goldoberflächen) (nach BRIGHT)

Das unvollkommene Berühren eines Klebebandes, das nicht sorgfältig auf die Unterlage aufgedrückt wird, ist bei halbwegs durchsichtigem Trägermaterial leicht zu beobachten. Beim Entfernen der eingeschlossenen Luft tritt ein deutlicher Farbumschlag auf. In Tab. 56 sind Schälfestigkeiten eines Klebebandes angegeben, das verschieden fest, bzw. bei verschiedenem Lufteinschluß gegen eine Unterlage von hochglänzendem Aluminium gepreßt wurde. Wie zu erwarten, ist der Schälwert bei vollständiger Entfernung der Luft am höchsten.

Tabelle 56. *Schälkraft in Abhängigkeit vom Druck*
($\omega = 180°$, $v_s = 30$ cm/min; hochglänzendes Aluminium, ASTM-Zahl des verwendeten Klebebandes 0,95 kp/25 mm)

Druckmittel	Entfernung der Luft	γl (kp/25 mm)
3-kg-Rolle, $\varnothing = 8,6$ cm	teilweise	0,85
18-kg-Rolle, $\varnothing = 20$ cm	stärker	0,95
Falzmesser	vollständig	1,25

14.9.3.8 Schubfestigkeit von Klebebändern. In den Tab. 57 und 58 sind Schubfestigkeiten von Klebebändern mitgeteilt, die vom Verfasser ermittelt wurden. Diese für Klebebänder weniger üblichen Festigkeits-

Tabelle 57. *Schubfestigkeit einer Klebband-Aluminium-Überlappungsfuge* (Überlappungsfuge 1 · 1 cm, Klebband ASTM-Zahl: 0,95 kp/25 mm)

Vorschub der Prüfmaschine cm/min	Zerreißbelastung kp/cm²	Bemerkungen
60	10–15	linearer
$2 \cdot 10^{-3}$	1,1	Belastungsanstieg

werte sollen den Vergleich mit solchen Leimfugen ermöglichen, deren Stärke als Schubfestigkeit gemessen wird.

Tabelle 58. *Zeit-Standfestigkeit (Schubfestigkeit) einer Klebband-Aluminium-Überlappungsfuge* (Fugengröße und ASTM-Zahl wie in Tab. 57)

Zeit bis zum Eintritt des Zerreißens Wochen	Zerreißbelastung (Zeitstandfestigkeit) kp/cm²
1	0,4
3	0,3
6	0,2
17	0,1

Verglichen z. B. mit durchschnittlichen Holzleimen sind vor allem die Zeitstandfestigkeiten von Klebebändern niedrig.

14.9.4 Temporäre Kontaktkleber

14.9.4.1 Allgemeine Richtlinien für temporäre Kontaktkleber. Die permanente Klebrigkeit der im vorigen Abschnitt besprochenen Elastomerklebstoffe ist unter anderem an das Vorhandensein flüssiger, nicht flüchtiger Bestandteile gebunden. Auch die verwendeten Harze sind ziemlich weich. Die Festigkeit permanenter Klebfugen ist daher begrenzt. Stärkere Fugen erhält man, wenn man auf permanente Klebrigkeit verzichtet, die Klebstoffe in flüchtigen Lösungsmitteln löst und Harze heranzieht, die höhere Festigkeit entwickeln. Die Klebstoffschichte, die als Leim aufgetragen wird, zeigt dann während einer zeitlich begrenzten Periode die gleichen Eigenschaften wie permanente Kontaktkleber.

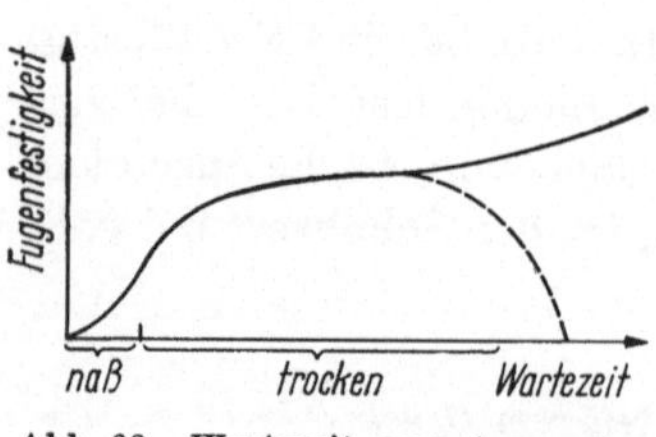

Abb. 68. Wartezeit von temporären Kontaktklebern

Der Trockenvorgang temporärer Kleber ist in Abb. 68 schematisch dargestellt. Die Wartezeit der aufgetragenen Klebstoffschichte zerfällt dabei in zwei Abschnitte. Während der nassen Periode verdunstet der größte Teil der flüchtigen Lösungsmittel. Während der anschließenden Klebperiode verhält sich die verfestigte viskoelastische Klebstoffschichte als Kontaktkleber und bindet unmittelbar bei Andrücken. Die voll ausgezogene Kurve stellt den Verlauf der Bindestärke von Verklebungen dar, die während der Klebperiode erfolgen; die Bindestärke wächst auch nach Bildung der Fuge weiter an. Überschreitungen der Klebperiode (gestrichelter Kurventeil) führen dagegen zu unbrauchbaren Verklebungen. Die Darstellung in Abb. 68 setzt natürlich konstante Arbeitsbedingungen, d.h. konstante Auftragsmengen und Preßdrucke voraus. Die nasse Periode = Mindestwartezeit pflegt 5–30 min, die Klebperiode eine viertel Stunde bis mehrere Stunden zu betragen.

14.9.4.2 **Rohstoffe: Elastomere.** Temporäre Naturkautschuk-Kontaktkleber erhält man durch Lösen der in den Tab. 52, 53 u. 54 angegebenen Substanzen (unter Weglassung der Weichmacher) in organischen Lösungsmitteln. Sie bilden etwas stärkere Fugen als die entsprechenden permanenten Kontaktkleber, sind jedoch hinsichtlich Wärmefestigkeit noch immer sehr unbefriedigend. Die Festigkeit der Verklebung läßt schon bei mäßig erhöhter Temperatur stark nach und wird bei Temperaturen > 50°C völlig unzureichend. Trotzdem werden Lösungen dieser Art in ziemlich großem Umfang für Verklebungen verwendet, an deren Festigkeit keine höheren Ansprüche gestellt werden, z. B. Verklebungen von hartem, stark gefülltem Fußbodenbelag[1] u. dgl. Da man in derartigen Fällen keine Rücksicht auf die Farbe der Klebfuge zu nehmen braucht, werden als Rohstoffe häufig billige, stark gefärbte Kautschukregenerate und geeignete Asphaltsorten anstelle von Harzen benützt.

Temporäre Kontaktkleber wesentlich verbesserter Festigkeit und Wärmebeständigkeit lassen sich durch Kombination von Chlorbutadien- oder Butadien-Acrylnitrilkautschuk mit Kunstharzen auf Phenolbasis herstellen.

Chlorbutadienkautschuk, der eine Reihe günstiger Eigenschaften besitzt, ist an erster Stelle zu nennen. Im Gegensatz zu Naturkautschuk gestattet er die Herstellung ziemlich konzentrierter (20–25%) streichbarer Klebstofflösungen. Seine erwähnte Kristallisationsneigung, die ihn für permanente Klebmassen weniger geeignet macht, führt zu einer starken Nachverfestigung der Klebfuge. Schließlich trägt Chlorbutadienkautschuk zur Erhöhung des Klebvermögens und zur Verlängerung der Klebperiode bei.

Die Kristallisationsstärke von Chlorbutadienkautschuk kann bei der

---

[1] Das Nachlassen derartiger Fußbodenverklebungen an stärker beanspruchten Stellen ist keine Seltenheit. Für weichere weniger stark gefüllte PVC-oder Gummibeläge sind synthetische Chloropren- oder in besonders schwierigen Fällen Nitrilkautschukkleber unbedingt vorzuziehen.

Polymerisation innerhalb weiter Grenzen geregelt werden. Es werden heute stark, mittel und schwach kristallisierende Sorten auf den Markt gebracht[1]. Die Kristallisation bildet sich erst allmählich nach dem Trocknen der Klebstoffschichte aus und ist selbst nach einigen Tagen nicht vollständig abgeschlossen. Beim Erwärmen der Klebfuge auf 60–70 °C wird der Kristallisationseffekt durch die Wärmebewegung der Kautschukmoleküle weitgehend aufgehoben und stellt sich bei Lagerung in normaler Temperatur erst allmählich wieder ein.

Die Fugen älterer Chlorbutadienkautschuksorten verfärbten sich mit der Zeit ziemlich stark, besonders in Gegenwart gewisser Verunreinigungen wie Eisen usw. Diese störende Eigenschaft ist bei einigen neueren Sorten, wie den thiuramfreien Perbunan-C-Typen von Bayer[2] oder dem Neopren AD von Du Pont einigermaßen vermieden.

Chlorbutadienkautschuk ist in einigen stärker polaren Lösungsmitteln wie Alkoholen, Aceton oder reinem Äthylacetat nicht löslich[3]. Dieser Umstand ist bei Auswahl der Kunstharzzusätze zu berücksichtigen.

Butadien-Acrylnitrilkautschuk kann ebenfalls in Lösungen höherer Konzentration angewendet werden, trägt jedoch nicht in gleichem Maße zur Festigkeit und zur Länge der Klebperiode des fertigen Klebstoffes wie Chlorbutadienkautschuk bei. Infolge der stärkeren Polarität der Nitrilgruppe $C\equiv N$ löst er sich etwas besser in polaren Lösungsmitteln und läßt sich daher mit einigen Kunstharzen kombinieren, die zusammen mit Chlorbutadienkautschuk nicht verarbeitet werden können. Nitrilkautschukkleber eignen sich gut zum Verkleben stark weichmacherhaltiger PVC-Folien, da die Festigkeit einer geeignet zusammengesetzten[4] Klebstoffschichte durch störende Weichmacherwanderung nicht beeinflußt wird.

14.9.4.3 Rohstoffe: Harze. Die Harze bestimmen weitgehend die Eigenschaften des fertigen Klebstoffes. So würde z. B. die Wärmefestigkeit einer Elastomerfuge ohne Harzzusatz bei Temperaturen von 50 °C nur mehr sehr unbedeutend sein. Die wärmeverfestigende Wirkung eines Harzes steht in keinem eindeutigen Zusammenhang mit der Höhe seines Schmelzpunktes, sondern ist eher auf seine chemische Struktur und seine Befähigung zu gewissen Vernetzungsreaktionen zurückzuführen. Die Art der Lösungsmittel, die zum Lösen von Dienkautschuken herangezogen werden müssen, beschränkt bei Chlorbutadienkautschuk die Zahl der verwendbaren Harze. Bei der Wahl der Lösungsmittel spielt ferner die

---

[1] Perbunan-C-Merkblatt, Bayer 1963.

[2] Ein Zusatz, der nach Angaben des Herstellers das Verarbeiten (Mastizieren) des Rohkautschuks erleichtert und seine Harzverträglichkeit häufig begünstigt.

[3] Dagegen kann Äthylacetat in Mischung mit anderen Lösern verwendet werden.

[4] Natürlich müssen auch die übrigen mitverwendeten Bestandteile weichmacherbeständig sein.

Abdunstungsgeschwindigkeit sowie die Auswirkungen auf die Viskosität der Lösung eine wichtige Rolle. Zwei für die Bereitung von Klebstofflösungen geeignete Lösungsmittelgemische sind in Tab. 59 zusammengestellt.

Tabelle 59. *Harz- und kautschuklösende Lösungsmittelgemische[1]*

Lösungsmittel für:	I Chlorbutadienkautschuk %	II Nitrilkautschuk %
Benzin 80/100	30	—
Toluol	35	20
Äthylacetat	20	60
Aceton	—	20
Methyläthylketon	15	—

An erster Stelle unter den verfestigenden Harzen stehen modifizierte Phenolharze. Reine Phenolharze, die auf S. 238 ff besprochen werden, sind aus Löslichkeitsgründen häufig ungeeignet. Löslich in Lösungsmittelgemisch I (Tab. 59) *sind Alkyl- und Arylphenolharze,* die aus den betreffenden Phenolen und Formalin hergestellt werden. Zwei wichtige Ausgangsverbindungen für die Herstellung dieser Kunstharze sind *p-tertiäres Butylphenol*:

$$\text{I}$$

ein Alkylphenol, das einen tertiären Butylrest in para-Stellung trägt, sowie *p-Phenylphenol*:

$$\text{II}$$

ein para-substituiertes Arylphenol.

p-substituierte Alkyl- und Arylphenole können durch die gemeinsame Formel

$$\text{III}$$

dargestellt werden, wobei das Zeichen · wiederum reaktive Stellen an-

---

[1] Kunstharze für die Klebstoffindustrie, S. 6. Chem. Werke Albert 1964.

deutet (S. 104)[1]. Bei der Reaktion dieser substituierten Phenole mit Formalin[1] bilden sich zuerst Phenolalkohole mit reaktiven Methylgruppen $-CH_2OH$

$$\text{(Phenol)} + 2CH_2O \longrightarrow HOH_2C-\text{(Phenolkern)}-CH_2OH \qquad \text{IV}$$

die zu linearen Kettenmolekülen der beiden nachstehenden Formen weiterkondensieren können: Reaktion V a tritt am häufigsten ein:

$$\text{V a}$$

$$\text{V b}$$

Da es sich um langsame Kondensationsreaktionen handelt, kann die Reaktion bequem bis zur Erreichung gewünschter Molekülgrößen bzw. Schmelzpunkte geführt werden. p-Arylphenolharze mit Schmelzpunkten über 120 °C oder Mischungen von p-Aryl- und p-Alkylphenolharzen besitzen besser wärmeverfestigende Eigenschaften als reine p-Alkylphenolharze[2].

Günstige Eigenschaften besitzen ferner *Reaktionsprodukte modifizierter Phenolharze mit Kolophonium*[3]. Nach GRETH[4] und HULTSCH[5] erfolgt die Anlagerung von Abietinsäure (S. 191) an den Phenolkern durch Aufspaltung von Doppelbindungen nach folgendem Schema:

$$\text{VI}$$

---

[1] Die Reaktivität substituierter und reiner Phenole sowie der Verlauf der Kondensationsreaktion mit Formalin wird auf S. 283 ff besprochen.

[2] D.B.P. 961 645 der Chem. Werke Albert, Wiesbaden-Biebrich.

[3] D.B.P. 1 002 489 der Chem. Werke Albert, Wiesbaden-Biebrich.

[4] GRETH, A.: Kunststoffe 31 (1951) 345, 151.

[5] HULTSCH, K.: J. pract. Chemie 158 (1941) 275–294.

Man verwendet schließlich auch die auf S. 191 genannten *Terpenphenolharze*, die durch Kondensation von Phenol und ungesättigten $C_{10}H_{16}$-Kohlenwasserstoffen, z. B. Dipenten mit sauren Katalysatoren hergestellt werden.

Sämtliche bisher angeführten Phenolharze können nur lineare Moleküle bilden und sind nicht zu dreidimensionalen Vernetzungsreaktionen befähigt. Einige Harze vom Alkylphenoltyp mit reaktionsfähigen Gruppen[1] können jedoch mit Metalloxyden (Magnesium-, Zinkoxyd) unter Bildung größerer, schwerer schmelzbarer oder unschmelzbarer Moleküle reagieren, die stärker wärmeverfestigend wirken. Die Reaktion kann mehrere Tage in Anspruch nehmen. Im Gegensatz zu dem üblichen Härten von Leimen (vgl z. B. S. 217) kann sie in der Klebstofflösung stattfinden, ohne daß diese unbrauchbar wird.

Reine Phenolharze, die also keinen Substitutionsrest R am Kern tragen, eventuell mit verätherten phenolischen Hydroxylgruppen, sind polyfunktionell und infolgedessen wärmehärtbar. Sie sind im Lösungsmittelgemisch II (Tab. 59) löslich und können daher zusammen mit Nitrilkautschuk eingesetzt werden.

14.9.4.4 Die Zusammensetzung und Festigkeit von temporären Chlorbutadien-(Chloropren-) und Nitrilkautschukklebern[2]. Die in Tab. 60 angegebene Zusammensetzung von Chloroprenkautschukklebern ist wiederum nur als schematische Durchschnittsvorschrift zu betrachten.

Tabelle 60. *Zusammensetzung temporärer Chloroprenkautschukkleber*
(nach Chem. Werke Albert, Wiesbaden-Biebrich)

	Gewichtsteile
Chloroprenkautschuk stark kristallisierend:	
z. B. Perbunan C 321, Bayer; oder	
Neoprene AC oder AD: WHF = 75 : 25, Du Pont usw.	100
Phenolharze:	
a) Alkylphenolhz.[3] nicht basenreakt. (z. B. Alresen[4] 521 R) oder	
b) mod. Phenolhz. nicht basenreakt. (z. B. Alresen 543 R) oder (0–80%)	40
c) Alkylphenolharze basenreaktiv (z. B. Alresen 565 R) oder	
d) Terpenphenolharze (z. B. Alresen 500 R)	
Magnesiumoxyd (0–20)	5
Zinkoxyd (10–0)	4
Alterungsschutzmittel	2
Lösungsmittel I (Tab. 59) → Feststoffgehalt 25%	

[1] HULTSCH, K.: Kunststoffe B, Heft *3* (1963).

[2] Die in diesem Abschnitt angegebenen Zusammenansetzungen und Festigkeiten stützen sich auf Angaben der technischen Mitteilung, Kunstharze für die Klebstoffindustrie. Chem. Werke Albert, Wiesbaden-Biebrich (3. Aufl., Jan. 1964).

[3] Können auch zyklisch substituierte Phenole (Arylphenole) enthalten.

[4] Handelsname der Chem. Werke Albert.

Die Wartezeiten der Alkylphenolharze a liegen unter 2 Stunden (1–$1^1/_2$ Stunden), diejenigen der übrigen Harze über 2 Stunden. Doch ist die kürzere Wartezeit in der Praxis häufig vollkommen ausreichend und extrem langen Wartezeiten vorzuziehen, da letztere gewöhnlich auch eine langsamere Verfestigung der Klebschichte bedingen.

Die Harze a–c in Tab. 60 unterscheiden sich hinsichtlich ihrer verfestigenden Wirkung nicht allzu sehr voneinander. Die durchschnittlich beste Wärmefestigkeit erzielt man mit den basenreaktiven Typen c. Die Abhängigkeit der Bindestärke von dem Harzgehalt und der Temperatur ist in den Abb. 69 u. 70 für Gummi- und PVC-Verklebungen angegeben.

Die Festigkeit einer Klebfuge entwickelt sich erst im Lauf einiger Tage. Mitunter nimmt die Erreichung der Endfestigkeit Monate in Anspruch. Die absolute Höhe der Festigkeitswerte ist nicht nur vom Klebstoff sondern auch von der Natur des verklebten Materials abhängig. Dies geht u. a. aus Tab. 61 u. 62, bzw. aus einem Vergleich von Tab. 62 und Abb. 70 hervor.

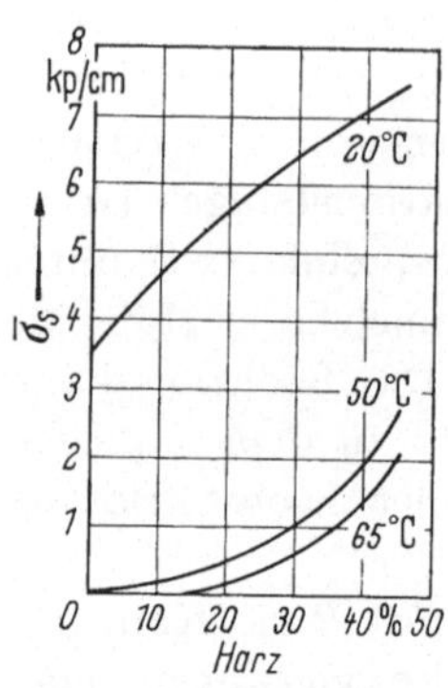

Abb. 69. Schälfestigkeit Gummi/Gummi von Chloroprenkautschukverklebungen verschiedenen Harzgehaltes; Harztyp c; nach 3 Tagen (ω = 90°, v_s = 18 cm/min, Preßdruck = 3 kp/cm², Preßzeit = 10 sec) (nach Chem. Werke Albert, Wiesbaden-Biebrich)

Tabelle 61

Entwicklung der Schälfestigkeit Gummi/Gummi von Chloroprenkautschukverklebungen (nach Chem. Werke Albert, Wiesbaden-Biebrich)

Zusammensetzung (Gew.-teile) (Festgehalt 25%)	σ_s (20 °C) kp/cm		
	Alter: 1 h	5 h	3 Tage
Neoprene AD 75 Neoprene WHV 25 Phenolharz a 25 Magnesiumoxyd 1,6 Zinkoxyd 5,4 Alterungsschutz-, Lösungsmittel	ohne Harz 1,3 mit Harz 1,3	— 2,1	3,3 8,3

Die Aufgabe der basischen Metalloxyde ist es die unvermeidliche und für viele Unterlagen gefährliche Abspaltung geringer Salzsäuremengen unschädlich zu machen; sie wirken ferner als milde Vulkanisationsmittel (S. 187). Mit basenreaktiven Harzen reagieren die Metalloxyde ferner unter Bildung größerer Harzmoleküle mit erhöhter Wärmebeständigkeit. Die Zusätze müssen so reichlich bemessen werden, daß auch nach der Harzreaktion genügend Oxyde als Säureschutz vorhanden sind.

Tabelle 62 *Entwicklung der Scherfestigkeit Schichtpreßstoffplatte/Holz von Chloropren-kautschukverklebungen*
(nach Chem. Werke Albert, Wiesbaden-Biebrich)

Zusammensetzung des Klebers (Festgehalt (25%)		Alter	τ (20 °C) kp/cm²
Neoprene AD	75		
Neoprene WHV	25	3 Tage	25,5
Phenolharz b	37,5	3 Mon.	28,8
Ester von polym. Kolophonium	8,4	6 Mon.	29,9
Kalkhartharz	41	12 Mon.	29,1
Magnesiumoxyd	2,3	18 Mon.	33,2
Zinkoxyd	8,1	24 Mon.	49,0
Alterungsschutz-, Lösungsmittel			

Die Klebstofflösungen zeigen nach der Reaktion häufig eine Neigung zum Ausflocken und Absetzen und scheiden sich in diesem Falle beim Stehen allmählich in eine klare obere und eine undurchsichtige untere Schichte, sind jedoch nach Homogenisierung durch Umrühren wieder ohne weiteres zu verwenden. Durch eine Vorreaktion der Harze mit den Metalloxyden läßt sich das Ausflocken vermeiden oder wenigstens stark verringern. Man mischt zu diesem Zwecke Harz, Metalloxyde und einen Teil der Lösungsmittel einige Zeit in einer Kugelmühle. Die entstandene Lösung bzw. Dispersion wird hierauf mit dem restlichen Klebstoffgemisch vereinigt.

Eine etwas stärkere Wärmeverfestigung als nur durch Harzzusatz erzielt man durch Zugabe von Polyisocyanaten (S. 269). Gebräuchliche Zusatzmengen bewegen sich innerhalb der Grenzen von 3–15% zur fertigen Klebstofflösung. Das Zumischen des Vernetzungsmittels darf allerdings erst unmittelbar vor Gebrauch erfolgen, da die Topfzeit der Mischung begrenzt ist. Relativ lange Topfzeiten stehen bei Verwendung von Terpenphenolharzen (d) zur Verfügung. Die Harztypen a und c in Tab. 60 sind dagegen wegen zu schneller Reaktion mit dem Vernetzungsmittel weniger geeignet. Die Wärmebeständigkeit guter Chloroprenkautschukkleber ist heute im übrigen ziemlich zufriedenstellend. Die immerhin etwas unbequemeren Zweikomponentenkleber werden daher nur für Spezialzwecke eingesetzt.

Nitrilkautschukkleber unterscheiden sich in ihrer Zusammensetzung nicht sehr wesentlich von Chloroprenkautschukklebern. Alkylphenolharze und eine Reihe anderer Harze können als Verfestigungsmittel ver-

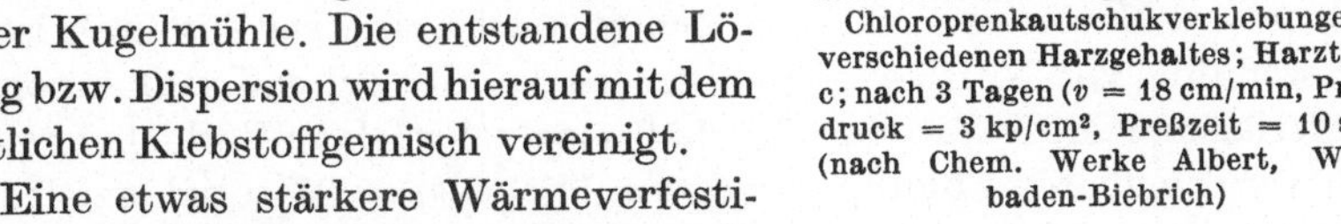

Abb. 70. Scherfestigkeit PVC/PVC von Chloroprenkautschukverklebungen verschiedenen Harzgehaltes; Harztype c; nach 3 Tagen (v = 18 cm/min, Preßdruck = 3 kp/cm², Preßzeit = 10 sec) (nach Chem. Werke Albert, Wiesbaden-Biebrich)

wendet werden, es stehen jedoch auch härtende (nicht R-substituierte) Phenolharze zur Verfügung; in letzterem Falle sind allerdings Lösungsmittel nach Art von Mischung II in Tab. 59 erforderlich. Metalloxydzusätze kommen häufig vor, sind jedoch nicht unbedingt notwendig und nicht von der gleichen prinzipiellen Bedeutung wie in Gegenwart von Chloroprenkautschuk. Die Zusammensetzung eines Nitrilkautschukklebers ist in Tab. 63 mit aufgenommen, die gleichzeitig ein Bild von der Entwicklung der Scherfestigkeit einer PVC/PVC-Verklebung gibt.

Tabelle 63

Entwicklung der Scherfestigkeit PVC/PVC von Nitrilkautschukverklebungen
(Preßdruck: 4 kp/cm²; Preßzeit: 1 min; nach 3 Tagen)
(nach Chem. Werke Albert, Wiesbaden-Biebrich)

Zusammensetzung (Gew.-teile) (Festgehalt 25%)		Alter	τ kp/cm²	
			20° C	50° C
Nitrilkautschuk (z.B. Perbunan N 3810, Bayer)	100	30 min	6,1	0,8
härtbares Phenolharz (z.B. Phenolen 351 U, Albert)	40	7 Tage	6,2	1,1
Alterungsschutzmittel	2	3 Mon.	7,4	2,0
Lösungsmittel II (Tab. 59)				

Die Klebeperiode von Nitrilkautschukklebern ist ziemlich beschränkt. Die gesamte zulässige Wartezeit beträgt häufig nicht mehr als 15 min. Die polare Natur von Nitrilkautschuk macht sich bei der praktischen Verwendung von Nitrilkautschukklebern deutlich geltend. Auf unpolaren Unterlagen, z.B. Naturgummi, erhält man schwächere Verklebungen als mit vergleichbaren Chloroprenklebern. Mit polarem Material erzielt man dagegen höhere Festigkeiten. Dies trifft beispielsweise für PVC/PVC-Verklebungen zu, wie ein Vergleich von Abb. 70 und Tab. 63 lehrt. Nitrilkautschukkleber eignen sich auch ausgezeichnet zum Verkleben von PVC oder Nitrilgummi mit Metall.

14.9.4.5 Das praktische Arbeiten mit temporären Kontaktklebern. Das Verkleben mit temporären Kontaktklebern ist eine schnelle und bequeme Arbeitsmethode, kann jedoch leicht zu Mißerfolgen führen, wenn nachstehende Punkte nicht beachtet werden.

Klebstoffauftrag. Bei Kontaktverklebungen wird gewöhnlich Klebstoff auf beide Fugenflächen aufgetragen. Im Normalfall kommt also die Verklebung beim Pressen durch die Vereinigung *zweier* Klebstoffschichten und nicht durch die Adhäsion *einer* Klebstoffschichte an einer festen Unterlage (wie beim Verleimen) zustande. Der Verklebungsvorgang erinnert demnach an die auf S. 74 erwähnte Autoadhäsion von Kautschuk. Da bei dieser Art des Verklebens die Ansprüche an das unmittelbare Haftvermögen der Klebstoffschichte etwas erniedrigt werden können, gewinnt man im Vergleich mit einseitigem Klebstoffauftrag wesentlich an Sicherheit des Arbeitens. Einseitiger Klebstoffauftrag würde eine wesentliche Verkürzung der zulässigen Klebperiode erfordern und infolgedessen eine merkliche Verminderung der Anfangskohäsion der Klebschichte zur Folge haben. Ein Öffnen der Klebfuge durch die rückfedernden Kräfte der beiden Fugenhälften würde daher geringerem Widerstand begegnen.

Auftragsmenge/Wartezeit. Eine bestimmte Mindestwartezeit, bei Chloroprenkautschukklebern etwa 15–30 min, ist unbedingt erforderlich, um der Hauptmenge der organischen Lösungsmittel Gelegenheit zum Abdunsten zu geben. Der Einschluß zu großen Lösungsmittelmengen in der Klebfuge führt häufig zu Fehlverleimungen. Andererseits ist nach Überschreitung der zulässigen (maximalen) Wartezeit die Verfestigung der Klebstoffschichten so weit vorgeschritten, daß eine ausreichende Vereinigung unter normalen Arbeitsbedingungen nicht mehr möglich ist. Die „toten" Schichten können allerdings durch Erwärmen und Verpressen in warmem Zustand wieder aktiviert werden. Dieser Ausweg kann jedoch nicht immer beschritten werden.

Die zulässige Wartezeit wird von den Klebstoffherstellern angegeben. Doch ist diese Zeitangabe keine unveränderliche Materialkonstante, sondern gilt für eine bestimmte Auftragsmenge, häufig 200 g/m². Änderungen der Auftragsmenge haben starke Veränderungen der Wartezeit zur Folge (Abb. 71). Zu geringer Klebstoffauftrag, aber auch stark saugende Unterlagen verkürzen die Wartezeit weit unter den angegebenen Normalwert. Schlechte Verklebungen werden häufig durch diese beiden Ursachen veranlaßt. Auch zu große Auftragsmengen (z. B. 400 g/m²) wirken sich ungünstig aus. Wegen zu großem Lösungsmitteleinschluß sinkt die Festigkeit der Klebfuge[1].

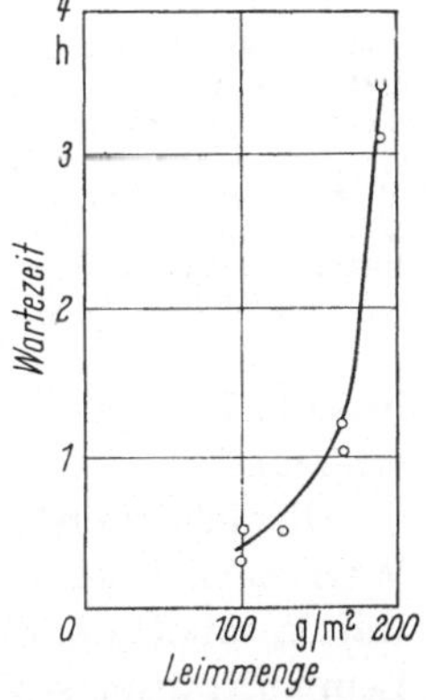

Abb. 71. Abhängigkeit der Wartezeit eines Chloroprenkautschukklebers von der **Auftragsmenge (nach** SUNDKVIST und JOHANSSON)[3]

Fugenfestigkeit/Preßdruck. Ähnlich wie die Autoadhäsion von Kautschuk ist auch der Grad der Vereinigung zweier Klebstoffschichten weitgehend von dem angewendeten Preßdruck abhängig. Diese für das Arbeiten mit temporären Kontaktklebern fundamentale Tatsache scheint nicht genügend bekannt zu sein und wird auch in der technischen Literatur nur selten erörtert[2,3].

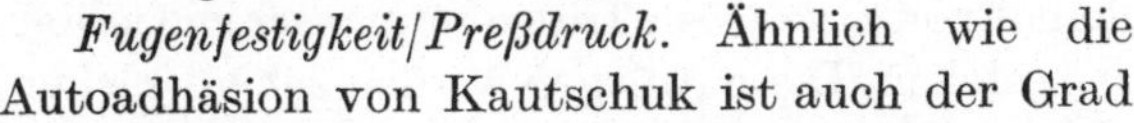

---

[1] For. Prod. Research Laboratory, Princes Risborough, England, Progress Report 112, Sept. 1958.

[2] DUPONT, W.: Holz-Zentralblatt 132, Stuttgart (Nov. 1958).

[3] SUNDKVIST, L. u. B. JOHANSSON: Limspecialisten, S. 44. Casco-Stockholm 1963.

Zur Erzielung von haltbaren Verklebungen ist im allgemeinen ein leichteres Aneinanderdrücken der mit Klebstoff bestrichenen Fugenhälften nicht ausreichend. Wie aus Abb. 72 zu ersehen ist, steigt die Zugfestigkeit des gleichen Chloroprenkautschukklebers, dessen Wartezeit in Abb. 71 dargestellt ist, innerhalb eines weiten Druckbereiches stark mit dem angewendeten Preßdruck an. Die Zugversuche wurden nach Art der auf S. 287 beschriebenen ASTM-Zugprobe ausgeführt. Als Versuchskörper wurden zwei massive Buchenholzstücke, Leimfläche 3 · 3 cm verwendet, die normal zur Faserrichtung belastet wurden. Die übrigen Versuchsdaten sind unmittelbar aus Abb. 72 zu ersehen. Niedriger Preßdruck ergibt demnach auch nur niedrige Fugenfestigkeit. Beim Andrücken von Hand übt man normalerweise einen Druck von nicht mehr als 0,2–0,5 kp/cm² auf die Berührungsfläche aus. Mit einfachen Hilfsmitteln, z. B. dem

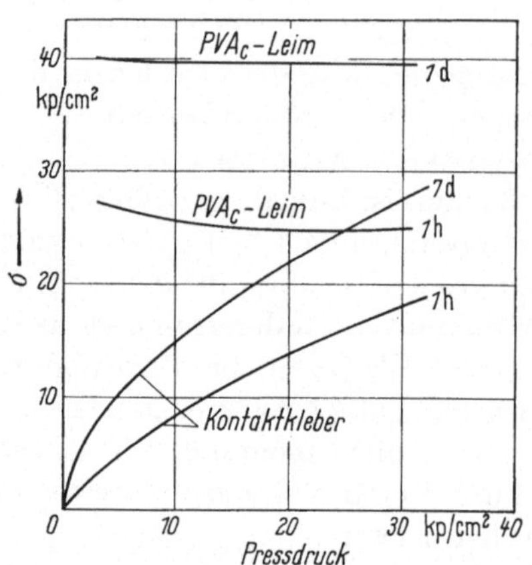

Abb. 72. Zugefestigkeit eines Chloroprenkautschukklebers und eines PVAc-Leimes als Funktion des Preßdruckes (nach SUNDKVIST und JOHANSSON)
PVAc-Leim: Auftrag (1×) = 200 g/cm², Wartezeit = 5 min, Preßzeit = 10 min; Chloroprenkleber: Auftrag (2×) = 200 g/m², Wartezeit = 30 min, Preßzeit = 2 min

in Abb. 73 abgebildeten Holzstab, erreicht man eine wesentliche Druckerhöhung.

Die sichersten Verklebungsresultate erzielt man ohne Zweifel bei ebenen Werkstücken, wenn man die zusammengelegten Fugenhälften durch Druckwalzen mit Gummibelag laufen läßt. „Rotationspressen" nach Art von Leimauftragsmaschinen werden eigens für diesen Zweck hergestellt.

In Amerika sind Anlagen zur serienmäßigen Ausführung von Verklebungen in Benützung, die aus einer geschlossenen Leimauftragmaschine (zur Verhinderung des Abdunstens der organischen Lösungsmittel), einem Trockenkanal von etwa 15 m Länge und anschließend aus einem Druckwalzenpaar bestehen. Diese Anlagen werden zur Verklebung großflächiger Werkstücke wie Platten, Türen usw. benützt, eine Arbeitsweise, die sich in Europa, nicht zuletzt wegen der ziemlich hohen Preise von Chloroprenkautschukklebern, weniger eingeführt hat.

Der prinzipielle Unterschied zwischen einem Verleimungs- und Kontaktverklebungsvorgang wird durch den Verlauf der Festigkeitskurven eines PVAc-Leimes und eines Chloroprenkautschukklebers in Abb. 72 anschaulich erläutert. Die Zugfestigkeit der einheitlichen PVAc-Fuge ist praktisch druckunabhängig und nähert sich der Querzugfestigkeit des Holzes.

Die Kohäsionsstärke der Verschweißungs-
fläche in der Klebstoffuge ist dagegen
druckempfindlich.

Gegen Dauerbelastung verhalten sich
Elastomerklebstoffe ähnlich wie PVAc-
Leime. Die Zeitstandfestigkeiten käuf-
licher Chloroprenkautschukkleber betra-
gen nach der Standardmethode des Forest
Product Research Laboratory, Princes
Risborough, England (vgl. S. 290) je nach
Qualität bis zu 33% der maximalen
(schnellen) Belastung[1].

Abb. 73. Manuelles Zusammendrücken von Klebfugen

15 Chemisch bindende (härtende) Leime (wasserabspaltend)

Die Leime dieser Gruppe härten durch Vernetzung *einer* kondensationsfähigen Grundverbindung. Dabei bilden sich harte, meistens
spröde Endprodukte. Da bei der Kondensationsreaktion Wasser ab-
gespaltet wird, treten, besonders in dickeren Leimfugen, oft merkliche
Spannungen auf. Nur Phenolformaldehydharz-Warmbinder werden gelegentlich mit elastizitätserhöhenden Zusätzen kombiniert. Im übrigen
beschränkt sich die Verwendung dieser Leime auf harte, poröse Stoffe,
vor allem Holz. Als Holzleime sind sie allerdings von größter Bedeutung.

15.1 Aminoplastleime

Zur Gruppe der Aminoplastleime rechnet man jene Kunststoffleime, die
bei der Reaktion organischer Aminoverbindungen ($-\overset{|}{C}-NH_2$) mit Form-
aldehyd gebildet werden. Die Aminoplastbildung erfolgt in zwei Reaktionsstufen:

1. Bildung einer kondensationsfähigen Verbindung durch Anlagerung
von Formaldehyd an die Aminogruppe.

2. Kondensation der Anlagerungsverbindung.

Aus praktischen Gründen wird die Kondensationsreaktion unter-
teilt. Sie wird bei der Leimherstellung nur so weit geführt, daß niederpolymere, noch wasserlösliche Kondensationsprodukte entstehen. Die

---

[1] HUDSON, R. W.: Progress Report 112, Sept. 1958.

14 U Baumann, Leime

endgültige Kondensation, bei der räumlich vernetzte, unlösliche Makromoleküle gebildet werden, findet erst in der Leimfuge durch Katalysatorwirkung, meistens bei erhöhter Temperatur statt. – Von den verschiedenen Aminoverbindungen, die Formalin anlagern können, werden technisch nur Harnstoff und Melamin in großem Maße benützt.

15.2 Harnstoff-Formaldehydharzleim (HF-Leim)

15.2.1 Allgemeines

Harnstoff-Formaldehydharzleim, HF-Leim wie er der Kürze wegen in der Folge genannt wird, ist einer der meistverwendeten Holzleime. Zusammen mit PVAc-Leimen hat er, wie bereits mehrfach erwähnt wurde, Glutin- und Kaseinleim weitgehend verdrängt. Im Gegensatz zu PVAc-Leim, der vor allem zum Kaltverleimen benützt wird, entwickelt HF-Leim seine vorteilhaftesten Eigenschaften als Heißbinder. Furniere können bei Kontakterwärmung (rd. 100 °C) in wenigen Minuten, Holz beliebiger Dicke bei Hochfrequenzerwärmung in weniger als einer Minute verleimt werden. Da der Leim innerhalb dieser Zeit vollständig erhärtet, sind die verleimten Werkstücke schon bei Entnahme aus der Presse gegen mechanische Beanspruchung widerstandsfähig. HF-Leim ist daher der gegebene Leim für moderne Fließfertigung.

Da die niedrigpolymeren Harnstofformaldehydkondensate ausgezeichnete Löslichkeit besitzen, kann HF-Leim in besonders konzentrierter Form verwendet werden. Die Leimlösung besteht gewöhnlich aus 2/3 Festsubstanz und nur 1/3 Wasser und führt dem Holz daher weniger Feuchtigkeit zu als die bisher erwähnten wäßrigen Holzleime. Die gehärtete Fuge ist starr, spröde und völlig frei von Viskoelastizität; sie zeigt infolgedessen auch bei Belastung keinerlei Neigung zu Kriecherscheinungen. Ähnlich wie PVAc-Leim ist auch HF-Leim farblos und vollständig bakterienfest.

Reiner streckmittelfreier HF-Leim ist ein typischer Dünnschichtleim. Bis zu einer Schichtdicke von rd. $1 \cdot 10^{-1}$ mm bildet er beständige Fugen, in dickerer Schichte entstehen dagegen auch in Abwesenheit äußerer Belastungen Spannungen, die mit der Zeit einen starken Rückgang der Fugenfestigkeit und schließlich einen Zerfall der Leimfuge hervorrufen. Doch kann HF-Leim durch Zugabe bestimmter Füllstoffe in einen Fugenfüller verwandelt werden, der auch in dicker Schicht vollkommen beständig ist.

Über das zulässige Anwendungsgebiet von HF-Leim waren die Meinungen längerer Zeit geteilt und sind es zum Teil noch immer. Doch kann die technische Seite dieser Frage heute als geklärt gelten[1,2]. HF-Leim,

---

[1] CLAD, W.: Holz als Roh- und Werkstoff 18 (1960) 10, 991–400.

[2] KOLLMANN, F., W. CLAD u. D. WITTMANN: Holz als Roh- und Werkstoff 22 (1964) 325–332.

der bei begrenzter klimatischer Beanspruchung sehr widerstandsfähig ist, zeigt gegen zu starke Wechselbeanspruchungen eine ausgesprochene Empfindlichkeit. So vermindert eine einmalige auch lang andauernde Einwirkung von Wasser die Festigkeit der Fuge nur wenig; durch wiederholten Wasserangriff und nachfolgende Trocknung wird die Fuge dagegen stark geschädigt. Ebenso versagen HF-Leime bei allzu starker Wechselbehandlung durch Kälte und Wärme oder sehr hohe und niedrige Luftfeuchtigkeit (tropisches Klima)[1].

Auf Grund eines großen praktischen Erfahrungsmaterials, das sich während mehrerer Jahrzehnte angesammelt hat, sowie von Langzeitversuchen, die während der letzten 10 Jahre ausgeführt wurden, lassen sich heute folgende Richtlinien für die Verwendung von ordnungsgemäß verarbeiteten HF-Leimen angeben:

HF-Leime sind zwar ungeeignet für Außenverleimungen, die dem direkten Einfluß der Witterung voll ausgesetzt sind; sie können jedoch unbedenklich zu konstruktiven Innen- und zu solchen konstruktiven Außenverleimungen in durchschnittlich mitteleuropäischem Klima herangezogen werden, die vor Regen und direkter Sonnenbestrahlung geschützt sind.

Diese Bewertung von HF-Leimen hat sich weitgehend durchgesetzt. Das grundsätzliche Mißtrauen gegen konstruktive HF-Verleimungen, das in einigen Ländern mit hochentwickelter Holzindustrie mitunter noch besteht[2], ist auf ältere Kurzzeit-Prüfbefunde zurückzuführen, die, wie man heute weiß, keine geeignete Grundlage für eine allgemeine Beurteilung dieser Leimsorten bilden. Kurzzeitprüfungen von HF-Leimen setzen die Kenntnis der durchschnittlichen Wechselbelastungen voraus, mit denen in der Praxis zu rechnen ist. Diese Kenntnis war bei früher unternommenen Kurzzeitprüfungen nicht immer in ausreichendem Maße vorhanden. Eine Reihe ungünstiger, durch die Praxis widerlegter Voraussagen, sind durch unzulässige Schlüsse aus derartigen Prüfdaten zustandegekommen[1].

15.2.2 Rohstoffe

Formaldehyd,
$$\overset{\displaystyle H}{\underset{\displaystyle H}{|\atop C=O\atop |}}$$
ist bei normaler Temperatur ein Gas von charakteristischem, stechendem Geruch und guter Wasserlöslichkeit. „Formalin" ist keine chemische Bezeichnung, sondern ein Handelsname von 40%igen wäßrigen Formaldehydlösungen (Schering). Die Hauptmenge

---

[1] S. Fußnote 1 u. 2 auf S. 210.
[2] Zum Beispiel Amerika und Schweden.

von Formaldehyd wird aus Methanol hergestellt[1]. Die Erzeugung von

Methanol, $H-\overset{\displaystyle H}{\underset{\displaystyle H}{\overset{|}{\underset{|}{C}}}}-OH$, war zu Beginn des Jahrhunderts auf die Trocken-

destillation von Holz beschränkt. Die moderne Methanolsynthese geht direkt von den Grundstoffen Kohle, Sauerstoff und Wasserstoff aus:

$$CO + 2H_2 \longrightarrow H-\overset{\displaystyle H}{\underset{\displaystyle H}{\overset{|}{\underset{|}{C}}}}-OH \qquad\qquad I$$

Methanol und Formaldehyd sind daher vollsynthetische Produkte.

Formaldehyd wird aus Methanol durch gleichzeitige katalytische Oxydation und Hydrierung gewonnen:

$$H_3COH + \tfrac{1}{2}O_2 \longrightarrow CH_2O + H_2O$$
$$H_3COH \longrightarrow CH_2O + H_2 \qquad\qquad II$$

Bei der großtechnischen Herstellung wird entweder eine wäßrige Methanollösung oder reines Methanol verdampft, mit einer begrenzten Luftmenge gemischt und bei etwa 600 °C über Silberkatalysatoren geleitet. Nach Kühlung des Reaktionsgemisches fällt entweder unmittelbar eine Formaldehydlösung an oder wird das gebildete reine Formaldehydgas in Wasser aufgenommen. Bei der Leimherstellung ist es natürlich vorteilhaft, unnötige Wassermengen, die den Leim verdünnen und die durch Destillation wieder entfernt werden müssen, zu vermeiden. Trotzdem benützt man nur selten Formaldehydlösungen von höherer Konzentration als 40 Volumprozenten (= 37 Gewichtsprozenten), da Fällungen sonst nur schwer zu vermeiden sind.

Beim Lösen in Wasser hydratisiert Formaldehyd nahezu vollständig zu Methylenglykol:

$$\overset{\displaystyle H}{\underset{\displaystyle H}{\overset{|}{\underset{|}{C}}}}=O + H_2O \longrightarrow HO-\overset{\displaystyle H}{\underset{\displaystyle H}{\overset{|}{\underset{|}{C}}}}-OH \qquad\qquad III$$

Methylenglykol besitzt eine ausgesprochene Kondensationsneigung und geht leicht in feste Verbindungen über, die je nach Bildungsbedingungen leicht- oder schwerlöslich sind. In reinen Formaldehydlösungen treten oft störende Fällungen auf. Die Gefahr der Bildung von Bodensätzen, die Rohrleitungen und Ventile verstopfen können, ist um so größer, je höher die Konzentration und je niedriger die Temperatur der

---

[1] Die Direktherstellung von Formaldehyd aus niedrigen Naturkohlenwasserstoffen wird vielleicht mit der Zeit an Bedeutung gewinnen. Vgl. Ullmanns Enzykl. der techn. Chemie, 3. Aufl., Bd. 7, S. 662, 1956.

Lösung ist. Durch genügenden Zusatz von Methanol kann die Fällung verhindert werden, vorausgesetzt, daß die Temperatur der Lösung eine bestimmte untere Grenze nicht unterschreitet. Bis vor kurzem war für eine Mindesttemperatur von 12 °C ein Zusatz von etwa 10% Methanol erforderlich. Neuerdings werden 40%ige Formaldehydlösungen mit nur 1% Methanolgehalt hergestellt, die bei Mindesttemperaturen von +16°C haltbar sind. Derartige Lösungen müssen zwar in erwärmten Lokalen oder Vorratsbehältern mit Erwärmungsmöglichkeiten verwahrt werden. Diese Unbequemlichkeit wird jedoch durch den niedrigeren Formaldehydpreis mehr als aufgewogen.

Die Kondensationsfähigkeit von Methylenglykol, die man bei der Lagerung von Formaldehydlösungen zu unterdrücken versucht, wird bei der Herstellung von *Paraformaldehyd* technisch ausgewertet. Beim Eindunsten von Formaldehydlösungen ist Methylenglykol weniger flüchtig als Wasser. Es reichert sich daher im Destillationsrückstand an und bildet unter geeigneten Bedingungen lineare Polyoxymethylene (Paraformaldehyd) nach folgender Reaktionsgleichung:

$$n \quad HO-\underset{\underset{H}{|}}{\overset{\overset{H}{|}}{C}}-OH \longrightarrow OH\left[-\underset{\underset{H}{|}}{\overset{\overset{H}{|}}{C}}-O-\right]_n H + (n-1)H_2O \qquad \text{IV}$$

Paraformaldehyd ist eine feste Verbindung, die je nach Qualität in Wasser mäßig bis gut löslich ist. Er wird in Form eines weißen Pulvers, das nach Formaldehyd riecht, in den Handel gebracht. In neutraler Lösung zerfällt Paraformaldehyd langsam, in sauren und alkalischen Lösungen und besonders bei erhöhter Temperatur schneller in Formaldehyd. Paraformaldehyd wird unter anderem zu solchen Leimhärtungsreaktionen verwendet, bei denen Lösungen von monomerem Formaldehyd zu schnell reagieren oder zu stark verdünnend wirken (vgl. z.B. S. 132, Glutinheißbinder oder S. 255, Resorcin-Formaldehydharzleime).

Harnstoff $(NH_2)_2CO$, eine farblose, geruchlose und sehr wasserlösliche, kristallisierte Verbindung, wird durch Umsatz von 100%igem flüssigem Ammoniak (NH_3) und flüssiger Kohlensäure (CO_2) hergestellt. Die Harnstoffbildung erfolgt über ein Zwischenprodukt, das Ammoniumkarbaminat NH_2COONH_4:

$$2NH_3 + CO_2 \longrightarrow NH_2COONH_4 \qquad \qquad \text{V}$$

Zur Erzielung guter Ausbeuten muß die Reaktion V in Gegenwart eines größeren Ammoniaküberschusses erfolgen. Ammoniumkarbaminat geht unter Wasserabspaltung in Harnstoff über:

$$NH_2COONH_4 \longrightarrow (NH_2)_2CO + H_2O \qquad \qquad \text{VI}$$

Die Reaktionen V und VI finden im gleichen Reaktionsautoklaven statt.

Dieser Herstellungsprozeß, der hohe Temperaturen ($\leqq 150\,°C$) und Drucke ($\leqq 100$ atü) erfordert, ist durchaus nicht einfach. Das geschmolzene Karbaminat ist bei der hohen Reaktionstemperatur sehr aggressiv und stellt ungewöhnlich hohe Anforderungen an die Güte des Autoklavenmaterials. Ferner werden bei den meisten Verfahren nur etwa 2/3 des gebildeten Karbaminates zu Harnstoff umgesetzt. Die Rentabilität des Verfahrens erfordert, daß Ammoniaküberschuß und unverbrauchtes Karbaminat entweder zu Ammonsalzen (Düngemitteln) verarbeitet oder in komplizierten Kreislaufverfahren dem Erzeugungsprozeß wieder zugeführt werden (Tab. 64).

Tabelle 64. *Schematische Darstellung der Harnstofferzeugung*

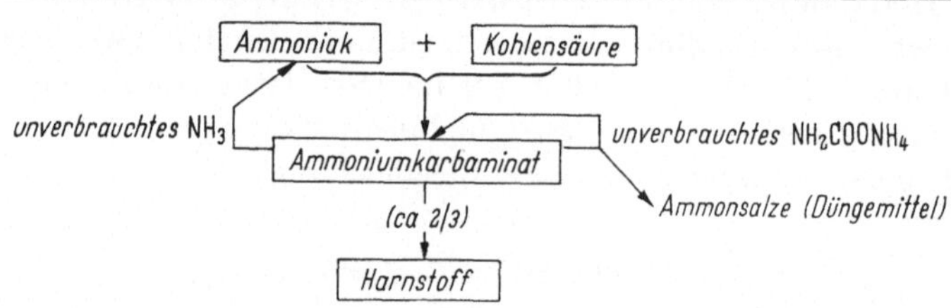

Infolge der Wasserabspaltung bei Reaktion VI fällt Harnstoff zunächst als konzentrierte wäßrige Lösung an, die gereinigt, weiter eingedampft und warm verspritzt wird[1]. Die Flüssigkeitströpfchen erstarren zu kleinstückigem, festem Material, das durch Nachtrocknen von der noch anhaftenden Feuchtigkeit befreit wird.

15.2.3 Die Herstellung von Harnstoff-Formaldehydharzleimen

Die durchschnittliche Arbeitsweise bei der Herstellung von HF-Leimen läßt sich etwa folgendermaßen beschreiben:

a) Lösen von festem Harnstoff in etwa 40%iger Formaldehydlösung bei pH 7 und Raumtemperatur. Durchschnittliches Molverhältnis Harnstoff : Formaldehyd = 1 : 2.

b) Abdestillieren des Methanols.

c) Saure Kondensation bei pH 4,5 und 85–90 °C.

d) Reaktionsabbruch durch Neutralisation (pH 7–8) und
(flüssiger Leim) Erhöhung der Konzentration auf 67% durch Vakuumdestillation oder
(fester Leim) Herstellung von trockenem Leimpulver durch Sprühtrocknung

---

[1] DRP 455587, 1926 (BASF).

zu a): In neutraler Lösung reagieren Harnstoff und Formaldehyd unter Bildung der Additionsverbindungen Mono- und Dimethylolharnstoff. Kondensation findet jedoch noch nicht statt:

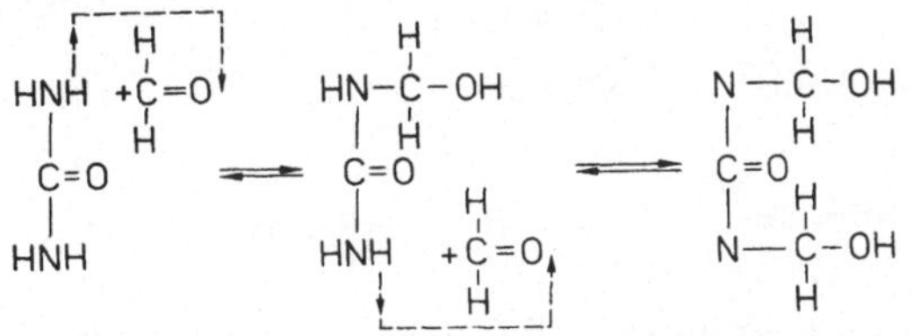

$$
\begin{array}{ccccc}
\text{HNH} + \text{C=O} & \rightleftharpoons & \text{HN–C–OH} & \rightleftharpoons & \text{N––C–OH} \\
\text{C=O} & & \text{C=O} & & \text{C=O} \\
\text{HNH} & & \text{HNH} + \text{C=O} & & \text{N––C–OH}
\end{array}
\qquad \text{VII}
$$

Da Harnstoff vier aktive Wasserstoffmoleküle besitzt, also tetrafunktionell ist, können sich unter geeigneten Reaktionsbedingungen räumlich vernetzte Makromoleküle bilden.

Reaktionsformel VII stellt ein Gleichgewicht dar. Auch bei dem Molverhältnis Harnstoff : Formaldehyd 1 : 2 bildet sich nicht ausschließlich Dimethylolharnstoff. Sämtliche andere Reaktionsteilnehmer in Reaktion VII, sind gleichzeitig vorhanden, wie u. a. auch der starke Formaldehydgeruch der Lösung beweist.

zu b): Die Entfernung des Methanols ist aus Gesundheitsgründen angebracht. Größere Methanolmengen würden auch die Härtung des Leimes etwas verzögern (vgl. S. 219). Methanol destilliert etwa bei 90 °C aus der verdünnten wäßrigen Lösung ab.

zu c): Die Kondensationsreaktion setzt praktisch erst nach Ansäuern der warmen Lösung ein; sie wird durch die H^+-Ionen[1] katalysiert und findet zwischen Methylol- und Aminogruppen statt:

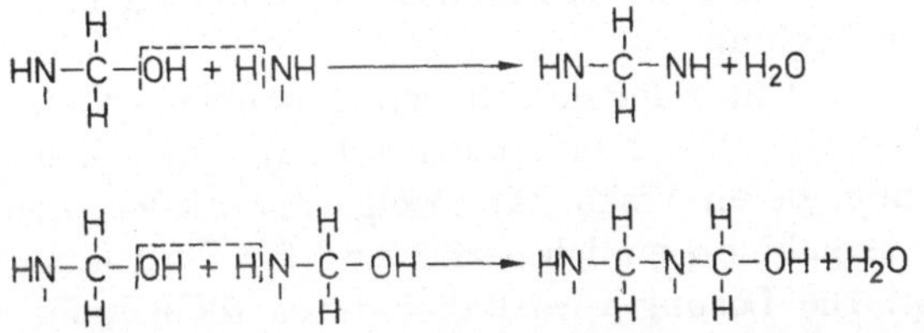

$$
\text{HN–C–OH} + \text{HNH} \longrightarrow \text{HN–C–NH} + H_2O
$$

$$
\qquad \text{VIII}
$$

$$
\text{HN–C–OH} + \text{HN–C–OH} \longrightarrow \text{HN–C–N–C–OH} + H_2O
$$

Durch Reaktion VIII werden also eine methylolsubstituierte und eine gewöhnliche Aminogruppe, oder zwei methylolsubstituierte Aminogruppen durch Methylenbrücken $-\overset{H}{\underset{H}{C}}-$ miteinander verbunden. Den häufig angeführten Reaktionsformeln IX a und b kommt bestenfalls schematische Bedeutung zu. Sie können schon mit Hinblick auf Gleichgewicht VII nicht die wirklichen Verhältnisse richtig wiedergeben.

---

[1] Korrekter: H_3O^+-Ionen; denn in wäßriger Lösung lagert sich das kleine Proton H^+ an ein H_2O-Molekül an.

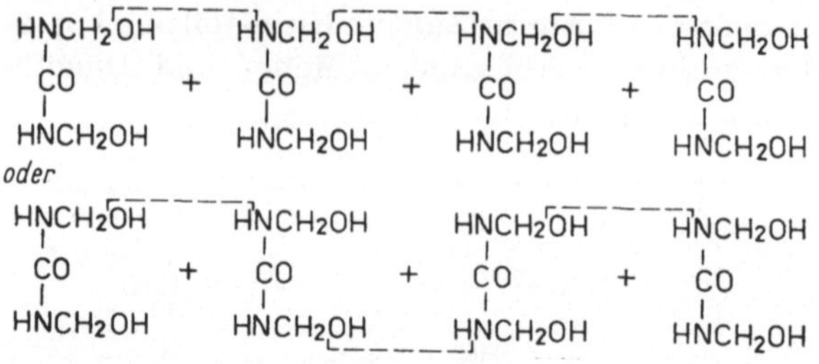

$$
\begin{array}{ccccccc}
HNCH_2OH & & HNCH_2OH & & HNCH_2OH & & HNCH_2OH \\
| & & | & & | & & | \\
CO & + & CO & + & CO & + & CO \\
| & & | & & | & & | \\
HNCH_2OH & & HNCH_2OH & & HNCH_2OH & & HNCH_2OH
\end{array}
\qquad \text{IX a}
$$

oder

$$
\begin{array}{ccccccc}
HNCH_2OH & & HNCH_2OH & & HNCH_2OH & & HNCH_2OH \\
| & & | & & | & & | \\
CO & + & CO & + & CO & + & CO \\
| & & | & & | & & | \\
HNCH_2OH & & HNCH_2OH & & HNCH_2OH & & HNCH_2OH
\end{array}
\qquad \text{IX b}
$$

Neuere Untersuchungen[1], die sich auf quantitative Überlegungen
stützen, scheinen dafür zu sprechen, daß die niedrigen Kondensations-
stufen der Harnstoff-Formaldehydleime aus einer geringen Anzahl Harn-
stoffresten bestehen und bedeutend weniger Methylolgruppen als IX a
und b besitzen, z. B.

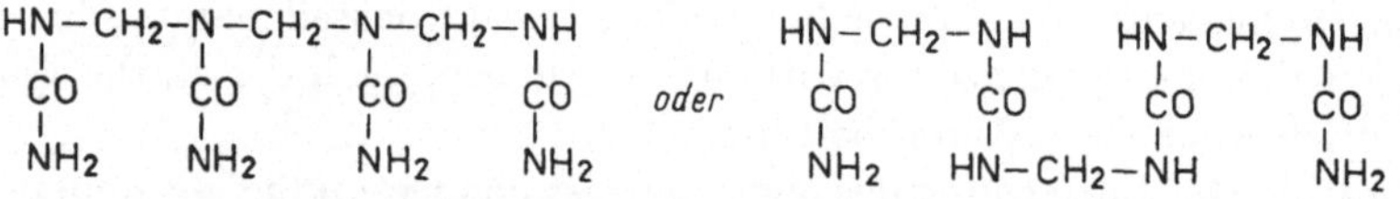

$$
\begin{array}{cccc}
HN-CH_2-N-CH_2-N-CH_2-NH & & HN-CH_2-NH & HN-CH_2-NH \\
| \qquad | \qquad | \qquad | & & | \qquad\qquad | & | \qquad\qquad | \\
CO \quad CO \quad CO \quad CO & oder & CO \qquad CO & CO \qquad CO \\
| \qquad | \qquad | \qquad | & & | \qquad\qquad | & | \qquad\qquad | \\
NH_2 \quad NH_2 \quad NH_2 \quad NH_2 & & NH_2 \quad HN-CH_2-NH & NH_2
\end{array}
\quad \text{X}
$$

zu d): Beim Fortschreiten der Kondensationsreaktion sinkt die Wasserlöslichkeit des gebildeten Harnstofformaldehydharzes besonders in verdünnten Lösungen. Die Erreichung des gewünschten Kondensationsgrades läßt sich daher durch Verdünnungsproben feststellen. Die Reaktion wird durch Neutralisation mit Lauge abgebrochen, wenn das
gelöste Kunstharz bei einer bestimmten Verdünnung mit Wasser, z. B.
1:2 auszufallen beginnt.

Flüssiger Leim. Unter den getroffenen Annahmen (Konzentration der
Formaldehydlösung 40%, Molverhältnis 1 : 2) bildet sich eine 50%ige
Kunstharzlösung, deren Viskosität infolge der niederpolymeren Natur
der Kunstharzmoleküle ziemlich gering und für Verleimungszwecke unzureichend ist. Die Lösung wird daher durch schonendes Vakuumeindampfen konzentriert und hierauf gekühlt. Die Haltbarkeit eines 67%igen
HF-Leimes beträgt bei normaler Lagerungstemperatur (18 °C) ungefähr
3 Monate. Mit Rücksicht auf das langsame, unvermeidliche Eindicken
von Harnstofformaldehydharzlösungen ist es zweckmäßig, die Viskosität des konzentrierten Leimes nicht zu hoch zu halten. Eine Korrektur
der Viskosität durch Zugabe geringer Mengen Verdickungsmittel ist
leicht durchzuführen.

Festes Leimpulver. Durch Versprühen in warmer Luft kann die Lösung zu festem Leimpulver getrocknet werden. Die Haltbarkeit des Pulvers beträgt bei normaler Lagerung etwa 1 Jahr.

---

[1] DE JONG, J. I. u. I. DE JONGE: Recu. Trav. chim. 72 (1953) 1027.

15.2.4 Das Härten von HF-Leim

Vorkondensierter neutraler HF-Leim härtet bei genügender Erniedrigung des pH-Wertes. Die freien Methylol- und Aminogruppen der niederpolymeren Leimmoleküle reagieren nun weitgehend miteinander unter Bildung räumlich vernetzter Makromoleküle, deren genaue Struktur bisher nicht bekannt ist.

a) Härter für Heißbinder. Die direkte Zumischung von Säuren zu HF-Leim ist meistens unzweckmäßig, da der angesäuerte Leim zu schnell erstarrt. Diese Schwierigkeit läßt sich umgehen, wenn man anstelle freier Säuren Ammoniumsalze starker Säuren, z.B. das billige Ammoniumchlorid NH_4Cl, benützt. Ammoniumhärter können so eingestellt werden, daß sie den pH-Wert des Leimes bei Raumtemperatur nur langsam, in der Wärme dagegen schnell erniedrigen. Die Wirksamkeit von Ammoniumhärtern beruht auf einer Reaktion zwischen dem Ammoniumion NH_4^+ und freiem Formaldehyd, der in HF-Lösungen stets vorhanden ist. Dabei wird die stabile Verbindung Hexamethylentetramin gebildet:

$$(CH_2)_6N_4 \quad - \qquad\qquad\qquad\qquad XI$$

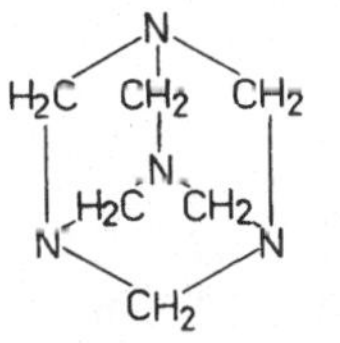

Die Affinität der Hexamethylentetraminbildung aus Formaldehyd und Ammoniak (NH_3) ist so groß, daß die Ammoniumionen NH_4^+ gesprengt und Wasserstoffionen H^+ in Freiheit gesetzt werden:

$$4\,NH_4^+ + 6\,CH_2O \rightleftharpoons 4\,H^+ + (CH_2)_6N_4 + 6\,H_2O \qquad XII$$

Ammoniumsalze schwacher Säuren wie Ammoniumacetat (NH_4Ac) usw. sind ungeeignete Härter. Denn die Anionen von schwachen Säuren fangen die nach XII gebildeten H^+-Ionen größtenteils wieder ab unter Bildung von schwachen undissoziierten Säuren:

$$H^+ + Ac^- \longrightarrow HA_c \qquad\qquad XIII$$

Ein Zusatz von 1% Ammoniumchlorid (berechnet auf 67%ige Leimlösung) erniedrigt das pH der Leimfuge bei einer Preßtemperatur von 100 °C meistens auf den Wert 2–1 und ruft infolgedessen innerhalb weniger Minuten weitgehende Härtung hervor. Bei Raumtemperatur verhält sich Ammoniumchlorid dagegen nur wie eine schwache Säure, die längere Zeit braucht um den Leim zum Erstarren[1] zu bringen und deren

---

[1] Im Augenblick des Erstarrens ist das Harnstofformaldehydharz zwar wasserunlöslich geworden aber noch sehr weit von vollständiger Härtung entfernt.

Säurewirkung durch bremsende Zusätze noch weiter geschwächt werden kann. Über die Säurewirkung eines 1%igen Ammoniumchloridzusatzes mit und ohne Bremsmittel und die Beständigkeit einer mit derartigen Härtern gemischten reinen 67%igen HF-Leimlösung gibt Tab. 65 Auskunft.

Tabelle 65

pH *und Topfzeiten 67%iger reiner HF-Leime mit verschiedenen Härterzusätzen*

Härter Nr.	pH nach					Topfzeit h	Bemerkungen
	0 h	1 h	2 h	4 h	8 h		
Temperatur 18 °C							Härtezusammensetzung
ohne	8,0						Nr. 1 = 1% NH_4Cl
1	4,7	4,3	4,0	3,3	–	4,5	Nr. 2 = 1% NH_4Cl +
2	5,1	4,7	4,5	4,2	3,8	8	+ 5% $(NH_2)_2CO$
3	5,3	5,1	5,0	4,9	4,6	8	
4	6,4	6,4	6,3	6,3	5,7	8	Nr. 3 = 4% NH_4Cl +
5	8,9	8,4	8,3	7,9	7,3	8	+ 5% $(NH_2)_2CO$
							Nr. 4 = 1% NH_4Cl +
Temperatur 25 °C							+ 5% $(NH_2)_2CO$ + 1/4% NH_3*
ohne	8,0						Nr. 5 = 1% NH_4Cl +
1	4,6	3,7	–	–	–	2	+ 5% $(NH_2)_2CO$ + 1/2% NH_3
2	4,9	4,5	4,1	–	–	3,5	
3	5,2	4,9	4,7	4,1	–	5,5	*reiner Ammoniak; entspricht der
4	6,7	6,5	6,3	5,8	5,2	8	4fachen Mange konz. 25%iger
5	8,9	8,5	8,1	7,3	6,8	8	Ammoniaklösung

Die Gleichgewichtslage der Reaktion XII ist von der Formaldehydkonzentration abhängig. Je höher letztere ist um so mehr H^+-Ionen werden gebildet und um so stärker sinkt das pH des Leimes. Neutrale Lösungen von HF-Leimen der Molzusammensetzung 2:1 enthalten gewöhnlich 1–2% freien Formaldehyd. Im Laufe der Härtungsreaktion wird mehr Formaldehyd abgespalten. Das pH eines mit Härter gemischten Leimes sinkt daher dauernd. Bei pH-Werten >4 kann mit Topfzeiten von etwa 8 Stunden gerechnet werden, eine Zeitspanne, die für die meisten praktischen Zwecke vollständig ausreichend ist. Wird dagegen der pH-Wert 4 wesentlich unterschritten, erstarrt der Leim ziemlich rasch.

Zusätze von Harnstoff oder geringen Mengen Ammoniak verringern vorübergehend die Konzentration von freiem Formaldehyd infolge Bildung von Methylolharnstoffen bzw. Hexamethylentetramin. Sie müssen jedoch sparsam gehandhabt werden, damit die Preßzeit nicht unnötig verlängert wird.

Geeignete Härtezusammensetzungen für Heißbinder (100 °C) entsprechen den Beispielen 2 und 4 in Tab. 65. Bei Arbeitstemperaturen >20 °C ist Zusammensetzung 4 vorzuziehen.

Der eigentliche Härtungsvorgang setzt erst bei Erwärmung der Leimfuge ein. Infolge der Abgabe von Feuchtigkeit und der verstärkten Formaldehydabspaltung sinkt der pH-Wert der Fuge unter 2 und beschleunigt die Kondensationsreaktion.

b) Härter für Preßtemperaturen $< 100\ °C$. Niedrigere Preßtemperaturen erfordern aggressivere Härter. Durch Erhöhung des Ammoniumchloridzusatzes über 1% ist nur wenig zu erreichen. Man ersieht aus Tab. 65, daß Härter 3 mit hohem Ammoniumchloridgehalt das pH des flüssigen Leimes sogar etwas weniger erniedrigt als Härter 2; dieses überraschende Verhalten ist eine Folge des NH_4^+-Ionenüberschusses, der wie eine sehr geringe Ammoniakzugabe wirkt. Man verringert daher gewöhnlich die Menge der Bremsmittel, was aber gleichzeitig eine Verringerung der Topfzeit bedeutet.

Handelt es sich um rasche Kaltbinder, die bei Raumtemperatur innerhalb 1/2–1 Stunde härten sollen, werden freie Säuren den Ammoniumsalzhärtern vorgezogen. Da HF-Leime durch stärkere Säuren rasch zum Erstarren gebracht werden, vermeidet man nach Möglichkeit, Leim und Säure miteinander zu mischen sondern trägt beide gesondert auf. Am besten geeignet als Kalthärter sind gut wasserlösliche organische Säuren mit Dissoziationskonstanten der Größenordnung 1.10^{-2}–1.10^{-3} (pK 2–3)[1], z. B. Wein- oder Zitronensäure. Ihr pH liegt, auch wenn sie ziemlich konzentriert verwendet werden, im Bereiche 1–2. Eine Gefahr für das Holz liegt daher nicht vor, zumal diese Säuren nicht unbegrenzt haltbar sind. Bedenklich sind dagegen starke Säuren, z. B. Salzsäure, die entweder nur in sehr verdünnter Lösung benützt werden dürfen und dann unverläßlich härten, oder aber in konzentrierterer Form Holz angreifen können.

c) Der Einfluß von Verbindungen mit organischen Hydroxylgruppen auf die Härtungsreaktion. Verbindungen mit organischen Hydroxylgruppen wie Alkohole, Zucker, Oxysäuren usw. üben auf die Härtungsreaktion von HF-Leimen eine verzögernde Wirkung aus, die nicht auf der Beeinflussung des pH-Gleichgewichtes beruht. So härtet Milchsäure $CH_3 \cdot CH(OH) \cdot COOH$ (pK 3,1) langsamer als andere Säuren der gleichen Stärke. Mischungen von HF-Leimen mit 10–15% Alkohol und 10% (reiner) Milchsäure sind bei $20\ °C$ $1^{1}/_{2}$–2 Stunden haltbar. Die Mischung wird zum Lackieren von Parkettfußböden verwendet, auf denen sie **harte, widerstandsfähige Schutzüberzüge erzeugt. Im Gegensatz zu** Leimaufstrichen mit gewöhnlichen Härtern, die nach kurzer Zeit springen, sind die mit Milchsäure gehärteten Überzüge längere Zeit haltbar; wenn schließlich Sprünge entstehen, sind diese bedeutend feiner und weniger auffällig als im Normalfalle. Es muß aber betont werden, daß organische Hydroxylgruppen die Kondensationsreaktion von HF-Leimen nur verzögern, keinesfalls aber verhindern oder in andere Bahnen lenken[2].

---

[1] pK = negativer Logarithmus der Säurekonstante K.

[2] Das ist auch die Erklärung für das Fehlschlagen vieler Versuche, nicht-spröde, gehärtete Schichten aus wasserlöslichen HF-Leimen herzustellen.

d) Die Härterkonzentration in der trocknenden Leimfuge; die Folgen ungleichmäßiger Verteilung. Zu Beginn des Härtungsprozesses ist die HF-Leimfuge oft noch nicht vollständig getrocknet. Während des Härtens wird außerdem Wasser chemisch abgespalten. Auch nach Beendigung des Preßvorganges setzt Kondensation und Wasserabspaltung noch einige Zeit fort. In der gehärteten Leimfuge ist daher noch immer Feuchtigkeit vorhanden, die allmählich abtrocknet. Wie bei Trockenprozessen üblich, trocknen die Außenseiten der Fuge schneller als die Fugenmitte. Nun sind die vorhandenen Flüssigkeitsreste nicht reines Wasser sondern Lösungen, die unter anderem die von dem Härter herrührende, nach wie vor wasserlösliche Säure enthalten, z. B. bei Verwendung von Ammoniumchloridhärtern Salzsäure. Infolge der Ungleichmäßigkeit des Trokkenvorganges ist auch die Säurekonzentration in den verschiedenen Schichten der Fuge ungleich und bewirkt eine verschieden starke Nachhärtung. Dieser Umstand trägt wesentlich zu den starken Spannungen in einer gehärteten dickeren Harnstofformaldehydharzschichte bei. Die Spannungen sind geringer, wenn flüchtige oder unbeständige Säuren vorliegen. Eine flüchtige Säure ist Ameisensäure HCOOH; sie ist bei Raumtemperatur eine wasserlösliche Flüssigkeit und siedet bei 101 °C. Ameisensäure (pK = 3,8) ist jedoch schwächer als Zitronen- oder Weinsäure. Ein weiterer Nachteil, der die technischen Verwendungsmöglichkeiten von Ameisensäurelösungen begrenzt, ist die starke Korrosionswirkung der verdampften Säure. Ein Härter für Heißbinder, der eine unbeständige, nicht korrosive Säure entwickelt, ist Ammoniumrhodanid $(NH_4)SCN$. Die nach XII freigemachte Rhodanwasserstoff- oder Thiocyansäure HSCN ist eine starke Säure, zerfällt jedoch bald, besonders in der Wärme, unter Bildung von weniger sauren Umwandlungsprodukten. Ammoniumrhodanid härtet daher etwas langsamer als Ammoniumchlorid.

15.2.5 Die Anwendung von HF-Leim

a) Bereiten der Leimlösung. Da HF-Leim sowohl leicht alkalisch (ammoniakalisch) als auch sauer reagieren kann, ist die Verwendung von Eisen und Kupfer auszuschließen. Gefäße aus rostfreiem Stahl, Plast und keramischem Material sind gut geeignet. Auch Aluminium wird nur wenig angegriffen, kann jedoch leicht beim mechanischen Entfernen gehärteter Leimreste beschädigt werden.

Der 67%igen Leimlösung, die entweder fertig bezogen oder durch Mischen aus 2 Gewichtsteilen trockenem Leimpulver und einem Teil Wasser hergestellt wird, setzt man vor Gebrauch die notwendige Härtermenge zu[1]. Auch Härter können entweder als Pulver oder als Lösungen von den Leimherstellern bezogen werden. In letzterem Falle ist die

---

[1] Nur bei schnellen Kaltbindern wird Leim und Härter getrennt verwendet.

Konzentration der Härterlösung oft so eingestellt, daß 10 Volumprozente Härterlösung einem Liter Leim zugemischt werden. Selbstverständlich ist eine homogene Vermischung von Leim und Härter wichtig. Härterlösungen werden häufig gefärbt, um die Kontrolle des Mischungsvorganges zu erleichtern.

b) Streckmittel. Zusätze von Streckmitteln bei der Verarbeitung von HF-Leimen erfolgen ziemlich häufig und werden aus verschiedenen Gründen gemacht. Es kann sich dabei um eine Erhöhung der Viskosität, eine Verbilligung des Leimes oder aber um die Verbesserung der fugenfüllenden Eigenschaften handeln. Als Streckmittel werden häufig Stärke und Cellulosepräparate verwendet, die mit HF-Leimen sehr gut verträglich sind (Roggen-, Kartoffelmehl usw., Celluloseäther). Doch kommen auch feingemahlene, ausgehärtete Kunstharze oder anorganische Pulver, wie z. B. gewisse Kaolinsorten, besonders bei der Herstellung von Fugenfüllern zur Anwendung. Es dürfen allerdings nur neutrale Pulver verwendet werden, die den pH-Verlauf beim Härten nicht bremsen.

Einstellung der Viskosität. Für technische Betriebe mit großem Leimverbrauch, die eine einfache Handhabung und Verteilung des Leimes anstreben, ist es vorteilhaft, niedrigviskose Grundlösungen zu beziehen. Der Leim wird häufig in Tankwagen angeliefert, in großen Zisternen verwahrt und von dort durch Rohrleitungen zu den Leimabteilungen gepumpt. Bei dieser Arbeitsweise würde zu hohe Leimviskosität stören. Erst an der Verbrauchsstelle wird der Leim satzweise mit Härter gemischt. Dabei kann gleichzeitig zu niedrige Viskosität durch Zugabe einiger Prozent Roggenmehl ohne neuerlichen Arbeitsaufwand korrigiert werden. Beim Verleimen poröser, saugender Unterlagen erweist sich auch oft ein Zusatz von etwas unverkleisterter Kartoffelstärke als vorteilhaft, die erst im Laufe des Warmpressens verkleistert und durch ihre stark verdickende Wirkung dem übermäßigen Eindringen des Leimes und so der Gefahr verhungerter Leimfugen entgegenwirkt (Vgl. S. 148 und 149). Die Verdickungswirkung geringer Roggenmehl-Kartoffelstärke-Zusätze wird durch die Abb. 74 und 75 erläutert.

Verbilligung des Leimes. Zur Verbilligung der Verleimungskosten werden bedeutend größere Streckmittelzusätze angewendet. Meistens verwendet man zu diesem Zwecke Roggenmehl oder Kartoffelstärkekleister. Die Einsparungen, die durch Strecken mit diesen billigsten Stärkeprodukten erzielt werden können, sind heute angesichts des ziemlich niedrigen Preises von HF-Leimen nicht mehr sehr bedeutend. Ferner ist zu berücksichtigen, daß hohe Roggenmehl- oder Stärkekleisterzusätze in mancher Hinsicht eine Verschlechterung der Leimqualität mit sich bringen. Vor allem wird die gehärtete Fuge empfindlicher gegen Wasser und andere äußere Einflüsse. Die Verwendung stark gestreckter Leime dieser Art sollte daher auf nichtkonstruktive Innenverleimungen beschränkt werden. Die beiden in Tab. 66 angegebenen Beispiele stellen etwa die obere Grenze der zulässigen Streckmittelzusätze dar.

Tabelle 66. *Maximale Streckung von HF-Leimen mit Stärkekleister oder Roggenmehl*

A. Herstellung von Stärkekleister:	
Kartoffelstärke je nach Qualität	10–12 kg
kaltes Wasser	10–12 l
Kochendes Wasser unter Umrühren	80 l
(in einem Zuge der Stärkeaufschlämmung zusetzen	
B. HF-Leim 67%ig mit Härterzusatz	100 l
Stärkekleister nach A oder	100 l
Mischung	200 l
C. HF-Leim 67%ig mit Härterzusatz	100 l
Roggenmehl ⎱ abwechselndes Zumischen	50 kg
Wasser ⎰ in 2–3 Portionen	50 l
Mischung	200 l

Fugenfüllende Zusätze. Bei gewissen Verleimungen ist dickerer Leimauftrag nicht zu vermeiden. Stellenweise dickere Leimschichten entstehen, wenn Holzteile ungenügender Fugenpassung verwendet werden, wie es bei der Verleimung von Bauelementen oft der Fall ist. Ein anderes typisches Beispiel aus der Praxis ist die Verleimung von Platten mit Strohzwischenlagen wobei sich periodische Leimansammlungen am Rande und im Inneren der Strohhalme bilden.

Streckmittel pflegen die fugenfüllenden Eigenschaften von HF-Leimen zu erhöhen. Allerdings bestehen große Unterschiede in ihrer Wirksamkeit. So ist der verbessernde Einfluß von Roggenmehl nur sehr gering. Am günstigsten verhalten sich anorganische Pulver oder gehärtete feingemahlene Kunstharzmehle[1]. Konzentrierter (67%) HF-Leim wird durch einen rd. 30%igen Zusatz dieser Stoffe in einen Fugenfüller verwandelt, der auch in größerer Schichtdicke beständige Leimfugen bildet. Allerdings rufen diese harten Füllmittel einen erhöhten Werkzeugverschleiß hervor. Weiche, werkzeugschonende Pulver mit zwar nicht ganz dem gleichen aber immerhin noch ausgesprochenem Fülleffekt wurden von EGNER und JAGFELD untersucht. Nach den Befunden dieser Forscher hält sich der Festigkeitsabfall dicker HF-Fugen, die als Füllstoff ein organisches, vorwiegend aus geschälten Sämereien hergestelltes Mehl enthalten (Industriemehl EB) auch nach einem Jahr noch in tragbaren Grenzen[2].

Es ist anzunehmen, daß die spannungsverhindernde Wirkung von Füllmitteln rein physikalischer Art ist. Darauf deutet z. B. der Umstand,

---

[1] Zum Beispiel PF-Harze (vgl. S. 238).

[2] EGNER, K. u. P. JAGFELD: Untersuchungen an Harnstoffharzleimen mit Streck- und Füllmitteln. Holz-Zentralblatt Nr. 143, Nov. 1962.

daß Stoffe der verschiedensten Zusammensetzung verwendet werden können. Unter anderem dürfte sich die beim Lackieren wohlbekannte Erscheinung geltend machen, daß Pigmentzusätze das Abtrocknen von Klarlacken erleichtern und eine gleichmäßigere Durchtrocknung bewirken. Es ist daher zu erwarten, daß in HF-Fugen mit Füllmittelzusatz eine gleichmäßigere pH-Verteilung stattfindet.

c) Leimauftrag. Beim Auftragen reiner oder nicht mit ausgesprochenen Fugenfüllstoffen gestreckter HF-Leime ist die Unbeständigkeit dickerer Leimfugen zu berücksichtigen. Die Erfahrung hat gezeigt, daß störende Alterungserscheinungen dieser Art vermieden werden, wenn man den Leimauftrag auf max. 200 g/m² beschränkt. Eine verläßliche Kontrolle der Auftragsmenge ist daher geboten. Wichtig für gleichbleibenden Leimauftrag ist die Konstanz der Leimviskosität. Aus Abb. 74 und 75 ist zu ersehen, daß die Viskosität von HF-Leimen stark durch den Verdünnungsgrad und die Temperatur beeinflußt wird. Schon geringe Wasserzugaben oder Temperaturveränderungen rufen merkliche Viskositätsänderungen hervor.

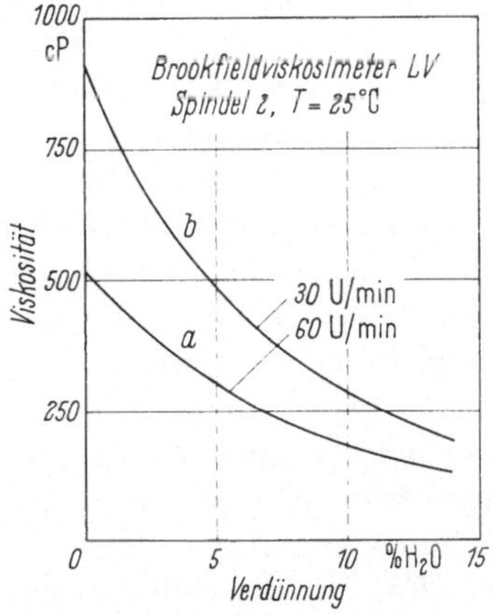

Abb. 74. Die Viskosität konzentrierter HF-Leime in Abhängigkeit von der Verdünnung. *a* 67%iger Leim; *b* 67%iger Leim + 3% Roggenmehl + 5% Kartoffelstärke

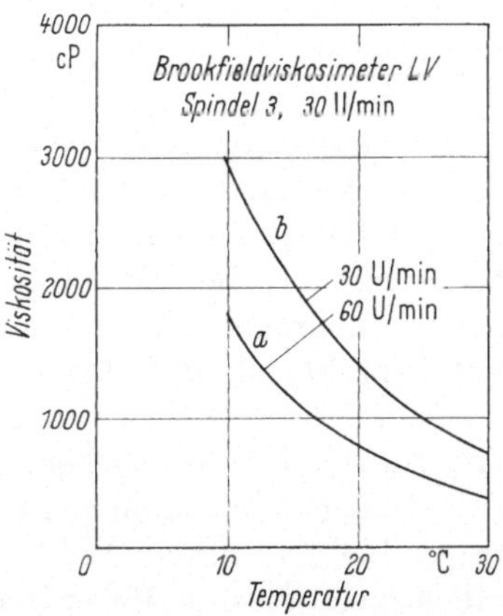

Abb. 75. Die Viskosität konzentrierter HF-Leime in Abhängigkeit von der Temperatur. (*a* u. *b*: s. Abb. 74)

Bei schnellen Kaltbindern werden Leim und Härter separat aufgetragen. Die Härterlösung kann von Hand mittels eines Plast- oder Celluloseschwammes aufgestrichen oder mit einer Pistole aufgespritzt werden. Leimauftragmaschinen sind zum Auftragen der dünnflüssigen Härterlösung ungeeignet. Der durchschnittliche Härterverbrauch beträgt etwa 30–50 g/m².

Wartezeiten. Wartezeiten bis zu mehreren Stunden besitzen reine oder nur schwach gestreckte HF-Heißbinder. Denn die Härter, die auf hohe Preßtemperaturen eingestellt sind, wirken bei Raumtemperatur nur sehr langsam. Ferner schmelzen auch ziemlich stark eingetrocknete Leimschichten in der Wärme wieder und verflüssigen sich dabei so weit, daß eine ausreichende Berührung mit der Unterlage stattfindet. Voraussetzung für genügendes Schmelzen ist allerdings, daß die Leimschichte nicht zu weit vorgehärtet ist und noch etwas Wasser enthält, das als Schmelzmittel wirkt.

Die langen Wartezeiten gestatten, die an sich nicht großen Wassermengen, die der konzentrierte Leim der Unterlage zuführt, auf ein Minimum zu reduzieren. Die Menge der Restfeuchtigkeit, die in der Leimschichte zurückbleibt, ist außer von der Temperatur und der relativen Luftfeuchtigkeit auch von einigen anderen Faktoren abhängig, wie Stärke der Luftbewegung und Feuchtigkeit der Unterlage. Es wird z. B. abgeraten, Holz mit weniger als 7% Feuchtigkeit zu verleimen, da sonst eine zu starke Austrocknung der Leimschichte durch die Saugwirkung der Unterlage zu befürchten ist. Über den Gesamtzustand der Leimschichte, sowohl was Vorhärtung und Restfeuchtigkeit betrifft, gibt das Fingergefühl ziemlich verläßlich Auskunft: solange die Leimschichte einen Rest von Klebrigkeit aufweist und sich nicht vollkommen „tot“ anfühlt, kann mit guter Verleimbarkeit gerechnet werden.

Eine Verkürzung der Wartezeit ist bei stark gestreckten Heißbindern geboten. Denn die Gegenwart größerer Mengen unschmelzbarer Streckmittel vermindert die Schmelzbarkeit der Leimschichte. Die Restfeuchtigkeit der Leimschichte muß daher etwas höher gehalten werden. Dies bedeutet praktisch, daß bei der Handprüfung stets noch eine ausgesprochene, starke Klebwirkung empfunden werden muß.

Mit Kaltbindern bestrichene Flächen müssen noch flüssig verpreßt werden. Infolgedessen kommen nur kurze offene Wartezeiten (5–10 min) in Frage. Bei getrenntem Aufstrich von Leim und Härter läßt man gewöhnlich zuerst die mit Härter bestrichene Fugenhälfte vollständig trocknen. Erst hierauf wird die andere Fugenhälfte mit härterfreiem Leim bestrichen. Nach dem Zusammenlegen muß das Werkstück innerhalb weniger Minuten verpreßt werden, da die Leimschichte in Berührung mit freier Säure schnell härtet. (Kurze geschlossene Wartezeit). Besonders rasches Arbeiten ist notwendig, wenn der härterfreie Leim auf die mit Härter bestrichene, getrocknete Fugenhälfte aufgetragen wird.

d) Pressen. Der Preßdruck, der beim Verpressen von HF-Leimen zur Anwendung kommt, bewegt sich innerhalb weiter Grenzen. Beim Verleimen von Deckschichten auf den heute viel verwendeten Papierbienenwaben-Zwischenlagen ist der wirksame Preßdruck über der Papiereinlage häufig < 1 kp/cm² (S. 317). Bei der Herstellung von Sperrholz wird dagegen mit viel höheren Drucken gearbeitet (8–15 kp). Die Praxis der HF-Verleimungen bietet eine Reihe anschauliche Beispiele für die Tatsache, daß die Höhe des Preßdruckes in erster Linie durch äußere Arbeitsbedingungen und nur in untergeordnetem Maße durch die individuellen Eigenschaften des verwendeten Leimes bedingt wird. Eine ausführliche Besprechung dieses Fragekomplexes erfolgt auf S. 312.

Preßtemperatur. Wie allgemein bei chemischen Reaktionen wird die Geschwindigkeit der Härtungsreaktion stark von der Temperatur beeinflußt. Eine Temperatursteigerung von 10 °C ruft bei chemischen Reaktionen eine zwei- bis siebenfache Geschwindigkeitssteigerung hervor[1]. Es ist üblich mit einem Durchschnittsfaktor 3 zu rechnen. Bereits geringere Unterschreitungen der Soll-Preßtemperatur der Leimfuge verlängern die Länge der Härtungsreaktion merklich. Dieser Umstand macht sich besonders deutlich beim Verleimen mit Kaltbindern geltend. Schnelle Säurehärter erfordern bei 20 °C Preßzeiten von etwa 1/2 Stunde. Bei niedrigerer Temperatur des Arbeitslokales und vor allem des Holzes ist mit bedeutend längeren Preßzeiten zu rechnen. In Übereinstimmung mit der erwähnten Regel für chemische Reaktionsgeschwindigkeiten nimmt die Härtung des Leimes bei 15 °C mindestens die doppelte Zeit in Anspruch. Bei Temperaturen von ≤ 10 °C verläuft die Härtung nur mehr unvollständig. Auch bei verlängerten Preßzeiten wird die Verleimung unzuverlässig. Temperaturen unter 15 °C sind daher am besten zu vermeiden.

Bei Heißbindern wird die große Temperaturempfindlichkeit der Härtungsreaktion durch die Erwärmungszeit des zu verleimenden Materials etwas überdeckt. Die Preßzeiten von Heißbindern bei 100 °C lassen sich mit Hilfe einer einfachen Werkstattsregel abschätzen (Tab. 67)

Tabelle 67. *Preßseiten von HF-Heißbindern bei* 100 °C
(Holztemperaturen etwa 20 °C; einseitige Erwärmung; max. Holzdicke etwa 6 mm)

I. Grundzeit zum Härten der Leimfuge	1 min
II. Zusätzliche Erwärmungszeit je mm Holzdicke	1 min

Für z.B. 3 mm Holzdicke folgt eine Preßzeit von 4 min. Die angegebene Berechnungsweise ist rein empirisch und gilt nur für Holzdicken bis zu etwa 6 mm. Die Näherungswerte, die man auf diese Weise abschätzt, müssen von Fall zu Fall nachgeprüft werden.

Temperaturschwankungen von ± 5 °C, die beim Kaltpressen eine Halbierung bzw. Verdopplung der Preßzeit bedeuten, wirken sich beim Warmpressen bei weitem nicht in gleicher Weise aus. Der Grund für diese scheinbar größere Unempfindlichkeit der Härtungsreaktion wurde

---

[1] EUCKEN/WIEKE: Grundriß d. phys. Chem. 9. Aufl., S. 411. Leipzig: Akad. Verlagsgesellschaft.

bereits angedeutet. Die Warm-Preßzeit setzt sich offenbar aus zwei Teilzeiten zusammen:

I. der nach wie vor stark temperaturabhängigen reinen Härtungszeit, während der die hauptsächliche Härtung stattfindet.

II. der Erwärmungszeit, die zur Erreichung der Reaktionstemperatur erforderlich ist und die bei nicht allzu großen Temperaturänderungen von der Preßtemperatur kaum beeinflußt wird.

Da die Erwärmungszeit meistens den größten Teil der gesamten Preßzeit beansprucht, machen sich Änderungen der reinen Härtungszeit weniger geltend (vgl. auch S. 323).

15.2.6 HF-Leimfilm

Eine auch in chemischer Hinsicht interessante Verleimungsmethode ist die Filmverleimung mit trockenem HF-Leimfilm. Sie wird angewendet, wenn das Auftragen von flüssigem Leim technisch schwierig ist (Verleimung sehr dünner Schichten) oder wenn eine Befeuchtung der Unterlage vermieden werden soll. Die Film-Trägersubstanz, gewöhnlich dünnes, naßfestes Papier von hohem Saugvermögen, wird mit einer neutral bis schwach alkalischen, härterhaltigen HF-Lösung getränkt. Die Herstellung des Filmes erfolgt durch Imprägnieren einer endlosen Papierbahn, die von großen Rollen abgerollt, durch die Kunstharzlösung und hierauf durch einen Trockenkanal geführt und schließlich wieder aufgerollt wird. Das Trocknen der Leimlösung in bewegter, warmer Luft geht so rasch vor sich, daß Reaktion XII, die den Härtungsprozeß katalysiert, nicht ernstlich starten kann. Auch nach dem Abtrocknen härtet der Film sehr langsam, vorausgesetzt daß er nur geringe Feuchtigkeitsreste enthält. Bei trockener und nicht zu warmer Lagerung beträgt seine Haltbarkeit 5–6 Monate.

Das ungefähre Gewicht normaler Trägerpapiere beträgt 20 g/m², die Imprägnierungsmenge, berechnet als trockenes Kunstharz, 200% = 40 g/m². Der Film-„Leimauftrag" entspricht daher nur einem Drittel eines durchschnittlichen flüssigen Auftrages, die Dicke des Filmes etwa der Hälfte einer gewöhnlichen gehärteten HF-Fuge. Zur Kompensation seines niedrigeren Schmelz- und Füllvermögens wird Leimfilm daher meistens mit hohem Druck (8–12 kp/cm²) und bei höherer Temperatur (110–115 °C) verpreßt.

Als Härter für die Filmherstellung ist das in fester Form leicht sublimierende Ammoniumchlorid weniger geeignet. Verwendet wird z. B. das stabile Ammoniumpersulfat $(NH_4)_2S_2O_8$.

15.2.7 Alkalisch reagierende Substanzen

Wie aus Abschnitt 15.2.4 (S. 217) hervorgeht, beruht das Härten von HF-Leimen ausschließlich auf der katalytischen Wirkung sauer reagierender Verbindungen. HF-Leime sind daher zum Verleimen alkalischer Substanzen prinzipiell ungeeignet, da letztere neutralisierend und infolgedessen reaktionshemmend wirken. Beispiele von Stoffen, die mit HF-Leimen nicht verleimt werden können, sind Asbest und Zement, bzw. Werkstoffe, die diese beiden Substanzen enthalten, z.B. Eternit. – Bei der Verleimung heller dünner Deckschichten auf dunkleren Unterlagen wird HF-Leim mitunter zur Aufhellung mit weißen Pigmenten gemischt. Bei diesen und ähnlichen Gelegenheiten müssen alkalisch reagierende Pulver sorgsam vermieden werden. Eine neutrale weiße Farbe ist Titandioxyd. Zinkoxyd reagiert alkalisch und stört daher die Härtung.

15.3 Melamin-Formaldehydharzleim (MF-Leim)

15.3.1 Allgemeines

Melamin-Formaldehydharzleim, abgekürzt MF-Leim, ist HF-Leim sowohl dem Aussehen als auch dem chemischen Verhalten und der praktischen Anwendung nach sehr ähnlich. Er unterscheidet sich von letzterem durch bedeutend höhere Wasserbeständigkeit und die Fähigkeit ab etwa 130 °C ohne Hilfe eines besonderen Katalysators zu härten. Nach Verstärkung mit Resorcin erreicht MF-Leim die höchste Beständigkeitsklasse und ist in dieser Form nach den Erfahrungen des Verfassers gut als Außenleim geeignet[1]. Reiner MF-Leim entspricht dagegen nur der zweithöchsten Beständigkeitsklasse (S. 292). Durch relativ geringe Zusätze von Melamin- oder MF-Leim wird die Wasserfestigkeit von HF-Leimen merklich erhöht; doch kann durch derartige Melaminverstärkungen natürlich nur eine begrenzte Verbesserung von HF-Leim, keinesfalls aber Witterungsbeständigkeit erzielt werden.

Einer Anwendung von reinem MF-Leim auf breiter Basis stehen die bisher hohen Herstellungskosten von Melamin im Wege. Denn die Beständigkeit billiger HF-Leime ist für Innenverleimungen meistens ausreichend. Andererseits werden zur Herstellung von wetterfestem Sperrholz gewöhnlich die ebenfalls billigeren Phenolharzleime herangezogen. Die Benützung von MF-Leim setzt daher speziellere Verleimungsaufgaben voraus, bei denen die Wasserfestigkeit des Leimes in Kombination mit anderen Eigenschaften wie Farblosigkeit, niedrigere Preßtemperatur (95–100 °C bei Katalysatorzusatz) oder bequeme Verarbeitung[2] besonders zur Geltung kommt. So bedeutet die Verwendung von MF-Leimen

---

[1] Außentüren mit verleimten Deckfurnieren, die dem Einfluß der Witterung voll ausgesetzt sind, haben während 15 Jahren keinen Anlaß zur Beanstandung gegeben.

[2] Die Preßtemperatur von Phenolharz-Heißbindern liegt zwischen 110–130 °C; die Verarbeitung dieser Leime erfordert größere Vorsicht, was Durchschlag oder verhungerte Leimfugen betrifft.

in Betrieben, die vorwiegend HF-Leime verarbeiten und wetterbeständige Verleimungen nur in geringerem Umfange herstellen, eine wesentliche Arbeitsvereinfachung. Denn die sorgfältige Reinigung der Auftragsmaschinen, die Änderung der Preßtemperatur sowie die Umstellung auf veränderte Arbeitsbedingungen, die beim Übergang zu Phenolharzleimen unerläßlich sind, fallen bei Verwendung von MF-Leim fort. – MF-Leime sind besonders geeignet zur Volumverleimung heller Papiere, von denen sowohl Naßfestigkeit als auch Lichtbeständigkeit gefordert wird. Große Mengen wasserlöslicher MF-Harze, die sich von Leimen nur unwesentlich unterscheiden, werden bei der Herstellung von Schichtpreßstoffplatten verbraucht (S. 233).

15.3.2 Rohstoffe

MF-Leime werden aus Formalin (S. 211) und Melamin hergestellt *Melamin* ist das trimere Polymerisationsprodukt von Cyanamid:

$$H_2N \cdot C \equiv N \qquad\qquad H_2N \cdot C = NH \qquad\qquad \text{(Melamin-Ringformel)} \qquad\qquad I$$
$$HN \cdot C \equiv N$$

Cyanamid	Dicyandiamid	Melamin
(Monomeres)	(Dimeres)	(Trimeres)

Auch die technische Herstellung von Melamin befolgt die in Formel I angegebene Reihenfolge. Die monomere Cyanamidverbindung, von der die Melaminerzeugung ausgeht, ist das auch unter dem Namen Kalkstickstoff bekannte Calciumcyanamid, das nach bekannten chemischen Großverfahren hergestellt wird:

$$CaO + 3C \xrightarrow{\;2000\,°C\;} CaC_2 + CO$$
$$\text{Calciumcarbid}$$
$$CaC_2 + N_2 \xrightarrow{\;1000\,°C\;} CaCN_2 + C \qquad\qquad II$$
$$\text{Kalkstickstoff}$$

Kalkstickstoff wird in alkalischer wäßriger Aufschlämmung durch Erwärmen und Einleiten von Kohlensäure leicht hydrolysiert. Aus dem in Freiheit gesetzten Cyanamid bildet sich unmittelbar Dicyandiamid, das in heißem Wasser gut löslich ist und nach Filtration der Lösung beim Auskühlen auskristallisiert:

$$2\,CN_2H_2 \xrightarrow{\quad} C_2N_4H_4 \qquad\qquad III$$
$$\text{Cyanamid} \qquad\qquad \text{Dicyandiamid}$$

Die Umwandlung von Dicyandiamid in Melamin erfolgt in einem gesonderten Prozeß, der unter geeigneten physikalisch-chemischen Bedingungen nahezu 100%ig verläuft.:

$$3\,C_2N_4H_4 \xrightarrow{\quad} 2\,C_3N_6H_6 \qquad\qquad IV$$
$$\text{Dicyandiamid} \qquad\qquad \text{Melamin}$$

Nach dem Verfahren der Süddeutschen Kalkstickstoffwerke, Trostberg, wird die Umwandlung in Stickstoff-Ammoniakatmosphäre bei 100 bis 150 at und Temperaturen bis zu 300 °C durchgeführt.

Reines Melamin ist ein weißes Pulver von hohem Schmelzpunkt (354 °C) und geringer Löslichkeit in Wasser und organischen Lösungsmitteln. Die Löslichkeit in Wasser beträgt bei 20 °C $\sim$ 0,3 g, bei 100 °C $\sim$ 5g/100 g H_2O. Die erhöhte Löslichkeit in heißem Wasser wird zum Umkristallisieren des technischen Rohproduktes ausgenützt. Der auffällige Preisunterschied zwischen Harnstoff und Melamin wird verständlich, wenn man berücksichtigt, daß die Erzeugung von Melamin über die drei Zwischenprodukte Calciumcarbid, Kalkstickstoff und Dicyandiamid läuft, von denen jedes einzelne einen gesonderten Herstellungsprozeß erfordert.

15.3.3 Die Herstellung von MF-Leimen

Beim Eintragen in kalte konzentrierte Formaldehydlösung und Erwärmen der Aufschlämmung löst sich Melamin leicht unter Bildung von Methylolverbindungen. Es findet eine analoge Reaktion wie zwischen Harnstoff und Formaldehyd statt (S. 214). Da Melamin sechs aktive Wasserstoffatome besitzt, kann bei genügendem Formalinüberschuß 1 Mol Melamin mit maximal 6 Molen Formaldehyd reagieren. Bei der Leimherstellung wird gewöhnlich ein Molverhältnis von rd. 1 : 3 eingehalten, da bei der Härtung von methylolreicheren Harzen der Überschuß wieder in Form von Formalin abgespalten wird. Die Grundreaktion, die der Harzbildung vorangeht, erfolgt nach dem Schema:

$$\text{Melamin} + 3\,CH_2O \longrightarrow \text{Trimethylolmelamin} \qquad \text{V}$$

Die in Grundreaktion V gebildeten Methylolmelamine sind in gleicher Weise wie Methylolharnstoffe befähigt Kondensationsreaktionen einzugehen. Da die Anzahl der funktionellen Gruppen im Durchschnitt größer als bei Harnstoffharzen ist, kann eine stärkere Vernetzung stattfinden. Dementsprechend sind ausgehärtete Melamin-Formaldehydharze auch wasserbeständiger als HF-Harze.

Zur praktischen Durchführung der Kondensation wird die Melaminmethylollösung, die sich beim Auflösen von Melamin in Formalin bildet, auf ein pH von etwa 9 eingestellt und auf 90–95 °C erwärmt. Der Verlauf der Kondensationsreaktion läßt sich wie bei der Herstellung von

HF-Leimen durch Verdünnungsproben bequem verfolgen. Ist der gewünschte Kondensationsgrad erreicht, wird die Reaktion sofort durch Abkühlen unterbrochen. Die Höhe des Kondensationsgrades wird auf den jeweiligen Verwendungszweck abgestimmt. Lösungen, die zum Tränken von Papieren für die Herstellung von Schichtpreßstoffen bestimmt sind und daher ein hohes Eindringevermögen besitzen sollen, werden etwas niedriger, Holzleime etwas höher kondensiert.

Obwohl die gebildeten MF-Harze mit fortschreitender Kondensation hydrophober werden und bei der Verdünnungsprobe früher ausfallen, besitzen höher kondensierte, konzentrierte Lösungen bessere Beständigkeit. Niedrig kondensierte Harze kristallisieren nach dem Abkühlen der Lösungen leicht aus. Überhaupt ist die Lagerungsbeständigkeit von MF-Lösungen, wenn nicht besondereVorkehrungen getroffen werden[1], wesentlich geringer als von HF-Lösungen. Schichtpreßstoff-Imprägnierharzlösungen, die von größeren Betrieben oft selbst hergestellt werden, sind bis zu 1 Woche haltbar, wenn sie bei 30–35 °C gelagert werden. Leim- und Imprägnierharze, die als Handelsware verkauft werden, trocknet man durch Versprühen zu Pulvern, deren Haltbarkeit bei sachgemäßer Lagerung (kühl, trocken) mindestens 1 Jahr beträgt.

15.3.4 Die Anwendung von MF-Leimen

Es ist selten zweckmäßig reinen konzentrierten MF-Leim zu verwenden. Meistens ist es vorteilhafter den Leim entweder mit Resorcin zu verstärken oder ihn zu strecken; häufig wird MF-Leim auch zur Verstärkung von HF-Leim herangezogen.

Tabelle 68[2]

Resorcinverstärkter Melamin-Formaldehydharzleim (Beständigkeitsklasse 1)

Lösung A	
MF-Leim, Pulver	100 kg
Wasser	40 l
Lösung B	
Resorcin (S. 237)	10 kg
Ammoniumpersulfat	0,5 kg
Wasser	13 l
Lösung C	
Cellulosemischätherlösung, hochviskos etwa 3%ig	30 l
Lösung A und B werden gemischt; der Mischung wird C zugegeben	

[1] GRIMSHAW, F. P.: British Plastics, August 1953.
[2] Nach Mitteilung der Stockholms Superfosfat AB, Stockholm-Uddevalla.

Einen *resorcinverstärkten* MF-Leim, der sich für wasserfeste Verleimungen eignet, erhält man nach der Vorschrift von Tab. 68.

Wie bereits auf S. 83 berichtet wurde, ist MF-Leim mit 10–15% Resorcinzusatz ein brauchbarer Heißbinder für die Verleimung von Holz/Metall. Man löst zu diesem Zwecke das Resorcin einfach in 60%iger MF-Lösung und setzt gegebenenfalls kleine Wassermengen zur Korrektion der Viskosität zu. Weder Härter noch Celluloseäther werden verwendet. Der Leim wird auf die Metalloberfläche aufgetragen, mehrere Stunden bei Raumtemperatur getrocknet und bei 135 °C verpreßt. Auch Kupfer, ein verhältnismäßig schwer verleimbares Metall, wird ohne Vorbehandlung anstandslos auf Holz verleimt.

Für Holzverleimungen, von denen nur begrenzte Haltbarkeit gefordert wird, genügen häufig mit MF-Leim verstärkte HF-Leime. Ein solcher Fall liegt bei Sperrholzplatten vor, die zur Verkleidung von Gießformen für die Herstellung von Beton-Bauelementen dienen. Da die Sperrholzplatten nach 40–50maliger Benützung mechanisch zerstört sind, ist die Beständigkeit des nach Tab. 69 verstärkten HF-Leimes ausreichend:

Tabelle 69. *Melaminharzverstärkter HF-Leim (Beständigkeitsklasse 2)*

HF-Leim, 67%ig	100 kg
MF-Leim, Pulver	20 kg
Wasser	20–25 l

Mitunter wendet die Sperrholzindustrie eine noch etwas billigere Mischung an (Tab. 70):

Tabelle 70[1]. *Melaminverstärkter HF-Leim (Beständigkeitsklasse 2)*

HF-Leim 67%ig	100 kg
Rohmelamin[2]	10 kg
Wasser	15–20 l
Cellulosemischätherlösung, hochviskos 3%ig	10 l

Als Verstärkung benützt man in diesem Falle nicht MF-Leim sondern **Melamin, das während der Härtungsreaktion auf bisher noch nicht ganz geklärte Weise in das HF-Harz mit einkondensiert wird.** Alle verstärkten HF-Leime werden mit den gleichen Härtern und unter den gleichen Verleimungsbedingungen wie gewöhnlich HF-Leime verarbeitet. Als verdickende Zusätze benützt man zweckmäßigerweise möglichst hochviskose Stoffe, um die Menge der wasserlöslichen Anteile so niedrig wie möglich zu halten.

---

[1] Nach Angaben der Stockholms Superfosfat AB, Stockholm-Uddevalla.

[2] Rohmelamin ist etwas billiger als reines Melamin.

Reiner MF-Leim ist bei *niedrigen Preßtemperaturen* reaktionsträger als HF-Leim. Bei Zimmertemperatur verläuft die Härtungsreaktion so langsam und unvollständig, daß MF-Leim als Kaltbinder nicht verwendet werden kann. Bei *Preßtemperaturen von etwa* 100 °C ist dieser Unterschied praktisch ausgeglichen. In diesem Temperaturbereich gelten für MF-Leime die gleichen Härtungszeiten, die für HF-Leime in Tab. 67 angegeben wurden. Als Katalysatoren werden wiederum Ammoniumsalze starker Säuren verwendet. Bei *Preßtemperaturen ab etwa* 130 °C tritt ein charakteristischer Unterschied gegen HF-Leime auf. Bei diesen hohen Preßtemperaturen härtet MF-Leim ohne Zusatz eines besonderen Katalysators. Da die Härtung nun ausschließlich unter dem Einfluß von Wärme erfolgt und nicht an pH-Werte $\ll 7$ gebunden ist, können in diesem Falle auch alkalisch reagierende Stoffe wie Asbest, Asbest-Zement-Mischungen usw. verleimt werden.

15.3.5 Naßfeste Papiere

Sowohl ein Zusatz von HF- als auch MF-Leim zu der Papiermasse verleiht dem fertigen Papier bessere mechanische Widerstandskraft, wenn es mit Wasser befeuchtet wird. Naßfestigkeit wird u. a. von Banknoten- und Dokumentenpapier gefordert, ist aber auch bei allen jenen Papieren unerläßlich, die mit wäßrigen Kunststofflösungen getränkt werden und dabei oft ein Mehrfaches ihres Trockengewichtes an Lösung aufnehmen. Das ist beispielsweise bei der Herstellung des auf S. 226 erwähnten HF-Leimfilmes der Fall.

Ein Teil des Mehrpreises von MF-Leimen wird durch ihre stärker verfestigende Wirkung ausgeglichen. Ferner vergilben mit HF-Leimen vorbehandelte Papiere stärker unter dem Einfluß von Licht. Für die Deckschichten von MF-Schichtpreßstoffen (S. 233) werden daher in der Regel auch MF-verstärkte Papiere verwendet.

Bei der Herstellung von naßfesten Papieren erfolgt der Kunstharzleimzusatz gewöhnlich zwischen Holländer und Papiermaschine. MF-Leim wird als etwa 12 %ige mit Salzsäure angesäuerte Lösung zugegeben. Die positiv geladenen Kunstharzteilchen schlagen sich freiwillig bis zu etwa 3 % (festes Harz auf feste Papiermasse) auf den negativ geladenen Papierfasern nieder. Größere Mengen werden nicht aufgenommen sondern mit dem abfiltrierten Wasser aus der Papiermasse wieder entfernt. Die Härtung des Kunstharzes wird zwar auf den heißen Kalanderwalzen eingeleitet. Doch stellt sich die volle Naßfestigkeit gewöhnlich erst nach etwa einmonatlicher Lagerung ein, sofern das Papier nicht einer besonderen Wärmenachbehandlung unterzogen wird.

15.3.6 MF-Schichtpreßstoffe

Ein wichtiges Verwendungsgebiet für wasserlösliche MF-Harze ist die Erzeugung harter Schichtpreßstoffe aus MF-harzimprägnierten Papieren. Schichtpreßstoffplatten verschiedenen Fabrikates können sich zwar hinsichtlich der Unterlagsschichten unterscheiden. Gemeinsam pflegen jedoch die beiden obersten Deckschichten aus Papieren mit 100 bis 200% Harzgehalt zu bestehen und zwar

a) einem „Dekorpapier", d.h. einem wasserfesten weißen oder durchgefärbten Papier (Papiergewicht 100–200 g/m^2), dessen Oberfläche gewöhnlich mit einem bunten Muster bedruckt ist und

b) einem Overlaypapier (etwa 40 g/m^2), das nach dem Verpressen durchsichtig wird und dessen Aufgabe darin besteht, die bedruckte Oberfläche des Dekorpapiers vor mechanischer Abnützung zu schützen.

Dekor- und Overlaypapiere werden wie auf S. 226 beschrieben in härterfreier Melaminharzlösung imprägniert und getrocknet. Nach dem Trocknen werden die imprägnierten Papiere mit geeigneten Trägerschichten oder nur für sich bei 145 °C und 50–90 kp/cm^2 verpreßt und miteinander verschweißt. Die Overlayseite liegt dabei gegen ein fein geschliffenes oder poliertes Preßblech an. Das Ablösen der gehärteten MF-Schichte von reinen glatten Preßblechen erfolgt anstandslos unter dem Einfluß der Kondensations-Schwundspannungen. Die Abwesenheit von säureabspaltenden Härtern trägt wesentlich zu dem störungsfreien Verlauf des Verpressens bei, da freie Säure auch auf rostfreien Stahlblechen mit der Zeit Korrosion und damit ein Ankleben der Kunstharzschichte bewirken kann. Als Trägerschichte für die MF-Deckschichten können mehrere Lagen phenolharzimprägnierter Kraftpapiere verwendet werden, die man gleichzeitig mit den Deckschichten verpreßt; oder aber benützt man Hartfaserplatten guter Qualität. Bei einseitigem Direktverpressen der imprägnierten Deckschichten auf Faserplatten schwinden nur erstere und bewirken mit der Zeit häufig eine Krümmung der Platte. Wesentlich spannungsfreiere Produkte lassen sich in einem Zwei-Schritt-Verfahren herstellen, bei dem die dünnen Deckschichten zuerst für sich verpreßt und erst nach Ausgleich der Schwundspannungen auf die Unterlage mit HF- oder MF-Leim aufgeleimt werden. Das Warmverleimen ausgehärteter, auch völlig glatter Melaminharzoberflächen mit den genannten beiden Leimen bereitet keinerlei Schwierigkeiten, da zwischen dem gehärteten Harz und dem Leim chemische Bindung zustandekommt. Aus dem gleichen Grunde werden die in chemischer Hinsicht sonst außerordentlich widerstandsfähigen MF-Schichtpreßstoffe von MF- und HF-Leimen, ja selbst von Harnstofflösungen stark angegriffen und sind daher in Leimlaboratorien als Arbeitstischbelag wenig geeignet.

15.4 Phenoplastleime

15.4.1 Allgemeines

Phenoplastleime bzw. härtbare Phenol-Formaldehydharze entstehen bei der Reaktion bestimmter Phenole mit Formaldehyd. Als Phenole werden in der organischen Chemie aromatische Verbindungen bezeichnet, die OH-Gruppen direkt an einem Benzolkern tragen.

Die Bildungsreaktion von Phenoplastleimen verläuft auf ähnliche Weise wie diejenige von Aminoplasten. Auch sie setzt sich aus zwei Teilreaktionen zusammen, nämlich:

1. der Bildung einer kondensationsfähigen Verbindung durch Addition von Formaldehyd an den Phenolkern,

2. der Kondensation der Additionsverbindung.

Als Leime dienen wieder niederkondensierte Kunstharzlösungen, die in der Leimfuge durch Erwärmen, durch Katalysatorwirkung usw. ausgehärtet werden. Gehärtete Phenoplastleime sind infolge ihrer hochpolymeren vernetzten Struktur unlöslich und nicht thermoplastisch. Sie bilden harte, wenn auch etwas weniger spröde Leimfugen als Aminoplaste. Dementsprechend ist ihr Verleimungsbereich mitunter etwas weiter, im großen und ganzen aber ähnlich demjenigen der letztgenannten Leimklasse. Phenoplastleime werden vor allem für die Verleimung von Holz sowie Holz/Metall verwendet. In Mischung mit einigen anderen Kunststoffen wie Polyvinylformal oder Epoxydharz eignen sie sich ausgezeichnet zu der Verleimung von Metall/Metall.

Die charakteristischste und technisch wichtigste Eigenschaft von Phenoplastleimen ist ihre große Widerstandsfähigkeit gegen äußere Einflüsse. Phenoplastleime sind die gegebenen Leime für wasser- und wetterfeste bzw. konstruktive Verleimungen. Die hohe Beständigkeit von Verleimungen mit sowohl Heiß- wie auch Kaltbindern wird anschaulich durch die Feststellung von KOLLMANN zum Ausdruck gebracht, daß die Phenoplastschicht in richtig hergestellten Holzleimfugen beständiger als das Holz ist[1].

Während Phenoplast-Heißbinder für die Herstellung von wasserfestem Sperrholz früh patentiert wurden (Tab. 1) und in Deutschland bereits 1930 als Tego-Leimfilm[2] allgemein Verwendung fanden, ließ der technische Durchbruch der wichtigen Phenoplastkaltbinder länger auf sich warten. Wie so häufig waren es Krisenzeiten, die den Lauf der Entwicklung beschleunigten. Phenoplastkaltbinder wurden ziemlich gleichzeitig von einer Reihe kriegsführender Länder eingesetzt (Tab. 1). Man benützte sie zuerst zur Herstellung von Flugzeugteilen sowie zur Ver-

---

[1] KOLLMANN, F.: Technol. d. Holzes, 2. Aufl., Bd. 2, S. 1028. Berlin/Göttingen/Heidelberg: Springer 1955.

[2] Herstellerfirma: Goldschmidt AG, Essen.

leimung von Magnetminen-Räumbooten, die keine Metallteile enthalten durften und ausschließlich durch Leimverbindungen zusammengehalten werden. Heute verwendet man allgemein Phenoplastkaltbinder zur Verleimung tragender, zusammengesetzter Massivholzteile.

Die technisch wichtigsten Phenolsorten sind Phenol, *m*-Kresol und Resorcin. Die Leime, die aus diesen Verbindungen hergestellt werden, haben gleiche Beständigkeit und unterscheiden sich nur hinsichtlich der Härtungsdauer und -temperatur voneinander. Alkalische Phenol- und Kresolharzleime sind stets Heißbinder. Neutrale bis alkalische Resorcinharzleime können ab 20 °C, saure Phenolharzleime schon ab 10 °C verwendet werden.

Phenoplastheiß- und -kaltbinder sind teurer als HF-Heißbinder bzw. PVAc-Kaltbinder und außerdem etwas unbequemer zu verarbeiten als die beiden letztgenannten Leimsorten. Unter anderem dunkeln Phenoplastfugen, die bereits von Anfang an gelblich bis braunlich gefärbt sind, mit der Zeit stark nach. Man beschränkt die Verwendung von Phenoplastleimen daher in erster Linie auf Verleimungen, von denen hohe Beständigkeit gefordert wird.

15.4.2 Rohstoffe

Die einfachste und gleichzeitig wichtigste Phenolverbindung ist „Phenol" = Hydroxybenzol:

I

Technisches Phenol bildet eine schwach rosa gefärbte Kristallmasse mit charakteristischem Geruch (Karbolsäure). Es ist in kaltem Wasser begrenzt, in heißem Wasser ab 65 °C unbegrenzt löslich. Ebenso löst es sich gut in alkalischen (pH > 7) oder alkoholischen Lösungen.

Nur ein verhältnismäßig geringer Teil des technisch hergestellten Phenols wird direkt aus Steinkohlenteer gewonnen. Die Hauptmenge wird nach verschiedenen Methoden synthetisch aus Benzol erzeugt (Tab. 71).

Die Produktion von Phenol bzw. Benzol, einem der wichtigsten Rohstoffe der gesamten organisch-chemischen Industrie, hat dem steigenden Bedarf der letzten Jahrzehnte mitunter nur mit Schwierigkeit nachkommen können. Die Versorgung wurde zwar wesentlich verbessert, seitdem es gelang Benzol nach großtechnischen, petrochemischen Methoden aus Erdgas zu gewinnen[1]. Eine radikale Änderung der Lage dürfte allerdings erst dann eintreten, wenn großtechnisch brauchbare Synthesen gefunden werden, nach denen Benzol ähnlich wie Harnstoff, Melamin, Vinyl-

---

[1] Vgl. z.B. Ullmanns Enz. d. techn. Chemie, Bd. 4, S. 298, 3. Aufl., 1953.

Tabelle 71. *Die technische Herstellung von Phenol*

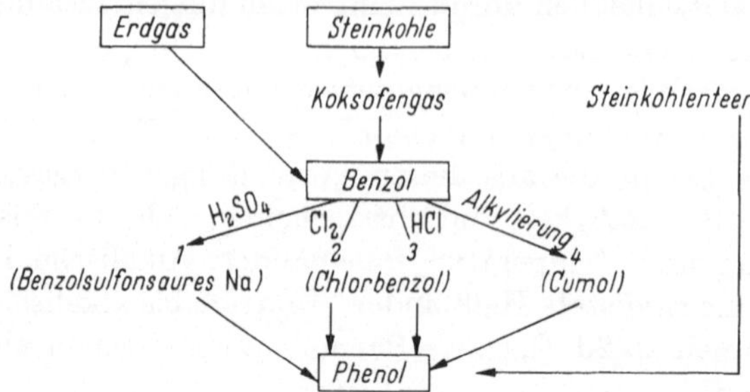

acetat usw. aus den Grundstoffen hergestellt werden kann. Derartige Syntheseverfahren sind prinzipiell bekannt, vorläufig jedoch noch unrentabel.

Sämtliche in Tab. 71 angedeuteten technischen Synthesen von Phenol gehen von Benzol aus. Sie gründen sich im einzelnen auf folgende Reaktionen[1]:

1. Alkalischmelze von benzolsulfonsaurem Natrium, das durch Reaktion von Benzol und Schwefelsäure sowie nachfolgende Neutralisation hergestellt wird:

$$\text{(SO}_3\text{Na)} + NaOH \longrightarrow \text{(OH)} + Na_2SO_3 \qquad \text{II}$$

2. Alkalische Hydrolyse von Chlorbenzol, das bei der Reaktion von Benzol und Chlor entsteht:

$$\text{(Cl)} + NaOH \longrightarrow \text{(OH)} + NaCl \qquad \text{III}$$

3. Durch Wasserdampfhydrolyse von Chlorbenzol, das durch Reaktion von Benzol, Salzsäure und Sauerstoff nach dem Raschig-Kreislaufverfahren intermediär gebildet wird:

$$\text{(Benzol)} + HCl + \tfrac{1}{2} O_2 \longrightarrow \text{(Cl)} + H_2O$$

$$\text{(Cl)} + H_2O \longrightarrow \text{(OH)} + HCl \qquad \text{IV}$$

---

[1] Vgl. z. B. Ullmanns Enz. d. techn. Chemie, Bd. 13, S. 427–436, 3. Aufl., 1962.

4. Durch Alkylierung zu Cumol (Isopropylbenzol), Oxydation und Säurespaltung des gebildeten Peroxydes:

V

Propylen   Cumol = Isopropylbenzol

Cumol-Peroxyd   Aceton

$+ CH_3COCH_3$

Dieses anscheinend kompliziertere Verfahren, bei dem gleichzeitig Aceton anfällt, hat sich weitgehend durchgesetzt, da bei der Produktion keine Korrosionsprobleme auftreten.

Außer Phenol werden zur Leimherstellung auch einige Phenolderivate verwendet.

Ortho-, para- und meta-Kresole werden in Deutschland bisher nicht synthetisch hergestellt; sie werden vor allem aus den Teerölen der Steinkohlenteere, die bei der Hochtemperaturkokung anfallen und aus gecrackten Erdölen gewonnen:

o-Kresol   m-Kresol   p-Kresol

VI

m-Kresol, die für die Leimherstellung geeigneteste Verbindung, ist bei Raumtemperatur ein viskoses Öl. o- und p-Kresole, die nur lineare Kondensationsprodukte bilden können (S. 202), sind in reinem Zustand kristallisierte Substanzen, allerdings mit sehr niedrigen Schmelzpunkten (30 bzw. 36 °C). Technische Kresole, gelbe bis braune Flüssigkeiten, sind Mischungen sämtlicher drei Isomeren. Ihr m-Kresolgehalt pflegt innerhalb der Grenzen von 30–60% zu liegen und wird vom Hersteller mitgeteilt.

Resorcin, ein m-Dihydroxybenzol:

VII

ist eine farb- und geruchlose, kristallisierte Substanz, die bei 110 °C schmilzt und schon in kaltem Wasser leicht löslich ist.

Resorcin wird auf ähnliche Weise wie Phenol durch Sulfonierung oder Alkylierung von Benzol hergestellt (Reaktionen I und IV). Bei Sulfonierung mit rauchender Schwefelsäure entsteht unter geeigneten Bedingungen m-benzoldisulfonsaures Natrium, das durch Alkalibehandlung in Resorcin übergeht.:

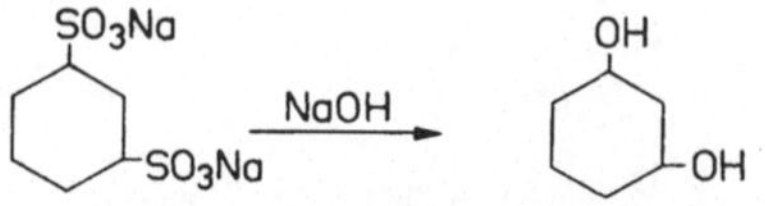

$$\text{VIII}$$

Die Alkylierung von Benzol nach V kann auch zum Diisopropylbenzol führen, das wiederum in Resorcin und Aceton gespalten wird:

$$\xrightarrow{\text{Oxydation und Säurespaltung}} \quad + \quad 2\ CH_3COCH_3 \qquad \text{IX}$$

15.5 Phenol-Formaldehydharzleime (PF-Leime)

15.5.1 Bildungsreaktion

Phenol verhält sich bei der Reaktion mit Formaldehyd als trifunktionelle Verbindung. Die reaktiven H-Atome des Phenolkernes, die mit Formaldehydmolekülen reagieren können, sind in Formel X durch [×] bezeichnet. Die Synthese von PF-Leimen, die in alkalischer Lösung erfolgt, wird nach Maßgabe der vorhandenen Formaldehydmenge durch Reaktionen folgender Art eingeleitet:

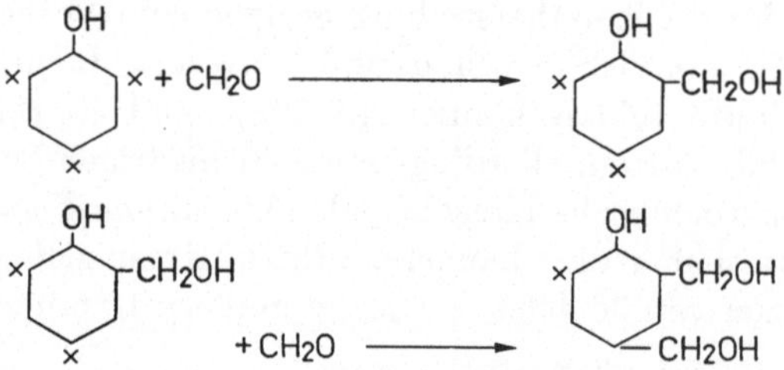

$$\text{X}$$

Die Rolle der phenolischen OH-Gruppe ist bei der gesamten Harzbildungsreaktion nur eine indirekte und besteht in der Aktivierung dreier Wasserstoffatome (X). Bei sehr hohem Formaldehydüberschuß (3 Mol Formaldehyd/1 Mol Phenol) können zwar auch Reaktionen an der OH-Gruppe eintreten, doch ist dieser Fall ohne praktische Bedeutung, da bei der Leimherstellung das Molverhältnis 2:1 selten überschritten wird.

Die nach X entstandenen Methylolverbindungen können verschiedene Kondensationsprodukte bilden. Die Methylolgruppe kann mit einem freien reaktiven H-Atom des Phenolkernes reagieren:

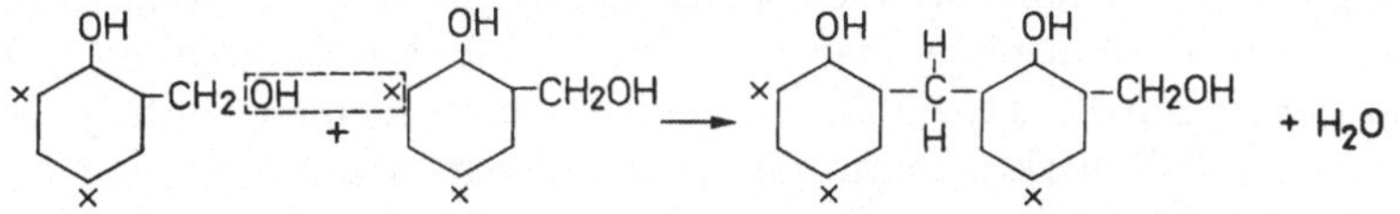

$$\text{XI}$$

Bei dieser Reaktion werden Phenolkerne durch Methylenbrücken verknüpft. Methylolgruppen können aber auch untereinander unter Bildung von Methylenätherbrücken reagieren:

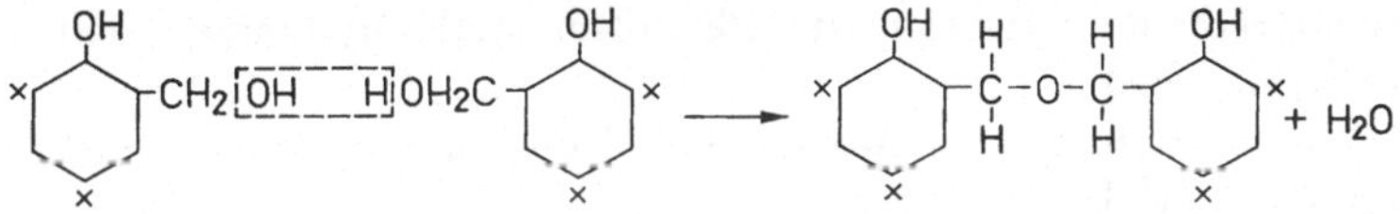

$$\text{XII}$$

In alkalischer Lösung werden die Additionsreaktion X sowie die Kondensationsreaktionen XI und XII durch die vorhandenen OH^--Ionen, in alkalisch ankondensierter und hierauf angesäuerter Lösung (pH 4) die Reaktionen X und XI durch H^+-Ionen katalysiert. Ob räumlich vernetzte oder lineare Kondensationsprodukte entstehen, hängt von der Formaldehydmenge, bzw. der Zahl der gebildeten Methylolgruppen ab. Die Erfahrung lehrt, daß schon bei einem Molverhältnis Formaldehyd : Phenol = 1 : 1 Vernetzungen stattfinden können und daß erst ab maximal 0,9 : 1 mit Sicherheit lineare Verbindungen entstehen, z. B.

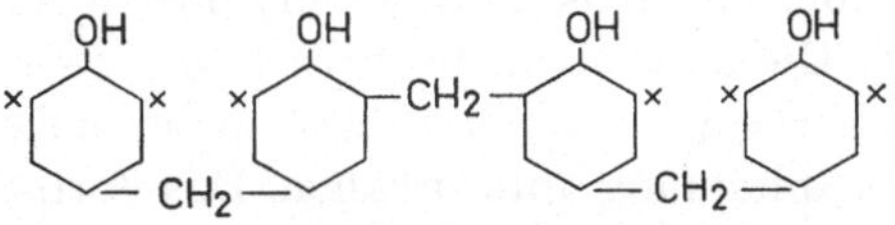

$$\text{XIII}$$

Selbstverständlich zielt man bei der Leimherstellung stets auf vernetzte Endprodukte ab. Die molaren Zusammensetzungen fertiger Leime liegen daher gewöhnlich im Bereiche 1,4–2,2 : 1. Doch wird in gewissen Fällen der Leim zunächst nur mit der „linearen" Formaldehydmenge bereitet und die vernetzende Überschußmenge erst unmittelbar vor Gebrauch als Paraformaldehyd zugesetzt, da linear kondensierte Lösungen größere Haltbarkeit besitzen. Die Kondensation stark saurer PF-Leime (pH $\sim$ 1) verläuft schon bei Raumtemperatur mit annehmbarer Geschwindigkeit, alkalische PF-Leime erfordern dagegen meistens Preßtemperaturen von $>100\,°C$.

Die Reaktion zwischen Phenol und Formaldehyd führte erstmalig zu der technischen Nutzbarmachung eines Kunstharzes (vgl. Tab. 1). Die ausschlaggebenden Untersuchungen der bereits seit dem vorigen Jahr-

hundert oberflächlich bekannten Reaktion wurden von L. H. BAEKE
LAND in den Jahren 1905–1909 durchgeführt. Aus der Anfangsperiode
der Kunstharzforschung stammt eine noch immer gebräuchliche Terminologie der Phenol-Formaldehydharzbildung, die seinerzeit grundlegende neue Erkenntnisse ausdrückte und auch der Herstellung fester
Harze gut angepaßt ist, im Zusammenhang mit Leimen heute jedoch
etwas willkürlich wirkt. Denn die verschiedenen besonders benannten
Reaktionsstadien sind mehr oder weniger allen Kondensationsreaktionen
gemeinsam. Die erwähnten Benennungen haben in polymerchemischer
Ausdrucksweise etwa folgende Bedeutung:

Novolake: lineare Phenol-Formaldehydharze (z.B. Formel XIII);
Resole (A-Zustand): vernetzte Phenol-Formaldehydharze; niedriger
Kondensationsgrad;
Resitole (B-Zustand): vernetzte Phenol-Formaldehydharze, mittlerer
Kondensationsgrad;
Resite (C-Zustand): vernetzte Phenol-Formaldehydharze, vollständig
ausgehärtet.

Lagerbeständige Leime, denen vor Gebrauch Paraformaldehyd zugesetzt wird, sind demnach Novolake, Leime, die ohne Formaldehydzusatz verwendet werden, Resole, zu lange gelagerte, erstarrte Leime
Resitole und vollständig ausgehärtete Fugen Resite.

15.5.2 Herstellung

Zur Herstellung *wäßriger alkalischer PF-Leime* wird eine Mischung
von Phenol und konzentrierter Formaldehydlösung unter Alkalizusatz
(NaOH) erwärmt. Die Reaktion, die bereits bei Raumtemperatur beginnt, wird bis zu einem voraus bestimmten niederen Kondensationsgrad
geführt und durch Abkühlung unterbrochen. Das Fortschreiten der Kondensationsreaktion kann durch Viskositätskontrolle der Reaktionsmischung verfolgt werden. Ab etwa pH 9 erhält man beständige Lösungen, in denen auch nach dem Erkalten keine Fällungen entstehen.

Die Löslichkeit von PF-Harzen in Alkohol oder einigen anderen organischen Lösungsmitteln ist nicht pH-abhängig. *Alkoholische PF-Leime*
können daher auch neutral oder schwach alkalisch eingestellt werden.
Bei der Herstellung organischer Lösungen mit nur geringem Wassergehalt muß entweder die Formaldehydlösung durch festes Paraformaldehydpulver ersetzt werden. Man kann jedoch auch in wäßriger Lösung
kondensieren, das gebildete Harz durch Ansäuren ausfällen, das Wasser
durch Dekantieren entfernen und erst hierauf in Alkohol lösen. Mäßig
kondensierte Harze werden schon durch geringe Alkoholmengen zu normalviskosen Leimen gelöst, die nach Säurezusatz als hochkonzentrierte
Kaltbinder (~ 80%) verwendet werden.

15.5.3 Das Härten von PF-Leimen

Alkalische Härtung. Gewöhnliche alkalische PF-Leime härten erst bei Preßtemperaturen von 130–150 °C. Dem Leim wird kein besonderer[1] Katalysator zugesetzt. Für das Verleimen von Holz sind Preßtemperaturen, die wesentlich über 100 °C liegen, oft nicht erwünscht. Es sind daher verschiedene Leimtypen ausgearbeitet worden, die bei niedrigerer Temperatur härten. Eine Methode, die besonders in den europäischen Ländern immer mehr bevorzugt wird, besteht darin, die Härtungsgeschwindigkeit alkalischer Heißbinder durch Zusatz kleinerer Mengen stark reaktiver Phenole (S. 254) sowie von festem Paraformaldehyd zu beschleunigen. Gewisse natürliche Gerbstoffpulver, die höhere Phenole enthalten, können dem Leim schon bei der Herstellung nach beendeter Kondensation und Abkühlung zugesetzt werden ohne seine Haltbarkeit nennenswert zu verschlechtern. Zusätze von Resorcin oder Resorcinharzleim (S. 255) sowie Paraformaldehyd mischt man dagegen erst unmittelbar vor Gebrauch zu. Derart modifizierte alkalische PF-Heißbinder härten bereits bei 110 °C mit annehmbarer Geschwindigkeit.

Saure Härtung. Im stark sauren Gebiete verläuft die Härtung durch die katalytische Wirkung der H^+-Ionen bedeutend rascher. Durch Zusatz von genügend Säure kann die Preßtemperatur bis auf niedrige Raumtemperatur gesenkt werden. Als Katalysator wird häufig die praktisch vollständig dissoziierte und in Methyl- oder Äthylalkohol leicht lösliche p-Toluolsulfonsäure verwendet,

$$\text{CH}_3-\!\!\!\bigcirc\!\!\!-\text{SO}_3\text{H}$$

die in reiner Form eine feste kristallisierte Substanz ist. Bei einer Säurekonzentration der Leimlösung von $n = 0{,}3{-}0{,}4$ – entsprechend 5–7 % freier p-Toluolsulfonsäure – findet die Härtung bei 10 °C im Laufe mehrerer Stunden, bei 50–60 °C innerhalb weniger Minuten statt[2,3]. Bei Härtungstemperaturen von 100 °C genügt bedeutend **weniger freie Säure.**

15.5.4 Die Verleimung von Holz

Die Phenol-Formaldehydharzleime waren die ersten vollsynthetischen Leimprodukte, die von der holzverleimenden Industrie verwendet wur-

---

[1] Die vorhandenen OH^--Ionen wirken als Katalysator.

[2] $n =$ Äquivalent/l.

[3] Die Prozentangabe gilt speziell für p-Toluolsulfonsäure, die Normalitätsangabe (n) für alle starken Säuren.

16 Baumann, Leime

den. Sie fanden daher anfänglich allgemeine Anwendung und wurden zu Innen- und Außenverleimungen benützt. Den PF-Leimen folgten bald andere vollsynthetische Leime. Die HF- und PVAc-Leime beherrschen zur Zeit aus preislichen und arbeitstechnischen Gründen das Gebiet der Innenverleimung. PF-Leime werden heute in erster Linie zur Herstellung von wetterfesten Verleimungen, vor allem von wetterfestem Sperrholz verwendet.

Alkalische PF-Heißbinder mit hoher Härtungstemperatur (130–150 °C) werden in Amerika noch immer in großen Mengen, in Europa in bedeutend geringerem Maße verwendet. Beim Arbeiten mit flüssigen Leimen besteht bei hohen Temperaturen stets die Gefahr der Blasenbildung. Am sichersten begegnet man dieser Möglichkeit, wenn man die Leimschichte nach dem Auftragen bei Raumtemperatur vollständig abtrocknen läßt. Unter dieser Voraussetzung gelten für gewöhnliche PF-Heißbinder annähernd die gleichen Arbeitsvorschriften wie für PF-Leimfilm.

PF-Leimfilme werden auf die auf S. 226 beschriebene Weise durch Tränken von Papierfilmen mit Leimlösung hergestellt. Zum Tränken werden die oben genannten PF-Heißbinder verwendet; PF-Leimfilme erfordern daher ebenfalls Härtungstemperaturen von 130–150 °C. Schneller härtende PF-Leimsorten eignen sich wegen zu geringer Haltbarkeit nicht für die Filmtränkung.

PF-Leimfilme werden zu Spezialverleimungen benützt, bei denen dem Holz keine Feuchtigkeit zugeführt werden soll bzw. Auftrag von flüssigem Leim aus technischen Gründen unmöglich ist. Praktische Beispiele sind die Herstellung von dünnem wetterfestem Sperrholz für die Flugzeug-, Boot- und Karosserieindustrie, das wetterfeste Verleimen dünner empfindlicher Deckschichten in der Möbel- und Tischlereiindustrie (z. B. für Lieferungen in tropische Länder), bei denen Leimdurchschlag vermieden werden muß, usw.

Beim Verpressen findet trotz hoher Härtungstemperatur ein ausreichendes Schmelzen und Benetzen des im Film enthaltenen Kunstharzes nur unter Mithilfe einer bestimmten Holzfeuchtigkeit statt. Die untere Grenze der unbedingt erforderlichen Holzfeuchtigkeit wird gewöhnlich mit 5–6% angegeben. Das Holz darf andererseits mit Rücksicht auf die hohe Preßtemperatur und die Gefahr der Blasenbildung nicht zu feucht sein. Die zulässige obere Grenze der Holzfeuchtigkeit ist zum Teil von der Arbeitsweise und der Größe der Fugenfläche abhängig. Sie soll im allgemeinen 10% nicht übersteigen, besonders wenn die Fugenfläche groß ist und keine besonderen Vorkehrungen zu ihrer Entlüftung getroffen werden. In der Praxis werden Drucke von 10 kp/cm² bei weichen Holzarten selten unterschritten, bei harten Hölzern wird mit wesentlich höherem Druck gearbeitet. Über die ungefähren Preßzeiten von PF-

Leimfilmen, die bei Fabrikaten verschiedener Herkunft nicht allzu sehr voneinander abweichen, gibt Tab. 72 Auskunft.

Tabelle 72. *Preßzeiten von PF-Leimfilm bei verschiedener Preßtemperatur*

Preßtemperatur (°C)	130	140	150
Grundzeit (min)	5	4	3
Zusatzzeit je mm Holzdicke	2	1,5	1

PF-Heißbinder mit erniedrigter Härtungstemperatur werden in den europäischen Ländern vorzugsweise verwendet. Die ersten Sperrholzleime dieser Art waren gewöhnlich alkalische Leime, denen man vor Gebrauch Säuren zusetzte[1]. Saure PF-Leime besitzen gewisse Nachteile. Unter anderem sind ihre Topfzeiten meistens kürzer als 8 Stunden. Auch mahnt ihr Gehalt an nichtflüchtiger starker Säure zu einer gewissen Vorsicht, da die Möglichkeit einer Schädigung des Holzes während der starken Erwärmung beim Verpressen nicht ausgeschlossen ist.

Diese Nachteile werden bei den *modifizierten alkalischen Heißbindern* vermieden, die man heute vorzugsweise zur Herstellung von wetterfestem Sperrholz benützt. Wie bereits auf S. 241 erwähnt handelt es sich um Zweikomponentenleime, d. h. eine alkalische Lösung (pH 11–12, ~60%) und einen meistens festen Härter, der hauptsächlich Paraformaldehydpulver enthält. Die Zumischung erfolgt erst unmittelbar vor Gebrauch des Leimes. Häufig enthalten Härtepulver auch Streckmittel, die gleichzeitig als Schutz gegen Leimdurchschlag wirken. Die mit HF-Leimen ausgezeichnet verträglichen Kartoffelstärken oder Roggen- und Weizenmehle sind zum Strecken aller PF-Leime prinzipiell nicht zu verwenden. Gut geeignet sind dagegen Nußschalenmehle sowie mitunter auch anorganische Pulver wie Kreide, Leichtspat usw. Die ungefähre[2] Länge der für modifizierte PF-Heißbinder gültigen Preßzeiten in Abhängigkeit von der Preßtemperatur sind in Tab. 73 angegeben.

Tabelle 73. *Preßzeiten eines modifizierten PF-Heißbinders*[2]

Preßtemperatur (°C)	110	115	125
Grundzeit (min)	4	4	3
Zusatzzeit je mm Holzdicke	2	1,5	1,25

---

[1] Alkoholische Lösungen von *p*-Toluolsulfonsäure rufen in alkalischen PF-Leimen keine oder nur sehr langsame Fällungen hervor, die sich während der begrenzten Gebrauchsdauer des Leimes kaum bemerkbar machen.

[2] Molverhältnisse und Kondensationsbedingungen von PF-Leimen können ziemlich weitgehend variiert werden. Außerdem enthalten ein Teil der als „Phenolleime" bezeichneten Produkte auch Kresol (S. 254). Angaben über technische PF-Leime sind daher nur als Durchschnittswerte aufzufassen. Die Werte in Tab. 73 beziehen sich auf den modifizierten PF-Heißbinder 1545 der Casco AB, Stockholm. Dem Leim werden vor Gebrauch 40% Härtepulver zugemischt.

Wie stets beim Verleimen muß auch bei dieser Leimsorte der Feuchtigkeitsgehalt der Leimschichte während des Preßvorganges innerhalb bestimmter Grenzen liegen, wenn Fehlleimungen vermieden werden sollen. Zu niedrige Holzfeuchtigkeit hat ungenügendes Schmelzen und schlechte Benetzung, zu hohe Holzfeuchtigkeit Leimdurchschlag und verhungerte Leimfugen zur Folge. Modifizierte PF-Heißbinder unterscheiden sich von anderen, z. B. HF-Heißbindern dadurch, daß ihr zulässiges Feuchtigkeitsintervall auffällig eng ist. Die richtige Feuchtigkeitseinstellung erfordert daher besondere Vorsicht, wie auch in den Arbeitsvorschriften, die für diese Leime gelten, meistens betont wird. Leimauftragsmengen, Holzfeuchtigkeiten und Wartezeiten sind stark voneinander abhängig. Für die Leimsorte, auf die sich die Angaben von Tab. 73 beziehen, werden 3–10% als zulässige Holzfeuchtigkeit angegeben. Die Wartezeiten liegen je nach Holzfeuchtigkeit zwischen 20 min und einer Stunde wobei der niedrigeren Holzfeuchtigkeit kürzere Wartezeiten entsprechen usw. Bei der industriellen Herstellung von Sperrholz in Fließverfahren sind häufig bestimmte Wartezeiten gegeben, die nicht verändert werden können. In diesem Falle muß die stärker wasserentziehende Wirkung trockener oder dicker Furniere mitunter durch etwas höheren Leimauftrag ausgeglichen werden. Der wie bekannt etwas höhere Leimbedarf dicker Furniere wird in der Praxis allerdings auch dadurch hervorgerufen, daß dicke Furniere oft rauhere Oberflächen als dünne Furniere besitzen. – Die Topfzeiten gebrauchsfertiger Leime liegen über 8 Stunden und sind daher für praktische Zwecke vollständig ausreichend. Die Lagerfähigkeit der härterfreien Grundlösung beträgt bei kühler Lagerung ein halbes Jahr.

PF-Kaltbinder sind säurehärtende Leime. Sie werden zur Erreichung niedriger Härtungstemperaturen bei der auf S. 241 angegebenen maximalen Säurekonzentration (0,3–0,4 n) gehärtet[1]. Mit 60- bis 70%igen Lösungen von p-Toluolsulfonsäure als Katalysatorflüssigkeit gilt für das Mischen von Leim und Katalysator das bequeme Mischungsverhältnis 10 : 1. Bei der Kondensation werden mit Rücksicht auf die Sprödigkeit des Leimes Molverhältnisse Formaldehyd : Phenol < 2 bevorzugt. Hochwertige Kaltbinder sind meistens hochkonzentrierte alkoholische Lösungen, die auf die auf S. 240 beschriebene Weise aus wäßrigen Lösungen durch Ansäuern und Dekantieren des Wassers hergestellt werden. Die Abtrennung der wäßrigen Phase bietet den Vorteil, daß stets vorhandene Anteile niedrigmolekularer, wasserlöslicher Verbindungen entfernt werden, die beim Härten unnormal starke Wärmeentwicklung verursachen und daher störend wirken[2]. Mitunter wird die

---

[1] Sie sind bedeutend saurer eingestellt, als die auf S. 243 erwähnten, heute kaum mehr benützten sauren Heißbinder.

[2] MÜLLER, H. Fr. u. I. MÜLLER: Kunststoffe 37. 4 (1947) 75.

alkoholische Lösung zur Beseitigung eventuell noch vorhandener niedermolekularer Reste einer Nachkondensation unterworfen. Eines der wichtigsten Qualitätsmerkmale eines PF-Kalthärters besteht eben darin, daß nach dem Zusatz der Katalysatorsäure keine zu starke Erwärmung der Mischung stattfindet[1]. Einige charakteristische Daten von sorgfältig hergestellten PF-Kaltbindern in Alkohollösung sind in Tab. 74 zusammengestellt.

Tabelle 74. *Topf-, Warte- und Preßzeiten eines gebrauchsfertigen PF-Kaltleimes* (80% Alkohollösung mit Säurezusatz; $n = 0,3$, pH 0,5)

Temperatur °C	Topfzeit h	Offene Wartezeit min	Preßzeit h
10	5	25	10
15	$2^1/_2$	15	5
20	$1^1/_4$	10	$2^1/_2$
25	$^3/_4$	7	$1^1/_4$
30	$^1/_3$	5	$^3/_4$

Säurehärtende PF-Leime sind die einzigen Kaltbinder, die zur wetterfesten Verleimung von Holz im Temperaturbereich 10–20 °C verwendet werden können. Denn Resorcin-Formaldehydharzleime (S. 255) binden erst ab etwa 20 °C verläßlich und erfordern, wie ein Vergleich von Tab. 74 und 76 lehrt, bei dieser Temperatur etwa viermal längere Preßzeiten. PF-Kaltbinder gestatten daher bei Raumtemperatur ein bedeutend rascheres Arbeiten als RF-Leime und beherrschen außerdem einsam das wichtige Arbeitsgebiet des Kaltverleimens im Freien oder an nicht erwärmten Arbeitsplätzen, wie es an Werften beim Bootsbau usw. vorkommt. Die zulässige Holzfeuchtigkeit ist bedeutend größer als bei Heißbindern, doch wird abgeraten 16% wesentlich zu überschreiten.

Diesen Vorteilen stehen folgende Nachteile entgegen, die bereits im Zusammenhang mit säurehärtenden PF-Heißbindern kurz erwähnt wurden:

a) Topfzeit. Infolge des hohen Gehaltes an freier starker Säure ist der pH-Wert der gebrauchsfertigen Leimmischung sehr niedrig. Den auf S. 241 genannten Konzentrationen von $n = 0,3–0,4$ entsprechen pH-Werte von 0,5–0,4. Wie zu erwarten, sind die Topfzeiten von PF-Kalthärtern bei Raum- und besonders erhöhter Temperatur ziemlich kurz und können das Arbeiten mit diesen Leimen etwas beschwerlich gestalten. Durch Kühlen werden diese Schwierigkeiten wesentlich verringert. Denn die Kondensation, die nach Säurezusatz einsetzt, ist wie alle chemi-

---

[1] Durch sorgfältige Herstellung kann die Reaktionswärme der Mischung verringert, aber nicht vollständig unterdrückt werden. Auch die besten Kaltbinder erwärmen sich merklich nach Säurezusatz, wenn man nicht für Kühlung sorgt.

schen Reaktionen stark temperaturabhängig. Eine Verwahrung des Leimes in wassergekühlten Behältern und Auftragen mit wassergekühlten Walzen, falls Leimautomaten verwendet werden, ist vorteilhaft. Material, das mit Leim in Berührung kommt, muß der stark korrodierenden Wirkung der Katalysatorsäure standhalten können. Gut geeignet sind rostfreier Stahl und Plast. (Gewöhnliche Behälter mit Plasteinsätzen!)

b) Holzschäden. Obwohl die Widerstandsfähigkeit von Holz gegen die korrodierende Wirkung von Säuren ungewöhnlich hoch ist, werden Holzfasern von reinen oder konzentrierten Säuren stark angegriffen[1]. Bei der Verleimung mit stark sauren PF-Kaltbindern ist daher im Prinzip die Möglichkeit vorhanden, daß in der Fugenfläche Holzschäden auftreten. Zur Prüfung auf Säureangriff empfiehlt PLATH[2] Langholzproben mit dicker Leimfuge 48 Stunden lang bei 80 °C und ~100% relativer Luftfeuchtigkeit im Klimaschrank zu lagern. Nach PLATH zerfallen stark geschädigte Probestücke schon beim Einspannen in die Haltvorrichtungen der Prüfmaschine. Ferner verfärbt sich das Holz in Berührung mit dem Leim je nach Stärke des Säureangriffes braun bis dunkelbraun. Schließlich stellt PLATH bei Leimproben verschiedener Herkunft verschieden stark korrodierende Wirkung fest. – Die Erfahrungen des Verf. weichen bei dieser aufschlußreichen Probe in einem Punkte von den Feststellungen PLATHS ab. Bei der Untersuchung selbst hergestellter sowie einiger käuflicher Leime stellte es sich durchwegs heraus, daß die Verfärbung der Leimfuge nicht im Holz sondern im Leim stattfand. Braune Farbtöne traten bei *p*-Toluolsulfonsäure auf. Andere starke Säuren riefen bei gleicher Konzentration deutlich verschiedene Farbänderungen hervor. Leimaufstriche auf Holz und hellen keramischen Unterlagen zeigten annähernd gleiche Verfärbungen. Eine visuelle Beurteilung von Säureschäden war daher nicht möglich. Zur Beurteilung der Leimfuge mußten ausschließlich mechanische Prüfungen herangezogen werden. Bei schwach verpreßten Föhrenholzproben mit dicker Leimfuge wurde wiederholt starkes Nachlassen der Festigkeit beobachtet; in solchen Fällen genügte eine geringe Beanspruchung, um die Fuge ohne nennenswerten Faserbruch zu teilen. Bei dünnen unter höherem Druck hergestellten Leimfugen trat 60–100%iger Holzbruch in Holzschichten auf, zu denen Säure nicht vorgedrungen sein konnte. Dieses Versuchsergebnis ist nicht mit Sicherheit auf Säureschäden zurückzuführen. Für das ungünstigere Verhalten dicker Leimfugen sind wohl in erster Linie die höheren Spannungen dicker Leimschichten verantwortlich, mit denen bei wasserabspaltenden Kondensationsleimen stets zu rechnen ist. Konzentrierte PF-Kaltbinder entwickelt zwar bei

---

[1] KOLLMAN, F.: Technol. d. Holzes, 2. Aufl., Bd. I, S. 318. Berlin/Göttingen/Heidelberg: Springer 1951.

[2] PLATH, E.: Die Holzverleimung, S. 147, 1951.

Innenverleimungen, die keinen großen Feuchtigkeitsschwankungen ausgesetzt sind, unerwartet hohe Fugenfüllereigenschaften[1]. Unter diesen milden Bedingungen können auch dicke, mit primitiven Mitteln verpreßte Fugen[2] gute Festigkeit besitzen. Sie halten jedoch starken Feuchtigkeits- oder klimatischen Beanspruchungen nur kürzere Zeit stand. So zeigen Versuche des Forest Product Research Laboratory in Princes Risborough (England), daß ungenügend verpreßte Proben nur begrenzte Witterungsbeständigkeit besitzen. Gut verpreßte Proben waren dagegen nach 10jähriger Versuchszeit noch einwandfrei[3].

Obwohl PF-Kaltleime in vielen Ländern seit mehr als 20 Jahren industriell verwertet werden, ist die Frage, unter welchen Bedingungen Säureschäden mit Sicherheit vermieden werden können, bis heute nur ungenügend geklärt[4]. Zwar werden die extremen Bedingungen der oben genannten Versuche in der Praxis kaum erreicht, doch treten tatsächlich mitunter Schäden auf, die der Einwirkung von Säure zugeschrieben werden, wenn Leimfugen dauernd der gleichzeitigen Einwirkung von höherer Temperatur und hoher Feuchtigkeit[5] ausgesetzt sind. Dies ist z. B. bei verleimten Dachstuhlkonstruktionen der Fall, die über Lokalen errichtet sind, in denen laufend heiße Dämpfe entwickelt werden. Unter weniger kritischen Verhältnissen werden meistens gute und haltbare Leimverbindungen erzielt, wie die erwähnten englischen Versuche zeigen und wie vor allem eine größere Anzahl vollverleimter Bootkonstruktionen praktisch beweisen, die trotz jahrelangen Dienstes keinen Anlaß zur Beanstandung der Verleimung gaben. Es ist auch mit großer Wahrscheinlichkeit anzunehmen, daß ein guter Teil von angeblichen Säureschäden, die aus der Praxis berichtet werden, in Wirklichkeit die Folge von schlechter Verpressung und allzu dickem Leimauftrag ist.

Zusammenfassend läßt sich also feststellen, daß die Gefahr von Säureschäden, von extrem feuchtigkeits- und wärmebelasteten Leimfugen abgesehen, nur gering ist, wenn Leime geeigneter Zusammensetzung be-

---

[1] PF-Kaltbinder sind ausgezeichnete „Bastelleime"; einfache Reparationen lassen sich mit dick aufgetragenem Leim, Schraubzwingen oder nur Gummibändern bequem ausführen.

[2] Dicke und schwach verpreßte Fugen sind in der Praxis meistens miteinander identisch. Niedriger Leimauftrag bei schwachem Druck ist als Kunstfehler anzusehen, mit dem in diesem Zusammenhange nicht gerechnet werden soll.

[3] Forest Products Research; Bulletin 38 (1963).

[4] Ein Umstand, dem eine gewisse Bedeutung zukommt, ist der Festgehalt des verwendeten Leimes. Zur Einhaltung der gleichen durchschnittlichen Härtungsgeschwindigkeit hat man ziemlich unabhängig von dem Festgehalt des Leimes die gleiche Härtermenge zuzusetzen. Leimfugen, die mit verdünnten Leimen hergestellt werden, pflegen daher im Endzustand mehr Säure zu enthalten.

[5] Im Gegensatz dazu ist permanent hohe Feuchtigkeit bei normaler Temperatur ungefährlich, wie auch die bereits mehrfach erwähnten englischen Versuche zeigen.

nützt werden. Trotzdem ist diese Sachlage für den Verbraucher nicht ganz zufriedenstellend und hinterläßt ein gewisses Unsicherheitsgefühl. Solange es nicht gelingt, die Bedingungen für die gefahrfreie Anwendung von PF-Kaltbindern genau zu präzisieren, dürfte diese an und für sich ausgezeichnete Leimsorte nicht voll zu ihrem Recht kommen, vor allem wenn es sich um konstruktive Verleimungen handelt, die dauernder Belastung ausgesetzt sind.

15.5.5 Die Verleimung von Holz/Metall

Da bereits MF-Leime zum Verleimen von Metall und Holz verwendet werden können, ist es verständlich, daß auch die etwas weniger spröden PF-Leime für diesen Zweck gut geeignet sind. Wie bei allen Verleimungen starrer porenfreier Oberflächen sind auch bei diesem Verleimungsproblem alle jene Maßnahmen wichtig, die zur Verminderung der Spannungen in der fertigen Leimfuge und zu einer guten Verankerung des Leimes in der Metalloberfläche beitragen. In diesem Sinne sind die meisten Vorschriften für Holz/Metall- bzw. Metall/Metall-Verleimungen zu verstehen. Um Schwundspannungen, die durch Verdunsten und Abwandern von Lösungsmitteln entstehen, nach der endgültigen Verfestigung des Leimes zu vermeiden, wird die feuchte Leimschichte vor dem Verpressen weitgehend getrocknet. Diese Notwendigkeit hat bisher die Verwendung von PF-Kaltbindern ausgeschlossen. Aber auch modifizierte Leime sind weniger geeignet, da sie bei stärkerem Eintrocknen zu sehr an Schmelzbarkeit einbüßen. Gut bewährt haben sich gewöhnliche, wäßrige, alkalische Heißbinder, deren pH-Wert der guten Schmelzbarkeit wegen nicht zu hoch eingestellt wird (~ 9) und deren Zusammensetzung einem Molverhältnis Formaldehyd : Phenol < 2 entspricht.

Vor dem Verleimen muß die Metalloberfläche prinzipiell bestimmten Vorbehandlungen unterzogen werden. Bei einigen Metallen, z.B. dem für Holz/Metall-Verleimungen besonders wichtigen Aluminium sowie bei Eisen, ist diese Vorbehandlung einfach. Beide Metalle können in der Regel ohne chemische Beizung der Oberfläche verleimt werden. Nur ungewöhnlich stark verschmutzte Bleche müssen entfettet werden. Normalerweise genügt ein mäßiges mechanisches Aufrauhen der Oberfläche; kleinere Gegenstände werden von Hand, größere Werkstücke in Bandschleifmaschinen geschliffen. Rost muß von Eisen allerdings restlos entfernt werden. Mehrtägige Lagerung von geschliffenen, nicht mit Leim bestrichenen Blechen in normaler Werkstattatmosphäre ist (im Gegensatz zur Metall/Metall-Verleimung) praktisch bedeutungslos[1]. Andererseits ist das Anschleifen der Oberfläche eine unerläßliche Voraussetzung für starke Verleimungen mit PF-Heißbindern. Aus den auf S. 82 erörterten Gründen erzielt man mit glatten Metalloberflächen auch nach

---

[1] Eisenblech darf während der Lagerung natürlich nicht rosten.

vollständiger Entfettung nur schwache, praktisch unbrauchbare Verleimungen.

Etwas umständlicher ist die Verleimung von Blei, das mitunter als Röntgenstrahlungsschutz in Holzkonstruktionen verwendet wird. Haltbare Verleimungen erfordern eine Chromatvorbehandlung der Bleioberflächen. Auch Kupfer und Messing konnten bisher nicht ohne chemische Beizung der Oberfläche zufriedenstellend verleimt werden. Da jedoch MF-Leime auf ungebeiztem Kupfer und Messing ausgezeichnet haften, ist die Annahme naheliegend, daß auch bei PF-Heißbindern nur sekundäre Schwierigkeiten auftreten, die zu beheben nicht unmöglich sein dürften.

Zur bequemeren Trocknung wird der Leim nicht zu reichlich – 100 bis 110 g/m² –, auf die *Metall*oberfläche aufgetragen. Bei Raumtemperatur (20 °C) ist eine Trockendauer von einigen Stunden notwendig. Die Wartezeit der leimbestrichenen Bleche erstreckt sich über mehrere Tage. Für die Preßtemperatur, Preßzeit und den Preßdruck gelten annähernd die für PF-Leimfilme genannten Daten. Die Preßtemperatur ist daher ziemlich hoch und die Gefahr der Blasenbildung wird durch die vollständige Undurchlässigkeit der einen Fugenhälfte im Vergleich mit der Holz-Filmverleimung merklich erhöht. Die maximal zulässige Holzfeuchtigkeit beträgt bei der Holz/Metall-Verleimung daher ~8%; niedrigere Feuchtigkeitswerte (~6%) sind aus Sicherheitsgründen vorzuziehen.

Die Holz/Aluminium-Verleimung spielt bei der Herstellung vollständig maßbeständiger Holzkonstruktionen eine wichtige Rolle. Durch Mitverleimung eines etwa 1 mm dicken Aluminiumbleches können die durch Quellung in der Faserlängsrichtung verursachten Maßschwankungen gewöhnlich gesperrter Holzkonstruktionen praktisch vollständig unterdrückt werden, wenn die Dicke der zwischen Aluminiumblech und umgebender Atmosphäre liegenden Sperrholzschichte 5 mm nicht übersteigt. Bei richtiger Arbeitsweise verläuft die serienmäßige Herstellung großer mit Aluminium gesperrter Platten ebenso reibungslos wie von gewöhnlichem Sperrholz. Bei der mechanischen Festigkeitsprüfung von PF-verleimtem Metallsperrholz nach der 3-x-Überlappungsprobe (Abb. 85c, die Mittellage ist durch das Aluminiumblech ersetzt zu denken) erhält man die gleichen Festigkeitswerte wie für gewöhnliches Sperrholz guter Verleimung (~200 kp).

15.5.6 Die Metallverleimung (Metall/Metall)

Zum gegenseitigen Verleimen von Metallen sind reine PF-Leime u. a. zu spröde. Dagegen eignen sich PF-Heißbinder in Mischung mit weicheren Leimkomponenten ausgezeichnet zu diesem Zwecke. Unter den verschiedenen Spezialleimen, die zur Metall/Metall-Verleimung verwendet werden[1], nehmen PF-Mischleime bisher einen wichtigen Platz ein. Sie eignen sich für konstruktive Verleimungen jener hohen Beständigkeit, die z. B. von der Flugzeugindustrie gefordert wird. Die in diesen Metalleimen verwendete PF-Komponente unterscheidet sich von den bereits besprochenen Holz/Metall-Leimen nur wenig. Ihr pH-Wert liegt meistens noch etwas niedriger (~ 8). Sie wird gewöhnlich als Alkohollösung hergestellt, da diese besser benetzt und schneller als wäßrige Lösungen trocknet. PF-Komponenten für die Metallverleimung von Flugzeugbauteilen werden unter strenger Kontrolle des Reaktionsverlaufes kondensiert. Jede Charge wird nach Fertigstellung individuell geprüft; der Prüfungsbescheid wird gewöhnlich der Leimlieferung beigefügt.

Es mag auffällig erscheinen, daß reine PF-Leime zwar gute Holz/Metall-Verbindungen ergeben, zur Verleimung zweier Metalloberflächen dagegen ungeeignet sind. Die Erklärung für dieses Verhalten dürfte teilweise darin zu suchen sein, daß im ersten Falle eine mit Holzfasern verstärkte spannungsbeständigere Schichte, im zweiten dagegen ein reiner, spröderer Leimfilm entsteht.

PF-Vinylheißbinder (Reduxleim). Der erste konstruktive Metalleim, der bis zu einer max. Temperatur von $+ 80\ °\mathrm{C}$ auch heute nahezu unübertroffen ist, wurde in den Jahren 1940–1944 von DE BRUYNE ausgearbeitet[2]. Er ist die Kombination eines PF-Heißbinders mit Polyvinylformal (S. 172). Die thermoplastische Vinylverbindung bewirkt die notwendige Erhöhung der elastischen Eigenschaften, so daß die Leimschichte beim Abbinden und Erkalten den auftretenden Spannungen unbeschädigt widerstehen kann. Dieser Kombinationsleim wurde ursprünglich nur als Zweikomponentenleim (PF-Leimlösung, Polyvinylformalpulver) verwendet; neuerdings wird auch ein einheitlicher Leimfilm hergestellt. – Unabhängig von der Art des verwendeten Leimes erfordern Metallverleimungen höchster Festigkeit eine sehr sorgfältige Vorbehandlung der Metalloberfläche. Die üblichsten Behandlungsverfahren werden auf S. 299 ff. näher beschrieben.

a) Zweikomponentenleim[3]. Bei Metallverleimungen erhält man nur dann verläßliche Resultate, wenn die Lösungsmittel aus der Leimfuge vor dem Verpressen möglichst weitgehend entfernt werden. Denn die vollkommen gasdichte Metalleimfuge wird durch Anwesenheit von zu

---

[1] Vgl. z. B. VDI-Richtlinien 2229 (Juni 1961).

[2] DE BRUYNE, N. A. u. R. HOUWINK: Adhesion u. Adhesives, S. 92, 132, 224, 226, 467. Amsterdam: Elsevier Publ. Corp. 1951. Erst in allerletzter Zeit werden Epoxyd-Polyamidleime versuchsweise verwendet, die, scheint es, noch günstigere Eigenschaften besitzen.

[3] Diese Angaben beziehen sich auf Reduxleime der Ciba (A.R.L.) Ltd., Duxford (England), bzw. die Verleimungsvorschriften für Aluminium der Svenska Aeroplan AB, Linköping (Schweden).

großen Mengen Wasser- oder Lösungsmitteldampf geschädigt[1]. Ein wichtiges Merkmal der Reduxtechnik zielt auf bequeme Trocknung ab. Die PF-Komponente wird flüssig, das Polyvinylformalpulver dagegen trokken verwendet. Auf diese Art vermeidet man die umständliche Arbeitsweise, die bei Leimen mit gelöstem Polyvinylformal notwendig ist[2]. Da diese Verbindung Lösungsmittel hartnäckig festhält, müßten einheitliche Kombinationslacke mehrmals dünn aufgetragen und forcierten Zwischentrocknungen unterzogen werden. Praktisch wird eine Reduxverleimung etwa folgendermaßen ausgeführt:

Unmittelbar nach der Reinigung und Trocknung wird auf *beide* Metalloberflächen alkoholischer PF-Heißbinder dünn (40–50 g/m²) aufgetragen. Die noch feuchte Leimschichte wird mit Polyvinylformalpulver dicht bestreut. Nicht allzu große Bleche werden in eine auf einer Tischplatte ausgebreitete Pulverschicht gedrückt und hierauf durch Aufstoßen der Kanten von überschüssigem Pulver befreit, das ohne weiteres wieder verwendet werden kann. Es bleiben 80–120 g Pulver/m² haften. Wie man sieht, besteht die Leimschichte daher zum größten Teil aus Polyvinylformal. Die Mindestwartezeit zum Trocknen der heterogenen Leimschichte beträgt bei Raumtemperatur 12 Stunden, die längste Wartezeit 24 Stunden. Werden besondere Vorkehrungen getroffen um die verleimten Bleche vor Staub und Feuchtigkeit zu schützen, kann die Wartezeit bis zu 2 Wochen ausgedehnt werden. Die Härtung erfolgt bei 160 ± 3 °C, der Preßdruck beträgt 7–20 kp/cm², die Preßzeit 30 min zuzüglich der Erwärmungs- und Abkühlungsperiode. Die verleimten Werkstücke werden vor Verlassen der Presse unter 90 °C gekühlt, da die etwas thermoplastische Leimfuge bei höherer Temperatur zu empfindlich ist.

b) Redux-Leimfilm besteht aus einer einheitlichen Mischung von PF-Harz und Polyvinylformal, mit oder ohne Trägersubstanz. Der trägerfreie Film wird zwischen zwei Polyäthylendeckschichten gegossen, die abgezogen werden können. Man entfernt die Deckfolien erst, nachdem der Film in das gewünschte Format geschnitten wurde. Für bestimmte Zwecke werden Träger aus Seidenglasmatten verwendet. Auch dieser verstärkte Film liegt zum Schutz gegen Berührung zwischen Polyäthylendeckschichten. Für die Verarbeitung des Filmes gelten im übrigen die gleichen Arbeitsvorschriften wie für 2-Komponenten-Reduxleim nach Trocknung der Leimschichte.

PF-Epoxydheißbinder. Beim Überschreiten einer Temperaturgrenze

---

[1] Die Dampfbildung läßt sich nie vollständig vermeiden, da während der Härtung etwas Wasser und Formalin chemisch abgespalten wird. Andererseits beschränkt sich der PF-Anteil der trockenen Reduxfuge auf 20–25%.

[2] DE BRUYNE, N. A.: Structural Adhesives for Metal Aircraft. Fourth Anglo-American Aeronautical Conference 1953, S. 51.

von $\sim 80\,°C$ fällt die Festigkeit der PF-Vinylfuge steil ab (vgl. Abb. 76). Zur Herstellung verleimter Metallkonstruktionen, die höheren Temperaturen ausgesetzt sind, werden Mischungen von PF- und Epoxydharzleimen verwendet. Reine Epoxydharzleime sind zu konstruktiven Metallverleimungen weniger geeignet, da die Schälstärke dieser sonst so vorzüglichen Leime sehr niedrig ist. Nach dem Ciba-Test (S. 288) beträgt die Schälfestigkeit von PF-Vinylleimen ~ 25 kp/25 mm, von PF-Epoxydleimen 5–6 kp/25 mm; die Schälfestigkeit reiner Epoxydharzleime ist noch bedeutend geringer.

a) Flüssige PF-Epoxydheißbinder. Da Epoxydharzleime stets aus zwei Komponenten bestehen (S. 256), sind PF-Epoxydharzleime Dreikomponentenleime, die auch neuerdings in Form dreier Lösungen geliefert werden[1]. Die Haltbarkeit des fertiggemischten Leimes beträgt mehrere Tage. Einseitiger Leimauftrag genügt, Auftragsmengen von ~ 300 g/m² werden empfohlen. Die Leimschichte muß 30 min bei 65 bis 70 °C getrocknet werden. Infolge der besseren Fugenfülleigenschaften der Epoxydharzkomponenten ist die untere Druckgrenze niedriger als bei PF-Vinylleimen. Mitunter sind bereits Drucke von 1 kp/cm² ausreichend. Preßzeit und Preßtemperatur entspricht dagegen ungefähr den Daten, die für die letztgenannte Leimsorte angegeben wurden.

b) PF-Epoxydleimfilme[2] werden ähnlich wie Reduxleimfilme mit oder ohne Glasseidenträger zwischen Polyäthylenschutzschichten gegossen. Da in diesen Filmen reaktive Komponenten miteinander gemischt sind, ist ihre Haltbarkeit bei Raumtemperatur nur sehr begrenzt, wie auch aus Tab. 75 zu ersehen ist.

Tabelle 75

Haltbarkeit von PF-Epoxydharzleimfilm bei verschiedener Lagerungstemperatur

Temperatur °C	Haltbarkeit (Tage)
− 23	180
− 18	150
− 1	75
+ 24	12
+ 29	3
+ 38	1

Die Filme werden in wärmeisolierender Verpackung mit Kohlensäureschnee-Einsätzen versandt und müssen von dem Verbraucher in

---

[1] Zum Beispiel die neueren Hycarleime der Ciba (A.R.L.) Ltd., auf die sich die obigen Angaben beziehen. Ältere Hycartypen wurden als zwei Lösungen geliefert, die teils eine härtefreie Mischung, teils einen Härter enthielten.

[2] Die Angaben beziehen sich speziell auf den Metalleimfilm HT-424 der Blomingdale Rubber Comp. (American Cyanamid Co.) bzw. die Arbeitsvorschriften der SAAB, Linköping.

Kühlschränken gelagert werden. Für die Anwendung gelten ähnliche Vorschriften wie für Redux-Leimfilme. Doch kann auch der PF-Epoyxd-

harzfilm häufig bei niedrigeren Drucken (Minimum = 1 kp/cm²) verpreßt werden. Längere Härtungszeiten (50 min) haben sich in der Praxis als vorteilhaft erwiesen.

PF-Vinyl- und PF-Epoxydharzleime sind die beiden bisher meist verwendeten konstruktiven Metalleime. Ihr Verhalten wird durch Abb. 76 erläutert. PF-Vinylleime besitzen bis ~ 80 °C, PF-Epoxydharzleime oberhalb dieser Temperatur höhere Festigkeit. Die Wärmebeständigkeit von PF-Epoxydharzleimen wird mitunter durch geringere Zusätze anorganischer Füllmittel verstärkt.

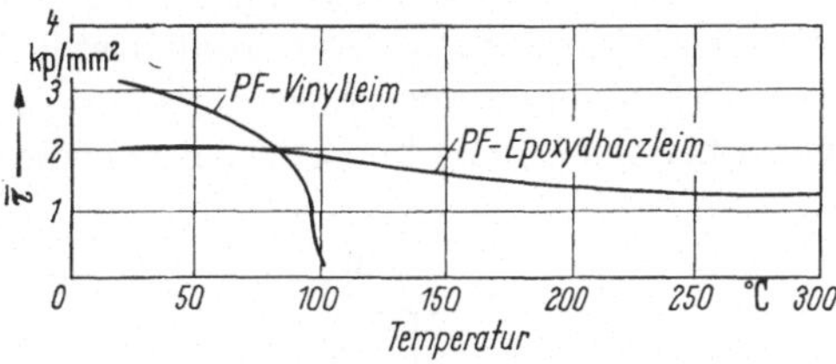

Abb. 76. Schubfestigkeit von PF-Vinyl- und PF-Epoxydharzleimen in Abhängigkeit von der Temperatur (nach G. CARLSSON[1])

15.5.7 PF-Schichtpreßstoffe

Mit PF-Harzen getränkte Papiere werden in großer Menge zur Herstellung von Schichtpreßstoffen benützt (vgl. S. 233). Da derartige Produkte die dunkle Farbe von Bakelit annehmen, dienen sie ausschließlich technischen Zwecken. Sie werden z. B. als Träger- und Isolierplatten für elektrische Bestandteile sowie als Träger der Melaminschichtpreßstoffe verwendet. PF-Träger bilden mengenmäßig den Hauptteil der Melaminschichtpreßstoffe, die bei einer durchschnittlichen Gesamtdicke von 1,5 mm nur aus einer 0,2–0,3 mm dicken Melaminpreßschichte bestehen.

Zum Tränken der Papiere werden wäßrige oder alkoholische Lösungen gewöhnlicher Heißbinder mit nicht zu hohen pH-Werten (8–9) verwendet. Die alkoholische Imprägnierung bietet einige Vorteile wie einfachere und schnellere Trocknung sowie größere Sicherheit des Arbeitens, da alkoholfeuchte Papierbahnen nur wenig an Festigkeit einbüßen; sie ist jedoch nur rentabel, wenn das Lösungsmittel wiedergewonnen wird.

Phenol ist etwas flüchtig und kann während des Trockenprozesses in meßbarer Menge in die Trockenluft gelangen. Ein merkbarer Phenolgehalt der Luft ist nicht nur eine starke Geruchsbelästigung, sondern auch physiologisch nicht unbedenklich. Die Trockenluft größerer Imprägnieranlagen kann daher oft nicht direkt in die Außenluft abgeleitet werden. Bei der Verwendung von Wiedergewinnungsanlagen, die mit Adsorptionsmitteln arbeiten, erledigt sich dieses Problem von selbst. Das Phenol wird zusammen mit den Lösungsmitteldämpfen aus der Trockenluft entfernt, wiedergewonnen und der Produktion zugeführt.

---

[1] Private Mitteilung der Svenska Aeroplan AB (SAAB), Linköping.

15.6 Kunstharzleime aus substituierten und höheren Phenolen

Auf S. 238 wurde erwähnt, daß Phenol drei reaktive H-Atome besitzt. Die Lage der reaktiven Stellen ist in Formel I a nochmals angegeben ($\times$). Die üblichen Positionsbezeichnungen in bezug auf die OH-Gruppe von Phenol sind aus Formel I b zu ersehen.

$$o = ortho \qquad m = meta \qquad p = para \qquad\qquad \text{I}$$

Wie man sieht, befinden sich die reaktiven Wasserstoffatome des Phenols in o- und p-Stellung. Die Zahl der aktiven H-Atome wird durch Einführung von substituierenden Resten an o- und p-Stellen des Phenolkernes vermindert. o- und p-substituierte Phenole sind daher weniger reaktiv als gewöhnliches Phenol. Schon *ein* Substituent in o- und p-Stellung verhindert räumliche Vernetzung und läßt nur mehr lineare Makromolekülbildung zu. Aus diesem Grunde haben die in Elastomerklebstoffen enthaltenen p-Phenole (z. B. p-tertiäres Butylphenol, S. 201) nur eine begrenzt wärmeverfestigende Wirkung.

Substituenten in m-Stellung lassen die Anzahl der aktiven Wasserstoffatome unverändert und erhöhen außerdem ihre Reaktivität. OH-Gruppen in m-Stellung aktivieren stärker als CH_3-Gruppen. Die Reaktivität von Phenol, m-Kresol und Resorcin steigt daher in folgender Reihenfolge:

$$\text{Phenol} \quad < \quad m\text{-Kresol} \quad < \quad \text{Resorcin} \qquad\qquad \text{II}$$

15.7 Kresol-Formaldehydharzleime

Technische Kresole sind Mischungen von o-, m- und p-Kresolen. Der Gehalt an m-Kresol ist für die Leimherstellung ausschlaggebend. Häufig verwendete Produkte mit 40–50 % m-Kresolgehalt pflegen etwas billiger als reines Phenol zu sein.

Leime auf Kresolbasis unterscheiden sich nur wenig von PF-Leimen. Die höhere Reaktivität von m-Kresol wird durch die Anwesenheit der o- und p-Komponente wieder ausgeglichen. Andererseits kommt den Linearkondensaten der beiden letztgenannten Verbindungen eine gewisse weichmachende Wirkung zu. Meistens werden technische Kresole nicht allein, sondern in Mischung mit Phenol zur Leimherstellung benützt.

15.8 Resorcin-Formaldehydharzleime (RF-Leime)

Leime, die mit Resorcin oder Resorcin-Phenolmischungen 1 : 1 hergestellt sind, härten bedeutend schneller als gewöhnliche PF-Leime unter gleichen Bedingungen. Auf die hohe Reaktivität von Resorcin wird schon bei der Leimherstellung Rücksicht genommen. Man arbeitet stets mit Molverhältnissen Formalin : Resorcin bzw. Phenol, die wesentlich kleiner als 1 sind, so daß bei der Kondensation nur lineare Molekülverbände entstehen können (S. 239). Auch das pH der Leimlösung wird nahezu neutral gehalten[1] (7–8). Man erhält auf diese Weise Leime guter Lagerbeständigkeit ($\sim$1 Jahr). Die zur Vernetzung fehlende Formaldehydmenge wird erst vor Gebrauch, meistens als festes Paraformaldehydpulver (Härter!) zugemischt.

Die wichtigsten Daten von RF-Leimen der beschriebenen Art sind in Tab. 76 zusammengestellt.

Tabelle 76. *Topf-, Warte- und Preßzeiten von gebrauchsfertigen RF-Leimen* (70%ige Wasserlösungen; pH = 8–9)

Temperatur °C	Topfzeit h	offene Wartezeit (max) min	Preßzeit[2]
10	10	—	—
15	6	—	—
20	$3^1/_2$	15	10 h
30	$1^1/_2$	10	6 h
40	—	—	2 h
60	—	—	20 min
80	—	—	5 min

RF-Leime haben vor allem als wetterfeste Kaltbinder Bedeutung. Sie binden erst ab 20 °C verläßlich und sind daher für Verleimungen an kalten oder schlecht erwärmten Arbeitsplätzen weniger geeignet. RF-Leime werden saueren PF-Kaltbindern vorgezogen, wenn die erforderliche Arbeitstemperatur zur Verfügung steht, da sie nahezu neutral und daher frei von aggressiven Substanzen sind, die Holz angreifen können.

Obwohl RF-Leime durchaus nicht ausgesprochene Dünnschichtleime sind, ist es bei Außenverleimungen, die starken Beanspruchungen ausgesetzt werden, besser, nicht auf fugenfüllende Eigenschaften zu vertrauen und mit ausreichendem Preßdruck zu arbeiten. Langzeitversuche

---

[1] Die Löslichkeit in schwach alkalischen Flüssigkeiten ist etwas besser als bei PF-Harzen.

[2] Gilt für die Temperatur der Leimfuge, nicht der umgebenden Luft.

des englischen Forest Product Research Laboratory[1] ergaben für RF-
und PF-Kaltbinder annähernd die gleichen Resultate. In beiden Fällen
waren gut verpreßte Leimfugen nach 10 Jahren einwandfrei. „Genagelte"[2]
Fugen hielten dem Einfluß der Witterung nicht stand.

Infolge geringerer Sprödigkeit haben RF-Leime einen etwas weiteren Verleimungsbereich als Aminoplastleime. Mit Hilfe von RF-Leimen
können Kaltverleimungen von Holz und Metall durchgeführt werden,
wenn man die Metallbleche vorher mit einem dünnen Überzug eines
Kasein-Gummilatex- oder eines Epoxydharzleimes versieht. Auch aufgerauhte Polyester-Glas-Schichtpreßstoffe können mit RF-Leimen auf
Holz, Faserplatten usw. verleimt werden.

16 Chemisch bindende (härtende) Leime (ohne Spaltprodukte)

Die Leime dieser Gruppe sind Mehrkomponentenleime, in der Regel
Zweikomponentenleime. Sie bestehen aus einer linearen Grundverbindung mit periodisch angeordneten reaktiven Stellen und polyfunktionellen Vernetzungssubstanzen, die sich bei der Härtungsreaktion an diese
reaktiven Stellen durch Addition oder Copolymerisation – in beiden
Fällen ohne Bildung von Spaltprodukten – anlagern. Ähnlich wie Konden-
sationsleime bilden sie vernetzte Endprodukte, die jedoch spannungsfreier
sind und daher ziemlich allgemeines Haftvermögen besitzen. Die Schwund-
tendenz der Leimschichte beim Trocknen und Härten, die nach S. 82
eine der Hauptursachen schlechten Haftens darstellt, ist bei diesen Leimen
infolge Abwesenheit von sowohl flüchtigen Spaltprodukten als auch
flüchtigen Lösungsmitteln auf ein Minimum reduziert. Denn gewöhnlich
übernimmt mindenstens eine der reaktiven Komponenten die Rolle des
Lösungsmittels, so daß flüssige 100%ige Leimmischungen entstehen. Ein
wenn auch unbedeutender Schwund ist nicht ganz zu vermeiden, da beim
Übergang in den vernetzten Zustand gewöhnlich eine Zunahme des spezifischen Gewichtes eintritt. Der Schwundvorgang ist jedoch mitunter beinahe beendet, bevor die Leimschichte vollständig erstarrt, so daß man
in diesen Fällen (Epoxydharzleime) tatsächlich nahezu spannungsfreie
Fugen erhält.

16.1 Epoxydharzleime

16.1.1 Allgemeines

Die wichtigsten und vielseitigsten Vertreter dieser Leimklasse sind
die Epoxydharzleime. Da die Härtung ihrer hochreaktiven linearen

---

[1] Vgl. Fußnote 3 auf S. 247.

[2] Dicker Leimauftrag: die Fuge wird durch Einschlagen einiger Nägel zu-
sammengeheftet.

Grundverbindung mit einer größeren Zahl von Vernetzungskomponenten durchgeführt werden kann, lassen sich ihre Eigenschaften innerhalb weiter Grenzen abwandeln. Epoxydharzleime werden sowohl als Heiß- wie auch als Kaltbinder hergestellt. Für die Metallverleimung, einem wichtigen Anwendungsgebiet der Epoxydharzleime, erzeugt man här- tere Typen höherer Festigkeit, aber gleichzeitig begrenzter Sprödigkeit. Diese Metalleime zeichnen sich durch eine sehr hohe durchschnittliche Beständigkeit aus. Durch geeignete Wahl der Vernetzungskomponente lassen sich auch weichere Leime in verschiedener Abstufung herstellen. Mit gewissen Sorten ist es sogar möglich, Polyäthylen zu verleimen. Die Anwendungsmöglichkeit von Epoxydharzleimen ist also tatsächlich ziemlich universell.

Trotz ihrer großen technischen Bedeutung sind Epoxydharzleime vorläufig als Spezialleime zu betrachten[1]. Ihre Herstellung war ursprüng- lich der Firma Ciba, Basel, geschützt. Auch nach Ablauf der Haupt- patente sind die Preise dieser Leime hoch. Der mengenmäßige Verbrauch von Epoxydharzleimen ist im Vergleich mit Holzleimen (PVAc-, HF- Leimen) niedrig.

16.1.2 Die Komponenten von Epoxydharzleimen

Epoxydharzleime setzten sich gewöhnlich aus folgenden beiden Kom- ponenten zusammen:

a) einer linearen, niedrigpolymeren Verbindung, die an beiden Enden eine Epoxydgruppe, d.h. eine reaktive Äthylenoxydgruppe, trägt:

$$-HC\!-\!CH_2 \qquad\qquad\qquad I$$
$$\diagdown\!O\!\diagup$$

Die Bezeichnung „Epoxyd" geht letzten Endes auf BERTHELOT zu- rück, der nachstehende Verbindung II, die heute bei der Herstellung der Epoxydkomponente eine wichtige Rolle spielt, Epichlorhydrin nannte:

$$H_2C\!-\!CH\!-\!CH_2Cl \qquad\qquad II$$
$$\diagdown\!O\!\diagup$$

Er faßte diese Verbindung als neue Variante bereits bekannter Chlor- hydrine (= chlorierter Glycerinderivate) auf. Die griechische Vorsilbe $\grave{\varepsilon}\pi\iota$ bedeutet „zusätzlich". Epichlorhydrin soll also zum Ausdruck bringen, daß es sich um ein neues, zusätzliches Chlorhydrin handelt. Von dieser Berthelotschen Benennung hat die Bezeichnung „Epoxyde" für Äthylen- oxyde ihren Ausgang genommen[2,3].

b) Vernetzungssubstanzen, die bei Heißbindern Anhydride orga- nischer Dicarbonsäuren, bei Kaltbindern aliphatische Polyamine oder

---

[1] Das gleiche gilt für die übrigen Leime dieser Gruppe.
[2] HOLLEMAN-RICHTER: Lehrb. d. org. Chemie. 37.–41. Tsd., S. 166. 1961.
[3] Die Epoxydharze werden auch Äthoxylinharze genannt.

17 Baumann, Leime

Polyamino-amide zu sein pflegen (S. 260). Die Vernetzungssubstanzen bringen die Epoxydgruppe direkt oder indirekt zur Reaktion.

16.1.3 Die Herstellung der Epoxydkomponente[1]

Die Epoxydkomponente der Epoxydharzleime wird meistens aus Bisphenol A und Epichlorhydrin hergestellt.

Bisphenol A wird aus Phenol und Aceton nach folgendem Schema hergestellt:

$$HO\text{—}\langle\ \rangle + \underset{CH_3}{\overset{CH_3}{CO}} + \langle\ \rangle\text{—}OH \longrightarrow HO\text{—}\langle\ \rangle\underset{CH_3}{\overset{CH_3}{-C-}}\langle\ \rangle\text{—}OH + H_2O \qquad III$$

Zur Vereinfachung der Formelbilder wird im folgenden für Bisphenol A das Symbol

$$HO\langle 2,A\rangle OH \qquad\qquad IIIa$$

verwendet.

Auch für *Epichlorhydrin*, einer Flüssigkeit mit dem Siedepunkt 116 °C, sind heute rationelle Herstellungsmethoden mit petrochemischem Propengas als Ausgangsmaterial bekannt[1]. Durch Chlorierung und aufeinanderfolgende Behandlung der Reaktionsprodukte mit unterchloriger Säure und Natronlauge entsteht Epichlorhydrin:

$$
\begin{array}{ll}
CH_2{=}CH\text{—}CH_3 & \textit{Propen}\\
\quad\downarrow\ (Cl_2) & \\
CH_2{=}CH\text{—}CH_2Cl & \textit{Allychlorid}\\
\quad\downarrow\ (HOCl) & \\
CH_2Cl\text{—}CHOH\text{—}CH_2Cl & \textit{Glycerindichlorhydrin}\\
\quad\downarrow\ (NaOH) & \\
H_2C\underset{\diagdown O\diagup}{-}CH\text{—}CH_2Cl & \textit{Epichlorhydrin}
\end{array}
\qquad IV
$$

Bisphenol A und Epichlorhydrin reagieren folgendermaßen miteinander:

$$HO\langle 2,A\rangle OH + H_2C\underset{\diagdown O\diagup}{-}CH\text{—}CH_2Cl \qquad\qquad V/1$$

$$HO\langle 2,A\rangle\text{—}O\text{—}CH_2\text{—}\underset{OH}{\overset{}{CH}}\text{—}CH_2Cl \qquad\qquad V/2$$

$$HO\langle 2,A\rangle\text{—}O\text{—}CH_2\text{—}HC\underset{\diagdown O\diagup}{-}CH_2 + NaCl + H_2O \qquad\qquad V/3$$

---

[1] Eine ausführlichere Darstellung: FISCH, W. in HOUWINK/STAVERMAN: Chem. u. Technol. d. Kunststoffe, 4. Aufl., Bd. II/2, Kap. XV, 1963.

Verbindung V/3 kann an beiden Enden weiterwachsen. Die Phenolgruppe von Bisphenol A kann mit Epichlorhydrin, die endständige Epoxydgruppe mit Bisphenol A weiterreagieren. Bei geeigneten Molverhältnissen, d.h., wenn mehr Epichlorhydrin als Bisphenol A eingesetzt wird, entstehen Endprodukte nachstehender Zusammensetzung

$$H_2C-CH-CH_2-O-\langle 2,A\rangle -O-(CH_2-CH-CH_2-O-\langle 2,A\rangle -O)_n-CH_2-HC-CH_2 \qquad VI$$

Die Epoxydkomponente VI ist demnach ein linearer Polyäther mit Epoxydendgruppen und mittelständigen Seiten-OH-Gruppen. Die Zahl n ist nicht hoch. Schon bei niedrigem Werten von n entstehen feste Produkte.

Tabelle 77. *Aggregatzustand der Epoxydkomponente in Abhängigkeit von n* (nach W. Fisch[1])

Aggregatzustand	Ungefährer Bereich von n
flüssige Harze	0 –1,5
niedrigschmelzende Harze	1,6–4
hochschmelzende Harze	> 4

Bei der technischen Herstellung werden die Verbindungen VI von den nach V/3 anfallenden Kochsalz- und Wassermengen befreit.

16.1.4 Die Härtung von Epoxydharzleimen

a) Kalthärtung mit Polyaminen. Die Epoxydkomponente VI wird durch Zumischen von Polyaminen, z.B. aliphatischen Polyaminen schon in der Kälte vernetzt. Ein häufig verwendeter Polyaminhärter ist Triäthylentetramin

$$H(-NH-CH_2-CH_2-)_3NH_2 \qquad VII$$

Bei der Vernetzungsreaktion reagieren die aktiven Wasserstoffatome der Polyamine (im Falle von Triäthylentetramin 6 H-Atome) der Reihe nach mit Epoxydgruppen. Eine NH_2-Gruppe reagiert daher nach folgendem Schema:

$$R-NH + H_2C-CH-R_{Ep.} \longrightarrow R-NH-CH_2-CH-R_{Ep.}$$

$$R-NH-CH_2-CH-R_{Ep.} + H_2C-CH-R_{Ep.} \longrightarrow RN(-CH_2-CH-R_{Ep.})_2 \qquad VIII$$

$$(R_{Ep.} = Epoxydrest)$$

---

[1] Vgl. Fußnote 1 auf S. 258.

17*

Da die Äquivalentgewichte[1] der verwendeten Polyamine nur einen Bruchteil des Äquivalentgewichtes der Epoxydverbindung (VI) betragen, genügen geringe Zusätze (5–15%). Polyamine bilden harte Vernetzungsprodukte.

b) Kalthärtung mit Polyamino-amiden. Bedeutend elastischere Vernetzungsprodukte entstehen mit Polyamino-amidhärtern. Diese Verbindungen gehören zu einer großen Gruppe thermoplastischer Polyamidharze[2], die sich wesentlich von den hochmolekularen, linearen Polyamiden unterscheiden, die auf S. 111 oder S. 119 genannt wurden. Diese Polyamidharze verdanken ihre „flexibilisierende" Wirkung den verzweigten, sperrigen Di- und mitunter Monocarbonsäuren, die zu ihrer Herstellung benützt werden[3]. Insbesondere die Polyamino-amide sind niedrigmolekulare Kondensationsprodukte derartiger Carbonsäuren mit Polyaminen, wobei man die Mengenverhältnisse so wählt, daß nur ein Teil der vorhandenen Aminogruppen in Amidgruppen übergeführt werden. Die flüssigen bis zähflüssigen Polyamino-amide besitzen daher fortfahrend freie Aminogruppen, die sie zu der Härtungsreaktion VIII befähigen.

c) Warmhärtung mit Säureanhydriden. Diese wichtige Härtungsmethode ist am längsten bekannt[4]. Eine häufig gebrauchte Substanz ist Phthalsäureanhydrid

IX

Die Härtungsreaktion verläuft in zwei Schritten. Zuerst erfolgt eine Halbesterbildung mit einer OH-Gruppe der Epoxydverbindung VI.

X a

Im zweiten Schritt findet die zweite Halbesterbildung mit einer Epoxydgruppe statt:

X b

---

[1] Äquivalentgewicht = Molekulargewicht: Anzahl der aktiven H-Atome bzw. Anzahl der Epoxydgruppen.

[2] Bekannt unter dem Handelsnamen „Versamid" (Schering, Berlin).

[3] Vgl. z. B. Ullmanns Encykl. d. techn. Chemie, 3. Aufl., Bd. 14, S. 73, 1963.

[4] DRP 749, S. 12, De Trey AG, Zürich 1938.

Schließlich wird durch die Säuregruppen eine weitere Vernetzung katalytisch ausgelöst. Hydroxyl- und Epoxygruppen der Epoxydverbindung VI reagieren miteinander unter Bildung von Ätherbrücken

$$HC-OH + H_2C-CH \longrightarrow HC-O-CH_2-CH- \qquad \qquad Xc$$

16.1.5 Anwendungsvorschriften und Eigenschaften von Epoxydharzleimen

Die Anwendungsbedingungen und sonstigen Eigenschaften der zahlreichen heute zur Verfügung stehenden Epoxydharzleim-Härter-Kombinationen sind gewöhnlich in Merkblättern der Herstellerfirmen genau beschrieben.

Kalthartende Leime haben dünn- bis zähflüssige oder pastenförmige Konsistenz. Sie werden unmittelbar vor Gebrauch mit Härter gemischt. Topf- und Preßzeiten sind von der Natur des verwendeten Härters abhängig. Die Topfzeiten pflegen eine bis mehrere Stunden, die Preßzeiten 12–24 Stunden zu betragen. Beide nehmen mit steigender Temperatur stark ab.

Warmhärtende Leime werden in flüssiger und fester Form (Stangen, Pulver) geliefert; sie können einen bei Raumtemperatur inaktiven Härter bereits zugemischt enthalten. Pulver werden auf heiße Unterlagen aufgestreut, an denen sie kleben bleiben, Stangen auf heiße Unterlagen aufgestrichen. Die Härtungszeiten sind wieder sehr stark von der Temperatur abhängig, **wie aus den Daten des als Beispiel angeführten Araldit-Bindemittel I (Ciba) hervorgeht** (Tab. 78).

Tabelle 78

Preßzeiten eines Epoxydharz-Warmleims in Abhängigkeit von der Fugentemperatur
(Araldit-Bindemittel I, Ciba)

Temperatur	Preßzeit	
°C	mindest	max.
110	18 h	
120	24 h	
130	10 h	
140	5 h	
150	3 h	
160	2 h	
170	80 min	
180	55 min	
190	45 min	
200	30 min	
220	10 min	60 min
250	7 min	10 min
280	3 min	5 min

Bei Temperaturen über 200 °C (Schockaushärtungen) können beim Überschreiten des zulässigen Zeitintervalles leicht Überhärtungen und damit Fehlverleimungen auftreten.

In Tab. 79 sind die Schubfestigkeiten ($\bar{\tau}$) sowie die Temperaturgrenzen der stärksten Epoxydharz-Metalleime angegeben. Die Festigkeitswerte beziehen sich auf den Überlappungsstandardversuch (S. 280, Metallverleimung) mit chemisch vorbehandelten Aluminiumoberflächen. Oberhalb der angegebenen Temperaturgrenze findet Erweichung statt.

Tabelle 79
Mittlere Schubfestigkeiten und Temperaturgrenzen von Epoxydharz-Metalleimen
(nach J. THIENEMANN)[1]

Sorte	Schubfestigkeit $\bar{\tau}$ (kp/mm)^2	Temperaturgrenze °C	Bemerkungen
Heißbinder	3–4	130–150	
Heißbinder	3–4	150–250	neue Sorten unter Vorbereitung
Kaltbinder	1–1,5	60–100	
	1,5–2,0		

Wie bereits erwähnt, haften PF- und MF-Holzmetalleime nur auf angerauhten Metalloberflächen. Von glatten Oberflächen lösen sie sich wieder nahezu vollständig ab, da die starken Schwundkräfte während des Härtens die ursprüngliche Bindung wieder aufheben. Bezeichnenderweise binden die beinahe schwundfreien Epoxydharzleime auch auf glatten entfetteten Flächen[2]; man erreicht etwa 50% der maximalen Festigkeiten. Die erhöhte Festigkeit auf angerauhter Unterlage kommt wiederum durch die Vergrößerung der wirksamen Oberfläche sowie die mechanisch entlastende Wirkung der Unebenheiten zustande.

Tabelle 80. *Vergleich einiger mechanischer und chemischer Eigenschaften von gehärteten PF- und Epoxydharzleimen* (nach TRIETSCH)[3]

Eigenschaft	PF-Leime (Heißbinder)		Epoxydharzleime		
	rein	modif.	Kaltbinder P-amine	Kaltbinder P-aminoamide	Heißbinder Säureanhydride
Flexibilität	4	1	2	1	2
Härte	1	2	2	3	1
Wasserbeständigkeit	1	1	3	2	3
Lösungsmittel-beständigkeit	1	2	2	3	2
Beständigkeit gegen Chemikalienangriff	1	2	3	4	2

(„1" bezeichnet die höchste Güte)

Auffallend ist in Tab. 80 die etwas geringere Wasserbeständigkeit der heißgehärteten Epoxydharzfuge. Chemisch ist diese Tatsache verständlich, da Esterverknüpfungen besonders in der Wärme etwas empfindlich gegen die verseifende Wirkung des Wassers sind[4]. Im übrigen sind

---

[1] Vortrag in Svenska Teknologföreningen, Göteborg 1964.
[2] Für die Autoindustrie werden neuerdings Spezialleime hergestellt, die auch gegen eine Reihe fetter Substanzen unempfindlich sind (vgl. S. 302).
[3] TRIETSCH, F. K.: Die Metallverklebung. Deva, Stuttgart 1960.
[4] Aus dem gleichen Grunde werden auch Polyester- und solche Polyurethanverbindungen, die Polyesterketten enthalten, von heißem Wasser merklich angegriffen.

Metallverleimungen durch Bestreichen der Fugenränder mit geeigneten Schutzlacken leicht vor Wasserangriff zu schützen.

Als einzige wirkliche Schwäche, die reine Epoxydharzleime bisher aufgewiesen haben, ist ihre niedrige Schälfestigkeit zu nennen. Ohne diesen Nachteil hätten sie, wie DE BRUYNE hervorhebt[1], die PF-Epoxyd-heißbinder (S. 251) vollständig verdrängt.

16.2 Ungesättigte Polyesterharzleime („Polyesterharzleim")

16.2.1 Allgemeines

Das Grundmaterial dieser Leime sind Kunstharze, die nach einem verbreiteten Sprachgebrauch „Polyester" genannt werden. Diese Bezeichnung ist insofern nicht ganz korrekt, als ungesättigte Polyesterharze nur eine Unterabteilung der großen Polyestergruppe bilden[2]. Die ungesättigte Natur dieser Verbindungen ist ausschlaggebend für ihr chemisches Verhalten. Denn sie ermöglicht eine seitliche Copolymerisations-Vernetzung der linearen Kettenmoleküle mit anderen ungesättigten Monomerverbindungen. Da die copolymerisierbaren Monomeren, vor allem Styrol, den Charakter organischer Lösungsmittel besitzen, läßt sich die Viskosität von Polyesterharzleimen verhältnismäßig niedrig halten.

Ähnlich wie Epoxydharzleime entwickeln auch Polyesterharzleime ziemlich universelle Hafteigenschaften, da bei ihrer Vernetzung keine niedrigmolekularen Verbindungen abgespalten werden. Verglichen mit Epoxydharzleimen bedingen sie niedrigere Preise, sind im Durchschnitt bequemer aufzutragen und und härten schneller. Dagegen schwinden sie etwas stärker und sind auch meistens etwas unelastischer; sie erreichen infolgedessen nicht ganz die hohen Festigkeitswerte der Epoxydharzleime. Auch sind sie weniger wärmebeständig (70–80 °C). Trotzdem sind sie zu allen Verleimungsaufgaben, an die nicht die extrem hohen Festigkeitsforderungen der Flugzeugindustrie usw. gestellt werden, ausgezeichnet brauchbar.

16.2.2 Die ungesättigte Polyesterkomponente, Rohstoffe und Darstellung

Das Prinzip der Polyesterbildung wurde bereits als Beispiel einer Kondensationsreaktion auf S. 110 erwähnt. Polyesterharze entstehen demnach durch Kondensation von Dicarbonsäuren und Dialkoholen. Die Vernetzbarkeit des gebildeten Harzes durch Copolymerisation hängt von der Anzahl ungesättigter Gruppen ·ab, die bei der Kondensation in die linearen Kettenmoleküle eingebaut werden. Als Träger

---

[1] BRUYNE, N. A. DE: Structural Adhesives for Metal Aircraft. The Fourth Anglo-American Aeronautical Couference, London 1953.

[2] Gesättigte Polyesterharze, die „Alkyde", sind einer der wichtigsten Rohstoffe der Lackindustrie.

ungesättigter Gruppen benützt man ungesättigte Dicarbonsäuren. Zur
Regelung der Vernetzbarkeit verwendet man jedoch gleichzeitig gesättigte Dikarbonsäuren in wechselnder Menge.

Ungesättigte Dicarbonsäuren. Häufig verwendete ungesättigte Dicarbonsäuren sind Malein- und Fumarsäure. Anstelle von Maleinsäure
wird auch Maleinsäureanhydrid benützt. Sämtliche drei Verbindungen
werden technisch durch Oxydation von Benzol hergestellt.

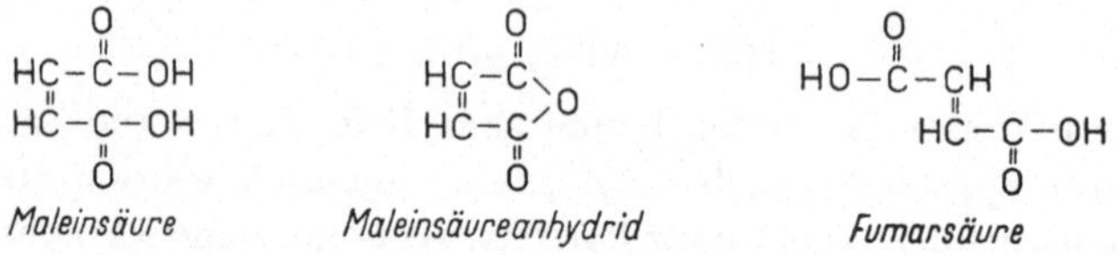

$$\begin{array}{ccc} \underset{\text{Maleinsäure}}{\begin{matrix} \text{HC}-\text{C}-\text{OH} \\ \text{HC}-\text{C}-\text{OH} \end{matrix}} & \underset{\text{Maleinsäureanhydrid}}{\begin{matrix} \text{HC}-\text{C} \\ \text{HC}-\text{C} \end{matrix}\text{O}} & \underset{\text{Fumarsäure}}{\begin{matrix} \text{HO}-\text{C}-\text{CH} \\ \text{HC}-\text{C}-\text{OH} \end{matrix}} \qquad \text{I} \end{array}$$

Wie aus I ersichtlich, sind Malein- und Fumarsäure isomere Verbindungen. Maleinsäure geht leicht in Fumarsäure über, eine Umlagerung,
die bei der Polyesterbildung häufig stattfindet.

Gesättigte Dicarbonsäuren. Die bei der Polyesterharzkondensation
gebräuchlichsten gesättigten Säuren sind Phthalsäure bzw. Phthalsäureanhydrid (S. 260, Formel IX), Adipin- und Sebacinsäure:

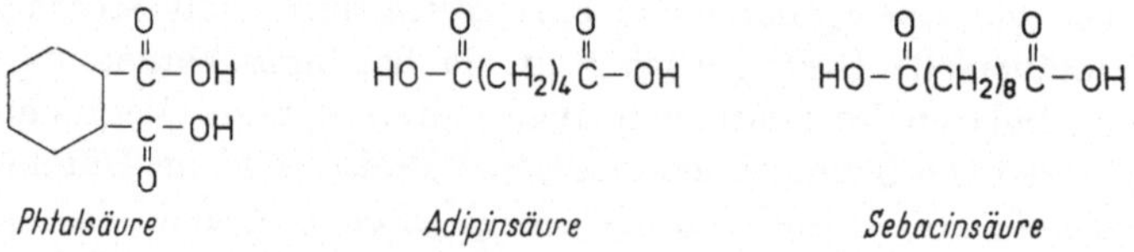

$$\underset{\text{Phtalsäure}}{\bigcirc\!\!\begin{matrix} -\text{C}-\text{OH} \\ -\text{C}-\text{OH} \end{matrix}} \qquad \underset{\text{Adipinsäure}}{\text{HO}-\text{C}(\text{CH}_2)_4\,\text{C}-\text{OH}} \qquad \underset{\text{Sebacinsäure}}{\text{HO}-\text{C}(\text{CH}_2)_8\,\text{C}-\text{OH}} \qquad \text{II}$$

Phthalsäure wird technisch durch Oxydation von Naphthalin und
o-Xylol, Adipinsäure durch Oxydation von C_6-Verbindungen, z.B. Cyclo-
hexanol, Sebacinsäure durch Spaltung von Ricinusöl hergestellt. – Sämtliche ungesättigten und gesättigten Säuren nach Formel I und II sind
feste Substanzen.

Dialkohole. Als Dialkohole werden meistens Äthylen- und 1,2-Pro-
pylenglykol, beide Flüssigkeiten mit hohen Kochpunkten, verwendet:

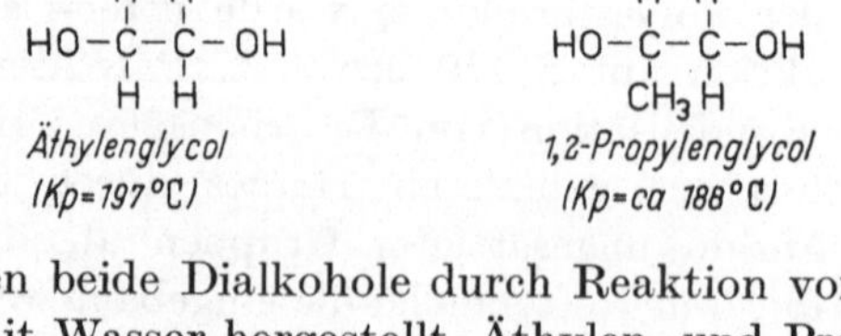

$$\underset{\substack{\text{Äthylenglycol} \\ (Kp=197\,°C)}}{\text{HO}-\text{C}-\text{C}-\text{OH}} \qquad\qquad \underset{\substack{\text{1,2-Propylenglycol} \\ (Kp=ca\ 188\,°C)}}{\text{HO}-\text{C}-\text{C}-\text{OH}} \qquad \text{III}$$

Technisch werden beide Dialkohole durch Reaktion von Äthylen- bzw.
Propylenoxyd mit Wasser hergestellt. Äthylen- und Propylenoxyd sind
zwei wichtige Ausgangsstoffe der organischen Industrie, die heute direkt
aus Äthylen bzw. Propylen und Sauerstoff synthetisiert werden können.

Ungesättigte Polyesterharze haben Molekulargewichte von 1000 bis

5000 und sind je nach Zusammensetzung zähflüssige Weichharze oder kristallisierte Stoffe[1]. Die Herstellung erfolgt meistens durch Schmelzkondensation der Ausgangskomponenten bei Temperaturen von 160 bis 200 °C, häufig unter Abschluß von Sauerstoff, der eine vorzeitige Polymerisation des Harzes herbeiführen kann, und unter Durchleiten inerter Gase zur besseren Entfernung des Kondensationswassers. Man benützt angenähert äquimolare Ansätze von Dialkoholen und Dicarbonsäuren, jedoch oft einen leichten Überschuß der ersteren, um die Anzahl freier Säureendgruppen („Säurezahl") des Reaktionsproduktes niedrig zu halten. Am Ende der Kondensationsreaktion und während der Lagerung kann in ungesättigten Polyesterharzen leicht eine gewisse Selbstvernetzung (Polymerisation) der ungesättigten Bindungen eintreten, die zu einem Gelieren des Produktes führt. Diese unerwünschte Polymerisation wird durch Zugabe von Radikalinhibitoren wie Hydrochinon oder Butylbrenzkatechin unterbunden.

16.2.3 Die Härtung von ungesättigtem Polyesterharz

Die Vernetzung der ungesättigten linearen Polyestermoleküle mit beispielsweise monomerem Styrol (S. 181) erfolgt durch Radikalkettencopolymerisation. Analog der auf S. 103 ausführlicher beschriebenen gewöhnlichen Radikalkettenpolymerisation wird auch die Copolymerisation durch Peroxydradikale ausgelöst. Die Wachstumsreaktion verläuft senkrecht zur Längserstreckung der Polyestermoleküle und erfaßt abwechselnd Styrolmoleküle und ungesättigte Gruppen der Polyesterketten[2]. Die Copolymerisation wird wieder durch Kombination oder Disproportionierung (S. 104) beendet.

Die Vernetzungsreaktion kann übersichtlicher dargestellt werden, wenn man für die einzelnen Komponenten des Polyestermoleküles vereinfachende Symbole einführt. Mit den in Formel IV verwendeten und erläuterten Symbolen nimmt das Polyestermolekül folgende schematische Form an:

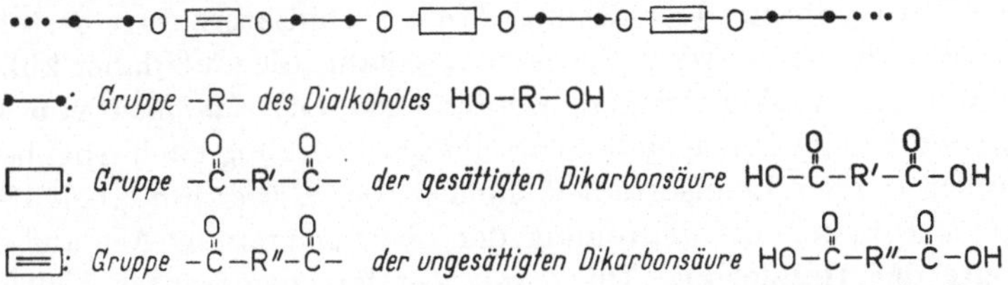

$$\cdots\!-\!\bullet\!-\!\!-\!\bullet\, O\,\boxed{\equiv}\,O\,-\!\bullet\!-\!\!-\!\bullet\, O\,\boxed{\ \ }\,O\,-\!\bullet\!-\!\!-\!\bullet\, O\,\boxed{\equiv}\,O\,-\!\bullet\!-\!\!-\!\bullet\,\cdots$$

$\bullet\!-\!\!-\!\bullet$: Gruppe $-R-$ des Dialkoholes $HO-R-OH$

$\boxed{\ \ }$: Gruppe $-\overset{O}{\overset{\|}{C}}-R'-\overset{O}{\overset{\|}{C}}-$ der gesättigten Dikarbonsäure $HO-\overset{O}{\overset{\|}{C}}-R'-\overset{O}{\overset{\|}{C}}-OH$

$\boxed{\equiv}$: Gruppe $-\overset{O}{\overset{\|}{C}}-R''-\overset{O}{\overset{\|}{C}}-$ der ungesättigten Dikarbonsäure $HO-\overset{O}{\overset{\|}{C}}-R''-\overset{O}{\overset{\|}{C}}-OH$

IV

Mit der im Anschluß an die in Tab. 30 verwendete schematische Bezeichnungsweise folgt für die Vernetzungsreaktionen mit Styrol nachstehendes Formelbild:

---

[1] Ullmanns Enzykl. d. techn. Chemie, 3. Aufl., Bd. 14, S. 90, 1963.

[2] Diese Beschreibung der Copolymerisation wie auch die Darstellung in Formel V sind schematische Vereinfachungen der tatsächlich stattfindenden Vorgänge.

V

Als Startkatalysatoren der Vernetzungsreaktion stehen eine Reihe organischer Peroxyde zur Verfügung, deren Zerfallsgeschwindigkeit in Radikale ziemlich verschieden und stark temperaturabhängig ist und die außerdem durch besondere Beschleunigersubstanzen noch weitgehend beeinflußt werden kann. Durch geeignete Wahl der Peroxyde ist es möglich, die Härtung bei Temperaturen von 50–150 °C nach Zusatz von Beschleunigern bei Raumtemperatur durchzuführen. Für das wichtige Aushärten bei Raumtemperatur werden Diacylperoxyde[1] mit tertiären Aminen oder Ketonperoxyde[2] mit Kobaltsalzen organischer Säuren als Beschleuniger verwendet. Peroxyd und Beschleuniger müssen stets getrennt zugesetzt werden, da beim Mischen beider eine Reaktion von explosionsartiger Heftigkeit eintreten könnte. Aus ähnlichen Gründen[3] werden organische Peroxyde nie in fester Form, sondern stets zusammen mit indifferenten, schwer flüchtigen Flüssigkeiten, z.B. als Pasten oder Lösungen in Dibutylphthalat verwendet.

16.2.4 Anwendung und Eigenschaften
von ungesättigten Polyesterharzleimen

Ungesättigte Polyesterharzleime werden, ähnlich wie die nahe verwandten ungesättigten Polyesterharzlacke, gewöhnlich als Zweikomponentenmaterial, bestehend aus Harzlösung und Härter, in den Handel gebracht. Die „Harzlösung" enthält häufig die ungesättigte Harz- und Vernetzungskomponente sowie Stabilisator und Beschleuniger, der Härter eine Peroxydpasta oder -lösung. Trotz Stabilisatorzusatz besteht bei der Harzlösung eine gewisse Vernetzungsgefahr. Sie muß daher kühl und wenn möglich dunkel gelagert werden. Die *Lagerfähigkeit* von Harzlösung und Härter betragen bei vorsichtiger Lagerung nach Angaben der Hersteller je nach Leimsorte 3–6 Monate. Der *Härterzusatz* beläuft sich bei einer Komponentenaufteilung der oben genannten Art auf einige Prozente der Harzlösung. Die *Topfzeiten* fertiggemischter Kaltbinder betragen bei Raumtemperatur etwa $^{1}/_{2}$–1 Stunde, mitunter auch mehr, und werden wie stets durch Kühlung merklich verlängert. Mit Leimen

---

[1] Peroxyde des Typs Di-Benzoylperoxyd (S. 103).
[2] Zum Beispiel Methyläthylketonperoxyd oder Cyclohexanonperoxyd.
[3] Organische Peroxyde unterliegen den Vorschriften für Sprengstoffe.

geeigneter Zusammensetzung können bei Raumtemperatur die verhältnismäßig kurzen Preßzeiten von 1–2 Stunden erreicht werden.

Die Technik der Metallverleimung mit ungesättigten Polyesterharzleimen ist die gleiche wie mit anderen lösungsmittelfreien Leimen, z. B. Epoxydharzleimen. Die hohen Schubfestigkeiten der Epoxydharzheißbinder werden nicht ganz erreicht. Als Vergleich werden für Epoxydharzleime Festigkeiten bis zu 3,5 kp/mm², für ungesättigte Polyesterharzleime von 1–2 kp/mm² angegeben[1]. Die Temperaturbeständigkeitsgrenze liegt durchschnittlich bei 70–80 °C. Die Wasserbeständigkeit ist höher als von Epoxydharzleimen.

16.3 Polyurethanleime

16.3.1 Allgemeines

Polyurethanleime sind meistens Zweikomponentenleime. Die eine der beiden Komponenten sind lineare gerade oder verzweigte (gesättigte) Polyesterharze, die andere Polyisocyanate, z. B. die auf S. 269 ff. beschriebenen technisch wichtigen Triisocyanate. Die Vernetzung erfolgt, wiederum ohne Abspaltung niedermolekularer Produkte, durch eine Additionsreaktion zwischen freien Hydroxylgruppen der Polyestermoleküle und den polyfunktionellen Isocyanaten. Der Name „Polyurethan" für das vernetzte Endprodukt trägt der Tatsache Rechnung, daß die Verbindungsglieder, die bei der Vernetzungsreaktion entstehen, Urethangruppen bilden (S. 270).

Prinzipiell könnten auch Polyurethanleime lösungsmittelfrei hergestellt werden, da bei Raumtemperatur flüssige, polyfunktionelle Isocyanate zur Verfügung stehen. Doch greifen die Dämpfe flüssiger Isocyanate Schleimhäute und Atemorgane merklich an. Natürlich spielt die Höhe des Dampfdruckes dabei eine wesentliche Rolle. Aber auch bei schwerer flüchtigen Verbindungen wie dem technisch wichtigen Toluol-Diisocyanat (Kp ~ 130 °C, vgl. S. 269) treten Reizwirkungen, wenn auch in beschränkterem Maße auf. Aus diesem Grunde verwendet man zu Polyurethanleimen gewöhnlich Lösungen fester praktisch nicht flüchtiger Isocyanatverbindungen. Die gebrauchsfertigen Leimmischungen sind hochkonzentriert, doch ist bei ihrer Verarbeitung im Gegensatz zu Epoxyd- und Polyesterharzleimen die Einschaltung einer Trockenperiode unvermeidlich. Im übrigen teilen Polyurethanleime das umfassende Haftvermögen der beiden letztgenannten Leimsorten, da auch sie nach Abdunsten des Lösungsmittels beim Härtungsprozeß nur wenig schwinden. In einigen Fällen scheint das Haften auch durch die hohe chemische Reaktivität der Isocyanatgruppe unterstützt zu werden, die ganz allgemein mit aktiven H-Atomen reagieren kann. Wie auf S. 187 be-

---

[1] Henkel Klebstoffwerk, Düsseldorf: Allgemeine Richtlinien für die Anwendung und Verarbeitung von Metallklebstoffen 1965.

richtet wurde, ist schon die reine Isocyanatkomponente imstande Kautschuk zu vernetzen. Triphenylmethan-Triisocyanat wird auch als Haftvermittler zwischen Metallen und Kautschuk benützt, der aufvulkanisiert werden soll[1]. Aus dem gleichen Grunde ist bei der Verwendung von Polyurethanleimen eine gewisse Vorsicht zu beobachten. Die Gegenwart von Wasser oder hydroxylhaltigen Lösungsmitteln (die zur Verdünnung dieser Leime ungeeignet sind!) führt zu Nebenreaktionen, die den normalen Ablauf der Härtungsreaktion verhindern.

Zum Verleimen stehen härtere und weichere Zweikomponentenleime bzw. Kleber, für Spezialzwecke auch Einkomponentenkleber zur Verfügung. *Härtere Zweikomponentenleime* eignen sich zum Verleimen härterer Werkstoffe. Sie haften auch gut auf Metall. Die Fugenfestigkeiten, die mit ihnen erzielt werden, entsprechen etwa denjenigen von Polyester-Metalleimen. Weichere Zweikomponentenleime, die das oben erwähnte Triphenylmethan-Triisocyanat als Vernetzungskomponente enthalten, sind besonders zum Verleimen von Vulkanisaten aus Kunst- und Naturkautschuk geeignet. Sie werden u.a. in der Schuhindustrie verwendet. *Einkomponentenleime* werden aus Polyesterharzen hergestellt, die mit Polyisocyanaten nur schwach vernetzt sind und daher Löslichkeit und Thermoplastizität beibehalten. Lösungen dieser im festen Zustand crepeartigen Produkte haben ähnliche temporäre Kontaktklebereigenschaften wie die auf S. 198 ff. beschriebenen Klebstofflösungen[2].

16.3.2 Die Komponenten von Polyurethanleimen

a) Die Polyesterkomponente. Unverzweigte gesättigte Polyesterharze entstehen bei der Reaktion von gesättigten Dialkoholen und Dicarbonsäuren; sie haben eine ähnliche Struktur und werden in gleicher Weise hergestellt wie ungesättigte Polyesterharze (S. 263). Die Kondensation wird mit Alkoholüberschuß durchgeführt, um die Bildung von Endhydroxylgruppen zu begünstigen. Die Polyesterkomponenten weicher Polyurethanleime besteht aus unverzweigten (oder schwachverzweigten) längeren Polyestermolekülen. – *Verzweigte* Polyesterharze entstehen bei Mitverwendung von Polyalkoholen mit höherer Funktionalität als 2. Durch geeignete Mischung von zwei- und höherwertigen Alkoholen können Harze verschiedenen Verzweigungsgrades hergestellt werden. Ein verzweigtes Polyesterharz, das als Komponente härterer Polyurethanleime Verwendung findet[3], entsteht bei Kondensation von Adipinsäure (S. 264). Butylenglykol (Dialkohol) und Hexantriol (Trialkohol). Verzweigte Harze aus Diolen und Triolen lassen sich in der schematischen Schreibweise von S. 215, IV folgendermaßen darstellen:

---

[1] Farbenfabriken Bayer, DRP 885902, 1942 und 900270 (1941).
[2] Bock, E.: Klebstoffe auf synthetischer Basis. Kautschuk und Gummi *11* (1959).
[3] „Desmocoll 12" der Farbenfabriken Bayer AG, Leverkusen.

HO ···–•——•O–[ ]–O–•—•—•O–[ ]–O–•——•···OH

$$O$$

$$O$$

OH

I

———•: *Gruppe* $-R-\underset{|}{C}-R'-$ *des Trialkohols* $OH-R-\underset{|}{\underset{OH}{C}}-R'-OH$

b) Die Polyisocyanatkomponente. Polyisocyanate tragen mehrere reaktive Isocyanatgruppen $-N=C=O$. Die allgemeine Formel von z.B. Diisocyanaten hat daher folgende Form:

$$O-C=N-R-N=C=O$$

II

Von den verschiedenen Herstellungsmöglichkeiten hat vor allem die Reaktion von Polyaminen mit Phosgen, gelöst in inerten Lösungsmitteln, praktische Bedeutung. Phosgen, das Dichlorid der Kohlensäure, das aus letzterer und Chlor hergestellt wird, ist bei Raumtemperatur ein äußerst giftiges Gas (Kp etwa 8 °C). Die Phosgenbehandlung erfolgt zuerst in der Kälte, dann in der Wärme und führt über verschiedene Zwischenstadien zu dem Bruttoresultat[1]:

$$2\,H_2N-R-NH_2 + 4\,COCl_2 \longrightarrow 2\,O=C=N-R-N=C=O + 8\,HCl$$

III

Phosgen

Für die Herstellung von Polyurethanleimen wichtige Polyisocyanate sind unter anderem

IV

2,4-Toluol-diisocyanat   Triphenylmethan 4,4',4''-triisocyanat
                                 (,,Desmodur R'')[2]

16.3.3 Die Vernetzungsreaktion (Urethanbildung)

Isocyanat- und Hydroxylverbindungen reagieren miteinander unter Verknüpfung durch Addition. Das verbindende Glied bildet eine Ure-

---

[1] Vgl. z.B. HOUWINK/STAVERMAN: Chem. u. Techn. d. Kunststoffe, Bd. II/2, S. 1254, 1963.

[2] Handelsbezeichnungen der Farbenfabriken Bayer AG. Leverkusen.

thangruppe

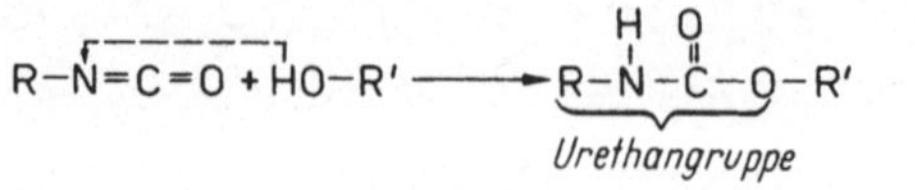

$$R-N=C=O + HO-R' \longrightarrow R-\underset{H}{N}-\underset{\underset{O}{\|}}{C}-O-R' \qquad \text{(Urethangruppe)} \qquad V$$

Die Urethanbindung erinnert an eine gewöhnliche Esterbindung und unterscheidet sich von dieser formell nur dadurch, daß zwischen Carboxyl Kohlenstoff $-\underset{\underset{O}{\|}}{C}-$ und Rest R eine NH-Gruppe eingeschoben ist. Auf Reaktion V beruht das Härten von Polyurethanleimen. Die Isocyanatkomponente reagiert dabei mit den endständigen OH-Gruppen des Polyesterharzes (I). Man bedient sich auch dieser Reaktion, um z.B. Toluol-diisocyanat mit Hilfe eines dreiwertigen Alkohols in ein weniger flüchtiges und daher physiologisch einwandfreies Triisocyanat-Additionsprodukt überzuführen:

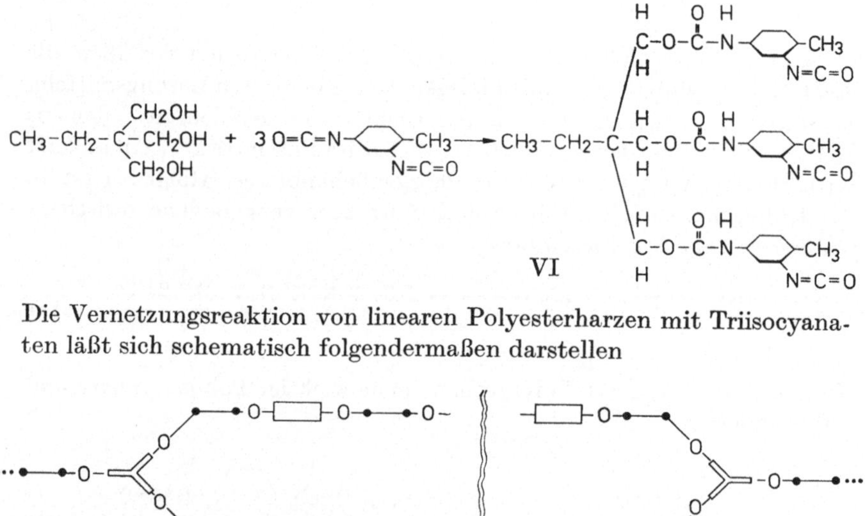

$$\text{VI}$$

Die Vernetzungsreaktion von linearen Polyesterharzen mit Triisocyanaten läßt sich schematisch folgendermaßen darstellen

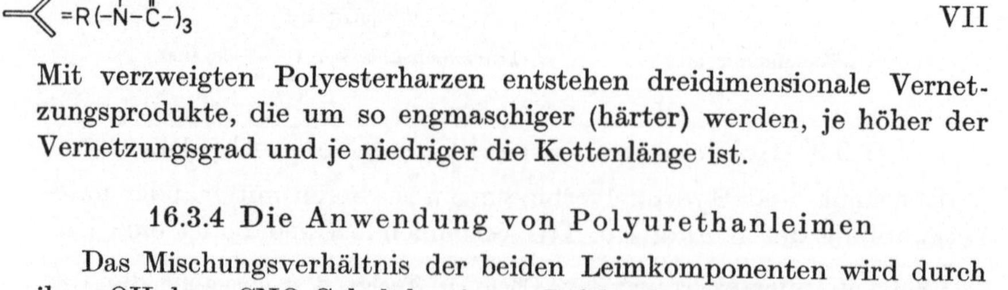

$$\text{VII}$$

Mit verzweigten Polyesterharzen entstehen dreidimensionale Vernetzungsprodukte, die um so engmaschiger (härter) werden, je höher der Vernetzungsgrad und je niedriger die Kettenlänge ist.

16.3.4 Die Anwendung von Polyurethanleimen

Das Mischungsverhältnis der beiden Leimkomponenten wird durch ihren OH- bzw. CNO-Gehalt bestimmt. Infolge der verschiedenen Äquivalentgewichte beider Gruppen (OH = 17, NCO = 42) sollten die Gewichtsprozente OH und NCO theoretisch im Verhältnis von rd. 1 : 2,5 stehen. Wie Tab. 81 zeigt, hat es sich jedoch als vorteilhaft erwiesen, mitunter mit einem ziemlich bedeutenden Polyisocyanatüberschuß zu arbeiten.

Die harte Mischung wird für die Verleimung von Holz, Metall, die weiche für Textil und Leder usw. empfohlen. Mischungen zur Einstellung mittlerer Härtegrade sind ohne weiteres möglich. – Zur Verklebung von Kautschukvulkanisaten ist Triphenylmethan-triisocyanat (Desmodur R) besser geeignet. Da es nur in relativ verdünnter Lösung hergestellt wird (20%ig in Methylenchlorid), arbeitet man trotz des hohen NCO-Gehaltes der reinen Verbindung mit etwa dem Doppelten der in Tab. 81 angegebenen Mengen.

Durch Katalysatoren[1] kann die Vernetzungsreaktion wesentlich beschleunigt werden. Topf- und Preßzeiten sind daher weitgehend durch die jeweilige Katalysatoreinstellung bedingt. Die Topfzeit der harten Leimmischung, Tab. 81, beträgt nach Angaben des Herstellers 24 Stunden bei Raumtemperatur. Zum Abdunsten der flüchtigen Lösungsmittel sind offene Zeiten von $^1/_2$–1 Stunde notwendig. Die lösungsmittelfreie Leimschichte verbleibt so weit flüssig, daß ausreichende Berührung beim Pressen gesichert ist. Die Preßzeiten bei z. B. Metallverleimungen betragen 24 Stunden bei 20 °C, 3 Stunden bei 90 °C und 1 Stunde bei 180 °C. – Schneller vernetzende Mischungen aus Desmocoll 11 und 22 sowie Desmodur R werden in der Schuhindustrie zum Verkleben schwerer Gummisohlen und fetter Waterproof-Leder verwendet. Die Topfzeiten dieser Mischungen sind auf etwa $1^1/_2$ Stunden eingestellt[2].

[1] Tertiäre Amine, basische Stoffe, Metallsalze.
[2] S. Fußnote 2, S. 268.

Tabelle 81. *Mischungsverhältnisse von Polyurethanleimen*[1]

Komponente	Handels-Bez.[1]	Fest-Geh. %	OH %(ca)	NCO %(ca)	Viskos. 20 °C cP(ca)	Mischung (Gew.-Teile) theor.	prakt.	Bemerkung
Polyester, stark verzw.	Desmocoll 12	100	5	—	16000	—	100	harte Leimfuge
Triisocyanat Formel VI	Desmodur L	75[2]	—	13	2000	(95)	150	
Polyester, schwach verzw.	Desmocoll 22	100	1,8	—	30000	—	100	weiche Leim-
Triisocyanat Formel VI	Desmodur L	75[2]	—	13	2000	(35)	40	fuge

[1] Bayer-Kunststoffe, Farbenfabriken Bayer AG, Leverkusen 1963.
[2] 75 %ige Lösung in Äthylacetat.

C Festigkeit und Beständigkeit

17 Festigkeit von Leim- und Klebfugen

17.1 Allgemeine Begriffe

Die mechanische Festigkeit von Fugenverbindungen kann auf sehr verschiedene Weise untersucht werden. Die Ausführungen dieses Abschnittes beschränken sich ausschließlich auf jene begrenzte Anzahl von Methoden, nach denen die an verschiedenen Stellen dieses Buches angeführten Festigkeitszahlen ermittelt wurden.

Unter Festigkeit ist die maximale Belastung (kp) bzw. maximale spezifische Belastung (kp/cm², kp/mm²) zu verstehen, die an verleimten und verklebten Proben in Prüfmaschinen im Augenblick des Bruches gemessen wird. Die Fuge wird dabei auf Zug, Schub, mitunter auch Druck oder auf eine Kombination mehrerer Belastungsarten gleichzeitig beansprucht. Die Kombination von Zug- und Schubbelastung führt zu verschiedenen, mitunter ziemlich komplizierten Belastungsfällen, wie unter anderem das Beispiel der Schälprüfung (Abb. 91) zeigt.

Die häufigste Art der Festigkeitsprüfung ist die *Kurzzeitprüfung*, die bei schnell und gleichmäßig ansteigender Belastung bis zum Bruch der Probe durchgeführt wird. Die Schnelligkeit des Belastungsanstieges beeinflußt das Meßresultat, vor allem wenn die untersuchte Fuge ausgeprägte Kriecheigenschaften besitzt. Die Vorschubgeschwindigkeit der Prüfmaschine wird daher gewöhnlich zusammen mit den Meßresultaten mitgeteilt. Unter der „Festigkeit" einer Fuge – ohne weitere Angaben – ist im allgemeinen der Meßwert zu verstehen, der bei dieser Kurzzeitprüfung mit schnell steigender Belastung gefunden wurde. In diesem Sinne wird auch die Bezeichnung „Festigkeit" im folgenden verwendet.

Bei der *Langzeitprüfung* mit längerer Belastungsdauer werden die maximalen Werte der Kurzzeitprüfung nicht erreicht. Zu Langzeitprüfung werden sowohl statische als auch dynamische Prüfmethoden angewendet. Bei *statischer Langzeitprüfung* wird die Fuge einfach einer konstanten Belastung ausgesetzt, die, wie erwähnt, stets unter der maximalen Belastung der Kurzzeitprüfung liegt. Man mißt die Zeit, die bis zum Bruch der Probe verstreicht. Die Belastung/Zeitwerte, die man dabei feststellt, werden *Zeit-Standfestigkeiten*, die maximale Belastung, die von der Fuge ohne Bruch dauernd getragen wird, *Dauer-Standfestigkeit* genannt.

Bei *dynamischer Wechselbelastungsprüfung* wird die Probe der Einwirkung einer periodischen Belastung bekannter Größe ausgesetzt. Gemessen wird die *Lastspielzahl*, d.h. die Zahl der Belastungen, die zum Bruch führt. Die so ermittelten Belastung/Lastspielzahlwerte werden in analoger Weise *Zeit- oder Dauerfestigkeit*, oder noch deutlicher, *Zeit- oder Dauerfestigkeit bei Wechselbelastung* genannt.

Prüfungsmethoden – Allgemeines

Schub-Zugprüfung. Die Schub-Zugprüfung (Überlappungsprobe) ist eine der häufig angewandten Prüfungsmethoden. Die Überlappungsfuge ist theoretisch und praktisch gut untersucht, da sie, wie z.B. bei der Metallverleimung, ein wichtiges Konstruktionselement darstellt. Die nach dieser Methode gemessenen Festigkeiten entsprechen annähernd mittleren Schubfestigkeiten.

Zugprüfung. Die rein zugbelastete Fuge (stumpfer Stoß) hat als Konstruktionselement bisher kaum größere praktische Bedeutung erlangt. Zugprüfungen werden mitunter zur Untersuchung von Verklebungen angewendet. In theoretischer Hinsicht ist die zugbelastete Fuge insofern interessant, als sie unter relativ einfachen Verhältnissen den Einfluß der Fugendicke auf die Fugenfestigkeit zu studieren gestattet (Bezeichnung der Zugfestigkeit: σ).

Schälprüfung. Leimfugen sind gegen die Einwirkung von Schälkräften (Trenn-, Abhebekräfte, peeling-forces) oft sehr empfindlich, da der Angriff von Zugkräften auf eine schmale Zone konzentriert ist (Abb. 91) und hohe spezifische Werte annehmen kann. Die Kenntnis der Schälfestigkeit (σ_s) ist daher besonders bei konstruktiven Verleimungen (Metallverleimung!) praktisch bedeutungsvoll. Eine besondere Rolle spielt die Schälfestigkeit bei flexiblem, permanentem Klebmaterial. Die Bindestärke von selbsthaftenden Klebebändern wird ausschließlich durch Schälfestigkeitszahlen charakterisiert. Als eine Art Schälprüfung ist auch die Meißel-Abhebeprobe anzusehen, die zur qualitativen Beurteilung von Holzverleimungen ausgezeichnete Dienste leistet. – Sämtliche genannte Prüfmethoden werden im folgenden näher beschrieben.

17.2 Absolute und mittlere Festigkeiten

Die Festigkeiten von Fugenverbindungen werden entweder als Totalbelastungen oder mittlere Belastungen angegeben. Bei flächenbelasteten Fugen wie der Überlappungsfuge oder dem stumpfen Stoß wird die mittlere Festigkeit in kp/cm² oder mm², bei linear belasteten Fugen (Schälprüfung) in kp/cm oder kp/Zoll ausgedrückt.

18 Baumann, Leime

Bei der Verwendung mittlerer Festigkeitszahlen flächenbelasteter Fugen zur Vorausberechnung der totalen Fugenfestigkeit ist Vorsicht geboten. Denn die Spannungen in belasteten Fugen sind wie bei allen inhomogenen Materialkombinationen ungleichmäßig über die Fugenfläche verteilt. Der Bruch wird gewöhnlich durch lokale Spannungsspitzen hervorgerufen, die ein Vielfaches der wirkenden äußeren Durchschnittsbelastung betragen können. Größe und Angriffspunkt der Spannungsspitzen sind auch bei ein und derselben Haftstoff-Material-Kombination stark von Form und Größe der Fugenfläche sowie der Dicke von Haftstoffschichte und vereinigtem Material abhängig. Fugengröße und Totalfestigkeit werden daher häufig nicht proportional verlaufen oder anders ausgedrückt: für Fugen verschiedener Größe werden häufig verschiedene mittlere Festigkeiten gemessen. Zur Unterstreichung dieser Tatsache werden mittlere Festigkeiten auch *scheinbare Festigkeiten* genannt. Einige Autoren verzichten auf die Angabe mittlerer Festigkeiten und beschränken sich prinzipiell auf die Mitteilung totaler Festigkeiten[1], um Irrtümern bei Festigkeitsberechnungen vorzubeugen.

17.3 Einige spezielle Prüfmethoden

17.3.1 Schub-Zugprüfung (Überlappungsprobe)

Ein anschauliches Beispiel für ungleichmäßige Spannungsverteilung bietet die Überlappungsfuge. In Richtung der Fugenbreite ist die Span-

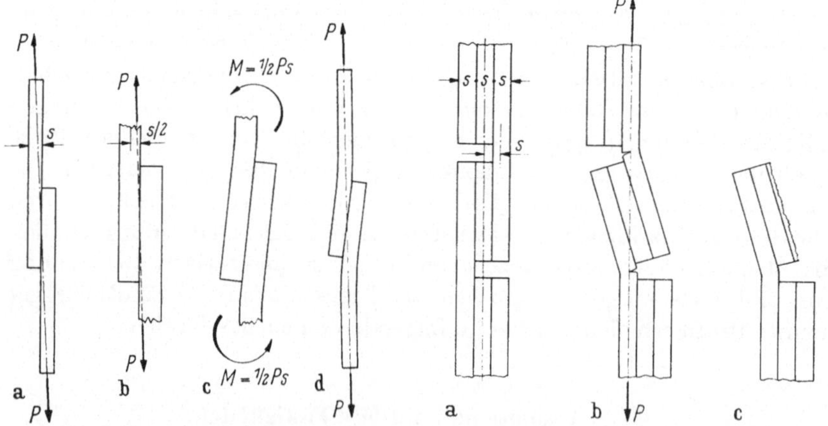

Abb. 77. Die Verformung der Enden einer belasteten Überlappungsfuge (nach MYLONAS und DE BRUYNE)[2]

Abb. 78 Die Verformung der Enden einer 3 ×-Überlappungsfuge (nach MYLONAS und DE BRUYNE)[2]

[1] In den Veröffentlichungen des Forest Prod. Research Laboratory, Risborough (England), werden beispielsweise nur totale Festigkeiten mitgeteilt.

[2] MYLONAS, C. and N. A. DE BRUYNE in DE BRUYNE-HOUWINK: Adhesion and Adhesives, S. 97, 109, 1951.

nungsbelastung konstant: die totale Festigkeit der Fuge wächst proportional zur Fugenbreite. Andere Verhältnisse herrschen in der Längsrichtung der Fuge. Bei Belastung entstehen Spannungsmaxima an den Fugenenden. Folgende beiden Ursachen sind hierfür verantwortlich.

a) Die angreifenden Kräfte wirken anfänglich exzentrisch (Abb. 77 a) und versuchen die Probe so zu verformen, daß die Verlängerungslinien beider Kraftpfeile zusammenfallen (d). Beide Probenenden werden infolgedessen verbogen und der Wirkung von Schälkräften ausgesetzt. Das Biegemoment am Ende der Überlappung beträgt $M = 1/2\,P_s$.

Noch stärker verdrehende Kräfte wirken auf den aus 3×-Sperrholz hergestellten Prüfkörper in Abb. 78. Der Prüfkörper nimmt beim Einspannen in die Prüfmaschine (in unbelastetem Zustand) die Lage a ein. Die angreifenden Kräfte suchen ihn wiederum so zu verformen, daß die Verlängerung der Kraftpfeile zusammenfallen. Bei gleicher Dicke s der drei verleimten Schichten wirkt am Ende der Überlappung das doppelte Moment $M = P_s$.

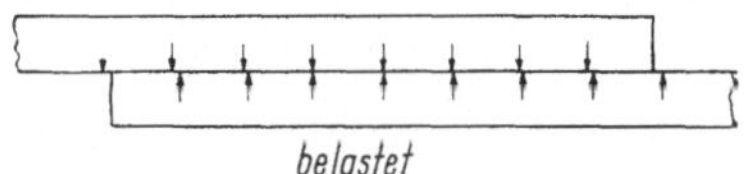

Abb. 79. Materialstreckung in einer Überlappungsfuge (nach DE BRUYNE)[1]

b) Neben dieser augenfälligen Ursache, die bei Zerreißprüfungen stets zu beobachten ist, findet außerdem an beiden Fugenenden eine maximale Streckung der verleimten Hälften und der Leimschichte statt. Diese Streckung ist in Abb. 79 durch die seitliche Verschiebung von Pfeilpaaren versinnbildlicht, die ursprünglich einander gegenüberliegende Punktpaare beider Fugenhälften markieren. Bei Belastung rücken diese Punktpaare um so weiter auseinander, je näher sie den Fugenenden liegen. Die Leimschichte muß die Verschiebungen beider Fugenhälften überbrücken und wird dabei auf Schub beansprucht. Wie man sieht, werden offenbar die größten Schubspannungen an beiden Fugenenden übertragen (Abb. 80). Das Widerstandsvermögen einer Überlappungs-

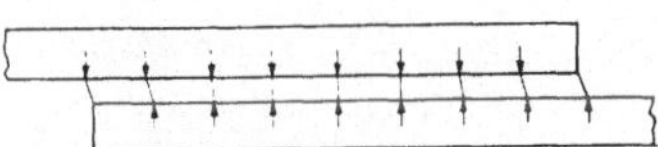

Abb. 80. Die Schubbeanspruchung der Haftschichte in einer Überlappungsfuge (nach DE BRUYNE)[1]

verbindung wird daher nur an beiden Enden voll ausgenützt. Mit steigender Überlappungslänge nimmt die Bruchbelastung der Fuge immer

---

[1] DE BRUYNE, N. A.: Structural Adhesives, S. 17–19, 1951.

18*

weniger zu und nähert sich einem konstanten Wert (Abb. 81). Die mittlere Festigkeit $\bar{\tau}$ fällt dementsprechend immer stärker ab.

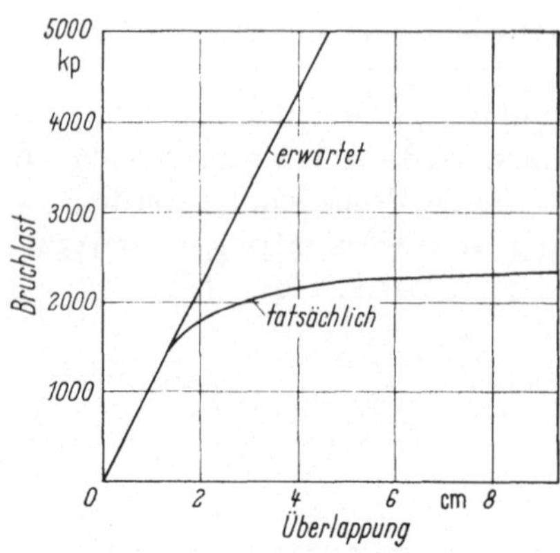

Abb. 81. Bruchbelastung von Stahl-Überlappungsfugen in Abhängigkeit von der Überlappungslänge (nach DE BRUYNE)[2]

Die Theorie der Überlappungsfuge ist erstmalig von VOLKERSEN entwickelt worden[1]. Das Drehmoment, das auf die Probenenden einwirkt (Abb. 77 u. 78), wird bei der Berechnung der Spannungsverteilung zwar außer acht gelassen, doch folgen die wichtigsten Bedingungen zur praktischen Vorausberechnung von mittleren Fugenfestigkeiten (Fugenfaktor). Es läßt sich zeigen, daß die mittlere Fugenfestigkeit von Überlappungsfugen, die aus einheitlichem Material hergestellt werden (gleicher Werkstoff, gleiche Dicke), eine Funktion des Ausdruckes $1/\varDelta$ ist

$$\bar{\tau} = F\,(1/\varDelta) \tag{71}$$

$$1/\varDelta = \frac{E\,s\,d}{G\,l^2}$$

E = Elastizitätsmodul, s = Dicke der Unterlage, G = Schubmodul, d = Fugendicke, l = Überlappungslänge.

$\bar{\tau}$ nimmt mit steigenden Werten von $1/\varDelta$ zu. Formel (71) kann nach DE BRUYNE[3] zur Vorausbestimmung mittlerer Festigkeiten ausgewertet werden. Da für eine bestimmte Material-Haftstoff-Kombination E und G

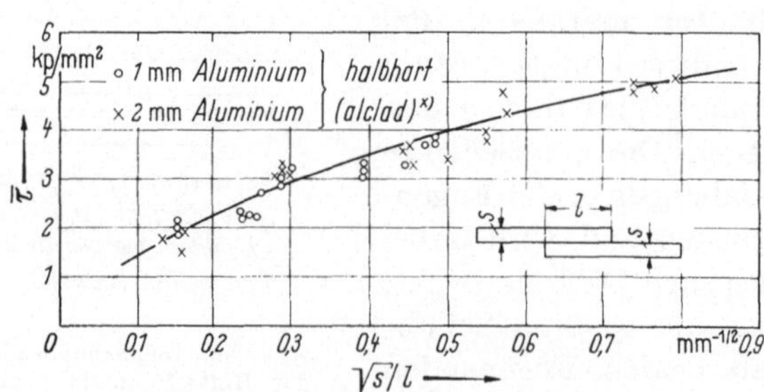

Abb. 82. Mittlere Schubfestigkeit von Al-Überlappungsfugen in Abhängigkeit von dem Fugenfaktor. – Reduxleim (nach DE BRUYNE)[3]

<hr>

[1] VOLKERSEN, O.: Luftfahrtforschung, Bd. 15, S. 41, 1938. Eine instruktive Übersicht in F. Kollmanns Technol. d. Holzes, 2. Aufl., Bd. 2, S. 934–942, 1955.

[2] DE BRUYNE, N. A.: Structural Adhesives, S. 17–19, 1951.

[3] DE BRUYNE, N. A.: z.B. Structural Adhesive for Metal Aircraft, The Fourth Anglo-American Conference, London 1953.

konstant sind und auch d als nahezu konstant betrachtet werden kann, ist in diesem Falle die mittlere Festigkeit $\bar{\tau}$ nur mehr eine Funktion von s/l^2 bzw. $\sqrt{s}/l$. Nach DE BRUYNE wird der Quotient $\sqrt{s}/l$ (Dimension : Längeneinheit$^{-1/2}$) „Fugenfaktor" genannt. Versuche bestätigen, daß

Leimverbindungen gleichen Fugenfaktors übereinstimmende $\bar{\tau}$-Werte besitzen (Abb. 82 u. 83). Man ist daher in der Lage die mittlere Festigkeit bestimmter Überlappungsverbindungen durch eine einzige Kurve zu beschreiben, wobei allerdings der Kurvenverlauf durch eine beschränkte Anzahl von Messungen empirisch zu ermitteln ist. Abb. 82 u. 83 bringen zwei derartige Kurven für reduxverleimtes Aluminium und für verleimte Birke.

Der Bruch von Metall- und Holzüberlappungen kommt gewöhnlich auf verschiedene Weise zustande. Metallfugen werden meistens in der Leimschichte zer-

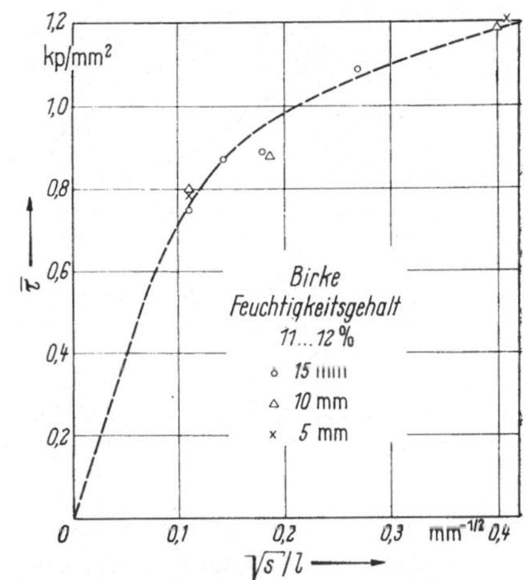

Abb. 83. Mittlere Schubfestigkeit von Holz-Überlappungsfugen in Abhängigkeit vom Fugenfaktor (Nat. Luchtvaart. Laborat., Amsterdam)[1]

rissen, bei einwandfreien Holzfugen, die mit den üblichen starken Holzleimen hergestellt wurden, tritt dagegen häufig Holzbruch auf. Die mittlere Festigkeit von Metallüberlappungen wird daher deutlich durch die verwendete Leimsorte beeinflußt. Die mittlere Festigkeit von Holzüberlappungen, die durch Holzbruch zerstört werden, ist dagegen von der verwendeten Leimsorte ziemlich unabhängig, wie Tab. 82 zeigt.

Aus Beziehung (71) kann ein weiterer Schlußsatz gezogen werden. Die mittlere Festigkeit von Überlappungsfugen aus verschiedenen Werkstoffen, aber mit gleichen Fugenfaktoren (E variabel, s/l^2 konstant) steigt mit zunehmendem Elastizitätsmodul des verwendeten Werkstoffes, auch wenn der Fugenbruch in der Leimschichte stattfindet. Tatsächlich wurde festgestellt, daß die mittlere Festig-

Tabelle 82. *Mittlere Festigkeiten $\bar{\tau}$ von Holzüberlappungen nach DIN 53254 Dünnschichtverleimungen* (nach E. PLATH)[2]

Leimsorte	$\bar{\tau}$ (kp/cm²)	
	Kiefer	Buche
Glutinleim	60–70	90–120
Kaseinleim	65–75	100–125
PVAc-Leim	65–75	100–125
HF-Leim (kalt)	60–84	94–135
PF-Leim (kalt)	70–90	110–130

[1] Rapport M 1296 (1948).
[2] PLATH, E.: Die Holzverleimung 1951.

keit folgender Materialkombinationen: Aluminium/Aluminium, Aluminium/Stahl, Stahl/Stahl, in der genannten Reihenfolge steigt[1]. Diese Eigentümlichkeit der Überlappungsfuge folgt qualitativ bereits aus den Abb. 79 u. 80. Denn die gleiche angreifende Kraft wird an den Proben (und besonders Probenenden) mit höherem Elastizitätsmodul eine geringere Streckung hervorrufen.

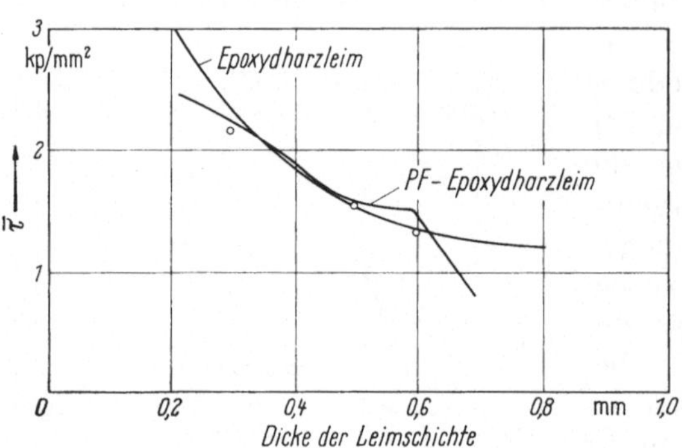

Abb. 84. Mittlere Schubfestigkeit von Al-Überlappungsfugen in Abhängigkeit von der Fugendicke (nach G. Carlsson)[2]

Nach Beziehung (71) wäre auch ein Steigen der mittleren Festigkeit bei zunehmender Dicke der Leimschichte zu erwarten. In diesem Punkte stimmen Theorie und Erfahrung nicht überein. Man findet, daß $\bar{\tau}$ in praktisch wichtigen Dickenbereichen bei zunehmender Dicke der Leimschichte sinkt (Abb. 84).

Fugenfaktordiagramme nach Art von Abb. 82 u. 83 gelten für die konventionelle Auftragsmenge, die bei der betreffenden Verleimung üblich ist und die auch in der Praxis ohne allzu große Schwankungen eingehalten wird.

Genauere Berechnungen der Spannungsverteilung in Überlappungsfugen, die auch das Drehmoment der angreifenden Kraft berücksichtigen, stammen u.a. von GOLAND und REISSNER[3] sowie PLANTEMA[4]. Auf Einzelheiten dieser nicht ganz einfachen Theorien soll nicht näher eingegangen werden[5]. Es sei nur eine Schlußfolgerung erwähnt, die MYLONAS und DE BRUYNE aus den vereinfachten Formeln von GOLAND und REISSNER bezüglich der in Abb. 78 abgebildeten $3\times$-Überlappungsfuge ziehen[6]. Bei kleinen Fugenfaktoren (etwa $\leq 0{,}3$) besteht zwischen den mittleren Festigkeiten und den Drehmomenten der gewöhnlichen und $3\times$-Überlappungsfuge (gleicher Schichtdicken) annäherungsweise folgende Beziehung:

$$\bar{\tau}_3 : \bar{\tau}_2 = M_2 : M_3 \sim 1/2 \tag{72}$$

[1] TRIETSCH, F. K.: Die Metallverklebung, S. 41, 1960.
[2] Private Mitteilung der Svenska Aeroplan AB (SAAB), Linköping, Schweden.
[3] GOLAND u. REISSNER: J. Appl. Mech. *11*, 417 (1944).
[4] PLANTEMA, F. J.: Nat. Luchtveertslab. Amsterdam, Rapport 1181.
[5] Eine leichtverständliche Zusammenfassung findet der Leser in DE BRUYNE-HOUWINK: Adhesion and Adhesives, Kap. 4, 1951.
[6] S. Fußnote 2, S. 274.

$\bar{\tau}_2$ und $\bar{\tau}_3$ = mittlere Festigkeiten der $2\times$- und $3\times$-Überlappungsfuge; M_2 und M_3 = Drehmoment der angreifenden Kraft (vgl. S. 274). Die $3\times$-Überlappungsfuge ist daher nur annähernd halb so stark wie die gewöhnliche Überlappungsfuge.

17.3.2 Die Überlappungsfuge, Prüfmethoden

In Industrieländern ist man bestrebt, für die Festigkeitsprüfung von Haftstoffen und Fugenverbindungen Normen einzuführen. Abgesehen von der Vereinheitlichung der Qualitätsbeurteilung wird dadurch auch die Anzahl der Prüfmethoden auf ein notwendiges Minimum beschränkt. Einige Prüfmethoden, wie die englischen Normen für Holzverleimung oder die amerikanischen Normen für Metallverleimung haben über die Grenzen der Ursprungländer Beachtung gefunden. Festigkeitsprüfungen dienen einem doppelten Zweck. Sie ermöglichen die Qualitätskontrolle der laufenden Fertigung oder – wenn unter kontrollierten Bedingungen hergestellte Probekörper benützt werden – des verwendeten Haftstoffes.

a) Holzverleimung. In Abb. 85 sind einige gebräuchliche Probekörper abgebildet, in Tab. 83 die zugehörigen, in den englischen Normen BS 1204: 1956 geforderten Minimifestigkeiten zusammengestellt.

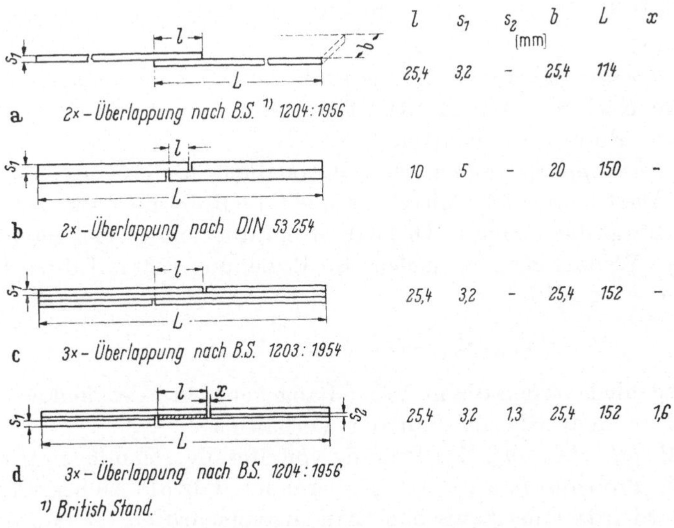

Abb. 85. Überlappungsprobe zur Prüfung von Holzverleimungen

Die unterschiedlichen Werte der vorgeschriebenen Minimifestigkeit hängen mit den ungleichen Maßen der Probekörper zusammen, die nach 17.3.1 die Größe von $\bar{\tau}$ stark beeinflussen.

Tabelle 83. *Minimifestigkeiten der Prüfmethoden a–d* (Abb. 85)

Methode	Leimart	Holzart	Bruchlast kp	$\bar\tau$ kp/cm²	Fugen- faktor $\sqrt{s/l}$ mm
a	Dünnschichtleim	Birke	275	42	0,07
b	Dünnschichtleim	Birke	(154)	(77)	0,22
c	Dünnschichtleim	Birke	114	18	
d	Fugenfüller	Birke	205	32	

2×-Überlappungsprobe a und b. Die beiden einfachen Überlappungsproben (Abb. 85a nach BS 1204: 1956 und Abb. 85b nach DIN 53254) zur Prüfung von Holz-Dünnschichtverleimungen sind gleichwertige Prüfmethoden. Die ungleichen Maße bedingen jedoch die sehr verschiedenen Fugenfaktoren 0,07 und 0,22 (Tab. 83). In Abb. 83 liest man für diese beiden Fugenfaktoren und Birke die zugehörigen mittleren Schubfestigkeiten $\bar\tau = 55$ bzw. 100 kp/cm² ab. Bei den Festigkeitsangaben in BS 1204: 1956[1], die niedriger als die entsprechenden Werte von Abb. 83 liegen, ist zu berücksichtigen, daß es sich um Minimiwerte handelt. – In DIN 53254 werden keine Festigkeitsangaben gemacht. Die eingeklammerten Werte in Tab. 83 sind lediglich zum Vergleich angegeben. $\bar\tau$ ist aus den englischen Mindestwerten durch Multiplikation mit dem Faktor $\frac{100}{55}$, die Bruchbelastung durch Multiplikation von $\bar\tau$ mit der Fugenfläche errechnet.

3×-Überlappungsprobe c. Diese Probe ist eine typische Sperrholzprüfmethode. Nach S. 279 ist für diese Probenform nur etwa die halbe Festigkeit $\bar\tau$ von Probe a zu erwarten.

3×-Überlappungsprobe d. Diese Probe dient zur Prüfung von Fugenfüllern. Die 1,3 mm dicke Mittellage spielt die Rolle einer Distanzschichte und verbürgt die definierte Dicke der (schraffiert eingezeichneten) Leimschichte. Wendet man versuchsweise Beziehung (72) auf diese Probenform an, so erhält man:

$$\tau_{3,d} : \tau_{2,a} \sim 3{,}2 : (3{,}2 + 1{,}3) \sim 0{,}7 .$$

Tatsächlich stehen die in Tab. 83 angegebenen Festigkeitswerte von Probe d und a annähernd in diesem Verhältnis.

b) Metallverleimung. Zur Prüfung von Metallverleimungen wird meistens die Probenform a (Abb. 85) verwendet. Für die Abmessungen der Fuge werden in amerikanischen Standardvorschriften für militärischen Flugzeugbau (z. B. Mil-A-8431, 1955) folgende Maße für Aluminium

---

[1] In den englischen Normen werden vorsichtshalber nur Bruchbelastungen angegeben. Mittlere Festigkeiten $\bar\tau$ werden nicht genannt, um zu verhindern, daß ihre beschränkte, an die Probenform gebundene Gültigkeit bei Konstruktionsberechnungen übersehen wird.

genannt: $l = 12{,}7$ mm, $s = 1{,}6$ mm. Diese Maße entsprechen dem Fugenfaktor $0{,}10$ mm$^{-1/2}$. Die z. B. in Abb. 76, S. 253 angegebenen Festigkeiten sind an dieser Standardüberlappung gemessen.

17.3.3 Zugbelastete Fuge (Stumpfer Stoß)

Mit ungleichmäßiger Spannungsverteilung sowie Beeinflussung der Fugenfestigkeit durch die elastischen Eigenschaften aller Bestandteile ist auch bei anderen Belastungsfällen, z. B. der rein zugbelasteten Fuge (stumpfer Stoß) zu rechnen. In Abb. 86 ist ein Probekörper abgebildet, der aus zwei zylindrischen, miteinander verleimten oder verklebten Teilen besteht und der in Richtung der Zylinderlängsachse auf Zug beansprucht wird. Es wird angenommen, daß die Unterlage bedeutend weniger dehnbar als der Haftstoff ist ($E_1 \gg E_2$).

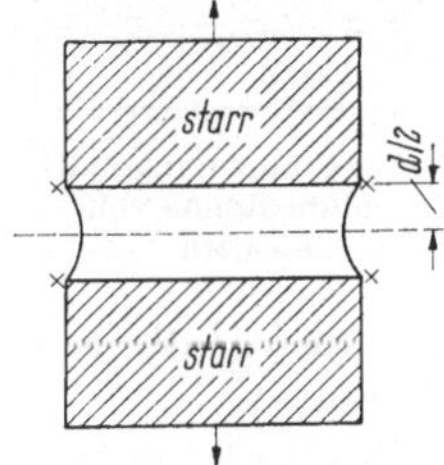

Abb. 86. Die zugbelastete Fuge

Unter dem Einfluß der Zugkräfte wird die verbindende Haftstoffschichte auf die in Abb. 86 dargestellte Weise verformt. Denn bei der Längsdehnung zylindrischer Körper tritt gleichzeitig stets eine Querkontraktion auf, deren Größe innerhalb gewisser Grenzen durch die Poissonsche Beziehung (73) bestimmt wird

$$\varepsilon_q = \mu\varepsilon \qquad\qquad (73)$$

(ε und ε_q = Längs- und Querdehnung, μ = konst., „Querzahl").

Da die Haftstoffschichte an der Berührungsfläche ($\times - \times$) mit dem starren Körper festgehalten wird und keine Querkontraktion ausführen kann, bildet sich eine konkave seitliche Begrenzungsfläche, deren größte Einschnürung in der Fugenmitte ($d/2$) liegt. Die teilweise verhinderte, teilweise verstärkte Verformung der Haftstoffschichte ruft sowohl an der Berührungsfläche mit der Unterlage als auch in der Fugenmitte eine erhöhte Spannungskonzentration hervor:

a) Spannungskonzentration an der Berührungsfläche Haftstoff/Unterlage. **Die Haftstoffschichte wird an der Grenzfläche von Kräften festgehalten, die sie an der Querkontraktion verhindern und daher wie radiell gerichtete Dehnungskräfte wirken. Eine exakte Berechnung dieser senkrecht zu der äußeren Kraft wirkenden Spannungen ist bisher nicht möglich gewesen, doch läßt sich abschätzen, daß ihre Größe unter Umständen ein Vielfaches der äußeren Zugkraft betragen kann**[1].

b) Spannungskonzentration an dem konkaven Rand der Leimschichte. An der konkaven seitlichen Begrenzungsfläche der Leimschichte, vor allem im Bereich der eingeschnürten Fugenmitte, treten ebenfalls

---

[1] BIKERMAN, J. J.: The Science of Adhesive Joints, § 67, 1961.

Spannungsspitzen auf, die der Richtung nach mit der äußeren Kraft übereinstimmen. Ihr Zustandekommen läßt sich auf gleiche Weise erklären, wie die Spannungsspitzen am Rande von Löchern oder Spalten im Inneren fester Körper. Abb. 87 stellt ein elliptisches Loch in einem festen Körper dar, an dem die äußere Zugspannung $\bar{\sigma}$ angreift. Nach INGLIS[1] treten an den Ellipsenpunkten, deren Tangenten parallel zu der äußeren Kraftrichtung sind, Spannungsspitzen σ_m auf, die zu der mittleren Zugspannung $\bar{\sigma}$ in folgender Beziehung stehen:

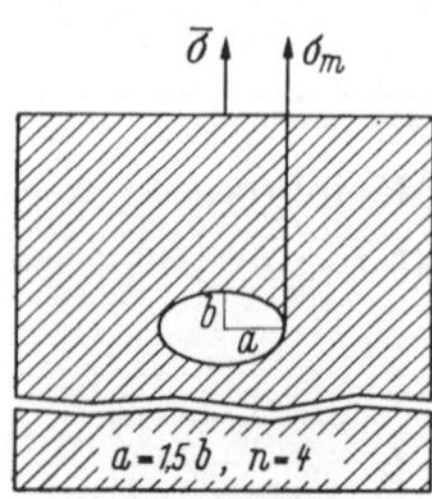

Abb. 87. Spannungsspitzen am Rande von Löchern

$$n = \frac{\sigma_m}{\bar{\sigma}} = 1 + \frac{2\,a}{b} \qquad (74)$$

(a und b Halbachsen der Ellipse, a normal, b parallel zur äußeren Kraftwirkung).

In Abb. 87 ist angenommen, daß $a = 1,5\,b$ und n daher $= 4$ ist. Für runde Löcher ($a = b$) gilt $n = 3$. Bei schmalen, langgestreckten Ellipsen (Spalten!) kann n sehr hohe Werte annehmen.

Gl. (74) kann auch auf die angenähert elliptische Begrenzungslinie der Haftstoffschichte in Abb. 86 angewendet werden[2]. An den Stellen der größten Einschnürung entstehen Spannungsspitzen $\sigma_m > \bar{\sigma}$ in Richtung der äußeren Zugkraft.

Das Auftreten von Spannungsspitzen an zwei verschiedenen Stellen der zugbelasteten Fuge wird qualitativ durch spannungsoptische Untersuchungen[3] bestätigt. Diese Untersuchungsmethode wertet die in der optischen Technik wohlbekannte, mitunter sehr störende Erscheinung[4] aus, daß einfachbrechende Körper unter dem Einfluß von Spannungen doppelbrechend werden. Bei der spannungsoptischen Analyse wird ein polarisierter Lichtstrahl nach Durchdringen der Probe durch einen gekreuzten Analysator beobachtet. Solange der Probekörper unbelastet ist, bleibt das Gesichtsfeld dunkel. In der spannungsbelasteten doppelbrechenden Probe entstehen dagegen zwei Teilstrahlen, die während ihres Durchganges verschieden verzögert werden. Nach ihrer Wiedervereinigung bilden sie einen resultierenden Strahl, der bei Phasendifferenzen

---

[1] INGLIS, C. F.: Stresses in a Plate due to the Presence of Cracks and Sharp Corners, Trans. Inst. Naval. Arch. 60, S. 219–230 (1913).

[2] Vgl. Fußnote 1, S. 281.

[3] Näheres über diese Untersuchungen s. z.B. FÖPPEL, L. u. MÖNCH E.: Praktische Spannungsoptik, 1950. Eine orientierende Übersicht findet der Leser bei KOLLMANN, F.: Technol. d. Holzes, 2. Aufl., Bd. 2, S. 939–943. Berlin/Göttingen/ Heidelberg: Springer 1955.

[4] POHL, R. W.: Einf. in die Physik, 11. Aufl., Bd. 3, S. 136. Berlin/Göttingen/ Heidelberg: Springer 1965.

eine veränderte Polarisationsebene besitzt und der vom Analysator nicht
mehr ausgelöscht wird. Es entsteht eine Art Interferenzsystem heller
und dunkler Streifen. Aus der Streifendichte kann der Verlauf des Span-
nungsgradienten rekonstruiert werden. Der Spannungsanstieg in einer
bestimmten Richtung entspricht der Dichte der schwarzen Interferenzlinien, d.h. der vom Richtungspfeil je Zentimeter gekreuzen Anzahl.

MYLONAS[1] wendet diese Methode auf die Untersuchung spannungs-
belasteter Modellfugen an, die er aus durchsichtigen Stoffen zwischen
Metallblechen herstellte. In Abb. 88 ist das spannungsoptische Streifenbild der Randpartien[2] einer aus gehärtetem Epoxydharzleim hergestellten Modellfuge wiedergegeben.

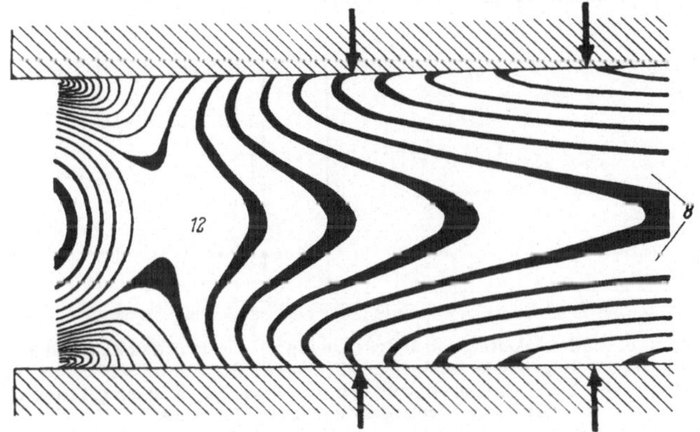

Abb. 88. Spannungsoptisches Streifenbild einer druckbelasteten Modellfuge (nach MYLONAS)

Bei nicht zu starker Belastung ist bei Druck- und Zugbelastung die
gleiche Spannungsverteilung zu erwarten. Abb. 88 gilt daher in gleicher
Weise für zugbelastete Fugen. Wie aus der Anhäufung der schwarzen
Interferenzlinien geschlossen werden kann, sind tatsächlich an den
äußeren Zonen der Grenzfläche Leim/Metall sowie in der Mitte der seitlichen Fugenbegrenzungsfläche (die infolge Druckbelastung konkav ist),
merkliche Spannungskonzentrationen vorhanden.

Mit Hinblick auf diese komplizierte Spannungsverteilung dürfte es
verständlich sein, daß auch die Festigkeit zugbelasteter Fugen nicht
ohne weiteres mit Hilfe einer allgemeingültigen mittleren Festigkeitszahl

---

[1] MYLONAS, C.: Proc. Soc. Experim. Stress Anal. 12, 2, 129 (1955).

[2] Das Verhältnis Fugenlänge : Fugendicke = 20. Abb. 90 stellt also nur die
Randpartien der Fuge dar. Die Zahl 8 gibt die Anzahl der weißen Felder zwischen
rechtem Bildrand und der rechts davon gelegenen Fugenmitte an. Auf dieser
langen Strecke werden nur 7 schwarze Streifen gekreuzt. Das Fugeninnere ist daher
nahezu spannungsfrei.

berechnet werden kann. Im allgemeinen wird die Festigkeit verschieden geformter Fugen der Fugenfläche nicht streng proportional sein. Wie bei der Überlappungsfuge ist sie von der Fugendicke stark abhängig.

Abb. 89 ist ein guter Beleg für diese häufig beobachtete Erscheinung. Bei Fugendicken der Größenordnung 10^{-2} mm liegt die Festigkeit der untersuchten Fugen weit über der Festigkeit von massivem Polyäthylen. Mit steigender Fugendicke ($>10^{-1}$ mm) fällt die Festigkeit und nähert sich einem unteren Grenzwert, der etwa der Festigkeit von massivem Polyäthylen entspricht. Der letztgenannte Wert wurde von den Forschern an verschiedenen massiven Proben, z.B. zylindrischen Polyäthylenstäben der Länge 7 cm und des Durchmessers 0,7 mm bestimmt.

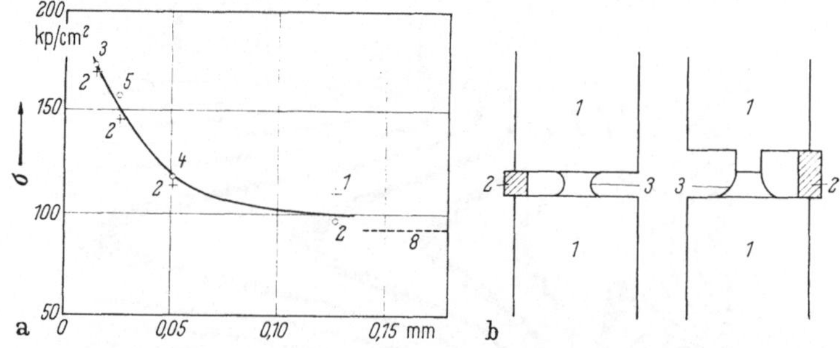

Abb. 89 a u. b. Zugfestigkeiten von Polyäthylenfugen (nach Bikerman und Huang)[1]
a) Abhängigkeit von der Fugendicke: Zahlenangaben neben der Kurve = Zahl der unabhängigen Messungen. Gestrichelte Linie = Zugfestigkeit von massivem Polyäthylen (Marlex 50, gereinigt). Kreise = Stahl/Glas; Kreuze = Glas/Glas.
b) Experimentelle Ausführung: *1* Probekörper aus Glas oder Stahl, *2* Distanzstücke zur Festlegung der Fugendicke, *3* Polyäthylenfuge mit spezieller Randform zur Unterdrückung von Spannungsspitzen.

Die Ursachen des Dickeneinflusses konnte bisher nicht mit Sicherheit festgestellt werden. Man nimmt, vor allem bei härterem Material, unter anderem an, daß die Anzahl der Fehlerstellen (Poren, „Löcher") in dünnen Schichten geringer ist.

17.3.4 Zugbelastete Fugen; Prüfungsmethoden

Zugfestigkeitsprüfungen von Leimfugen zwischen zylindrischen Probekörpern werden mitunter, wenn auch nicht allzu häufig durchgeführt. Die Zugfestigkeitsmessungen von Polyäthylenfugen wurden von Bikerman und Huang im Prinzip auf diese Art durchgeführt (Abb. 89b). Bei industrieller Metallverleimung läßt man mitunter stumpfe Verleimungen von Rundkörpern, Rundstäben oder Rohren zur Kontrolle den Fertigungsprozeß mit durchlaufen, obwohl für praktische Zwecke nur Überlappungen verwendet werden.

[1] Bikerman, J. J. u. C. Huang: Soc. Rheol. III 5–12 (1952).

Weitaus häufiger führt man Zugprüfungen nach Art der amerikanischen Standardmethode ASTM D 1344-54 T aus, die sich als gut geeignet erwiesen hat, da sie leicht durchzuführen ist. Die Probekörper werden durch kreuzweise Verleimung zweier rechteckiger, gleich großer Probestücke hergestellt (Abb. 90). Die überstehenden Probenenden sind bequem in eine mit Kreuzklauenhaltern ausgerüstete Prüfmaschine einzusetzen. Die Prüfmethode ist ursprünglich für die Untersuchung von Glasprobekörpern bestimmt

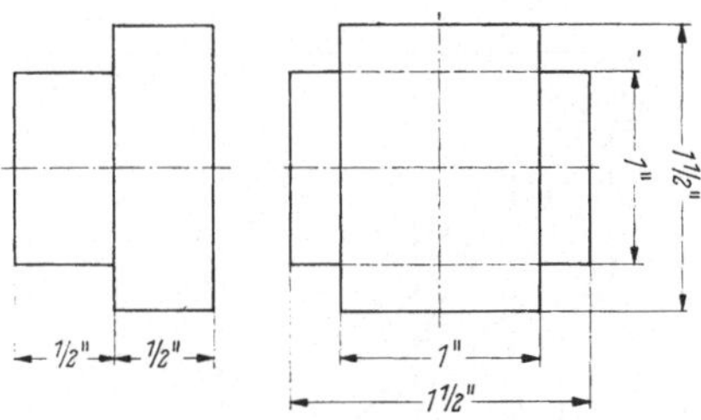

Abb. 90. Probekörper zur Messung von Zugfestigkeiten (nach ASTM D 1344–54 T)

gewesen, die sich auf andere Weise schwer einspannen lassen. – Holzproben werden bei dieser Prüfung senkrecht zur Faserrichtung belastet. Holzbruch tritt daher früher als bei der Schub-Zug-Methode auf. Die „Querzugmethode" ist infolgedessen zur Prüfung von Holzfugen, deren Festigkeit über 40–50 kp/cm² liegt, nicht zu verwenden. Gut bewährt hat sich diese Methode unter anderem zur Prüfung temporärer Kontaktkleber.

17.3.5 Schälfestigkeit

Die Beanspruchung einer Leimfuge durch Schälkräfte stellt einen ungewöhnlich komplexen Belastungsfall dar. Abb. 91 zeigt den typischen Angriff von Schälkräften beim Abziehen eines Klebebandes von einer starren Unterlage.

Die Kraft P, die mit der Unterlage den Schälwinkel ω bildet, greift nur innerhalb eines schmalen Bereiches, durch die Strecke Δ in Abb. 91 angedeutet, in unmittelbarer Nähe der Trennlinie an. Es ist daher berechtigt, eine lineare Belastung der Leimfugen anzunehmen und die mittlere Schälfestigkeit $\bar{\sigma}_S$ in kp/Längeneinheit anzugeben. Auf die Zone in der Nähe der Trennlinie wirken Druck-Zug- und Schubkräfte. Der Druck kommt durch die Hebelwirkung der biegsamen Trä-

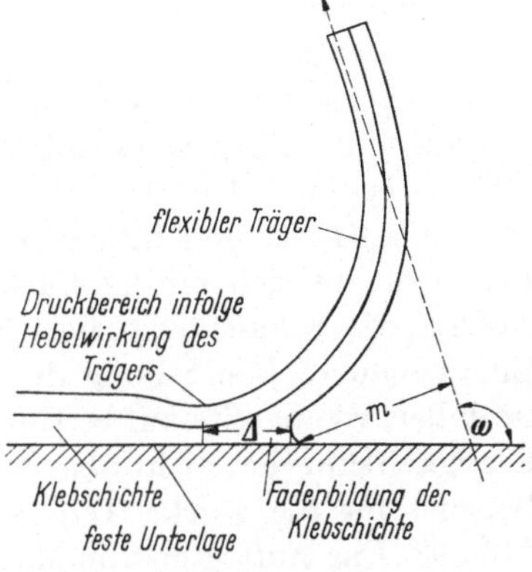

Abb. 91. Der Schälvorgang. Abziehen eines Klebebandes (nach WEIDNER und CROCKER)[1]

---

[1] WEIDNER, C. L. and G. J. CROCKER: Rubber Chemistry and Technol. 33, 5, (1960) 1356.

gerschichte zustande. Denn die Verlängerungslinie der Kraft P trifft nicht die Trennstelle, sondern ist von ihr durch den Normalabstand m getrennt, der als Hebelarm wirkt. Infolgedessen wird die Klebschichte kurz vor der Trennstelle komprimiert (Abb. 91). – Der Angriff der Schub- und Zugkräfte konzentriert sich vor allem auf die Trennlinie. Die Zugkräfte versuchen die Klebstoffschichte zu spalten. Je nach Größe des Schälwinkels überwiegen die Zug- oder Schubkräfte. Festigkeitskurven, die bei verschiedenen Schälwinkeln aufgenommen werden, zeigen infolgedessen Maxima und Minima.

Eine theoretische Analyse des Schälvorganges, die dieses Auftreten von Maxima und Minima voraussagt, ist von KAELBLE[1] gegeben worden. – Bei der praktischen Messung von Schälfestigkeiten werden die Schälwinkel 90°

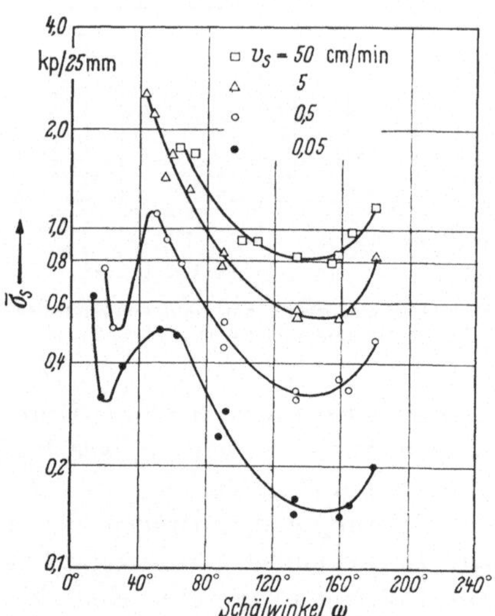

Abb. 92. Die Schälfestigkeit in Abhängigkeit vom Schälwinkel (nach KAELBLE)[2]

und 180° am häufigsten angewendet. Wie Abb. 92 zeigt, unterscheiden sich die Schälfestigkeiten bei diesen beiden Winkelwerten infolge des eigentümlichen Kurvenverlaufes nicht allzu sehr voneinander und können, wenn keine zu hohen Ansprüche an Genauigkeit gestellt sind, direkt miteinander verglichen werden.

Infolge starker Viskoelastizität der permanenten Klebfuge ist der Einfluß von Schälgeschwindigkeit und Temperatur auf die Schälstärke sehr ausgeprägt. Die Auswirkungen der Schälgeschwindigkeit sind aus den Abb. 64, 65 und 92 deutlich zu ersehen. Das Kriechen belasteter Fugen macht sich um so stärker geltend, je länger die Belastung andauert: die Schälstärke sinkt mit abnehmender Schälgeschwindigkeit. Eine genauere Beurteilung der Festigkeit von permanenten Klebfugen ist daher, wie bereits auf S. 196 hervorgehoben wurde, nur an Hand von Festigkeitskurven, nicht aber von einzelnen Meßpunkten möglich. – Ein Beispiel für die starke Temperaturabhängigkeit der Schälstärke gibt Abb. 93. Das Auftreten von Maxima und Minima ist wiederum auf einen Wettbewerb von Schub- und Zugbeanspruchungen zurückzuführen, wie

---

[1] KAELBLE, D. H.: Trans. Soc. Rheol. 4 (1960) 45.
[2] KAELBLE, D. H.: Adhesive Age 3, 5 (1960) 376.

das Verhalten der Klebschichte beim Ablösen beweist[1]. Bei Temperaturen unterhalb des bei rd. 50 °C gelegenen Maximums löst sich die

Klebschichte vollständig von der Unterlage ab, bei höheren Temperaturen wird sie dagegen gespalten und läßt einen Belag auf der Unterlage zurück.

Über die Abhängigkeit der Klebfuge von dem Druck, mit der die permanente Klebschichte auf die Unterlage aufgebracht wird, gibt Tab. 56 Auskunft.

17.3.6 Schälfestigkeit; Prüfungsmethoden

a) Klebebänder. Zur Untersuchung von Klebebändern wird häufig die amerikanische Standardmethode ASTM-D 903-49 benützt (Abb. 94). Die Art der Meßanordnung erfordert, daß die Prüfmaschine, die auf das Klebeband eine Zugbelastung ausübt, zur Erreichung einer bestimmten Schälgeschwindigkeit die doppelte Vorschubgeschwindigkeit besitzen muß.

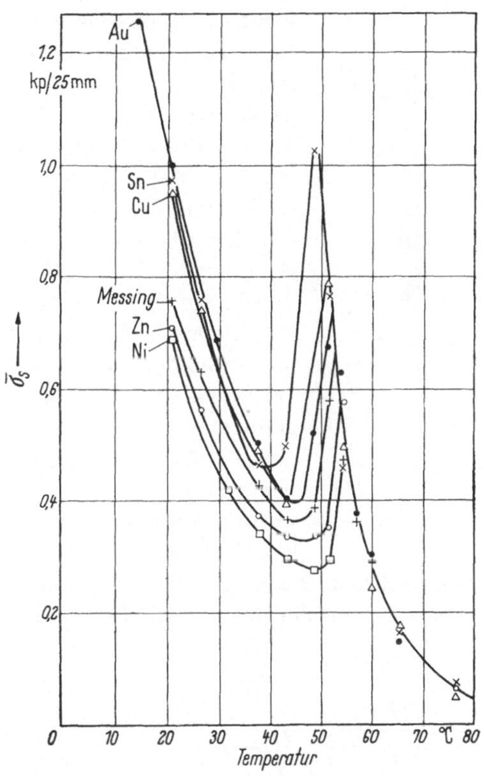

Abb. 93. Temperaturabhängigkeit der Schälfestigkeit (nach BRIGHT)[1]
($\omega = 180°$, $v_s = 19$ cm/min; polierte Metalloberflächen; Klebstoffschichte nach Tab. 52)

In den angelsächsischen Ländern wird die Schälfestigkeit in lbs/Zoll Bandbreite, in den übrigen Ländern meistens in kp/25 mm Bandbreite angegeben. Die Schälfestigkeiten technischer Klebebänder betragen etwa 0,5–1,5 kp/25 mm.

Die ASTM-Standardprüfung schreibt nur Schälwinkel und Schälgeschwindigkeit vor ($\omega = 180°$, $v_s = 15$ cm/min). Auf die Bedeutung anderer Versuchsbedingungen wird zwar hingewiesen, jedoch nur ein Übereinkommen zwischen Hersteller und Käufer empfohlen. In der Praxis

---

[1] BRIGHT, W. M.: Adhesion and Adhesives, S. 132; Soc. Chem. Ind., London 1954.

wird das Klebeband häufig auf eine polierte Stahlunterlage sorgfältig von Hand aufgedrückt und bei Raumtemperatur (20 °C) abgezogen.

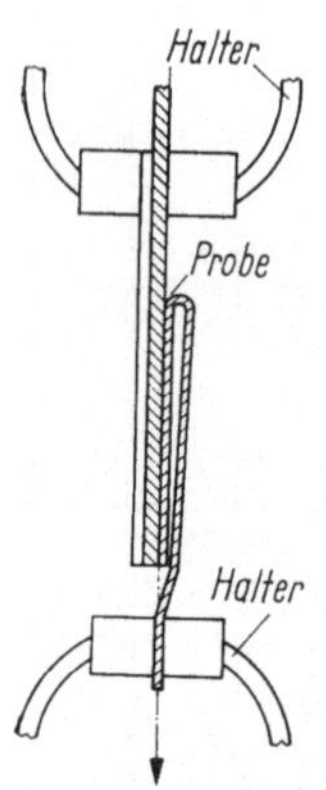

Abb. 94. Messung der Schälfestigkeit von Klebebändern (nach ASTM D 903–49)

b) Metallverleimungen. Die Beständigkeit gegen Schälkräfte ist meistens der schwächste Punkt einer Metallfuge. Eine besonders bei Flugzeugfabriken ziemlich allgemein eingeführte Prüfmethode ist der Ciba-Schältest[1] (Abb. 95).

Die Probe, bestehend aus zwei 25 mm breiten verleimten Metallstreifen, die an einem Ende getrennt sind, werden in der aus Abb. 95 ersichtlichen Weise auf eine Metalltrommel gespannt und maschinell mit einem Schälwinkel von $\sim 90°$ abgezogen. Die Schälkraft wird durch ein Schreibgerät registriert. Für konstruktive Metalleime findet man Werte von 5–25 kp/25 mm.

Gegen den Ciba-Test wird eingewendet, daß er die in Wirklichkeit vorkommenden Schälbelastungen oft nicht genügend erfaßt. In manchen Fällen wird die in Abb. 96 dargestellte Prüfungsart als realistischer bezeichnet[2]. Die Meßresultate, die nach dieser Methode erhalten werden, sind von der verwendeten Blechdicke stark abhängig. Wie bei dem Ciba-Test (vgl. S. 252) findet man auch in diesem Falle die Schälfestigkeit von PF-Vinylleimen bei Raumtemperatur größer als von PF-Epoxydharzleimen.

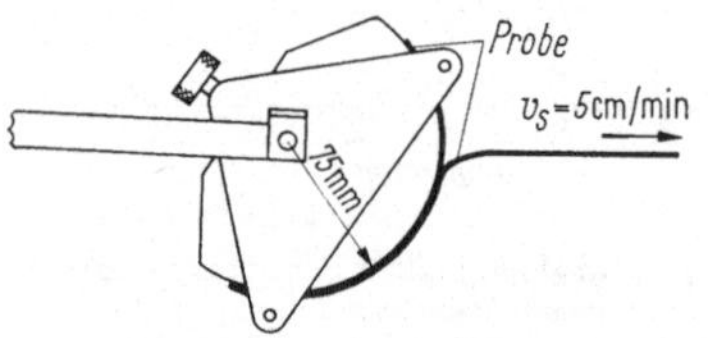

Abb. 95. Messung der Schälfestigkeit von Metallverleimungen (Ciba-Schältest)

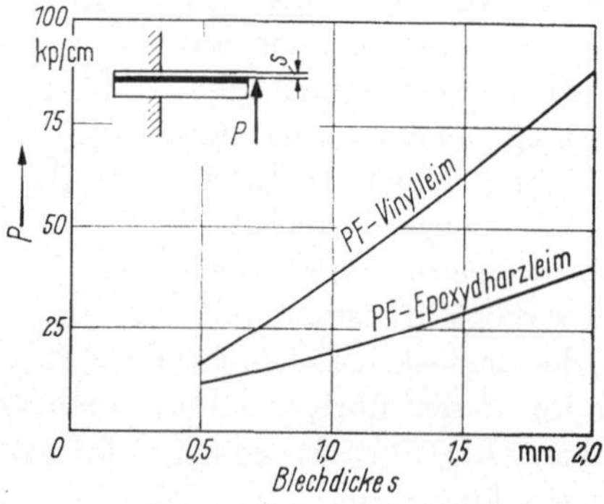

Abb. 96. Biege-Schälprüfung an Aluminiumblechen (nach C. CARLSSON)[2]

c) Qualitative Prüfungsmethoden von Holzverleimungen. Ein Belastungsfall, der an die Biege-Schälprüfung (Abb. 96), erinnert, ist die qualitative Meißel-Abhebeprobe, die zur schnellen Beurteilung von

---

[1] Ciba (A.R.L.) Ltd., Duxford, Cambridge (England), z.B. Data Sheet Nr. 3 (1961).

[2] Private Mitteilung der Svenska Aeroplan AB (SAAB), Linköping, Schweden.

Verleimungen, meistens Holzverleimungen, angewendet wird. Man bedient sich eines nicht allzu scharfen Meißels und öffnet die Leimfuge, wie Abb. 97 zeigt, durch Hebelwirkung des Meißels (nicht durch Schneiden). Die

richtige Ausführung wird wesentlich erleichtert, wenn die Probe wie in Abb. 97 gegen eine niedrige Anschlagkante gestützt wird. Das Aussehen der geöffneten Fuge gestattet eine ziemlich sichere Beurteilung der Verleimung. Gute Verleimungen sollen nahezu 100%igen Faserbruch zeigen.

Abb. 97. Die Meißel-Abhebeprobe

Die Meißelabhebeprobe ist unter die englischen Standardmethoden zur Prüfung von Holzverleimungen aufgenommen (B. S. 1455: 1956). Die Güte der Verleimung wird dort durch die Faserbruchmengen 0–10 festgelegt und durch Fotografien erläutert. „0" entspricht der schlechtesten, „10" der besten Verleimung. Diese Methode ist besonders geeignet zur internen Betriebskontrolle von Sperrholz oder Furnierverleimungen, wo es weniger auf die Ermittlung von Festigkeitszahlen als auf die Feststellung ankommt, daß ordnungsgemäß verleimt wurde. Denn die Güte der Verleimung kann offenbar nicht mehr gesteigert werden, wenn die Festigkeit des verleimten Materiales voll ausgenützt wird (100% Faserbruch).

17.3.7 Statische Langzeitprüfung

Bei der Ermittlung von Zeit- und Dauerstandfestigkeiten werden die Proben oft monatelang der Einwirkung einer konstanten Last ausgesetzt. Prüfmaschinen können daher für diesen Zweck nicht verwendet werden. Da die Fugenflächen der Proben kaum kleiner als 2 bis 3 cm² sein können, betragen die erforderlichen Totalbelastungen oft 100 kp und mehr. Die gleichzeitige Ausführung einer größeren Anzahl von Proben ist daher ziemlich umständlich.

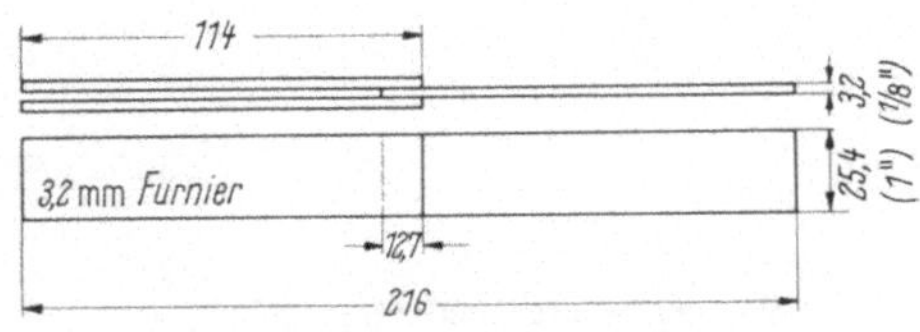

Abb. 98. Doppelte Überlappungsfuge für Langzeitbelastung (nach B. S. 3544: 1962)

Diese Schwierigkeit ist in dem englischen Standard-Prüfverfahren BS 3544: 1962 auf elegante Weise vermieden. Die Methode ist vor allem zur Prüfung von thermoplastischen bzw. visko-elastischen Holzleimen

gedacht. Als Probekörper wird die in Abb. 98 abgebildete doppelte Überlappungsfuge benützt. Diese Probe wird hochkant in eine aus geschlitzten klauenförmigen Einzelteilen zusammensetzbare Probevorrichtung
(Abb. 99) eingesetzt. Die Probekörper liegen jeweils auf den äußeren Achsen
I–I des oberen Gliedes auf und werden durch die mittlere Achse II des
nachfolgenden Gliedes belastet. Die Leimfuge wird
demnach einer Schub-Biege-Beanspruchung ausgesetzt.

Bricht eine Probe, so liegt das untere Glied
direkt auf dem oberen Glied auf, ohne daß die
Belastung der übrigen Proben unterbrochen wird.
Auf diese Weise genügt ein einziges Belastungsgewicht zu der gleichzeitigen Ausführung einer größeren Anzahl von Proben (Abb. 100).

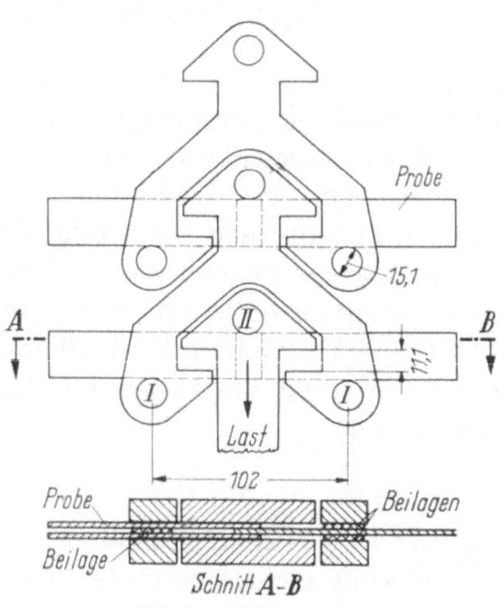

Abb. 99. Zusammensetzbare Prüfvorrichtungen
(nach B. S. 3544: 1962)

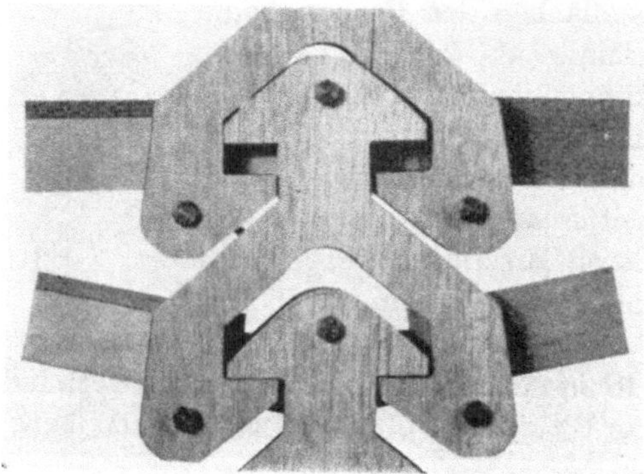

Abb. 100. Gleichzeitige Zeit-Standfestigkeitsprüfung von 12 Proben
(nach CARRUTHER und PAXTON)[1]

---

[1] Vgl. Fußnote 1, S. 170

Bei Berechnungen mittlerer Festigkeiten ist zu beachten, daß die Leimfuge durch das Kraftmoment $Pl/4$ belastet wird (l = Abstand beider Auflageachsen).

17.3.8 Dynamische Langzeitprüfung durch Wechselbelastung

Zeitfestigkeiten bei Wechselbelastung werden gewöhnlich an Überlappungsfugen gemessen. Zur Prüfung werden kostspielige Prüfmaschinen, sog. „Pulser" verwendet. Der wirksame Teil dieser Maschinen besteht meistens aus einem federnden System, das durch eine rotierende Exzenterscheibe in Schwingung versetzt wird. Die Wechselbelastungsprüfung ist eine der schwersten Proben, denen eine Leimfuge ausgesetzt werden kann, und erfaßt die eigentümlichen Beanspruchungen, denen vibrierende oder

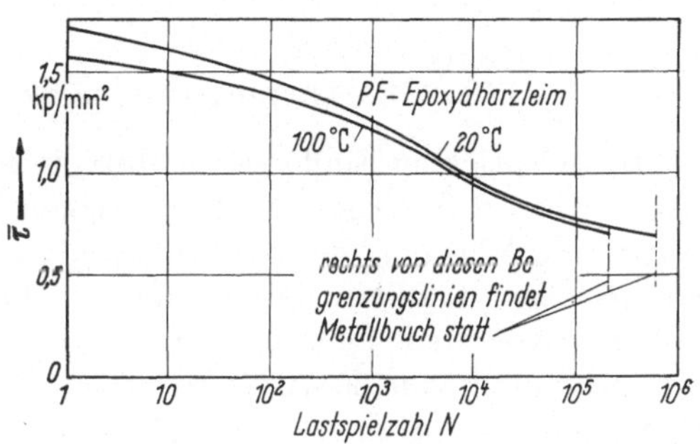

Abb. 101. Zeitfestigkeit von Al-Überlappungsfugen bei Wechselbelastung (nach C. CARLSSON)[1]

häufig erschütterte Konstruktionsteile ausgesetzt sind. Abb. 101 stellt eine typische Wechselbelastungs-Meßkurve einer Standard-Metallüberlappung (l = 12,7 mm, s = 1,6 mm) dar.

Wie aus den Kurven zu ersehen ist, werden die Proben durch Metallbruch zerstört, ein eindrucksvolles Beispiel für die Stärke der Verleimung.

18 Die Beständigkeit von Klebstoffverbindungen gegen äußere Einflüsse; „Alterungsbeständigkeit"

18.1 Allgemeines

Eine treffende Formulierung der Alterungsbeständigkeit von Leim- und Klebfugen hat TRIETSCH[2] gegeben: „Unter Alterungsbeständigkeit wird die Beständigkeit der Fugenverbindungen gegen Umweltfaktoren, mechanische, physikalische, chemische und elektrische Einflüsse und Vorgänge verstanden. Sie haben nichtumkehrbare Einflüsse zur Folge. Alle nicht zur Zerstörung führenden Einwirkungen klingen nach einer Exponentialkurve ab und nähern sich asymptotisch einem Maximalwert. – Die Alterung durch vereinfachte Prüfungen, z. B. Erhöhung der Temperatur, Veränderung der Konzentration, vor allem im Hinblick auf den

---

[1] Private Mitteilung der Svenska Aeroplan AB (SAAB), Linköping, Schweden.
[2] TRIETSCH, F. K.: Die Metallverklebung, S. 51, 1960.

Zeitfaktor zu erfassen, fälscht die Ergebnisse. Sie lassen sich nicht auf die betriebsmäßigen Bedingungen übertragen und sind nur methodenkritisch zu verwerten."

Diese Bemerkungen treffen sowohl auf Holz- als auch Metallfugen zu. Doch läßt sich die Alterung der Leimschichte in Metallfugen besser verfolgen, da die Leimfestigkeit in Holzfugen oft merklich höher als die Holzfestigkeit ist. Die Abnahme der Leimfestigkeit entzieht sich daher der Messung, solange sie nicht die Holzfestigkeit unterschreitet.

18.2 Die Alterungsbeständigkeit von Holzleimen

Die wichtigsten Einflüsse auf Holz-Außenverleimungen werden durch das Wetter, d.h. Regen, Luftfeuchtigkeit sowie die trocknende und erwärmende Wirkung der Sonnenstrahlung ausgeübt. Auch in mitteleuropäischen Ländern kann Sonnenstrahlung sehr bedeutende Erwärmung hervorrufen. Leimfugen unter dünnen dunklen Furnieren können Temperaturen von 60–70 °C erreichen. Natürliche bzw. nicht vollsynthetische Leimsorten sind außerdem dem Angriff von Mikroorganismen ausgesetzt. – Bei Innenverleimungen findet im allgemeinen keine Befeuchtung durch flüssiges Wasser statt. Die äußeren Einflüsse beschränken sich auf Luftfeuchtigkeit, Temperatur sowie bei natürlichen Leimen auf den Angriff von Mikroorganismen. Es hat sich gezeigt, daß man die Eignung von Leimen für verschiedene Verwendungszwecke durch Kurzzeitversuche allerdings nur in groben Zügen abschätzen kann. Gut bewährt haben sich die englischen Standardnormen B.S. 1203: 1954 und 1204: 1956, in denen Holzleime in verschiedene Beständigkeitsklassen eingeteilt und Prüfmethoden zur Ermittlung der Beständigkeit angegeben werden. Die beiden höchsten Beständigkeitsklassen sollen folgende Eigenschaften besitzen:

„*WBP*" (*Weather and boil-proof = wetter- und kochfest*). Leime, die bei systematischen Proben und im praktischen Gebrauche durch den Einfluß des Wetters, von Mikroorganismen, kaltem und kochendem Wasser, Dampf und trockener Wärme nicht angegriffen werden.

„*BR*" (*Boil resistant = begrenzt kochfest*)[1]. Leime mit guter (aber begrenzter) Beständigkeit gegen Wetter und kochendes Wasser, die jedoch im Gegensatz zu WBP-Leimen dem Einfluß des Wetters erliegen, wenn eine bestimmte Einwirkungszeit überschritten wird.

In Tab. 84 sind die Mindestfestigkeiten angegeben, die von den Leimen beider Beständigkeitsklassen gefordert werden. Diese Festigkeiten werden an $3\times$-Standardüberlappungsproben (Abb. 85) bestimmt und in Prozent der Mindesttrockenfestigkeit ausgedrückt.

---

[1] In verkürzter und freier Wiedergabe.

Von gebräuchlichen Holzleimen entsprechen den Forderungen der *Klasse WBP* nur PF-Leime (einschließlich der Resorcintypen) sowie resorcinverstärkte MF-Leime. Nur diese geringe Zahl von Holzleimen eignen sich für Außenverleimungen, die der Einwirkung des Wetters voll ausgesetzt sind.

Tabelle 84. *Mindestfestigkeit von WBP- und BP-Leimen*
(nach BS 1203: 1954)

Beständ.-Klasse	Wassertemperatur °C	Behandlungszeit h	Festigkeit %
WBP	100	72	80
WBP	15	24	100
BP	100	3	40
BP	15	24	100

Der *Klasse BP* entsprechen MF-Leime und melaminverstärkte HF-Leime. Anwendungsbeispiele aus der Praxis, bei denen sich reine oder nur wenig verschnittene MF-Leime gut bewährt haben, sind z. B. Außentüren, die durch kleine Schutzdächer vor Sonne und Regen etwas geschützt sind, ferner Türen und Trennwände in Bade- und Duschräumen, die häufig mit Wasser bespritzt werden.

Kurzzeitversuche zur weiteren Unterteilung der nichtwetterfesten Leimsorten, insbesonders zur Klärung der wichtigen Frage, welche nichtwetterfesten Leime zu konstruktiven Innenverleimungen geeignet sind, haben sich nicht immer als erfolgreich erwiesen. Hier führen im allgemeinen nur Langzeitprüfungen zum Ziele, die unter wirklichkeitstreuen Bedingungen durchgeführt werden. Langzeitversuche der genannten Art ergaben, wie bereits auf S. 210 berichtet wurde, das Resultat, daß Harnstoff-Formaldehydharzleime zu konstruktiven Innenverleimungen im weitesten Sinne des Wortes verwendet werden können. Das vorläufige Festhalten ausländischer Holzindustrien an Resorcin- und Kaseinleimen für konstruktive Innenverleimungen stützt sich auf ältere Kurzzeitversuche, die auf Grund der in der Bundesrepublik gemachten neueren Erfahrungen als überholt angesehen werden können. – Die Verwendung von Kaseinleim zu konstruktiven Innenverleimungen ist nicht immer unbedenklich, da die Kaseinfuge von Mikroorganismen angegriffen und zerstört werden kann. Unter bestimmten Umständen kann sich der bedeutend feuchtigkeitsempfindlichere PVAc-Leim (der prinzipiell nicht zu konstruktiven Verleimungen verwendet werden darf, S. 170) als beständiger erweisen, da er bei höherer Luftfeuchtigkeit zwar merklich an Festigkeit verliert, sich jedoch in trockener Atmosphäre wieder verfestigt. Dieser Fall kann in feuchten, schlecht belüfteten Räumen eintreten, z. B. in unbeheizten Landhäusern während der kalten Jahreszeit.

19 E

18.3 Die Alterungsbeständigkeit von Metalleimen

Da die wichtigsten Metalleimtypen vernetzte Moleküle bilden und keine oder nur geringe Mengen von Reaktionsprodukten abspalten, sind die allgemeinen Voraussetzungen für beständige Fugen von vornherein günstig. Eine schematische Aufteilung in verschiedene Beständigkeitsklassen wäre hier kaum zweckmäßig. Denn die Ansprüche, die an Metallverleimungen gestellt werden, sind sehr verschiedenartig und von der Natur des Anwendungsgebietes abhängig. Eine genauere Besprechung dieses großen Fragekomplexes würde den Rahmen dieses Buches überschreiten und ist auch deshalb entbehrlich, da es dem Verbraucher von konstruktiven Metalleimen heute selten Schwierigkeiten bereitet, sich über eine bestimmte Leimsorte ausreichende Informationen zu verschaffen; die größeren Leimhersteller sind gewöhnlich in der Lage ausführliche Versuchsberichte über Eigenschaften und Beständigkeiten ihrer Erzeugnisse für die verschiedensten Verwendungszwecke zur Verfügung zu stellen. Die Ausführungen dieses Abschnittes beschränken sich daher auf die Besprechung einiger Beispiele.

Wärmebeständigkeit. Die Wärmebeständigkeit einiger Epoxydharz-Heißbinder ist sehr ausgeprägt; ihre große Widerstandsfähigkeit gegen lang andauernde Erwärmung folgt aus Tab. 85.

Tabelle 85. *Alterungsbeständigkeit von Epoxydharzverbindungen bei* 100 *und* 150 °C
(nach TRIETSCH)

Lagerungs-temperatur °C	Lagerdauer	Schub-Zugfest. (20 °C) kp/mm²	Bemerkungen
100	10 Tage	3,44	Prüfstreifen: Avional M
	1 Monat	3,34	170 · 25 · 1,5 mm
	3 Monate	3,25	Überlappung: einfach 10 mm
	6 Monate	2,27	Araldit Typ 1
	1 Jahr	2,92	Härtung: 1 h, 200 °C
150	10 Tage	3,47	
	1 Monat	3,52	
	3 Monate	3,22	
	6 Monate	3,05	
	1 Jahr	2,84	

Die Wasserbeständigkeit reiner Epoxydharzleime ist nicht die allerhöchste. Sie liegt vor allem bei den heißhärtenden Typen, wie bereits aus Tab. 80 hervorgeht, merklich unter derjenigen von reinen oder modifizierten Phenolharzleimen. Allerdings wird die Epoxydharzfuge nicht in gleicher Weise wie etwa die HF-Fuge von Wasser vollständig zerstört. Es findet vielmehr nur eine Erniedrigung der Anfangsfestigkeit infolge Schwächung des Molekülverbandes statt.

Eine Reihe von Lösungsmitteln wirken nach **Tab.** 86 bedeutend weniger auf die Epoxydharzfuge als Wasser ein. – Im Gegensatz zu Holzfugen läßt sich die Wasserempfindlichkeit von Metallfugen, bei denen die Leimschichte durch zwei undurchlässige Deckschichten geschützt wird, durch Überstreichen der Fugenränder mit wasserundurchlässigen Lacken wesentlich verbessern.

Tabelle 86. *Alterung von Epoxydharzverbindungen bei Lagerung in Wasser und einigen Lösungsmitteln* (nach TRIETSCH)

Flüssigkeit	Temperatur °C (rd.)	Lagerungsdauer	Abfall der Schub-Zugfestigkeit (%)	Bemerkung
Wasser	20	30 Tage	10	Prüfbedingungen
Wasser	90	30 Tage	37	wie in Tab. 85
Wasser	90	3 Monate	40	
Wasser	90	6 Monate	41	
Benzin	20	30 Tage	0	
Öl	20	30 Tage	0	
Benzol	20	30 Tage	10	
Methanol	20	30 Tage	0	
Aceton	20	30 Tage	3	

Wie bei Holzverleimungen wird auch bei Metallverleimungen der beste Beweis für die Alterungsbeständigkeit der Fuge durch die Praxis erbracht. Wie TRIETSCH hervorhebt, hat bis heute keine der zahllosen Metallverbindungen, die seit 1943 mit Redux und seit 1946 mit Epoxydharzleimen vorgenommen wurden, auf Grund von Alterungserscheinungen versagt[1].

---

[1] TRIETSCH, F. K.: Die Metallverklebung, S. 54, 1961.

D Die Technik des Verleimens (Verklebens)

19 Die wichtigsten technischen Arbeitsvorgänge

19.1 Oberflächenvorbehandlungen

19.1.1 Holz (poröses Material) Maßtoleranzen

Wie auf S. 60 ff. berichtet wurde, berühren zusammengepreßte Oberflächen einander nur unvollständig. Bei normalem Auftrag beträgt die Dicke der verbindenden Leimschichte rd. $1 \cdot 10^{-1}$ mm. Damit ist der größte zulässige Abstand zwischen zwei korrespondierenden Oberflächenelementen gegeben. Während des Pressens findet ein teilweiser Ausgleich der ursprünglich vorhandenen Unebenheiten durch Kompression und Deformation statt. Die Dickentoleranzen der Fugenhälften können daher gewöhnlich etwas mehr als $1 \cdot 10^{-1}$ mm betragen. Der zulässige Grenzwert ist von den jeweiligen Verleimungsbedingungen, d.h. von Druck, Temperatur, Holzsorte, aber auch von der Art und Verteilung der Unebenheiten abhängig. Holz wird erst bei ziemlich hohen Drucken deformiert. Die Quetschgrenze von Föhrenholz mit 10% Feuchtigkeitsgehalt liegt bei rd. 35 kp/cm²[1]. Die Proportionalitätsgrenze wird allerdings schon häufig bei 25 kp/cm² erreicht[2]. Eine begrenzte Anzahl von Erhebungen über kleiner Grundfläche wird schon bei niedrigen Durchschnittsdrucken, die dem Werkstück unschädlich sind, deformiert, da die Spitzen zunächst dem Gesamtdruck ausgesetzt sind und sehr stark belastet werden. Anders verhält es sich mit Maßabweichungen, die sich über größere Teile der Fugenfläche erstrecken. Der beim Pressen angewendete Durchschnittsdruck soll im allgemeinen die Proportionalitätsgrenze nicht überschreiten, da sonst Gefahr besteht, daß an den verleimten Werkstücken unerwünschte bzw. ungleichmäßige Maßänderungen auftreten. Unter diesen

---

[1] KOLLMANN, F.: Technol. d. Holzes, 2. Aufl., Bd. 1, S. 739. Berlin/Göttingen/Heidelberg 1951.

[2] BAUMANN, H.: Unveröffentlichte Versuche an schwedischem Föhrenholz. Die Messungen wurden an 35 mm dicken Stäben ausgeführt, die in großer Menge zu der Herstellung von Türen verwendet werden. Die Werte beziehen sich auf 10% Feuchtigkeitsgehalt und ein spezifisches Gewicht von rd. 0,50. Ein geringerer Prozentsatz der verwendeten Stäbe besitzt auffällig niedriges, spezifisches Gewicht (0,4). Diese leichten Stäbe zeigten bei der Messung bedeutend niedrigere Werte.

Umständen kann nur mit einem beschränkten Ausgleich von ausgedehnten Unebenheiten während des Pressens gerecht werden. Der bei Druckversuchen ermittelte Elastizitätsmodul von Föhrenholz senkrecht zur Faserrichtung beträgt annähernd 3500[1]. Bei der fabriksmäßigen Herstellung von Platten (Türen) werden häufig Holzstäbe von 30–35 mm Dicke zwischen Hartfaser- oder Sperrholzplatten verleimt. Bei einem Druck von 20 kp/cm² wird ein Föhrenstab der genannten Dicke um $20 \cdot 35 : 3500 \sim 2 \cdot 10^{-1}$ mm zusammengedrückt. In Übereinstimmung damit beginnen in der Praxis auch bei diesem hohen Druck Fehlleimungen aufzutreten, wenn der Dickenunterschied zweier aneinander grenzender Stäbe $3 \cdot 10^{-1}$ mm überschreitet[2]. Bei niedrigerem Druck ist natürlich mit einer entsprechend kleineren Kompression des Holzes zu rechnen.

19.1.2 Holz (poröses Material) Oberflächenvorbehandlung

Die Porosität von Holz bietet Leimen so gute mechanische Verankerungsmöglichkeiten, daß auch stärkere Schwundspannungen (HF-Leime) das Haften ordnungsgemäß ausgeführter Verleimungen nicht gefährden können. Schleifen *reiner* Holzoberflächen zur Erzielung besserer Haftfestigkeit ist zwecklos, Grobaufrauhen mit dem Zahnhobel und dgl. sogar schädlich[3]. Dagegen leistet sachgemäßes Schleifen zur Entfernung von Oberflächenverunreinigungen mitunter gute Dienste. Die gewöhnlichsten Verunreinigungen bzw. Fremdstoffbeläge, die das Haften des Leimes stören können, sind

1. mechanische Verunreinigungen,
2. fette Verunreinigungen,
3. harzige Holzstellen,
4. die stofflichen Änderungen in alten Holzoberflächen, die das Verleimen erschweren und deren Natur bisher nicht mit Sicherheit bekannt ist.

Mechanische Verunreinigungen sind vor allem Holzstaub, der ein typisches Beispiel der auf S. 86 erwähnten mechanischen Schwächen von Oberflächen darstellt. Bei größeren Fertigungen wird Holzstaub durch rotierende Bürsten oder Abblasen mit Preßluft automatisch entfernt.

Fette Verunreinigungen beschränken sich gewöhnlich auf ölige Substanzen, die durch Berührung mit Metallteilen, z.B. Preßblechen, übertragen werden. Mit dem letztgenannten Fall ist bei einem Teil der im Handel befindlichen Hartfaserplatten zu rechnen. Ölige Verunreinigungen

---

[1] S. Fußnote 2, S. 296.

[2] Bei Verwendung von Papierbienenwaben-Mittellagen, die von dünnen Holzrahmen umgeben sind, wird Holz tatsächlich oft so hoch belastet, da der Holzrahmen nahezu den ganzen Druck aufnimmt (S. 319). Typische Fehlleimungen treten an der Übergangsstelle zwischen zwei Rahmenhölzern an den Ecken der Platte auf.

[3] MAXWELL, I. M.: Effect of various surface treatments on the bonding of wood. N.Y. State College of Forestry, Techn. Publ. G. (Aug. 1944).

haben den Charakter von Fettflecken. Denn Öle diffundieren in das Holz und hinterlassen selten nennenswerte Oberflächenbeläge.

Ölige Verunreinigungen verursachen durchaus nicht immer Fehlleimungen. Der flüssige Leim kann unter geeigneten Bedingungen fette Verunreinigungen aus der Holzoberfläche verdrängen[1]. Es ist zu erwarten, daß die Verdrängung durch jene Umstände erleichtert wird, die das Eindringen von Leim und Öl in das Holz erleichtern, also nach Beziehung (52) durch Erhöhung des Preßdruckes und der Preßtemperatur; denn durch Erwärmen wird die Viskosität von Leim und Öl erniedrigt. Diese Annahme wird durch die Erfahrung bestätigt. Furniere, auf die unmittelbar vor dem Verleimen 25 g Paraffinöl/m^2 aufgebracht wurde, konnten mit HF-Heißbindern bei 100 °C einwandfrei verleimt werden[2], Kaltverleimungen ergaben wesentlich unverläßlichere Resultate. Fehlerfreie Verleimungen können im übrigen auf fettverunreinigten Unterlagen nur dann zustandekommen, wenn der Leim nach Berührung mit der fetten Fläche gleichmäßig verteilt bleibt[2].

Harzige Holzstellen, deren Oberfläche mit einer dickeren Harzschicht bedeckt sind, führen ähnlich wie mechanische Verunreinigungen zu Fehlleimungen. Derartige Stellen treten auf, wenn harzgefüllte Hohlräume bei der maschinellen Bearbeitung des Holzes bloßgelegt werden. In der Praxis ist mit dieser Möglichkeit selten zu rechnen, da Hölzer und Furniere mit so schweren Schäden entweder aussortiert, oder wenn sie zu Mittellagen bestimmt sind, ausgebessert werden. Von diesem besonderen Falle abgesehen, bereiten harzige Hölzer und Furniere bei Verwendung von synthetischen Leimen[3] überraschend wenig Schwierigkeiten. Selbst Furniere, deren Harzgehalt so hoch ist, daß sie im durchfallenden Licht durchscheinende Stellen zeigen, werden z.B. mit HF-Heißbindern oder PVAc-Kaltbindern einwandfrei verleimt, wenn man mit genügend hohem Druck (>2 kp/cm^2) verpreßt. – Harzige Stellen sind nicht so schwer benetzbar wie fette Stellen. Mit Leimen, deren Oberflächenspannung im Bereich 40–50 dyn/cm liegt, erhält man im allgemeinen praktisch ausreichende Benetzung.

An *alten Holzoberflächen* stellt man mitunter eine merkliche Verschlechterung der Verleimbarkeit fest. Das Verhalten solcher Oberflächen

---

[1] Das Öl wird von dem Leim ins Holz zurückgedrängt.

[2] BAUMANN, H.: Unveröffentlichte Versuche mit Föhren-, Birken- und Gaboonfurnieren. Druck: 4 kp/cm^2. Der Leim wurde auf eine ungeölte Sperrfurnier-Mittellage aufgetragen, da er die extrem stark geölten Deckfurniere schlecht benetzen würde. Auf der Mittellage ist die Leimschichte soweit fixiert, daß sie sich bei Berührung mit den ölhaltigen Deckfurnieren nicht mehr zusammenziehen kann.

[3] Nach den Erfahrungen der älteren Tischlergeneration leimt Glutinleim auf harzigen Stellen unverläßlich. Möglicherweise trug der niedere Preßdruck, mit dem Glutinleim verleimt zu werden pflegt, zu den ungünstigeren Verleimungsresultaten bei.

ist möglicherweise dadurch zu erklären, daß Oberflächenverunreinigungen, die anfänglich leicht verdrängbar sind, durch Oxydation oder andere chemische Reaktionen stärker fixiert und infolgedessen schwerer verdrängbar werden. Zwei Holzsorten, bei denen diese Verleimungsschwierigkeiten durch Alterung deutlich in Erscheinung treten, sind Birke und Teak. Bezeichnenderweise stellt sich nach Schleifen der Oberflächen stets wieder normale Verleimbarkeit ein. Beim Warmverleimen von Birke genügt meistens schon eine Erhöhung des Preßdruckes (auf 4–6 kp/cm²)[1]. Die Annahme von Fremdstoffverunreinigungen mag bei Birke weniger plausibel als bei Teak erscheinen, wird jedoch durch die Beobachtung gestützt, daß alte Birkenfurniere nach kurzem Auskochen wieder normal verleimbar werden.

Zusammenfassend kann festgestellt werden, daß Verleimungsschwierigkeiten durch Fremdstoffverunreinigungen vor allem beim Verleimen mit Kaltbindern bzw. Verpressen mit niedrigen Drucken auftreten. Störungen bei industrieller Verleimung werden selten durch harzige Stellen oder zufällige fette Verunreinigungen[2] der Holzoberfläche hervorgerufen, sondern treten vor allem an alten Holzoberflächen oder systematisch gefetteten Produkten wie Hartfaserplatten auf, die prinzipiell vor dem Leimauftrag geschliffen werden sollten.

19.1.3 Metalle, Oberflächenvorbehandlung

Mechanische Schwächen der Oberfläche, verursacht durch Rost oder andere lose sitzende Oxydbeläge, Metallstaub usw., werden vor dem Verleimen mechanisch entfernt.

Fette Verunreinigungen. Die gewöhnlichsten Verunreinigungen metallischer Oberflächen sind ölige oder fette Stoffe. Sie stammen entweder von der Herstellung oder Bearbeitung der Metallteile (Bleche). Doch ziehen auch reine Metalle infolge ihrer hohen Oberflächenenergie aus der umgebenden Atmosphäre fette Partikel an sich, die in der nicht besonders gereinigten Luft von Werkstätten stets vorhanden sind. Die hemmende Wirkung fetter Verunreinigungen hängt sehr von der Art des fetten Stoffes und des verwendeten Leimes ab und kann in extremen Fällen die Leimung vollständig verhindern oder vollkommen unbeeinflußt lassen. Denn Verdrängung kann auch an Metalloberflächen stattfinden, wobei allerdings, da Diffusion ausgeschlossen ist, die fetten Stoffe im Leim gelöst oder dispergiert werden müssen. Diese Bedingung wird im allgemei-

---

[1] Verleimungsschwierigkeiten mit alten Birkenfurnieren treten beispielsweise beim Abdecken der Schmalkanten von plattenförmigen Werkstücken mit Umleimern auf. Wegen Knickungsgefahr können Werkstücke dieser Form ohne besondere Hilfsmaßnahmen seitlich nicht allzu stark belastet werden.

[2] Zufällige Verunreinigungen der Holzoberflächen durch Berührung mit fetten Stoffen lassen sich bei einiger Achtsamkeit auf ein praktisch bedeutungsloses Minimum reduzieren.

nen nur von Leimen besonderer Zusammensetzung erfüllt, die heute noch unter Entwicklung sind (S. 302). In normalen Fällen muß man vorläufig damit rechnen, daß auch schwache Verunreinigungen die Festigkeit der Leimverbindung vermindern. Verleimungen, die höchste Festigkeit besitzen sollen, werden daher auf entfetteten Unterlagen ausgeführt. Bei chemischer Behandlung wird die Entfettung stets vor, bei Schleifen, Sandstrahlen usw. *nach* dem Aufrauhen der Oberfläche vorgenommen, wodurch in letztgenanntem Falle gleichzeitig auch Schleifstaub entfernt wird. Als Entfettungsmittel wendet man am häufigsten unbrennbare chlorierte Kohlenwasserstoffe, vor allem Trichloräthylen („Tri": $ClHC{=}CCl_2$), neuerdings auch 1,1,1-Trichloräthan ($Cl_3C{-}CH_3$), das im Gegensatz zu Tri physiologisch unschädlich ist. Bei fabrikationsmäßiger Entfettung arbeitet man in geschlossenen Entfettungsanlagen, in denen die Dämpfe der Lösungsmittel auf den eingesetzten Metallteilen kondensieren.

Gereinigte Metalloberflächen bedecken sich in Luft, die nicht vollständig frei von fetten Partikeln ist, ziemlich rasch wieder mit einer Fettschichte. Die Zunahme des Verunreinigungsgrades kann durch Randwinkelmessungen leicht verfolgt werden. Der Randwinkel, den beispielsweiseWasser mit entfetteten, chemisch gebeizten Aluminiumoberflächen einschließt ist anfangs gleich 0, steigt jedoch mit der Zeit sehr merklich. Nach Trocknen chemisch gerauhter Bleche in gewöhnlicher Werkstattluft wurde ein Randwinkel von 78° gemessen. Die Fugenfestigkeit verleimter Bleche betrug 2,5 kp/mm². Parallelproben in gereinigter Luft behielten auch nach dem Trocknen den Randwinkel 0 und ergaben Festigkeiten von 3,5 kp/mm²[1]. Dieser Versuch zeigt deutlich, daß der Reinigungseffekt nur dann bewahrt werden kann, wenn gereinigte Metallteile vor der Berührung mit fetter Luft geschützt werden. In der Praxis trocknet man Metallteile, die nicht sofort verleimt werden, in Schränken mit gereinigter Umluft. Gereinigte Teile werden mitunter auch in geeignete Plastfolien eingeschlagen.

Aufrauhen der Oberfläche. Im Gegensatz zu porösen Stoffen wird die Haftfestigkeit von Leimen auf Metallen durch Aufrauhen glatter Oberflächen stets verbessert. Das Aufrauhen kann entweder auf mechanischem oder auf chemischem Wege erfolgen. Die Haftfestigkeitsverbesserung, die man nach beiden Methoden erzielt, unterscheiden sich bei rein statischer Belastung der Leimfuge nicht wesentlich voneinander. Doch gewährleistet die chemische Methode eine gleichmäßigere Aufrauhung. Bei mechanischer Bearbeitung läßt es sich kaum vermeiden, daß stellenweise unnormal tiefe Schleifspuren entstehen, die bei dynamischer Belastung zu verfrühtem Bruch Anlaß geben können. Zu dynamisch beanspruchten

---

[1] BACKMAN, S.: Kursliteratur der schwed. Technologenvereinigung, Stockholm, „Lim och limningsteknik", Mai 1963.

Leimfugen (Flugzeugbau!) werden daher prinzipiell chemisch aufgerauhte Bleche verwendet, besonders wenn es sich um weichere Werkstoffe wie Aluminium oder dessen Legierungen handelt. Ein zur chemischen Beizung von Aluminium ausgezeichnet geeignetes Verfahren ist in dem englischen Normblatt DTD 915 B (1956) beschrieben[1]. Die Aluminiumbleche werden nach dem Entfetten 30 min lang bei 60–65 °C mit einer Chromschwefelsäurelösung behandelt, deren Zusammensetzung aus Tab. 87 zu entnehmen ist. Nach der Ätzung werden sie zuerst in kaltem, dann in warmem Wasser gewaschen und mit warmer Luft (max. 65 °C) getrocknet.

Tabelle 87. *Chromschwefelsäurelösung zur Ätzung von Aluminium und Al-Legierungen* [nach Ciba (A.R.L.) Ltd., England][2]

Wasser, rein	20–30 l	
Schwefelsäure konz. (spez. Gew. 1,82)	15 l	in dünnem Strahl unter Umrühren
Natriumbichromat, trocken ($Na_2Cr_2O_7 \cdot 2H_2O$)	6,8 kg	
[oder Chromsäure, trocken (CrO_3)]	[4,6 kg]	unter Umrühren
Auffüllen mit Wasser →	100 l	

Aluminium, das der Witterung ausgesetzt ist, muß vor Korrosion geschützt werden. In der Praxis werden daher die behandelten Teile nach dem Waschen nicht getrocknet, sondern unmittelbar einer anodischen Oxydation unterzogen[3]. Verleimt wird auf der Aluminiumoxydschichte, die sich dabei bildet[4].

Andere Metalle werden mit Beizbädern geänderter Zusammensetzung behandelt. So wird für *weichen Stahl* eine Mischung von konzentrierter Phosphorsäure (88%): technischem Methylalkohol = 1 : 2 empfohlen[2]. Nach 10 min Beizen bei 60 °C wird unter fließendem kaltem Wasser gespült und der schwarze Belag mit einer Borstenbürste abgerieben. Maximale Schälfestigkeit erhält man mit Epoxydharzleimen auf *rostfreiem Stahl* nach 15 min. Beizen in konzentrierter Schwefelsäure mit einem Zusatz von 3,5 Volum.-% gesättigter Natriumbichromatlösung bei 50 °C und einer Nachbehandlung ähnlich wie bei weichem Stahl. – Weitere Angaben sind in den Vorschriften der Metalleimhersteller zu finden, z.B.

---

[1] Aircraft Process Specification; Process for Cleaning Aluminium and Aluminium Alloy Plating. Dieses Behandlungsverfahren ist auch unter dem Namen „Pickling-Prozeß" bekannt.

[2] Instruction Sheet Nr. A. 15a (1962). Die Vorschrift entspricht DTD 915 B.

[3] Es entsteht eine mit der Metalloberfläche fest verbundene Oxydschichte.

[4] Die Haftfestigkeit des Leimes ist unbedeutend geringer als auf der gebeizten Al-Oberfläche.

dem in Fußnote 2 auf S. 301 genannten Merkblatt, das eine ziemlich umfassende Zusammensetzung enthält.

Die Fugenfestigkeiten, die man bei verschiedener Vorbehandlung erhält, pflegen in folgender Reihenfolge abzunehmen:

1. Entfettung und Aufrauhung.
2. Aufrauhung (ohne Entfettung).
3. Entfettung (glatte Oberflächen).

Bei 2. ist allerdings vorausgesetzt, daß von vornherein nur mäßig fette Oberflächen vorliegen. Dieser Fall gilt für die auf S. 248 erwähnte Holz-Metall-Verleimung.

19.1.4 Nicht gereinigte glatte Metalloberflächen[1]

Das Aufrauhen und Entfetten von Metalloberflächen ist zeitraubend und kostspielig. Die Haftstoffindustrie macht zur Zeit große Anstrengungen, neue Produkte zu entwickeln, die auch auf glatten unbehandelten Flächen zufriedenstellend binden. Die Forschungsarbeit auf diesem Gebiet hat bereits einige praktische Ergebnisse gezeitigt, befindet sich aber im übrigen noch in voller Entwicklung. Ein wichtiges Anwendungsgebiet derartiger Haftmittel ist die Automobilindustrie, die klare Vorteile durch Verleimen oder Verkleben anstelle von Verschweißen erreichen kann, jedoch aus preislichen und produktionstechnischen Gründen Reinigen von Metallteilen vor der Lackierung des Automobiles vermeiden will. Dies gilt beispielsweise für Verstärkungselemente von Aufbauteilen (Motorhauben, Gepäckraumdeckel, Flügel), die bisher durch Verschweißen befestigt wurden. Durch Verleimen oder Verkleben vermeidet man Schweißspuren an den Außenseiten, Korrosionsherde zwischen den Blechen und erreicht bessere Schalldämpfung. Da Aufbauteile dieser Art nahezu unbelastet sind, genügen zu ihrer Verleimung schwächere Haftmittel, z.B. die auf S. 182 genannten PVC-Plastisole, die auf glatten öligen Metallunterlagen Schubfestigkeiten von max. 0,3 kp/mm² erreichen.

Wesentlich höhere Festigkeiten entwickeln modifizierte Leime auf Epoxydharzbasis, wie Versuche der Minnesota Mining and Manufacturing Comp. zeigen, die in Zusammenarbeit mit Ford und General Motors in Amerika ausgeführt wurden. In Abb. 102 ist ein typisches Versuchsresultat wiedergegeben. Untersucht wurde die Schubfestigkeit eines modifizierten Epoxydharzleimes auf glatten, teils entfetteten, teils künstlich gefetteten Stahlblechen. Wie man sieht ist der starke Ölbelag der gefetteten Bleche ohne Einfluß auf das Verleimungsresultat. Die ziemlich kurze Preßzeit, die den Bedürfnissen des Verbrauchers entgegenkommt,

---

[1] Nach Stavmar, L.: Kursliteratur der schwed. Technologenvereinigung, Stockholm, Mai 1963.

läßt sich ohne Verschlechterung der Verleimung bei weiterer Erhöhung der Preßtemperatur noch wesentlich verkürzen.

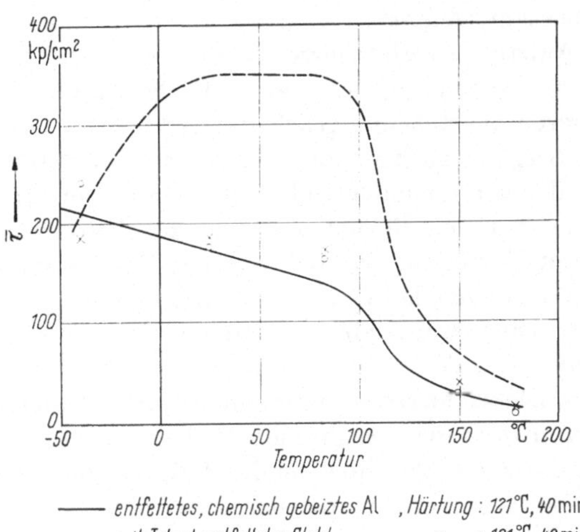

Abb. 102. Schubfestigkeit von Stahlüberlappungsfugen mit einem modifizierten Epoxydharzleim und gereinigten bzw. geölten Blechen (nach Minnesota Mining Comp.)[1]

Man wird nicht erwarten dürfen, daß diese neuen Leime gegen jede Art von Ölen unempfindlich sind. Doch erwiesen sich bei den Versuchen eine Reihe von Standard-Mineralölen als gut brauchbar. Ungeeignete Öle dürften daher in der Praxis durch Übereinkommen mit den Blechlieferanten vermieden werden können. Das weitere Vordringen der Verleimungstechnik in der mechanischen Industrie dürfte von den endgültigen Resultaten dieser Forschungsarbeit abhängen.

19.2 Das Auftragen des Leimes

19.2.1 Maßnahmen zur Konstanthaltung des Leimauftrages

Beim Auftragen des Leimes soll, wie bereits mehrfach erwähnt, die vorgeschriebene Menge so genau wie möglich eingehalten werden. Die schädlichen Folgen zu hohen Leimauftrages sind, von ökonomischen Gesichtspunkten abgesehen, unter anderem erhöhte Gefahr

a) für schlechtere Verleimungsresultate vor allem bei Verwendung von Dünnschichtleimen,

---

[1] S. Fußnote 1, S. 302.

b) für das Auftreten von Blasen beim Warmpressen.

c) für Leimdurchschlag bei Verwendung von dünneren Furnieren.

Ebenso ungünstig kann sich zu niedriger Leimauftrag auswirken. In diesem Falle besteht Gefahr

a) für das Auftreten verhungerter Leimfugen.

b) für Übertrocknung, mitunter sogar Vorhärtung der Leimschichte, wenn mit längeren Wartezeiten gearbeitet wird.

Mit dem Übergang zu hochkonzentrierten Kunstharzleimen stiegen die Ansprüche der verleimenden Industrien an die Genauigkeit von Auftragsmaschinen. Für das Beleimen ebener Flächen stehen heute Maschinentypen zur Verfügung, die bei richtiger Einstellung und Wartung eine ausreichend genaue Dosierung der Leimmenge gestatten. Sie bestehen im Prinzip aus zwei gerillten verstellbaren Gummiwalzen, die mit Hilfe von Federn Druck auf die Oberfläche der durchlaufenden Werkstücke ausüben. Die wichtigsten Bedingungen für gleichbleibenden Leimauftrag sind Konstanz des spezifischen Walzendruckes und der Viskosität des Leimes sowie gleichbleibende Walzen- und Werkstückoberflächen. Die Arbeitsvorschriften, die sich daraus ergeben, gehören zu der täglichen Betriebsroutine und sollen im allgemeinen als bekannt vorausgesetzt werden. Doch treten manchmal Situationen auf, bei denen offenbare Verstöße gegen diese Bedingungen nicht ganz augenfällig sind:

Walzendruck. Der Leimauftrag sinkt mit steigendem spezifischem Walzendruck. Bei gegebener Einstellung und Werkstückdicke üben die belastenden Federn über die Auftragswalzen einen konstanten Gesamtdruck auf das Werkstück aus. Eine Änderung der Werkstückbreite ruft infolgedessen eine Änderung des spezifischen Walzendruckes und damit der Auftragsmenge hervor. Gleichbleibender Leimauftrag auf Werkstücke sehr verschiedener Breite ist bei konstanter Federeinstellung daher unmöglich.

Viskosität des Leimes. Mit steigender Viskosität des Leimes steigt unter sonst gleichbleibenden Bedingungen die Auftragsmenge. Nun ist die Viskosität vieler Leime sehr von der Temperatur abhängig (Tab. 18). Größere Temperaturschwankungen während einer Arbeitsperiode müssen daher vermieden werden. Ungenügender Leimauftrag wird mitunter indirekt durch niedrige Morgentemperaturen des Arbeitslokales verursacht. Der kalte, zu zähflüssige Leim muß verdünnt werden, nimmt aber mit der Zeit normale Temperatur an und ist dann zu dünnflüssig.

Walzenoberfläche. Rillen in der Walzenoberfläche erhöhen den Leimauftrag. Allmähliches Verstopfen der Rillen durch mechanische Verunreinigungen oder härtenden Leim verringert die Auftragsmenge.

Werkstückoberfläche. Die Auftragsmenge wird in analoger Weise auch durch Änderungen des Rauhigkeitsgrades der Werkstückoberfläche sowie der Porosität und des Saugvermögens beeinflußt.

19.2.2 Auftragen härtender Leime

Die auf S. 48 beschriebene laminare Natur der Flüssigkeitsströmung hat beim Auftragen von Leimen mit begrenzter Topfzeit eine wichtige praktische Folge. Auch wenn frischer Leim dauernd nachgefüllt wird, haftet die Leimschichte, die der Walzenoberfläche unmittelbar benachbart ist, fest an und wird nicht erneuert. Topfzeiten, die bedeutend kürzer als die Arbeitsperiode der Auftragsmaschine sind, zwingen daher gewöhnlich zu einer besonderen Reinigung der Walzen vor Abschluß der Arbeit. Aus dem gleichen Grunde setzt sich Leim mit begrenzter Topfzeit auch bei ständigem Strömen durch Rohre allmählich doch an der Rohrwandung ab.

19.2.3 Benetzung

Schlechte Benetzung und dadurch bedingter ungleichmäßiger Leimauftrag kann durch Erniedrigung der Oberflächenspannung verbessert oder gänzlich behoben werden. Größere Randwinkel treten im allgemeinen nur beim Auftrag wäßriger Leimlösungen auf. Denn die Oberflächenspannung von organischen Lösungen wird weitgehend durch die niedrige Oberflächenspannung der verwendeten organischen Lösungsmittel bestimmt und liegt meistens unter 30 dyn/cm (Tab. 14).

Tabelle 88. *Oberflächenspannung von Leimlösungen in organischen Lösungsmitteln*

Leimsorte	Konzentration %	Lösungsmittel	γ dyn/cm
PVAc	20	Alkohol	26
PVAc	20	Äthylacetat	28
PF	70	Alkohol	32
Polyurethan	85	Äthylacetat	28

Da Flüssigkeiten mit Oberflächenspannungen unter 30 dyn/cm so schwer benetzbare Substanzen wie Polyäthylen vollständig benetzen **und auch auf Paraffin nur kleinere Randwinkel bilden**[1], ist es verständlich, daß Leimlösungen in den gebräuchlichen organischen Lösungsmitteln kaum Benetzungsschwierigkeiten bereiten.

Die Oberflächenspannung von wäßrigen Leimlösungen kann sich dem Werte von reinem Wasser nähern (73 dyn/cm). Bei so hoher Oberflächenspannung werden häufig Holz- und nicht besonders entfettete Metalloberflächen schlecht benetzt. Durch Zugabe von einigen Promillen Netzmittel oder 10–20% Alkohol[2] läßt sich die Oberflächenspannung wäßriger Leimlösungen auf 40–45 dyn/cm erniedrigen, wodurch Benetzungs-

---

[1] Fox, H. W. u. W. A. Zissman: J. Coll. Sci *4*, 428–442 (1952).
[2] Vorausgesetzt, daß Alkohol nicht fällend wirkt.

schwierigkeiten auf Holz und geschliffenen, nicht entfetteten Metallen in der Regel behoben werden.

Die genannten Substanzen erniedrigen die Oberflächenspannung von Wasser bzw. wäßrigen Lösungen bedeutend stärker als auf Grund ihrer Durchschnittskonzentration zu erwarten wäre, da sie sich an der Oberfläche der flüssigen Phase anreichern. Besonders ausgeprägt ist dieser Anreicherungseffekt bei Netzmitteln. Die Moleküle dieser technisch wichtigen Verbindungen, die stets aus polaren und unpolaren Gruppen bestehen, sind nicht im eigentlich physikalischen Sinne wasserlöslich. Sie sammeln sich zunächst an der Flüssigkeitsoberfläche, wobei sie nach Art des Butylalkoholmoleküles (Abb. 12) ihre polaren Gruppen gegen das Flüssigkeitsinnere orientieren und lösen sich erst unter Mizellbildung[1] in der Flüssigkeit, wenn die gesamte Oberfläche bedeckt ist. Von diesem Augenblick an ist die Zugabe von weiterem Netzmittel praktisch wirkungslos. Bei reinem Wasser liegt die Grenze des wirksamen Netzmittelzusatzes bei rd. 0,1 %, entsprechend einer Oberflächenspannung von rd. 35 dyn/cm (Abb. 103).

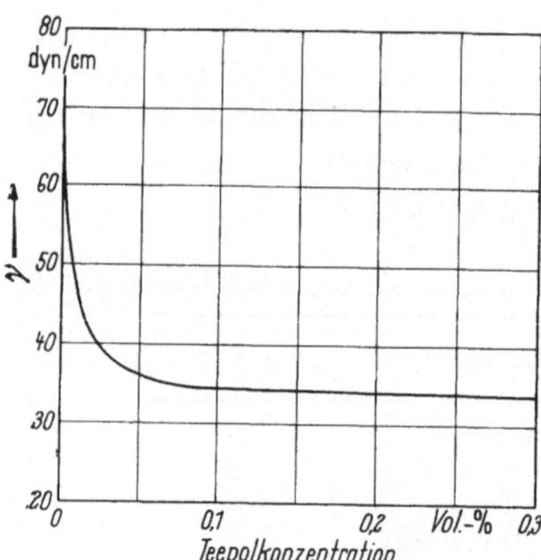

Abb. 103. Erniedrigung der Oberflächenspannung von Wasser durch Netzmittelzusatz (Teepol) (Svenska Shell AB)

Bei konzentrierten wäßrigen Kunstharzleimen liegt diese Grenze etwas höher. Zusätze von 0,2–1,0 % pflegen die Oberflächenspannung dieser Leime auf 40–45 dyn/cm zu erniedrigen. – Alkohol ist bedeutend weniger wirksam (Abb. 104). Zusätze von 10 bis 20 % Alkohol zu wäßrigen Kunstharzleimen haben etwa die gleiche Wirkung wie die genannten Netzmittelzusätze. Höhere Alkoholzusätze senken die Oberflächenspannung zwar noch etwas mehr, doch wird von dieser Möglichkeit nur selten Gebrauch gemacht, da von der unerwünschten Verdünnung abgesehen, viele wasserlösliche Leime größere Alkoholzusätze nicht vertragen[2].

Für die im Vergleich mit Wasser etwas verschiedene Wirkung von Netzmittel- und Alkoholzusätzen zu wäßrigen Leimen gibt Tab. 89

---

[1] Ein Pseudolösungsvorgang. Mizellen sind kugelförmige Vereinigungen einer großen Anzahl von Netzmittelmolekülen. Die unpolaren Enden sind gegen das Kugelzentrum gerichtet, die polaren Gruppen bilden die Kugeloberfläche. Auf diese Weise wird die Mizelle in Wasser löslich.

[2] Gut alkoholverträglich sind alle Leime auf Phenolbasis. Bei PF-Heißbindern, die auf Metalloberflächen aufgetragen und vor dem Verpressen weitgehend getrocknet werden, sind auch etwas größere Alkoholzusätze unschädlich.

einige Beispiele. Wie aus der Tabelle hervorgeht, erniedrigen auch andere Stoffe die Oberflächenspannung in ähnlicher Weise. So senkt ein Zusatz von 2–3% Roggenmehl die hohe Oberflächenspannung von reinen HF-Leimen auf 45 dyn/cm. Die niedrige Oberflächenspannung von PVAc-Holzleimen (Originaldispersionen) ist vor allem der Gegenwart von Polyvinylalkohol zuzuschreiben. Es ist daher unmöglich, allgemein gültige Angaben über die Oberflächenspannung technischer Leime zu machen. Doch ist eine Nachprüfung mittels der auf S. 23 ff. beschriebenen Ringmethode einfach durchzuführen.

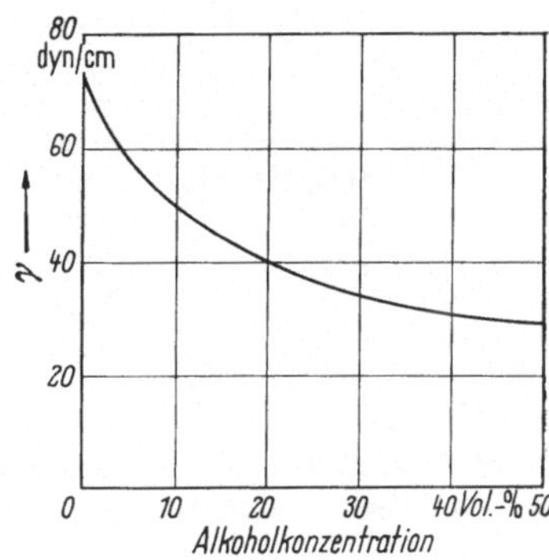

Abb. 104. Erniedrigung der Oberflächenspannung von Wasser durch Alkohol[1]

Tabelle 89. *Oberflächenspannung wäßriger Leime*

	Konzentration %	Zusatz %	γ dyn/cm
HF- und MF-Leime	60–67	—	65
	60–67	3,0 Roggenmehl	45
	60–67	0,2 Teepol	45
PF-Leim (Holz-Metall-Leim, pH 9)	55	—	54
	55	0,2 Teepol	47
	55	10,0 Alkohol	43
	55	20,0 Alkohol	39
PVAc-Leim (Originaldispersion)	50	—	45

19.2.4 Auftragsmenge

Da zwei zusammengepreßte Flächen einander nur stellenweise berühren, ist die Auftragsmenge so zu bemessen, daß die zwischen den Fugenflächen stets vorhandenen Hohlräume von Leim ausgefüllt werden. Für die Größe des Leimauftrages sind daher Oberflächenrauhigkeit, Dickentoleranzen und Kompressibilität des verwendeten Materiales sowie die Höhe des Preßdruckes mitbestimmend.

Holz. Zum Verleimen von einigermaßen sorgfältig bearbeiteten Massivhölzern oder Furnieren sind Auftragsmengen gebräuchlich, die nach Auftrocknen in gleichmäßiger Schichte den Dickengrenzwert $1 \cdot 10^{-1}$ mm nicht überschreiten. Dünnschichtleime können unter dieser Bedingung ohne Bedenken verwendet werden. Die Angaben von Tab. 90 sind als

---

[1] Handbook of Chem. and Phys., 44. Aufl., 1962.

angenäherte Werte zu betrachten, die zu Vergleichen benützt werden können. Auf genauere Einzelheiten, wie z.B. das Eindringen von Leim in das Holz, ist nicht Rücksicht genommen.

Tabelle 90. *Leimauftrag entsprechend trockenen Schichtdicken von max.* $1 \cdot 10^{-1}$ mm

Leimsorte	Sp. Gew. (fest) (rd)	Konz. %	Auftragsmenge (g) $1 \cdot 10^{-1}$ mm	gebräuchlich
HF, MF	1,45	67	220	160–180
PF	1,30	60	220	160–180
PVAc	1,20	50	240	170–200
Kasein	1,40	33	430	250–350

Bei den gebräuchlichen Auftragsmengen betragen die zulässigen Dikkentoleranzen der einzelnen Holzteile nur wenige 10^{-1} mm, auch wenn mit höheren Preßdrucken gearbeitet wird (S. 296).

Mit stärkeren Dickenschwankungen und gröber bearbeiteten Oberflächen muß häufig bei Holzmaterial gerechnet werden, das zu verleimten Bauteilen bzw. der Herstellung von Brettschichtholz verwendet wird. Dickenunterschiede infolge nicht einwandfreier Passung müssen durch Leim ausgeglichen werden. Im allgemeinen wird man schon mit Rücksicht auf den hohen Leimverbrauch ungewöhnlich große Dickenschwankungen zu vermeiden suchen; mit ihrem Auftreten wird nur an vereinzelten Stellen zu rechnen sein. Auch bei Verwendung von Fugenfüllern wird in der Praxis selten das Doppelte der in Tab. 90 angegebenen „gebräuchlichen" Werte überschritten.

Metall. Da Metalloberflächen dicht sind und auch nach mechanischer oder chemischer Behandlung meistens viel geringeren Rauhigkeitsgrad als Holz besitzen, könnte man erwarten, daß bei ihrer Verleimung besonders niedrige Leimmengen zur Anwendung kommen. Das ist im allgemeinen jedoch nicht der Fall. Denn auch weichere Metalle wie Aluminium sind bei den verhältnismäßig niedrigen Verleimungsdrucken praktisch nicht komprimierbar. Ein Ausgleich von Dickenunterschieden ist daher unmöglich. Selbst das Einebnen jener blasen- oder wellenartigen Verformungen, die an Blechen häufig zu beobachten sind, läßt sich nicht immer vollständig durchführen. Bei Holz/Metall-Verleimungen, bei denen dünne Bleche zwischen Holzlagen eingebettet sind, kommen meistens die in Tab. 90 angegebenen Leimmengen zur Anwendung. Bei den Metall/Metall-Verleimungen der Flugzeuginudstrie sind dagegen Schichtdicken von $2–2,5 \cdot 10^{-1}$ mm ziemlich häufig anzutreffen. Man nimmt hier eine gewisse Erniedrigung der Scherfestigkeit in Kauf, um vollkommen sicher zu gehen, daß der Leim die Abstände zwischen den Fugenflächen an allen Stellen ausfüllt. Außerdem ermöglicht die dicke Leimschichte auch bei gewissen Maßschwankungen der Bleche das Einhalten konstanter Dickenmaße der verleimten Werkstücke[1].

19.2.5 Wartezeit
(Zeitspanne zwischen Leimauftrag und Schließen der Presse)

Kaltbinder. Die maximale Wartezeit wird durch jene Grenzviskosität der aufgetragenen Leimschichte bestimmt, die beim Zusammenpressen der Fugenhälften noch ausreichende flüssige Berührung zuläßt. Das Eindicken der Leimschichte durch Lösungsmittelverluste erfolgt auf Holz und anderem porösen Material nur teilweise durch Abdunsten; ein größerer Teil der Lösungsmittel diffundiert in die Unterlage. Die maximalen offenen Zeiten der gebräuchlichen wäßrigen Kaltbinder liegen durchwegs bei etwa 10–15 min. Nur bei Kontaktklebern in organischen Lösungsmitteln stehen längere Zeiten zur Verfügung ($^1/_2$ bis mehrere Stunden), da Verklebungen auch bei nicht ausgesprochen flüssiger Berührung zustande kommen. – Häufig ist es notwendig, daß eine bestimmte Mindestwartezeit eingehalten wird. Denn Leime, deren Viskosität ein bequemes Auftragen gestatten, werden bei höheren Preßdrucken leicht aus der Fuge gequetscht. Diese Gefahr wird vermieden, wenn man den Leim vor dem Pressen etwas ,,anziehen'' läßt.

Heißbinder sind auch nach Abtrocknen in der Wärme meistens wieder schmelzbar. Unter der Voraussetzung, daß die Schmelztemperatur erreicht wird, stehen daher längere Wartezeiten als bei Kaltbindern zur Verfügung. Eine Sonderstellung nehmen jene Heißbinder ein, deren Härtungsreaktion erst bei höherer Temperatur mit merkbarer Geschwindigkeit einsetzt, wie katalysatorfreie MF- und PF-Leime. Derartige Leime können vollständig abgetrocknet und tagelang gelagert werden. Das teilweise oder vollständige Abtrocknen der Leimschichte hat, von der erhöhten Widerstandskraft gegen Auspressen abgesehen, auch den Vorteil, daß die Gefahr der Blasenbildung bei höherer Preßtemperatur verringert wird (S. 310).

Bei modernen Fertigungsprozessen versucht man häufig die Wartezeit des Leimes der Länge der Preßperiode, d.h. der Summe von Preß-, Beschickungs- und Entleerungszeit anzugleichen. Beim Verleimen dünnerer Holzschichten mit Heißbindern in Pressen mit automatischen Beschickungs- und Entleerungsvorrichtungen kann die Preßperiode leicht unter 5 min sinken. Bei so kurzen Wartezeiten werden die beleimten Einzelschichten gewöhnlich sofort zusammengelegt, so daß Wasser die Leimfuge nur durch Diffusion in die Unterlage verlassen kann. Durch geeignete Änderung der übrigen Verleimungsfaktoren kann man auch diesen etwas ungünstigeren Verleimungsbedingungen begegnen. Man wird die mangelnden Trocknungsmöglichkeiten durch entsprechend trok-

---

[1] Mit Hilfe von Metall-Distanzmaßen, die in die Presse mit eingelegt werden

keneres Holz, zähflüssigen Leim, sparsameren Leimauftrag und Begrenzung der Preßtemperatur auf das unbedingt Notwendige auszugleichen suchen.

19.3 Blasenbildung durch Dampfdruck

Bei höherer Temperatur entwickelt das im Leim vorhandene Lösungsmittel einen Dampfdruck von beachtlicher Stärke. Die Dampfdruckkurve von Wasser, dem gewöhnlichsten Lösungsmittel, ist bis zu 150 °C in Abb. 105 wiedergegeben.

Der Druck und damit die Gefahr für Blasenbildung steigt bei Temperaturen über 100 °C steil an. Der Lösungsmitteldampfdruck in der Leimfuge und den benachbarten Schichten von porösem Material ist ein Partialdruck, der sich nach dem Daltonschen Gesetz (J. DALTON, 1807) additiv dem bereits vorhandenen Druck überlagert. Die Druckwerte in Abb. 105 sind daher als Überdrucke aufzufassen. Die verbreitete Ansicht,

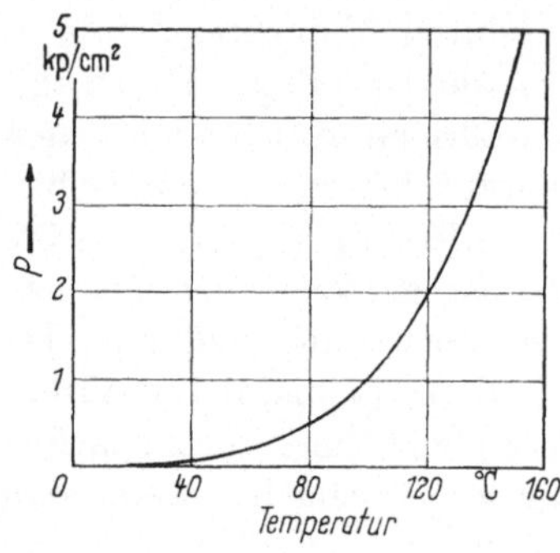

Abb. 105. Dampfdruckkurve von Wasser

daß Überdruck erst nach Überschreitung des Kochpunktes auftritt, ist unrichtig.

Nach Aufhören des Preßdruckes kann sowohl Leimfuge als auch verleimtes Material durch Lösungsmittelüberdruck beschädigt werden. Besonders ungünstige Verhältnisse liegen vor, wenn beide Fugenhälften diffusionsdicht sind. Bei Reduxverleimungen (S. 250) spaltet die PF-Komponente des Leimes Kondensationswasser während des Härtens ab. Zum Schutze der noch thermoplastischen Fuge werden die verleimten Werkstücke in der Presse unter 100 °C gekühlt.

Beim Verleimen von Holz sind je nach Art des verwendeten Heißbinders verschiedene Preßtemperaturen gebräuchlich. HF-Leime und MF-Leime mit Katalysatorzusatz werden bei 100 °C, modifizierte PF-Leime bei 110–115 °C und gewöhnliche PF-Leime bei mindestens 130 °C verpreßt. Trotz der Porosität von Holz sind die Diffusionsmöglichkeiten von Wasserdampf während des Preßvorganges sehr beschränkt, wenn dünne großflächige Werkstücke (Sperrholz) zwischen glatten Metallflächen verpreßt werden, da ein Druckausgleich nur durch die schmalen offenen Seitenflächen möglich ist. Von kleinen Formaten abgesehen stehen daher feuchte Werkstücke unter einem erheblichen Innendruck, der sich beim Öffnen der Presse oft heftig entspannt. Schädliche Wirkungen des Überdruckes sind besonders dann zu erwarten, wenn die Temperatur der Leimfuge bzw. des ganzen Werkstückes 100 °C überschreitet. Denn die ganze durch den äußeren Druck flüssig gehaltene Feuchtigkeit verdampft beim Öffnen der Presse schlagartig.

Die vom Innendruck hervorgerufenen Sprengungen (Blasen) kommen auf verschiedene Weise zustande. Von normalen Leimfugen aus nichtthermoplastischen Kondensationsleimen ist zuerwarten, daß sie auch bei hoher Preßtemperatur diesem Innendruck widerstehen werden, der 3–4 kp/cm² (Abb. 105) meistens nicht überschreitet. Andererseits sinkt die Querzugsfestigkeit von Holz bei hoher Temperatur und Feuchtigkeit sehr stark. Man stellt häufig fest, daß die Blasenbildung durch Holzbruch – möglicherweise von etwas fehlerhaften Stellen – entstand. Bei wirklichen Fugenbrüchen dürfte es sich dagegen oft um das Nachgeben schlecht verleimter Stellen handeln. Hohe Temperatur und Feuchtigkeit erniedrigen ja die Viskosität des Leimes vor dem Härten und begünstigen verhungerte Leimfugen. – Blasen können auch während des Pressens entstehen, wenn der äußere Druck stellenweise niedriger als der Wasserdampfdruck im Werkstück ist, z.B. an muldenförmige Vertiefungen, die dem Preßdruck nicht voll ausgesetzt sind. In gleicher Weise verhalten sich nachgiebige Stellen im Inneren des Werkstückes. Dieser letztere Fall kann bei der Herstellung von (dickeren) Platten mit nicht massiven Mittellagen auftreten z.B. der auf S. 387 erwähnten, heute oft verwendeten Papierbienenwabe. Beim gleichzeitigen Verleimen zweier Schichten auf dieser Zwischenlage kann der Dampfdruck in der geschlossenen Leimfuge unter ungünstigen Bedingungen die Papierwabe etwas eindrücken und die so vom äußeren Druck entlastete Leimfuge sprengen[1].

Die Blasenbildung *beim Öffnen* der Presse könnte durch vorhergehende Kühlung der noch unter Druck befindlichen Werkstücke ähnlich wie bei der Metallverleimung vollständig vermieden werden. Doch kommt eine so zeitraubende Arbeitsweise beim Verleimen von Holz natürlich nicht in Frage[2]. Nicht einmal die einfache Maßnahme, den Dampfdruck durch vorsichtiges Öffnen der Presse allmählich zu entlasten[3], hat sich in der Praxis allgemein einbürgen können. Gewöhnlich begnügt man sich damit, Leimauftragsmenge und Holzfeuchtigkeit niedrig und so die Totalfeuchtigkeit des verpreßten Werkstückes innerhalb ungefährlicher Grenzen zu halten.

---

[1] Bei der Türenherstellung wird oft eine Faserplatte und ein Deckfurnier gleichzeitig verpreßt. Die „geschlossene" Fuge wird zwischen Faserplatte und Furnier gebildet. (Die Fuge zwischen Bienenwabe und Faserplatte steht mit der Außenluft in Verbindung.) Die Blase zwischen Faserplatte und Furnier bildet sich daher noch in der Presse.

[2] Beim Flugzeugbau spielen die hohen Verleimungskosten im Verhältnis zu dem Flugzeugpreis und den großen Vorteilen, die durch Verleimung erzielt werden, vorläufig keine Rolle.

[3] Vgl. SCALES, G. M.: in Structural Adhesion, S. 85, 1951.

Bei der Sperrholzherstellung werden auch durch die mehrfach erwähnten Mindestmengen konzentrierter Leime dem Holz merkliche Feuchtigkeitsmengen zugeführt, die prozentuell natürlich um so größer sind, je dünnere Furniere verleimt werden[1]. Zur Begrenzung der Totalfeuchtigkeit muß man daher oft mit sehr trockenen Furnieren arbeiten. Eine nominelle Preßtemperatur von 100 °C, bei der gewöhnlich der Kochpunkt des Wassers in Holz und Leimfuge nicht erreicht wird (S. 325), stellt an den Trocknungsgrad der Furniere noch keine besonders hohen Ansprüche; Furnierfeuchtigkeiten von 8–10% (vor dem Auftragen des Leimes) sind im allgemeinen unschädlich. Bei 110–115 °C ist dagegen maximale Trocknung der Furniere auf 6% bereits am Platze. Da Holzfeuchtigkeiten unter 6% zu Verleimungsschwierigkeiten Anlaß geben können, sind dünne Furniere zum Verleimen bei noch höherer Preßtemperatur nicht sehr geeignet, sofern nicht trockener Leimfilm verwendet wird. Die amerikanische Sperrholzindustrie, die noch ziemlich häufig gewöhnliche PF-Heißbinder mit Preßtemperaturen von 130 bis 150 °C benützt, verarbeitet meistens dicke Furniere.

19.4 Der Preßdruck

19.4.1 Der Preßdruck als Funktion physikalisch-mechanischer Faktoren

Beim Verleimen ist die richtige Dosierung des Preßdruckes gewöhnlich von großem Einfluß auf das Verleimungsresultat. Der erforderliche Preßdruck kann von Fall zu Fall stark schwanken. Seine Größe wird vor allem durch physikalisch-mechanische Faktoren wie Auftragsmenge, Oberflächenrauhigkeit usw. beeinflußt[2] und hängt im Gegensatz zu einer ziemlich verbreiteten Auffassung bedeutend weniger von der individuellen chemischen Struktur des verwendeten Leimes ab. Die Aufgabe des äußeren Preßdruckes ist es nach Zusammenführung beider Fugenhälften in der noch flüssigen Leimschichte einen inneren Flüssigkeitsdruck hervorzurufen, der das Eindringen des Leimes in Poren und Vertiefungen der festen Oberfläche unterstützt und möglicherweise vorhandene mechanische Widerstände, die sich dem Eindringen widersetzen (Luftblasen, gewisse Verunreinigungen in Holzoberflächen, siehe weiter unten) zu überwinden hilft[3]. Hydraulischer Flüssigkeitsdruck kann nur dann

---

[1] Bei der Herstellung von 4- bzw. 6-mm-Föhrensperrholz aus zwei 1-mm-Deckfurnieren und einem 2- bzw. 4-mm-Sperrfurnier wird dem Holz durch den Leimauftrag (2 · 180 g, 65%iger Leim) 6 bzw. 4% Feuchtigkeit durchschnittlich zugeführt.

[2] BAUMANN, H. u. J. MARIAN: Der Verleimungsdruck als Funktion physikalischer Faktoren. Holz als Roh- und Werkstoff 19 (1961) 44–46.

[3] Diese Ausführungen beziehen sich auf flüssige Leime, nicht auf viskoelastische Klebmassen.

entstehen, wenn der mittlere Abstand beider Fugenflächen kleiner als die Dicke der aufgetragenen Leimschichte ist. Genügende Annäherung wird jedoch meistens erst nach Deformation von Erhebungen beider Fugenhälften erreicht. Die Druckübertragung zwischen den Fugenflächen erfolgt demnach teils durch direkte feste Berührung, teils durch den Flüssigkeitsdruck der Leimschichte. Bei konstanter Durchschnittsbelastung der Leimfuge lassen sich diese Vorgänge durch die einfache Beziehung (75) zwischen dem äußeren Preßdruck P und dem inneren Druckkomponenten P_{fest} und $P_{\text{flüssig}}$ schematisch beschreiben

$$P = P_{\text{fest}} + P_{\text{flüssig}} \tag{75}$$

Dabei ist natürlich vorausgesetzt, daß in der Fuge kein nennenswerter Lösungsmittel-Dampfüberdruck herrscht, der vom äußeren Preßdruck P kompensiert werden muß.

Für eine bestimmte Material/Leim-Kombination wird der zum Verleimen erforderliche Flüssigkeitsdruck $P_{\text{flüssig}}$ annähernd konstant bleiben, dagegen ändert sich P_{fest} mit der Größe der Deformation, die zur Annäherung der Fugenhälften auf Verleimungsdistanz notwendig ist: gröbere Oberflächen, steigende Maßtoleranzen und Verringerung der Leimauftragsmenge bedingen eine Erhöhung des Preßdruckes P. Verwendet man andererseits so ebenes Material oder so hohe Auftragsmengen, daß die Annäherung der Fugenflächen ohne nennenswerte Deformation erfolgen kann, so ist der Mindestpreßdruck $P = P_{\text{flüssig}}$ zum Verleimen ausreichend. Bei Wahl geeigneter Verleimungsbedingungen ist daher eine Abschätzung dieses Grenzdruckes, der gewöhnlich ziemlich niedrig ist, möglich.

19.4.2 Das Verleimen ebener Fugenflächen

Ebene Holzflächen. Das Sinken des Druckbedarfs bei Abnahme der Unebenheiten von Holzoberflächen ist seit langem bekannt. Am deutlichsten hat MAXWELL diese Tatsache hervorgehoben[1], der sogar die Vermutung ausspricht, daß sich der Preßdruck dem Wert 0 nähern kann, wenn nur genügend plane Fugenflächen zur Verleimung gelangen. Die völlige Berechtigung dieser Extrapolation soll in diesem Zusammenhange[2] nicht näher untersucht werden, da man bei der praktischen Verwendung von Holz nie mit vollkommen planen Fugenflächen rechnen kann. Immerhin konnte festgestellt werden, daß eine Reihe von Furnieren unter besonders kontrollierten Versuchsbedingungen bereits bei Preßdrucken von 0,5 kp/cm² mit Dünnschicht-HF-Leimen auf ebenen

---

[1] MAXWELL, J. W.: Shear Strength of Glue Joints as Affected by Wood Surfaces and Pressures. Tech. Publ. New York State College, For. Nr. 64, 1944.

[2] Beim Verleimen planer Metalloberflächen mit Epoxydharzleimen scheint man sich tatsächlich dem Grenzwert $P = 0$ zu nähern.

Unterlagen einwandfrei verleimt werden[1]. Der niedrigste Preßdruck, bei dem heute mit HF-Heißbindern fabrikationsmäßig in großem Ausmaße furniert wird, liegt bei rd. 1 kp/cm² (vgl. weiter unten). Muß, wie es häufig der Fall ist, zum Verleimen von Holz mit PF-Heißbindern wesentlich höherer Preßdruck als 0,5 kp/cm² angewendet werden, ist anzunehmen, daß der Drucküberschuß meistens zur Deformation von Unebenheiten dient. Allerdings sind Ausnahmen vorhanden. Zu diesen zählen, die auf S. 298 genannten Holzsorten, die bei längerer Lagerung schwerer verleimbar werden. Häufig läßt sich der Verleimungswiderstand schwer verleimbarer Hölzer durch Erhöhung des Preßdruckes beheben. In diesen Fällen scheint tatsächlich ein höherer Flüssigkeitsdruck notwendig zu sein, um dem Leim Zugang zu Vertiefungen und Poren der Holzoberfläche zu verschaffen.

Ebene Metallflächen. Ähnliche Erfahrungen wie beim Verleimen von Holz macht man auch beim Verleimen von Metall. Man kann sich leicht davon überzeugen, daß zum Verleimen ebener Metallflächen mit Epoxydharzleimen der geringe Druck auszureichen pflegt, der notwendig ist, um beide Fugenhälften zusammenzuhalten, allerdings wieder unter der Voraussetzung, daß in der Leimschichte kein nennenswerter Dampfüberdruck entsteht. Dabei ist jedoch zu beachten, daß glatte Metalloberflächen durchaus nicht immer geometrisch eben sind. Müssen beim gegenseitigen Annähern der Fugenhälften blasen- oder wellenartige Verformungen ausgeglichen werden (S. 308) sind bedeutend höhere Preßdrucke erforderlich.

19.4.3 Das Verleimen unebener Fugenflächen mit Fugenfüllern

Auch in weniger ebenen Fugen kann unmittelbar hydraulischer Leimdruck ohne vorhergehende Deformation von Unebenheiten entstehen, wenn die Dicke der Leimschichte größer als die Unebenheiten der Fugenflächen ist. Als Leime kommen in diesem Falle nur Fugenfüller in Betracht. Es ist zu erwarten, daß auch unter diesen Bedingungen mit niedrigem Preßdruck verleimt werden kann. Tatsächlich ist der Druckbedarf von dick aufgetragenen Fugenfüllern nur niedrig. Dies geht nicht nur aus den Gebrauchsvorschriften der Leimhersteller hervor, die für Fugenfüller gewöhnlich niedrigere Preßdrucke als für Dünnschichtleime vorschreiben[2]. Auch die Standardprüfmethoden für Fugenfüller werden häufig unter Bedingungen ausgeführt, die höhere Leimdrucke ausschließen. Bei der Überlappungsprobe nach B. S. 1204: 1956 (Abb. 85d) wird eine rd. 25 mm breite, beiderseits offene Aussparung zwischen zwei Deck-

---

[1] Vgl. Fußnote 2, S. 312.

[2] Für HF-Dünnschichtleime werden Druckwerte von etwa 5–10 kp/cm², für HF-Fugenfüller von 1–3 kp/cm² genannt. Obwohl die Angaben von Gebrauchsvorschriften nur allgemein orientierende Bedeutung haben können, ist dieser Unterschied bezeichnend.

schichten s_1 mit Leim gefüllt. Beim Verpressen dieser Probe kann in der Fuge nur ein unbedeutender Flüssigkeitsdruck entstehen, da der Leim seitlich entweichen kann[1]. Trotzdem erhält man zufriedenstellende Verleimungen.

Der niedrige Druckbedarf dick aufgetragener Leime ist demnach keine besondere Stoffeigenschaft, sondern lediglich die Folge einfacher mechanisch-geometrischer Verhältnisse. Die charakteristische Eigenschaft von Fugenfüllern, nämlich ihre Beständigkeit in dicker Schichte, steht zunächst in keiner direkten Beziehung zum Preßdruck. Der höhere Druckbedarf dünn aufgetragener Leime ist unabhängig davon, ob Fugenfüller oder Dünnschichtleime verwendet werden[2].

Das gleichmäßige Auftragen dicker Leimschichten kann Schwierigkeiten bereiten. So besteht beim Auftragen mit Leimwalzen stets die Gefahr, daß an erhöhten Stellen infolge stärkeren Walzendruckes weniger Leim abgegeben wird. Auch bei Verwendung von Fugenfüllern in durchschnittlich dicker Schichte ist es in solchen Fällen besser nicht mit Mindestdruck, sondern mit etwas höheren Drucken zu verpressen. Zum Verleimen gröber bearbeiteter Holzteile mit Fugenfüllern werden daher stets Preßdrucke von mehreren kp/cm² empfohlen, eine Sicherheitsmaßnahme, die keine schädlichen Folgen hat.

19.4.4 Die kritische Dicke der Leimschichte

Die Ausführungen auf S. 313 u. 314 haben gezeigt, daß die Druckkomponente $P_{\text{flüssig}}$ im Vergleich mit dem Gesamtdruck P meistens niedrig ist. Unter dieser Voraussetzung ist zu erwarten, daß bei gleichbleibender Dicke der Leimschichte und unveränderten übrigen Verleimungsbedingungen der Druckbedarf verschiedener Leimsorten ebenfalls annähernd konstant sein wird.

Der Begriff „Schichtdicke" muß in diesem Zusammenhange etwas präziser formuliert werden. Ausschlaggebend ist offenbar die Dicke der Leimschichte im Augenblick des Abbindens. Diese „kritische" Schichtdicke wird meistens nur bei lösungsmittelfreien 100%igen Leimen der Anfangsdicke der aufgetragenen Leimschichte annähernd gleichzusetzen sein. Bei Leimen, die flüchtige Lösungsmittel enthalten, wird ein mehr oder weniger ausgeprägter Schwund eintreten. Die Größe des Dickenschwundes hängt sowohl von der Konzentration als auch der Abwanderungsgeschwindigkeit der Lösungsmittel ab. Beide Faktoren können bei verschiedenen Leimen sehr verschiedene Werte annehmen. Infolgedessen

---

[1] Auch wenn die Proben durch Papier- oder Tapestreifen vor unnötigem seitlichem Ausfließen des Leimes geschützt werden.

[2] In der Praxis begegnet man mitunter der irrigen Ansicht, daß Fugenfüller unter allen Umständen mit niedrigem Preßdruck verpreßt werden dürfen.

können auch die kritischen Schichtdicken verschiedener, gleich dick aufgetragener Leime stark voneinander abweichen. Leime, die sich hinsichtlich der kritischen Schichtdicke etwas ungewöhnlich verhalten, sind Glutinschmelzbinder. Wie berichtet, wird diese Leimsorte in rd. 50%iger Lösung zum Verleimen von Holz benützt, gibt Wasser nur langsam ab und erstarrt bald nach dem Auftragen. Die kritische Schichtdicke von Glutinschmelzbindern unterscheidet sich daher nur wenig von der anfänglichen Auftragsdicke. Ein sehr unterschiedliches Verhalten zeigen Kaseinkaltbinder. Sie können nur in Konzentrationen von max. 33% verwendet werden und binden erst nach ziemlich starker Wasserabgabe (S. 140); ihre kritische Schichtdicke stellt sich daher erst nach starkem Schwund ein und ist infolgedessen ziemlich weit gegen die Enddicke der verfestigten Leimschichte verschoben. Bei gleichem Leimauftrag nähern sich die kritischen Schichtdicken von Glutin- und Kaseinleim den unterstrichenen, stark voneinander abweichenden Dickenwerten in Tab. 91. Dadurch wird der in der Praxis bekannte, auffällig ungleiche Druckbedarf beider Leimsorten auf nicht vollständig ebenen Unterlagen bedingt. – HF-Heißbinder besitzen etwa die gleiche kritische Schichtdicke wie Kaseinleime. Sie werden bedeutend sparsamer aufgetragen, sind aber doppelt so konzentriert wie letztere. Auch sie geben einen größeren Teil ihres an sich niedrigen Wassergehaltes vor dem Abbinden an Luft und Unterlage ab.

Tabelle 91. *Kritische Schichtdicken* einiger Leimsorten*

Sorte	Konz. %	Spez. Gew.		Auftragsmenge g/cm²	Schichtdicke	
		feucht	trocken		feucht	trocken
Glutinleim	50	1,10	1,25	300	2,7	1,2
Kaseinleim	33	1,10	1,40	300	2,7	0,7
HF-Leim	67	1,25	1,45	180	1,4	0,8

* unterstrichene Werte

Die hohe kritische Schichtdicke von Glutinschmelzbindern normaler Auftragsmenge gestattet ein Verpressen bei niedrigen Drucken, ohne daß an die Bearbeitung der Fugenfläche allzu hohe Ansprüche gestellt werden müssen. Solange man in der Holzindustrie vorzugsweise mit diesen Leimen arbeitete, benützte man gewöhnlich Pressen, deren Maximaldruck auf rd. 1 kp/cm² beschränkt war und die sich daher meistens als unzureichend erwiesen, wenn man versuchsweise die seit 1930 immer mehr bevoruzgten HF-Leime verpreßte. Der nur bedingt gültige Erfahrungssatz, daß Kunstharzleime bei hohem Druck verpreßt werden müssen, stammt aus jener Periode.

19.4.5 Druckwahl; praktische Gesichtspunkte

Verleimen von Holz. Beim Verleimen von verhältnismäßig leicht deformierbaren Werkstoffen wie Holz wird man extrem niedrige Preßdrucke (1–2 kp/cm²) nur dann wählen, wenn zwingende technische Gründe dazu vorliegen. Denn höherer Preßdruck bedeutet in der Regel größere Betriebssicherheit bzw. geringeren Leimverbrauch. So erfolgt die Herstellung von Sperrholz meistens bei hohen Drucken (>10 kp/cm²) und niedrigem Leimauftrag. Ziemlich hohe Drucke (7–10 kp/cm²) müssen zur Anwendung kommen, wenn Furniere auf zusammengesetzten massiven Holzunterla-

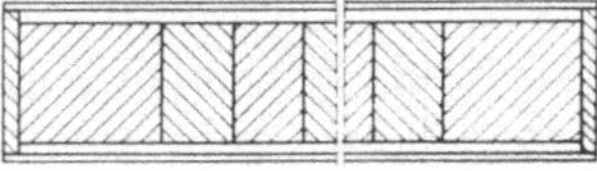

Abb. 106. Platte mit dichter Stabmittellage

gen mit Dünnschichtleimen verleimt werden. Abb. 106 zeigt den Aufbau einer furnierten Platte mit einer Mittellage aus dicht aneinander gelagerten Holzstäben.

Auch bei sorgfältig plangehobelten Stäben, die aber mit der umgebenden Luft nicht vollständig im Feuchtigkeitsgleichgewicht stehen und nicht unmittelbar nach dem Hobeln verarbeitet werden, treten ungleiche Dickenänderungen auf, da die individuellen Quellungskoeffizienten[1] der einzelnen Stäbe stark schwanken können.

Ganz andere Arbeitsbedingungen gelten für die Verleimung der in Abb. 107 dargestellten Plattenkonstruktionen, die im In- und Ausland große Verbreitung gefunden hat. Die Mittellage dieser Platte besteht aus einer durch einen dünnen Holzrahmen begrenzten Papierbienenwabe. Beide Seiten dieser zusammengesetzten Mittellage können in einem Arbeitsgang mit je einer Hartfaserplatte und einem

Abb. 107. Platte (Türe) mit Papier-Bienenwabenmittellage

Deckfurnier verleimt werden. Mit Rücksicht auf die begrenzte Druckbeständigkeit der Papierbienenwabe muß der Durchschnittspreßdruck auf

---

[1] Holz ist wie bekannt ein anisotroper Körper, der in tangentialer und radialer Richtung verschieden stark quillt. Außerdem schwankt der Quellungskoeffizient einer Holzsorte je nach Herkunft innerhalb gewisser Grenzen. Der Quellungskoeffizient eines Holzstabes ist daher sowohl durch den Schnittwinkel als auch durch seine Herkunft bedingt.

wenige kp/cm² beschränkt werden. Über dem Holz- und Papierteil der Mittellage, die ungleiche Elastizitätskoeffizienten besitzen, stellen sich dabei sehr verschiedene Drucke ein (S. 319). Der maximale Druck, den die für diesen Zweck gebräuchliche Bienenwabe zu ertragen pflegt, beträgt rd. 1 kp/cm². Trotzdem ist es möglich, Faserplatten und Furniere, die keine *besonderen* Verleimungsschwierigkeiten bereiten (S. 298), auch bei diesem Druck mit niedrigem Leimauftrag einwandfrei zu verleimen. Denn das Material, das hier Verwendung findet, kann ohne größere technische Schwierigkeiten in besonders ebene und maßhaltige Form gebracht werden. Insbesonders läßt sich das Höhenmaß der Bienenwabe, die aus großen verleimten Packen auf Schneidmaschinen geschnitten wird, mit großer Genauigkeit einstellen.

Metallverleimung. Da bei den gebräuchlichen Preßdrucken mit einer Deformation von Metallen nicht zu rechnen ist, verwendet man zur Metall/Metall-Verleimung aus Sicherheitsgründen große Schichtdicken ($2\text{–}3 \cdot 10^{-1}$ mm). Wird, wie z.B. beim Reduxverfahren, bei hoher Preßtemperatur stärkerer Preßdruck angewendet, so erfolgt dies vor allem zur Kompensation des Lösungsmittelüberdruck in der Leimfuge.

19.4.6 Der Preßdruck beim Kontaktverkleben

Verleimen und Kontaktverkleben verhalten sich hinsichtlich Preßdruck und Fugenfestigkeit durchaus verschieden. Beim Verleimen ändert sich die Fugenfestigkeit meistens nicht mehr nennenswert, wenn ein bestimmter Druck-Grenzwert überschritten wird, der bei planen Flächen stets niedrig ist. Dagegen steigt beim Kontaktverkleben die Fugenfestigkeit mit zunehmendem Druck innerhalb eines weiten Bereiches auch beim Verkleben planer Flächen. Auf diesen Umstand wurde bereits in Abschn. 14.9.4.5 hingewiesen. Das verschiedenartige Verhalten von Leimen und Kontaktklebern wird durch Abb. 72 deutlich zum Ausdruck gebracht. Die besonderen Eigenschaften von Kontaktklebern werden verständlich, wenn man bedenkt, daß die beiden Klebstoffschichten im Augenblick des Zusammendrückens nicht mehr flüssig, sondern schon ziemlich weit gegen den festen Zustand verschoben sind. Die Vereinigung erfolgt nicht mehr mit der spontanen Vollständigkeit zweier Flüssigkeitsoberflächen, sondern erinnert an den in 8.4 beschriebenen Autoadhäsionsprozeß.

Die Kontaktverklebungen in Abb. 72 beziehen sich auf Versuche mit doppeltem Klebstoffauftrag.

19.4.7 Die Druckverteilung auf inhomogenen Unterlagen

Wie bereits auf S. 296 kurz berührt wurde, stellt sich beim Verpressen plattenförmiger Werkstücke zwischen starren Druckorganen, z.B. den Preßplatten einer hydraulischen Presse, stets eine ungleiche Druckverteilung ein, wenn die Werkstücke nach Art der in Abb. 107 abgebildeten Plattenkonstruktion zonenweise aus verschiedenem Material aufgebaut sind. Das Verhältnis der individuellen Zonendrucke wird durch die Elastizitätskoeffizienten der verschiedenen Materialkomponenten bestimmt. Dies folgt unmittelbar aus der Tatsache, daß sämtliche Zonen unter dem Einfluß starrer,

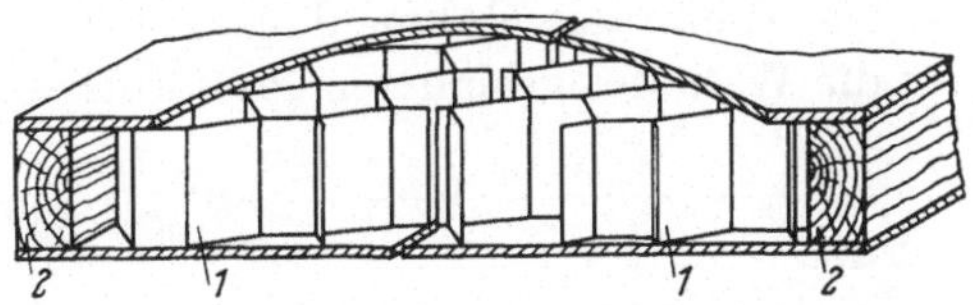

Abb. 108. Schnitt durch eine zusammengesetzte Mittellage (Bienenwabe mit umgebendem Holzrahmen)

planparallel wirkender Druckorgane eine konstante Kompression $(-\varepsilon)$ erfahren. Denn nach dem Hookeschen Gesetz gilt z. B. für die Mittellage in Abb. 108:

$$-\varepsilon = \frac{P_1}{E_1} = \frac{P_2}{E_2} \; ; \quad \frac{P_2}{P_1} = \frac{E_2}{E_1} \tag{76}$$

wobei die Indizes 1 und 2 im Folgenden auf die Bienenwabe (1) bzw. massives Holz (2) hinweisen sollen.

Das Verhältnis $E_2 : E_1$ beträgt bei einer in der Türen- und Möbelindustrie viel verwendeten Papierbienenwabe durchschnittlich 17,5 [1]. Da diese Bienenwabe für sich allein belastet bei einer Druckbelastung von rd. 1,5 kp/cm² zusammenbricht und schon vorher starke Verformung eintritt, beschränkt man den Druck P_1 über der Wabe gewöhnlich auf 1 kp/cm², entsprechend einem Druck P_2 über dem Holzrahmen von 17,5 kp/cm². Der äußere Preßdruck P, der zur Einstellung dieser Zonendrucke P_1 und P_2 erforderlich ist, kann aus Beziehung (77) ermittelt werden:

$$P_1 F_1 + P_2 F_2 = PF \quad (F = F_1 + F_2) \tag{77}$$

F = Gesamtfläche des Werkstückes.

Aus (76) und (77) folgt:

$$P = P_1 \left[1 + \frac{F_2}{F} \left(\frac{E_2}{E_1} - 1 \right) \right] \tag{78}$$

Für den Spezialfall einer Papierbienenwabenmittellage mit Holzrahmen der Gesamtfläche 2 m² (2 · 1 m) erhält man mit $P_1 = 1$ die konkrete, praktisch lineare Beziehung

$$P = 1 + 8{,}25 \ F_2 \ (\text{m}^2) \tag{78a}$$

---

[1] Nach unveröffentlichten Versuchen des Verfassers. Für Föhrenholz wurde bereits der Wert $E_2 = 3500$ kp/cm² angegeben (S. 297). Für eine Standardwabe von rd. 22 mm Seitenlänge, die aus 270 g/m²-Chipboard hergestellt wird, eine für diese Zwecke gut geeignete Papiersorte, wurde bei Belastungsversuchen für E_1 der Wert 200 kp/cm² gefunden.

wobei F_2 die Rahmenholzfläche in m² bedeutet. Die Größe des nach (78a) berechneten Gesamtpreßdruckes P ist in Abb. 109 für verschiedene Rahmenholzbreiten graphisch dargestellt.

Die Breite des Rahmenholzes, bzw. die Größe von F_2 ist demnach für die Wahl des geeigneten Preßdruckes ausschlaggebend.

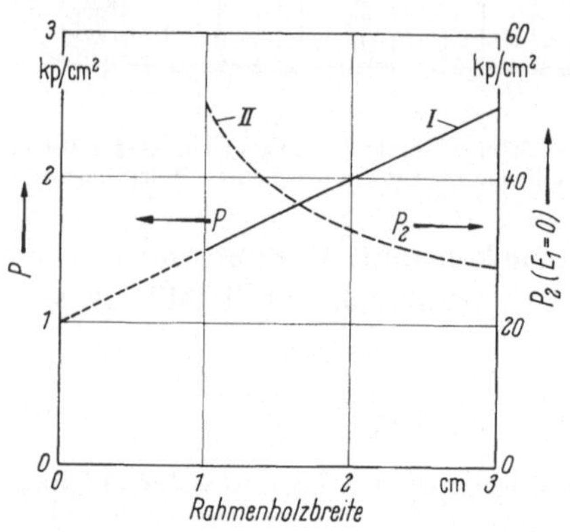

Abb. 109. Abhängigkeit des Gesamtpreßdruckes P von der Rahmenholzbreite. Papierbienenwabe mit Holzrahmen nach Abb. 108; I: $P_1 = 1$ kp/cm², $P_2 = 17,5$ kp/cm²; II: $P_1 = 0$

Die angegebenen Druckwerte gelten für Kaltverleimung. Nimmt dagegen bei höherer Preßtemperatur ($\sim 100\,°C$) die relative Feuchtigkeit durch Verdampfen von Wasser im Inneren des Werkstückes allmählich zu, so kann der Elastizitätsmodul E_1 der Papierbienenwabe und damit auch P_1 stark absinken und sich im Laufe der Preßperiode dem Wert 0 nähern, während P_2 gegen den Maximalwert $P\,F/F_2$ steigt (77). Solange P_2 25 kp/cm² nicht übersteigt (S. 296) pflegt dadurch kein Schaden zu entstehen. Denn das wesentliche Abbinden des Leimes findet im Anfang der Preßperiode bei noch ziemlich unversehrter Festigkeit der Bienenwabe statt und das vollständige Aushärten des Leimes wird durch die Druckverminderung über der Bienenwabe nicht beeinträchtigt. Bei zu starker Belastung des Rahmens kann dagegen das Werkstück durch vollständigen Kollaps oder starke Deformation des Holzes unbrauchbar werden[1]. Diese Gefahr liegt, wie aus der gestrichelten P_2-Kurve in Abb. 109 zu ersehen ist, bei allen Rahmenhölzern vor, deren Breite geringer als 30 mm ist, sofern der Anfangspreßdruck P nicht nach kürzerer Preßzeit (1/2–1 min) stark vermindert wird.

19.5 Preßzeiten

19.5.1 Die Preßzeiten physikalisch bindender Leime

Schmelzbinder. Die Preßzeiten lösungsmittelfreier Schmelzbinder aus hochpolymeren Kunststoffen sind sehr kurz. Unter geeigneten Bedingungen betragen sie nur einige Sekunden (S. 180). Da das Abbinden dieser Leime nur auf Erstarren beruht und ihre Schmelze auf hohe Tem

---

[1] Eingesunkene Stellen über der Bienenwabe sind in der überwiegenden Mehrzahl der Fälle sekundäre Folgen der Überbelastung des Rahmenholzes.

peratur erwärmt wird, ist die Länge der Preßzeit von normalen Schwankungen der Raumtemperatur ziemlich unabhängig.

Leime in Lösung oder Dispersion. Die Preßzeiten von Leimen, deren Abbinden in erster Linie durch die Abgabe von Lösungs- oder Dispersionsmitteln bedingt ist, werden durch alle Faktoren beeinflußt, die auf die Abwanderungsgeschwindigkeit dieser Hilfssubstanzen einwirken. So sinkt bei der Holz- und Papierverleimung das Saugvermögen der Unterlage mit steigendem Feuchtigkeitsgehalt dieser Werkstoffe und bedingt längere Preßzeiten. Die Länge der Preßzeit ist ferner auch sehr davon abhängig, ob beim Verpressen rückfedernde Kräfte entstehen, die beide Fugenhälften wieder zu trennen suchen. Da die Fugenfestigkeit dieser Leime meistens nur verhältnismäßig langsam ansteigt, muß ein verleimtes Werkstück um so länger verpreßt werden, je größer die Öffnungsspannungen der Fuge sind. Die Preßzeiten physikalisch bindender Leime in Lösung oder Dispersion können daher innerhalb weiter Grenzen schwanken.

Als Erläuterung dieser Tatsache seien hier nochmals einige Verleimungen mit PVAc-Holzleim einander gegenübergestellt, die bereits auf S. 160 kurz erwähnt wurden. Wie dort mitgeteilt, rechnet man beim Verleimen trockener, planer, massiver Holzteile mit Preßzeiten von 5 bis 15 min, beim Furnieren mit 30–60 min (Raumtemperatur). Im ersten Falle ist die Beanspruchung der Leimfuge nach Öffnen der Presse gering, da nur unbedeutende Öffnungsspannungen in der Fuge vorhanden sind und frisch verleimte Werkstücke vorsichtig behandelt werden. Die niedrige Fugenfestigkeit, die unter diesen Umständen ausreichend ist, erweist sich dagegen als unzureichend, wenn nichtplane Holzteile durch den Preßdruck zwangsweise ausgerichtet wurden. Die Fugenfestigkeit beim Öffnen der Presse ist in diesem Falle noch zu niedrig um den elastischen Deformationskräften der auffedernden Fugenhälften standhalten zu können. – Starke Spannungen, besonders in dünnen gesperrten Furnieren[1] werden häufig durch die Berührung mit der feuchten Leimschichte hervorgerufen. Beim Verlassen der Presse muß die Leimfuge imstande sein die Furniere zu sperren, d.h. ihr Ausdehnungsbestreben in der Breitenrichtung zu unterdrücken. Die Kräfte, die auf die Leimfuge einwirken, sind daher ziemlich stark und bedingen bedeutend längere Preßzeiten als bei der Verleimung planer Holzteile.

Gelingt es durch bestimmte Kunstgriffe, die allerdings eine sehr genaue Kontrolle erfordern, die Feuchtigkeit von z.B. Deckfurnieren annähernd konstant zu halten, kann die Preßzeit stark verkürzt werden. Bei

---

[1] Ein 0,8 mm dickes Deckfurnier, Rohwichte 0,50, durchschnittliches Schwindmaß ~ 6%, wird auf einer Unterlage mit 180 g/m² Leimauftrag (45%) verleimt. Dringt 1/4 der Leimfeuchtigkeit (25 g) in das Furnier ein, steigt dessen Feuchtigkeit um 8% entsprechend einer Breitenstreckung von rd. 2%.

extrem niedrigem Auftrag von PVAc-Leim (120–140 g/m²) genügen mitunter Preßzeiten von rd. 1 min, wenn man bei 100 °C auf dickerer Unterlage verpreßt. Der kurze Wärmestoß bewirkt eine sehr rasche Filmbildung der PVAc-Schichte und trocknet gleichzeitig Furnier und Leim. Die Fugentemperatur, die bei max. 1 mm dicken Deckfurnieren beim Öffnen der Presse rd. 80 °C beträgt (vgl. Abb. 111), sinkt rasch, da die Unterlage nicht durchgewärmt ist und kühlt. Die schädliche Thermoplastizität der Leimfuge verschwindet daher nahezu augenblicklich.

19.5.2 Preßzeiten und Preßtemperaturen chemisch bindender Leime

Von einer bestimmten Fugentemperatur ab sind die Preßzeiten chemisch bindender Leime von anderen Faktoren ziemlich unabhängig. Dies gilt vor allem für Heißbinder, die in der Presse voll ausgehärtet werden müssen, da mit einem Nachhärten der Fuge bei niedriger Temperatur praktisch nicht gerechnet werden kann. Beim Verleimen mit Kaltbindern kann der Preßvorgang dagegen häufig schon etwas früher abgebrochen werden.

Die Geschwindigkeit von chemischen Reaktionen im allgemeinen und der Härtungsreaktion chemisch bindender Leime im besonderen wird durch Temperaturänderungen stark beeinflußt. Eine Temperatursteigerung von 10 °C ruft eine zwei- bis siebenfache Geschwindigkeitssteigerung hervor[1]. Es ist üblich mit einem Durchschnittsfaktor von 3 zu rechnen. Die Preßzeiten chemisch härtender Leime werden daher schon durch verhältnismäßig geringe Temperaturschwankungen stark verändert.

Kaltbinder. Das Einhalten der vorgeschriebenen Preßtemperatur wird bei künstlichem Erwärmen der Leimfuge als Selbstverständlichkeit angesehen, ist aber ebenso wichtig für das Verleimen mit Kaltbindern bei Raumtemperatur. Angaben von Preßzeiten „bei Raumtemperatur“ beziehen sich auf die konkrete Temperatur von 20 °C. Bei niedrigerer Temperatur, z.B. 15 °C, sind wesentlich längere Preßzeiten zu erwarten. Unter „Preßtemperatur“ ist dabei die Temperatur der Leimfuge, nicht des umgebenden Raumes zu verstehen. Ein genügender Temperaturausgleich des Materials, das verpreßt werden soll, ist daher unbedingt notwendig. Kalt gelagertes Material mit niedriger Wärmeleitzahl, wie Holz, nimmt in normal temperierten Räumen nur sehr langsam Raumtemperatur an, besonders wenn es in großen, dichten Stapeln liegt.

Heißbinder. Im Gegensatz zu Kaltbindern beziehen sich Preßtemperaturvorschriften für Heißbinder gewöhnlich auf die Temperatur der äußeren Wärmequelle, also beispielsweise auf die Temperatur erwärmter Preßplatten. Eine vollständige Angleichung der Fugentemperatur an die

---

[1] Vgl. z.B. Eucken-Wicke: Grundriß der phys. Chemie, 9. Aufl., S. 411, Leipzig: Akad. Verlagsges. 1958.

Temperatur der Wärmequelle findet nur bei langen Preßzeiten, guter Wärmeleitung oder geringer Dicke der zu erwärmenden Schichten statt. Zur Vermeidung unnötig langer Preßzeiten sind Holzheißbinder auf Härtungstemperaturen eingestellt, die unter der nominellen Preßtemperatur (der Wärmequelle) liegen. Wie im folgenden Abschnitt näher besprochen wird und auch aus den Abb. 110 u. 111 hervorgeht, erreicht die Temperatur der Holzleimfuge auch am Ende der Preßperiode oft nicht die „äußere" Temperatur.

Bei allen Warmpreßverfahren mit äußerer Wärmezufuhr (indirekte Erwärmung der Leimfuge, vgl. S. 324) dient ein Teil der Preßzeit zum Erwärmen der Umgebung der Fuge von Raum- auf Härtungstemperatur. Die Erwärmungsperiode kann einen großen Teil der Gesamtpreßzeit in Anspruch nehmen, wenn die eigentliche Härtung schnell verläuft, wie es z.B. bei den viel verwendeten HF-Heißbindern der Fall ist. Die Länge der erforderlichen Gesamtpreßzeit kann dann nicht mehr die chemische Temperaturregel befolgen. Denn die Erwärmungszeit ist bei weitem nicht so temperaturabhängig wie die Härtungszeit.

19.6 Verschiedene Erwärmungsmethoden

19.6.1 Allgemeines

Die Erwärmung der Leimfuge kann entweder *indirekt* durch Erwärmung der Werkstückoberfläche und Weiterbeförderung der Wärme zur Fuge durch Wärmeleitung, in manchen Fällen auch durch Konvektion erfolgen. Das Aushärten der Fuge durch Oberflächenerwärmung ist einfach, bequem und daher anderen Methoden meistens vorzuziehen, wenn die erzielten Preßzeiten innerhalb annehmbarer Grenzen liegen. Doch ist dies bei Holz und anderen wärmeisolierenden Stoffen nur dann der Fall, wenn man sich auf verhältnismäßig niedrige Schichtdicken beschränkt[1].

Die Bedeutung *direkter* Erwärmungsmethoden liegt vor allem in der Erzielung kurzer Preßzeiten auch bei größerer Schichtdicke. Ein bekanntes Verfahren ist die Erwärmung der Leimfuge durch hochfrequenten Wechselstrom (S. 326). Die Hochfrequenzerwärmung ist im Prinzip bestechend, bedingt jedoch häufig, besonders bei der Herstellung größerer Werkstücke wechselnden Formates, einen erhöhten Schwierigkeitsgrad der praktischen Ausführung. Einfachere direkte Methoden, wie Erwärmung der Fugenflächen unmittelbar vor dem Auftragen und Verpressen des Leimes (S. 329) oder Einlegen von elektrischem Widerstandsmaterial in die Fuge, das

---

[1] Einheitliche Angaben über die Größe der zulässigen Schichtdicke sind schwierig, da die Ansprüche an die Preßzeit von Fall zu Fall stark schwanken. Doch sinkt die technische Anwendbarkeit indirekter Erwärmungsmethoden erheblich, wenn die Schichtdicke 6–8 mm überschreitet.

Zum Beispiel GURNEY, H. D., u. J. LURIE: Ind. Eng. Chem. Vol. 15, S. 1170, 1922; MARIAN, J. E.: Lim och Limning, § 10, 6. Stockholm: Strömbergs 1954.

nach Schließen der Presse mit einer Stromquelle verbunden wird (S. 328), finden daher steigende Beachtung.

19.6.2 Erwärmung in geheizten Pressen

Die Preßzeiten bei indirekter Erwärmung von Holzleimfugen, z. B. zwischen den geheizten Platten einer Presse, werden gewöhnlich von Fall zu Fall durch mechanische Prüfung der Fugenfestigkeit ermittelt.

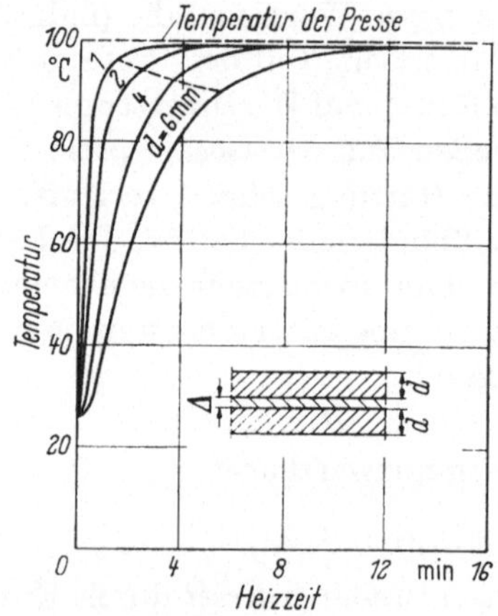

Abb. 110. Erwärmung von Leimfugen in geheizten Pressen (d = 1–6 mm, $\varDelta$ = 2 mm)

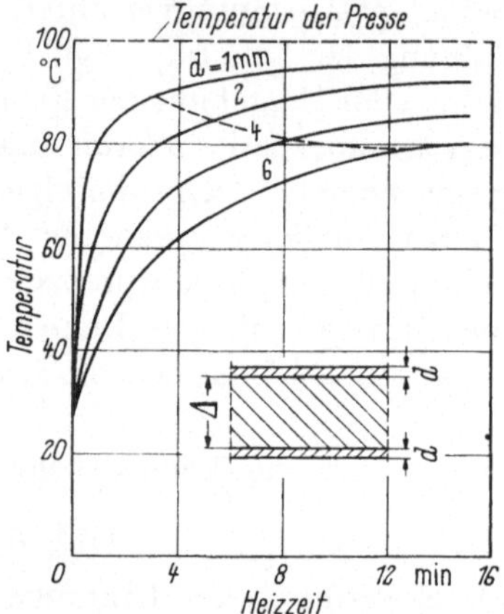

Abb. 111. Erwärmung von Leimfugen in geheizten Pressen (d = 1–6 mm, $\varDelta$ = 38 mm)

Eine aufschlußreiche Ergänzung dieses empirischen Verfahrens sind Zeit-Temperatur-Diagramme, die den Temperaturanstieg in verschiedenen Abständen (d) von der Wärmequelle wiedergeben. Die ein- oder beiderseitige Erwärmung planparalleler Platten ist zwar ein verhältnismäßig einfaches, nichtstationäres Erwärmungsproblem, das berechnet werden kann, wenn die Übertragung der Wärme ausschließlich durch Wärmeleitung erfolgt[2]. Doch findet beim Warmpressen von hygroskopischem Material wie Holz, Faserplatten usw. auch eine merkliche Wärmekonvektion durch Wandern von Feuchtigkeit statt, die in den erhitzten äußeren Schichten verdampft und in den kälteren inneren Schichten wieder kondensiert. Die Temperaturdiagramme Abb. 110 und 111 wurden daher empirisch durch Messung der Fugentemperatur ermittelt, die mit Hilfe von in die Fuge eingelegten Thermoelementen leicht bestimmt werden kann.

Der Temperaturanstieg in Abb. 110 und 111 ist deutlich verschieden; er wird offenbar nicht nur durch die Dicke der Isolierschichte d (Abstand Leimfuge/Wärmequelle) beeinflußt, sondern auch durch die zwischen den innersten Leimfugen eingeschlossene Schichte $\varDelta$, die ebenfalls Wärme verbraucht[1]. Allerdings nähert sich der Einfluß von Δ sehr bald dem Grenzwert $\Delta = \infty$. Dies ist, wie durch Versuche festgestellt wurde, schon unter den Bedingungen von Abb. 111 der Fall: der Temperaturanstieg beider Plattenhälften erfolgt so, als ob sie einseitig, d.h. unabhängig voneinander erwärmt würden.

Trägt man in ein Temperaturdiagramm die empirisch ermittelten Preßzeiten eines Heißbinders ein, so erhält man ein ungefähres Bild des Erwärmungs- und Härtungsvorganges. In Abb. 110 u. 111 stellen die gestrichelten Linien die empirischen Härtungszeiten einer reinen HF-Heißbinder-Härtermischung mit langer Topfzeit dar[2].

Aus Abb. 110 liest man unmittelbar ab, daß die Preßzeiten von Sperrholz mit HF-Heißbinder annähernd durch die Summe der Erwärmungszeit auf 85 °C + 1 min wiedergegeben werden. Beim Furnieren dicker Platten liegen die Verhältnisse etwas anders. Hier gilt die oben genannte Beziehung nur mehr für 1 mm-Furniere (Abb. 111). Für 6-mm-Furnier gilt die Beziehung: Preßzeit = Erwärmungszeit auf 80 °C Diese Abstufung der Preßzeiten wird verständlich wenn man annimmt, daß die reine Härtungszeit des verwendeten HF-Heißbinders rd. 1 min bei 90 °C und 3 min bei 80 °C beträgt. Bei steil ansteigenden Erwärmungskurven stellt der Zusatzbetrag von 1 min die reine Härtungszeit dar. Bei flachen Kurven trägt auch der Temperaturbereich < 80 °C zur Härtung bei.

Ein Vergleich der Abb. 110 u. 111 mit den Angaben von Tab. 67 (S. 225) zeigt, daß die an jener Stelle erwähnte Werkstattsregel nur auf das Verleimen von Sperrholz, nicht aber von dicken Platten mit dickeren Deckschichten anwendbar ist.

19.6.3 Die Hochfrequenzverleimung von Holz

Das Prinzip und die praktischen Ausführungsformen der Hochfrequenzverleimung von Holz ist in der Fachliteratur bereits so eingehend behandelt worden[3], daß sich die nachstehenden Ausführungen auf eine kurze Zusammenfassung der wichtigsten Tatsachen beschränken.

Die Hochfrequenzverleimung eines elektrischen Nichtleiters ist an das Vorhandensein von Dipolmolekülen (S. 7 ff) gebunden. Andere wichtige Parameter, die den Grad der Wärmeentwicklung (die elektrische Verlustleistung N) bestimmen, können aus Beziehung 69 entnommen werden

$$N = K\,E^2\,f\,\varepsilon\,\mathrm{tg}\,\delta \quad \text{(Watt/cm}^3) \tag{79}$$

K = Konstante $(5{,}56 \cdot 10^{-13})$; E = Feldstärke = Spannungsfall/cm

---

[1] Abb. 110 entspricht etwa der Sperrholz-, Abb. 111 der Türen-, Tischplattenherstellung usw.

[2] Härter Nr. 4 in Tab. 65.

[3] S. z.B. KOLLMANN, F.: Technologie des Holzes, 2. Aufl., Bd. 2, Abschn. 956.5. Auch die Ableitung von Gl. (79) ist dort zu finden.

(V cm^{-1}); f = Frequenz, gewöhnlich in MHz (= 10^6 Hertz = 10^6 Frequenzen/sec); ε = Dielektrizitätskonstante; δ = Verlustwinkel.

Verlustwinkel. In einem elektrischen Feld orientieren sich Dipolmoleküle und führen daher in einem Wechselfeld Schwingungen aus. Elektrische Energie wird nach (79) allerdings erst dann verbraucht, wenn zwischen Feld- und Dipolfrequenz eine Phasenverschiebung (Verlustwinkel δ) auftritt. Die Größe des Verlustwinkels, die durch eine Art innere Reibung der Dipolmoleküle verursacht wird, kann bei verschiedenen Substanzen sehr ungleich sein. So ist der Verlustwinkel wäßriger Kunststoffleime etwa 10mal größer als von Holz. Luft oder gewisse Isolierstoffe sind dielektrisch nicht oder nur wenig zu erwärmen[1].

Frequenz. Beziehung (69) erläutert auch die Bedeutung hoher Frequenzen, da die entwickelte Wärme der Frequenzzahl proportional ist. Mit Erwärmungseffekten von technischer Bedeutung kann erst bei Frequenzen der Größenordnung 10^6/sec (MHz) gerechnet werden. In der Praxis wird heute das Frequenzgebiet von 3–30 MHz verwendet. Bei höheren Frequenzen pflegen technische Schwierigkeiten aufzutreten.

Feldstärke. Die dielektrische Erwärmung ist wie die Ohmsche Erwärmung eine quadratische Funktion der Spannung. Gebräuchliche Feldstärken liegen zwischen 2–$3 \cdot 10^2$ und 10^3 Vcm^{-1}. Die obere Grenze der jeweils anwendbaren Feldstärke wird häufig durch die Überschlagsgefahr bestimmt. Die Feldstärke muß soweit begrenzt werden, daß das Auftreten störender elektrischer Lichtbögen vermieden wird, die das Holz verkohlen und auch die Elektroden beschädigen können. Im Verleimungsfalle Abb. 112a kann unter günstigen Bedingungen mit einer Feldstärke von 10^3 Vcm^{-1}, im Falle b bis rd. 400 Vcm^{-1} gearbeitet werden.

Die Anordnung 112b ist für kontinuierliche Fließverleimungsverfahren gut geeignet. Allerdings ist bei ihrer praktischen Ausführung häufig folgender Umstand zu berücksichtigen. Bei unmittelbarer Berührung zwischen dem bewegten Werkstück und den Elektrodenoberflächen ist eine Verschmutzung der Elektroden durch Leim nicht zu vermeiden und die Gefahr für Lichtbogenbildung steigt. Häufig ist es daher vorteilhaft, zwischen Werkstück- und Elektrodenoberfläche einen Luftspalt von mehreren Millimetern einzuschalten. Diese Maßnahme zwingt zu einer weiteren Herabsetzung der Gesamtfeldstärke, da sonst in dem schlecht leitenden Luftspalt Licht-

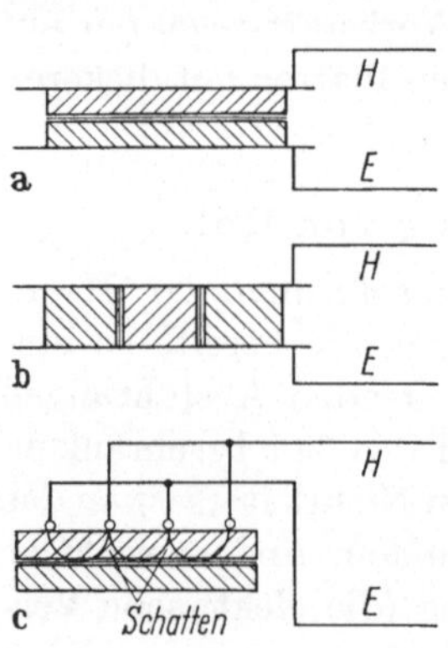

Abb. 112. Hochfrequenzverleimung; verschiedene Erwärmungsarten

---

[1] Man nützt diese Eigenschaft aus, indem man derartige Stoffe als Elektrodenhalter verwendet.

bögen auftreten können. Man arbeitet in diesem Falle mit 200–300 Vcm^{-1}. Die etwas schlechtere Ausnützung des Primärstromes bei dieser Anordnung wird durch größere Betriebssicherheit wettgemacht. Als praktisches

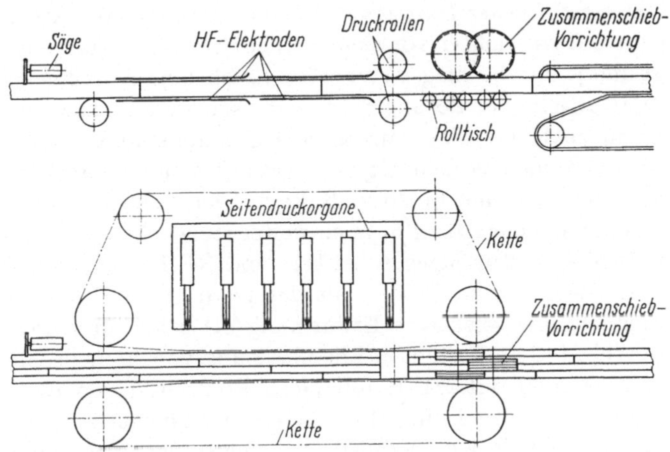

Abb. 113. Fließverleimung von Lamell-Schichtholzbohlen (Kährs Maskiner AB, Nybro, Schweden)

Beispiel ist in Abb. 113 die Fließfertigung von Lamellschichtholzbohlen schematisch wiedergegeben.

Die beleimten dicht zusammengeschobenen Einzellamellen werden in einer bewegten Kettenpresse verpreßt und gleichzeitig in rd. 4 mm Abstand an den rd. 2 m langen Elektroden vorbeigeführt.

Homogene und selektive Erwärmung. Die Hochfrequenzerwärmung kann auf prinzipiell verschiedene Art erfolgen. Nahezu homogene Erwärmung des gesamten Werkstückes findet statt, wenn die Feldlinien die Leimfuge senkrecht durchsetzen (Abb. 112a). Verleimungstechnisch am interessantesten ist die selektive Erwärmung der Leimfuge, wenn die Feldlinien parallel der Fuge verlaufen (Abb. 112b). In letztgenanntem **Falle kann** Gl. (79) unabhängig auf Fuge und Holz angewendet werden. Für das Verhältnis der dielektrischen Wärmeentwicklung in Leimfuge (Index L) und Holz (Index H) folgt daher:

$$N_L : N_H = (\mathrm{tg})_L : (\mathrm{tg})_H . \tag{80}$$

Dieses Verhältnis besitzt für wäßrige Kunstharzleime und Holz die Größenordnung von 10^2. Die Wärmeentwicklung findet also praktisch nur in der Leimfuge statt[1]. – Die Streufelderwärmung (Abb. 112c) ist eine

---

[1] Genaugenommen ist das Verhältnis der durch N_L und N_H hervorgerufenen Temperaturanstiege gesucht, die auch von der spezifischen Wärme und der Wichte beider Stoffe abhängen. Das Ergebnis von (80) wird dadurch jedoch nicht wesentlich verändert.

Kombination der Fälle a und b. Da an bestimmten Stellen des Werkstückes die Feldliniendichte sehr niedrig ist („Schatten"), eignet sich Streufelderwärmung im allgemeinen nur für Verleimungen, bei denen die Werkstücke oder die Elektroden bewegt werden.

Eignung verschiedener Leimsorten. Die dielektrische Aushärtung eines Leimes geht um so leichter vor sich, je niedriger seine Härtungstemperatur liegt und je durchschlagsfester er ist. Erfahrungsgemäß neigen stark saure oder alkalische Leimlösungen bei technisch wünschenswerten Spannungen leicht zu Überschlag. Aus diesem Grunde sind PF-und Kaseinleime zu Hochfrequenzverleimung meist wenig geeignet. Bei alkalischen PF-Leimen kommt ferner hinzu, daß die an sich hohe Härtungstemperatur mit abnehmender Alkalität noch weiter steigt. Ausgesprochen günstige Verhältnisse liegen dagegen bei HF- und RF-Leimen vor. Die gute Durchschlagsfestigkeit im Verein mit der niedrigeren Härtungstemperatur ermöglicht bei selektiver Erwärmung oft sehr kurze Preßzeiten. Bei der in Abb. 113 dargestellten Fließfertigung von Lamellschichtholzbohlen erreicht man mit HF-Heißbindern Preßzeiten von rd. 1/2 min, obwohl man wegen des Luftspaltes zwischen Bohlenstrang und Elektroden nur mit verhältnismäßig niedrigen Feldstärken arbeiten kann.

19.6.4 Erwärmung der Leimfuge
durch elektrisch erhitzte Widerstände

Die Anwendung der Hochfrequenzmethode ist, wie sich zeigte, Begrenzungen unterworfen. Dazu kommt, daß wetterfeste Verleimungen mit RF-Leimen ausgeführt werden müssen, da die billigen PF-Heißbinder[1], wie erwähnt, ausscheiden. Diese Schwierigkeiten entfallen, wenn man elektrisches Widerstandsmaterial in die Leimfuge einbettet und sie mit gewöhnlichem Strom erwärmt. Verschiedene Ansätze zur praktischen Durchführung dieses naheliegenden Gedankens sind schon vor längerer Zeit gemacht worden. So stellte die Th. Goldschmidt AG, Essen, bereits um das Jahr 1940 einen Leimfilm her, in dem ein Drahtnetz eingebettet war (Tegowirofilm)[2]. Obwohl das Verfahren technisch anwendbar ist, hat es sich in der Praxis nicht auf breiterer Front durchgesetzt. Der Preis des Leimfilms bedeutet gegenüber RF-Kaltleimen keine Verbilligung. Ferner stellt die Filmverleimung auch bei Verwendung verhältnismäßig dicker Filme an die Maßgenauigkeit des Ausgangsmaterials ziemlich hohe Anforderungen. Ein modifiziertes, zum Patent angemeldetes Verfahren, das einige praktische Anwendungsschwierigkeiten beseitigt, wird zur Zeit erprobt[3]. Zum

---

[1] Zur Zeit verhalten sich die Preise beider Leimsorten ungefähr wie 1 : 2–3.

[2] Zum Beispiel BASELER, W., J. DIETRICH u. TH. GOLDSCHMIDT AB; Brit. Pat. 518 289 (1940).

[3] Private Mitteilung von Herrn Prof. J. MARIAN, Berkeley. Die Versuche werden an der Techn. Hochschule in Stockholm durchgeführt.

Verleimen wird nicht Film, sondern flüssiger Leim benützt. In die Leimfuge wird mit Hilfe leicht beschickbarer Klemmvorrichtungen ein System paralleler Drähte eingezogen. Die starken Klemmvorrichtungen dienen gleichzeitig als Elektroden. Diese Arbeitsweise ermöglicht nicht nur die Anwendung von billigem Leim und ausreichenden Auftragsmengen, sondern auch die bequeme Einführung von billigem Widerstandsmaterial in gerade oder gebogene Schichtholzfugen beliebiger Länge. Bei Verwendung von 0,25-mm-Eisendrähten in 6 mm Abstand ergeben sich bei einem Spannungsfall von rd. 10 Volt/m und einem Auftrag von 250 bis 300 g PF-Heißbinder/m² Erwärmungszeiten von rd. 15 min.

19.6.5 Erwärmung der Leimfuge durch Infrarotstrahlung

Ein anderes Direkterwärmungsverfahren, das allerdings nur für die Herstellung gerader wetterfester Schichtholzbohlen geeignet ist, beschreibt MARRA[1]. Man erhitzt die Fugenflächen, die miteinander vereinigt werden sollen, vor dem Leimauftrag unter einem Infrarotstrahler auf 150–160 °C. Unmittelbar nachher trägt man Leim auf beide Flächen auf und verpreßt so rasch wie möglich. Trotz der hohen Temperatur der Unterlage tritt wegen dem etwas trägen Härtungsverlauf von PF-Heißbindern keine schädliche Vorhärtung auf, wenn genügend rasch gearbeitet wird. Beim Verleimen zweier 5 · 10 · 240 cm Bohlen in einer Versuchsanlage erwiesen sich folgende Zeiten als günstig:

Erwärmungszeit unter dem Strahler 1 min
Zeit vom Verlassen des Strahlers bis
zur Erreichung des Preßdruckes (8–15 kp/cm²) max. 12 sec
Preßzeit 30–60 sec

Dieses Verfahren wird in Amerika industriell auch zur Herstellung von 3x-Schichtholzbohlen verwendet. Die Firma Weyerhäuser Co. in Cottage Grove, Oregon (USA) stellt auf diese Weise Schichtholzbohlen bis zu Formaten von 15 · 30 cm Querschnitt und 18 m Länge her[2]. Die kurzen Zwischenzeiten können dadurch eingehalten werden, daß man die erhitzten Bretter unmittelbar durch eine Leimauftragsmaschine und anschließend durch eine kontinuierliche Kettenpresse (nach Art von Abb. 113) laufen läßt.

---

[1] MARRA, G. G.: Rapid laminating of lumber without high-frequency heat. Washington State Instit. of Technology, Bulletin 231 (1956).

[2] Fortune, März 1965.

Sachverzeichnis